高等院校计算机应用系列教材

软件测试技术

朱居正　编著

清華大学出版社
北　京

内 容 简 介

本书系统地介绍了软件测试的各个方面，本书共分11章，涵盖了软件测试概述、软件测试计划、黑盒测试与测试用例设计、白盒测试、软件测试过程、测试报告与测试评估、软件测试项目管理、面向对象软件测试、Web应用测试、软件测试自动化以及测试项目案例等内容。通过详细的内容介绍和丰富的实例，本书为读者提供了一个全面的软件测试知识体系，旨在帮助读者深入掌握软件测试的原理、方法和实践经验。

本书内容丰富、结构合理、思路清晰、语言简练流畅、示例翔实，不仅适合作为高等院校计算机相关专业软件测试课程的教材，也可作为软件测试培训班的教材或软件测试人员的自学参考书。

本书配套的电子课件、习题答案和实例源文件可以到http://www.tupwk.com.cn/downpage网站下载，也可以通过扫描前言中的二维码获取。

图书在版编目(CIP)数据

软件测试技术 / 朱居正编著. -- 北京 : 清华大学出版社, 2025. 7. -- (高等院校计算机应用系列教材).

ISBN 978-7-302-69797-8

Ⅰ. TP311.55

中国国家版本馆CIP数据核字第2025P2T796号

责任编辑：胡辰浩
封面设计：高娟妮
版式设计：妙思品位
责任校对：成凤进
责任印制：沈　露

出版发行：清华大学出版社
网　　址：https://www.tup.com.cn，https://www.wqxuetang.com
地　　址：北京清华大学学研大厦 A 座　　邮　　编：100084
社 总 机：010-83470000　　邮　　购：010-62786544
投稿与读者服务：010-62776969，c-service@tup.tsinghua.edu.cn
质 量 反 馈：010-62772015，zhiliang@tup.tsinghua.edu.cn

印 装 者：三河市铭诚印务有限公司
经　　销：全国新华书店
开　　本：185mm×260mm　　印　　张：19.5　　字　　数：462 千字
版　　次：2025 年 9 月第 1 版　　印　　次：2025 年 9 月第 1 次印刷
定　　价：79.80 元

产品编号：103186-01

前言

随着信息技术的飞速发展，软件在各个领域的应用日益广泛，软件质量已成为衡量软件成功与否的关键指标之一。作为保证软件质量的重要手段，软件测试的重要性日益凸显。然而，软件测试并非一项简单的工作，它涉及多个方面和环节，要求测试人员具备扎实的理论基础和丰富的实践经验。

本书正是在这一背景下编写的，旨在系统地介绍软件测试的各个方面，帮助读者深入理解软件测试的原理、方法和实践。本书涵盖了软件测试的基本概念、测试计划、测试技术、测试过程、测试用例设计、测试报告与评估、测试项目管理、面向对象软件测试、Web应用测试、软件测试自动化以及实际项目测试案例等内容。

全书共分为11章，主要内容如下。

第1章为软件测试概述，介绍了软件、软件危机和软件工程的基本概念，阐述了软件缺陷与软件故障的区别，以及软件质量与质量模型的重要性。同时，概述了软件测试的基本原则、目标和主要内容。

第2章为软件测试计划，详细讲解了软件测试计划的作用、制订原则和方法，包括如何确定测试范围、选择测试方法、制定测试标准以及编写测试计划文档等内容。

第3章为黑盒测试与测试用例设计，介绍了黑盒测试的基本概念和方法，包括等价类划分、边界值分析、因果图法和决策表法等测试用例设计技术，并通过实例展示了如何设计有效的测试用例。

第4章为白盒测试，深入探讨了白盒测试的原理和方法，包括逻辑覆盖测试、数据流测试、路径测试及变异测试等。通过详细分析和实例，帮助读者掌握白盒测试的核心技术。

第5章为软件测试过程，概述了软件测试过程的各个阶段，包括单元测试、集成测试、系统测试、验收测试、回归测试等，并介绍了每个阶段的测试目标、任务和方法，以及如何进行有效的测试管理。

第6章为测试报告与测试评估，讲解了测试报告的编写方法和测试评估技术，包括软件缺陷的报告、跟踪和管理，以及测试覆盖率和质量评测的方法。通过实例，展示了如何编写高质量的测试报告。

第7章为软件测试项目管理，介绍了软件测试项目管理的基本概念、原则和方法，包括测试项目的范围管理、进度管理、风险管理及成本管理等。通过实例，展示了如何进行有效的测试项目管理。

第8章为面向对象软件测试，针对面向对象软件的特点，介绍了面向对象软件测试的原理和方法，包括面向对象分析测试、面向对象设计的测试以及面向对象编程测试等内容。

第9章为Web应用测试，专门介绍了Web应用测试的技术和方法，包括性能测试、功能测试、界面测试、客户端兼容性测试及安全性测试等。通过实例，展示了如何对Web应用进行全面测试。

第10章为软件测试自动化，讲解了软件测试自动化的基本概念、作用和实施方法，并介绍了主流的自动化测试工具及其应用。通过实例展示了如何实现测试自动化，以提高测试效率。

第11章提供了一个项目测试的综合案例，选取了实际的医院信息管理系统(HIS)进行测试，展示了软件测试理论在实践中的应用。内容包括测试计划的制订、测试用例的设计、缺陷报告的编写，以及测试结果的总结与分析等。

在编写本书的过程中，我们注重理论与实践的结合，通过详细的章节划分和丰富的实例，力求帮助读者轻松掌握软件测试的核心知识和技术。同时，我们注重内容的先进性和实用性，介绍了当前软件测试领域的新近技术和方法，以及主流的自动化测试工具及其应用。

本书内容丰富、结构合理、思路清晰、语言简练流畅、示例翔实。每章开头的引言部分概述了本章的作用和主要内容。在正文中，结合关键技术和难点，穿插了大量实用的示例。每章末尾都安排了有针对性的思考题和练习题，思考题有助于读者巩固基本概念，而练习题则旨在培养读者的实际动手能力，增强对基本概念的理解和实际应用能力。

本书既适合作为高等院校计算机相关专业的软件测试课程教材，也可作为软件测试培训班的教材或软件测试人员的自学参考书。通过本书的学习，读者能够系统地掌握软件测试的基本知识和技术，提高实践能力，为未来的职业发展奠定基础。

在本书的编写过程中，我们得到了许多专家和学者的支持与帮助，在此表示衷心的感谢。由于作者水平有限，书中难免存在不足之处，恳请广大读者批评和指正。在编写本书的过程中参考了相关文献，在此向这些文献的作者表达诚挚的感谢。我们的电话是010-62796045，邮箱是992116@qq.com。

本书配套的电子课件、习题答案和实例源文件可以到http://www.tupwk.com.cn/downpage网站下载，也可以通过扫描下方的二维码获取。

配套资源

作者

2025年3月

目录

第 8 章 面向对象软件测试 ………… 191

第 9 章 Web应用测试 …………… 209

第 10 章 软件测试自动化 ………… 243

第 1 章

软件测试概述

在当今智能化时代，人们的工作和生活已经离不开软件，每天都会与各种各样的软件打交道。与其他产品一样，软件也有质量要求。为了确保软件产品的质量，除了要求开发人员严格遵循软件开发规范，软件测试是最重要的手段之一。

软件测试是软件工程中的重要部分，是确保软件质量的重要保障。随着软件产业的不断发展和软件复杂度的增加，软件测试的重要性越加凸显，并随着技术的进步而不断演进。本章将对软件与软件测试的基础知识进行讲解。

本章学习目标：

- 了解软件、软件危机和软件工程的概念。
- 了解软件缺陷、软件故障的概念，以及相关案例和产生原因。
- 了解软件质量与质量模型的概念。
- 了解软件测试的含义、原则、过程模型、分类、流程，以及软件测试的发展历程与趋势，并熟悉软件测试人员应具备的基本素养。

1.1 软件、软件危机和软件工程

1.1.1 软件、软件危机和软件工程的基本概念

计算机系统由硬件系统和软件系统两大核心部分组成。在过去的半个多世纪中，得益于微电子技术的飞速发展，计算机硬件技术取得了显著的进步。与此同时，计算机软件作为与硬件系统相辅相成的重要组成部分，是程序、数据以及相关文档的集合。其中，程序指的是根据特定功能和性能需求设计的可执行指令序列；数据是指程序能够操作和处理的信息及其数据结构；而文档则涵盖了与程序设计、开发、维护和使用相关的所有图文资料。

20世纪60年代之后，随着计算机技术的飞速发展，软件功能日益复杂，软件需求也急剧上升。软件开发逐渐从早期以个人为主的手工作坊模式，转变为以团队为主的集体开发模式。在这一转型过程中，国际软件开发人员在开发大型软件系统时面临诸多挑战，部分项目最终以失败告终；有的项目虽然完成，但延迟了数年，成本也远超预算；还有一些项目未能完全满足用户的需求；部分系统难以进行后续的修改和维护。例如，美国IBM公司的OS/360系统和美国空军的某后勤系统，耗费了大量资源，历尽艰难，最终结果却令人沮丧。

落后的软件生产方式无法满足计算机软件需求的快速增长，导致了软件开发和维护过程中出现了一系列严重问题，这一现象被称为“软件危机”。软件危机主要体现在以下几个方面。

(1) 软件生产无法满足日益增长的需求，其生产率远低于硬件和计算机应用的增长速度，导致社会面临软件供不应求的困境。更为严重的是，随着软件规模的扩大和复杂性的提升，软件生产效率急剧下降。

(2) 随着规模和复杂性的增加，软件生产率逐渐降低。此外，智力密集型行业的劳动力成本不断攀升，这些因素共同作用，使软件成本在计算机系统总成本中的占比迅速上升。

(3) 软件开发的进度和成本往往难以控制。通常情况下，预算会大幅超出，项目计划也频繁延期。为了赶进度和节约成本，开发单位往往牺牲软件质量，导致软件开发陷入高成本、低质量、用户不满和信誉下降的恶性循环。

(4) 软件系统实现的功能常常与实际需求不符。由于开发人员对用户需求理解不够深入，急于编码，导致闭门造车，最终交付的软件与用户实际需求存在较大差距。

(5) 软件难以维护。程序中的错误难以修正，软件难以适应新的运行环境，且在使用过程中难以增加用户所需的新功能。许多开发人员在重复开发相似的软件，造成了资源浪费。

(6) 软件文档配置未得到足够重视。软件文档涵盖开发各阶段的说明书、数据词典、程序清单、使用手册、维护手册、测试报告和测试用例等。不规范和不完善的文档是导致软件开发进度和成本失控，以及软件维护和管理困难的关键因素。

软件危机实际上涵盖了软件开发与维护过程中普遍存在的诸多问题。在过去的四十年中，计算机科学家和软件行业的从业者们投入了巨大的努力来解决这些问题。

软件危机的成因可以从两个维度来理解：一方面是软件产品本身的固有属性；另一方面则是软件专业人员自身存在的不足。

软件的不可预测性是其产品固有属性之一。与硬件产品不同，软件构成了计算机系统中的逻辑组件。在程序代码执行之前，开发工作的质量与进度难以准确评估。软件产品的最终使用价值通常在其运行过程中显现。软件故障往往隐蔽，其可靠性难以量化，而对已有问题的修复可能会引发新的错误。

软件产品的另一个核心特性是其庞大的规模和复杂的逻辑结构。现代软件产品通常具有广泛的功能和复杂的逻辑关系。从软件开发管理的视角来看，随着软件规模和复杂性的增加，软件生产率往往呈现下降趋势。根据当前的软件技术水平，软件开发的工作量随着软件规模的扩大而呈指数级增长。

软件开发人员面临的挑战主要源于软件产品是人类思维的产物，因此其生产质量在很大程度上依赖于开发者的教育背景、专业训练和经验累积。对于规模庞大的软件项目，通常需要团队协作，甚至要求开发人员深入理解特定领域的复杂问题。这就要求用户与开发人员之间，以及开发团队成员之间进行有效的沟通。然而，在这一过程中，理解上的偏差难以避免，这些偏差可能会导致设计或实现上的错误，而纠正这些误解和错误往往需要巨大的努力和成本。此外，由于计算机技术和应用领域的快速发展，知识更新的周期变得越来越短，软件开发人员必须不断适应硬件的更新换代，并应对不断扩展的应用领域。因此，软件开发人员在进行每一项开发工作时，几乎都需要调整自己的知识结构，以适应新的问题解决需求。

为克服软件危机，必须采取技术和管理双重措施。软件工程作为一门研究如何更高效地开发和维护计算机软件的学科，正是从这两个方面入手的。

软件工程涉及利用计算机科学、数学以及管理科学的原理来指导软件开发的工程实践。简而言之，它是一套用于构建大型程序的指导原则和方法论，将其他工程领域的成熟知识应用于软件开发，以确保在开发过程中遵循工程化的原则和方法。

1.1.2 软件工程的目标及其一般开发过程

狭义上，软件工程致力于开发出符合预算、按时交付且令用户满意的无瑕疵软件产品，并确保这些产品在用户需求发生变化时能够轻松调整。广义上，软件工程的目标是提升软件产品的质量和生产效率，以达成软件产业化的终极目标。

在软件工程中，生存周期方法学被高度重视，它借鉴了人类解决复杂问题时的分解策略，即将问题拆分成若干子问题，逐一解决。软件工程中的生存周期方法学正是从时间维度对软件开发和维护的复杂性进行拆解，将软件的整个生命周期细分为多个阶段，每个阶段都有其独立的任务，通过逐步完成这些任务来实现目标。从软件产品概念的形成到开发、测试、使用和维护，再到最终的退出使用，整个过程被称为软件生存周期。

生存周期方法在软件工程中的应用，对确保软件产品质量和组织开发工作具有重大意义。首先，它允许将整个开发过程清晰地划分为多个步骤，从而能够分阶段解决复杂问题，并确保每个阶段都有明确的目标，包括对问题的理解与分析、解决方案的选择，以及具体实施方法。其次，将软件开发过程分阶段进行，为中间产品的检验提供了依据。通常，软件生存周期包括问题定义、软件开发、软件测试、软件使用和维护等关键阶段。

1. 问题定义

问题定义包括软件系统的可行性研究与需求分析，其核心任务是明确软件系统的工程需求。

可行性研究的主要目标是全面了解用户需求及其执行背景，从技术、经济和社会三个层面深入研究和评估软件系统的可行性。软件系统开发团队需与用户紧密合作，对用户需求和系统执行环境进行彻底的调查研究，并依据调查结果编写调查报告。随后，团队将依据调查报告及其他相关资料进行可行性分析。一般而言，可行性分析包括技术可行性、操作可行性和经济可行性三个重要方面。根据可行性分析的结论，团队将拟定初步的项目开发计划，规划出软件系统开发所需的时间、资金和人力资源。

需求分析旨在明确软件开发的功能、性能及运行环境限制，并制定软件需求规格说明书和软件系统的测试标准。功能需求需要详细描述软件应实现的具体功能，而性能需求则涵盖软件的灵活性、安全性、稳定性、可维护性及错误处理等方面。运行环境约束指的是软件系统必须遵循的运行环境要求。软件需求既是开发的基准，也是验收的标准。因此，明确软件需求是软件开发的核心任务和挑战，通常需要开发人员与用户之间多次深入的交流和讨论，以达成共识。完成需求分析是一项极为繁重的工作。

2. 软件开发

软件开发遵循需求规格说明书，从抽象层面逐步具体化，直至完成整个开发流程。该过程通常包括设计和实现等关键阶段。设计阶段细分为概要设计与详细设计，核心在于依据需求说明书构建软件系统的架构、算法、数据结构以及程序模块之间的接口信息，并设定设计限制，为源代码编写提供必要的指导。在实现阶段(即编码阶段)，开发者将设计成果转化为计算机可执行的代码。在编码过程中，开发者需遵循统一且标准化的编码规范，以确保代码的可读性、易于维护性，并提升运行效率。

3. 软件测试

软件在设计过程中可能出现的问题，必须通过严格的测试来发现并修正。测试流程包括单元测试、集成测试、系统测试和验收测试4个阶段。测试技术主要包括白盒测试和黑盒测试。在测试阶段，必须制订详尽的测试计划，并严格遵循该计划，以降低测试的随机性。统计数据显示，软件测试所占的工作量通常超过软件开发总工作量的40%，在某些情况下，软件测试的费用甚至可能达到软件工程其他环节总成本的3~5倍。

4. 软件使用和维护

经过测试阶段后，软件将被部署到用户指定的运行环境中并交付给用户。软件维护涉及对软件系统进行必要的调整或响应软件需求的变更。每当软件中出现潜在错误、用户需求发生变化或软件运行环境发生改变时，软件维护就显得尤为重要。维护的效果会直接影响软件的应用成效和生命周期。鉴于软件的可维护性与设计紧密相关，因此在开发过程中重视软件的可维护性是至关重要的。

软件生存周期的最终阶段是结束对软件系统的支持，即软件的退役。

1.1.3 软件过程模型

遵循恰当的软件过程模型是确保软件开发质量的关键。在软件开发中，由于众多复杂风险因素的存在，开发人员通过长期实践总结出多种软件工程方法，即软件过程模型。这些模型包括瀑布模型、螺旋模型、增量模型、快速原型模型及敏捷模型等。作为软件开发的指导原则和总体架构，这些模型不仅展示了人们对软件开发流程理解的深化，也标志着认识上的重大进步。

1. 瀑布模型

瀑布模型主要用于软件工程的初期阶段，体现了当时人们对软件开发的线性思考方式。该模型将软件开发过程划分为固定的阶段和顺序，并强调各阶段任务和文档的完整性。这是一种遵循严格线性顺序、逐步细化的开发方法，如图1-1所展示。

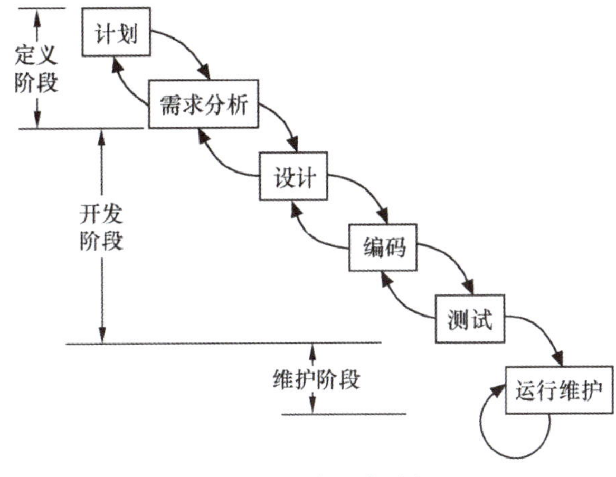

图1-1　瀑布开发过程

瀑布模型由一系列顺序相连的活动构成，包括计划、需求分析、设计、编码、测试及运行维护等关键阶段，各阶段的核心任务如下。

- 在计划阶段，主要任务是确立软件开发的总体目标，包括软件的功能、性能、可靠性及接口；评估软件开发的可行性，探讨解决方案；评估可用资源(包括硬件、软件和人力等)、成本、预期效益及开发进度；并制订详尽的开发实施计划。
- 需求分析阶段的主要任务是收集软件需求，对软件进行明确的定义。软件开发人员与用户共同讨论确定可实现的需求，提供精确的描述；编写软件需求规格说明书等文档并提交审核。
- 设计阶段分为概要设计和详细设计，是软件开发过程中的核心环节。概要设计将确定的需求转化为相应的系统架构，确保架构中每个部分都是功能清晰的模块，每个模块都能体现相应的需求。详细设计阶段则对每个模块应完成的工作进行具体描述，为编程阶段的实施打下基础。
- 编码阶段主要是将设计阶段各模块的描述编写成可执行的代码。
- 测试阶段的目的是发现软件中的错误。
- 运行维护阶段主要负责对运行中的软件进行必要的修复和修改，以确保其持续有效运行。

在软件开发过程中，各阶段的执行并不总是遵循图1-1所示的顺序进行，导致各阶段间存在一定的重叠现象。这种重叠现象的产生是因为在一个阶段结束之前，下一个阶段往往已经开始了。因此，软件开发人员很少采用图1-1所示的纯粹瀑布模型，除非是针对小型项目或者开发的产品与他们之前的工作相似。这主要是由于软件项目的复杂性和非线性的特点所致。

2. 螺旋模型

螺旋模型涉及反复进行需求分析、设计、实现和测试等活动。螺旋模型的核心理念是利用前一版本的成果来构建新版本，这种持续的迭代过程形成了螺旋式上升的轨迹，如图1-2所示。螺旋模型的主要目的是降低风险，同时在软件开发初期阶段，将部分成果展示给客户以获取他们的反馈，从而避免瀑布模型中一次性编写大量代码所带来的问题。

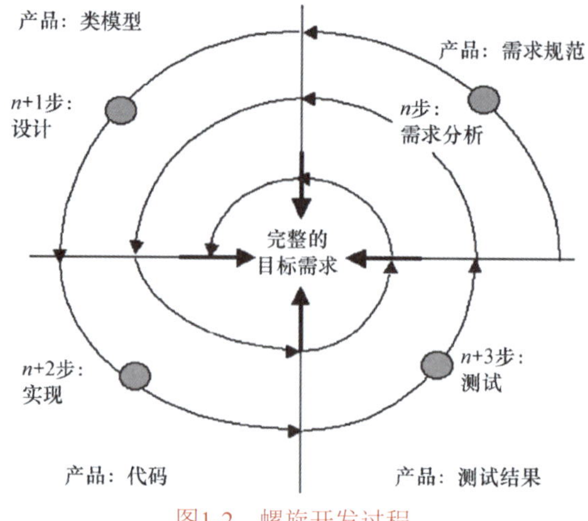

图1-2　螺旋开发过程

螺旋模型允许在每个循环阶段收集各种度量数据。例如，在初始循环阶段，可以记录团队在设计和实施过程中所花费的时间，从而优化后续阶段的时间估算方法。这对于缺乏历史数据的开发团队尤为重要。

尽管螺旋过程模型与典型软件项目的发展趋势相契合，但与简单的瀑布模型相比，它需要更多的精力来进行精细的过程管理。因为每次循环结束后，都必须确保文档的一致性，尤其是代码必须符合文档中描述的设计和记录的需求。为了提升开发团队的效率，通常会在前一个循环结束前启动新的循环，这使得保持文档一致性变得更加复杂。

螺旋开发过程需要进行多少次循环？这取决于具体情况。例如，一个由3人组成的团队，耗时4个月的项目，可能需要进行2到3次循环。然而，如果项目采用5次循环，那么所需的管理成本通常会超过新增循环带来的价值。

3. 增量模型

在软件开发过程中，每次迭代仅添加少量功能时，这种开发方式被称为增量模型。增量模型通过持续的小步骤推进项目，如图1-3所示。增量模型特别适合项目的后期阶段，例如在维护阶段，或者当新立项的产品与已开发产品结构高度相似时。

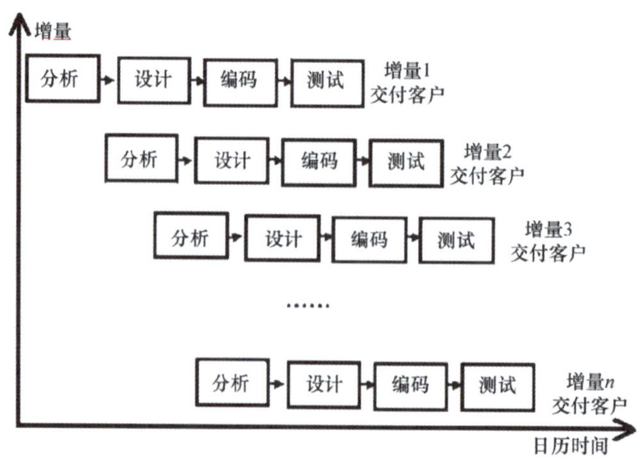

图1-3　增量开发过程

4. 快速原型模型

在快速原型模型中，首先是迅速开展需求分析工作。需求分析团队与用户紧密合作，快速明确软件的核心需求，并构建一个具有基础功能但可操作的原型系统。随后，通过逐步优化和扩展，不断完善该原型系统，最终形成完整的软件系统。

原型系统作为应用系统的示例，允许用户在开发者的协助下体验并评估原型的性能，检验其是否符合规格要求和用户期望。开发人员依据用户的反馈，纠正交互误解和分析错误，补充新需求，并针对环境变化或用户新想法导致的系统需求变动提出修改建议。在大多数情况下，原型系统中的不足之处可以得到修正，这些修正成为新模型的基础。开发者和用户在迭代过程中持续改进原型系统，直至软件性能满足用户需求。因此，快速原型开发模型能够帮助开发人员迅速实现目标系统。

快速原型模型的主要优势在于其用户导向性，它鼓励用户在系统生命周期的设计阶段积极参与，并有助于降低系统开发过程中的风险。特别是在大型项目开发中，由于需求分析难以一次性完成，快速原型模型的应用效果尤为显著。

5. 敏捷模型

敏捷模型采用迭代增量的方式进行软件开发。敏捷开发方法强调以人为本，通过迭代和逐步完善的方式进行开发。在敏捷开发实践中，软件项目被拆分成多个子项目，每个子项目的成果都经过测试，以确保它们能够独立运行并顺利集成。换句话说，敏捷方法将一个大型项目分解为多个既相互关联又可独立运作的小项目，并分别完成这些小项目。在整个过程中，软件始终保持可用性。

敏捷软件开发旨在取代传统的瀑布模型，后者严格按照预设的顺序执行需求分析、设计、编码和测试等步骤。在瀑布模型中，通过各个阶段的成果来衡量项目进度，例如需求规格书、设计文档、测试计划和代码审查等。瀑布模型的主要缺陷在于其严格的阶段划分限制了灵活性，使得一旦项目初期的分析完成，后期需求发生变化时难以适应，调整成本也因此高昂。因此，在需求不明确或可能发生变化的项目中，瀑布模型通常不适用。

相较于其他方法，敏捷方法更倾向于在数周或数月内完成较小的功能模块，其核心在于尽可能早地提供最小可用功能，并在项目持续期间不断进行优化和增强。

敏捷方法特别适合于小规模任务，这些任务在每个迭代周期以及迭代结束时发布的软件中得以体现。其主要优点在于能够完全适应用户需求的变化，并对产品进行持续的迭代更新。敏捷方法更重视交付可运行的软件，而不仅仅是满足需求规格书中的要求。

上述五种模型仅是众多软件过程模型中的一部分，此外还有喷泉模型、统一软件开发模型等其他模型。探讨这些模型的目的是强调软件过程模型在软件工程中的重要性，因为从某种角度来说，不熟悉软件过程模型就无法真正理解软件工程的核心。

同时，我们应意识到，构建一个全面且成熟的软件开发流程并非一朝一夕之事。它涉及从无序到有序、从特殊到普遍、从定性到定量的逐步演进，最终实现从静态到动态的转变。换言之，在达到成熟的软件流程之前，软件开发组织必须经历一系列探索阶段。因此，建立一个软件过程成熟度模型显得尤为必要，它能够对流程进行客观和公正的评估，从而推动软件开发组织优化其软件开发流程。这正是软件能力成熟度模型(CMM)所致力于实现的目标。

1.2 软件缺陷与软件故障

1. 什么是软件缺陷和软件故障

软件的制作离不开人的参与，而人的参与就意味着无法做到尽善尽美。软件开发是一项极其复杂的任务，开发人员在任务过程中难免会出现错误。尽管开发人员投入了大量努力，错误仍然不可避免。因此，软件中出现错误是其固有特性，无法完全消除。

通常，软件测试的目标就是尽可能地发现软件缺陷，并通过修正错误来提升软件的整体质量。

软件错误通常指的是在软件生命周期中出现的非预期或不可接受的人为失误，这些错误会导致软件缺陷的产生。

软件缺陷是指软件(包括文档、数据和程序)中出现的非预期或不可接受的偏差，这些缺陷会在软件运行于特定条件下时引发软件故障(此时缺陷被激活)。

软件故障是指软件在运行时产生的非期望或不可接受的内部状态，若没有及时采取适当的措施(如容错技术)来处理这些故障，软件可能会失效。

软件失效是指软件在执行过程中产生的非预期或不可接受的行为结果，这通常导致功能模块无法完成其预设的任务。软件失效的机制可概括为：软件错误→软件缺陷→软件故障→软件失效。

2. 软件缺陷和软件故障案例

软件缺陷和软件故障案例有很多，以下是一些经典的例子。

1) 千年虫问题

在20世纪70年代末期，为了节省宝贵的内存和硬盘空间，程序员在保存日期信息时，仅保留了年份的最后两位数字。例如，“1980年”被简化为“80”。然而，当2000年到来之际，这一问题开始显现。以银行存款系统为例，当计算利息时，系统会用当前日期“2000年1月1日”减去存款时的日期，比如“1979年1月1日”，理应得到21年的存款期限。假设利息率为3%，那么每100元存款，银行应支付给客户大约86元的利息。但是，如果程序未能修正仅存储年份最后两位的缺陷，计算出的存款年数会变成负的89年，导致客户不仅无法获得利息，反而需向银行支付高达1288元的费用。因此，随着2000年的临近，为解决这一设计上的小疏忽，全世界不得不花费数十亿美元来应对。

2) 美国东北部大停电

2003年，美国东北部和加拿大部分地区发生大规模停电，软件缺陷和错误警报是这次事故的重要原因之一。能量管理系统的软件未能准确监控电网状态，并在问题发生时产生了大量错误警报。

3) 日本“希望”号火星探测器失踪

1998年，日本发射的“希望”号火星探测器在飞往火星的途中失踪，原因是软件错误导致推进器未能正确点火。

4) Ariane 5火箭爆炸

Ariane 5火箭在升空后40秒后发生爆炸，原因是系统软件中的整数溢出漏洞引发软件崩溃，最终导致火箭爆炸。

5) 爱国者导弹软件错误

在第一次海湾战争期间，爱国者导弹系统因软件缺陷未能及时发现并拦截伊拉克导弹。

6) Windows计算器软件缺陷

Windows系统自带的计算器在计算$\sqrt{9}-3$时得出的答案不正确，这个问题在各个操作系统中均存在。

7) UNIX系统中的时间终结

UNIX系统中的时间显示将在2038年1月19日无法正常运行。

8) 阿里云上海地域可用区N网络异常

2024年7月2日，阿里云上海地域可用区N网络访问异常，导致多个应用出现网络故障。

9) 腾讯云服务器故障

2024年4月8日，腾讯云出现服务故障，网页显示504错误，服务器无法连接，故障持续近87分钟。

10) 美团App故障

2024年4月26日，美团App因系统升级出现主页面无法加载以及外卖等服务不可用的情况。

以上案例展示了软件缺陷和故障在不同场景下的具体表现和影响，提醒我们在软件开发和维护过程中需要高度重视软件质量和稳定性。

3. 软件产生错误的原因

软件产生错误的原因多种多样，为了有效避免这些错误，我们必须了解其成因，主要包括以下几点。

(1) 软件的复杂性。软件是思维的产物，其复杂性日益加剧。随着计算机技术的飞速发展，软件功能和结构日益繁复，算法难度也在不断提升。尽管软件对精确度要求极高，但任何环节的失误都可能引发软件错误。因此，软件缺陷层出不穷。

(2) 沟通不足、存在误解或缺乏沟通。软件的复杂性意味着随着项目规模的扩大，个人难以独立完成任务，团队合作成为必然。然而，确保团队成员间思想统一是一项重大挑战。由于人与人之间思想的差异，沟通不足、误解或缺乏有效沟通，都会在软件开发和维护过程中引发一系列严重问题。

(3) 程序设计失误。程序员也是人，难免会犯错。有些错误可能是偶然发生的，而程序设计失误往往源于一时疏忽。

(4) 需求变更。需求变更的影响是多方面的，客户可能未意识到需求变更带来的后果。需求变更可能导致系统重新设计，设计人员的日程也需要重新调整。已完成的工作可能需要重做或完全废弃。此外，需求变更可能影响其他项目，并导致硬件需求的变化。无论是多个小的调整还是一次重大的变更，项目各部分之间已知或未知的依赖性都可能会加剧，从而引发更多问题。因此，需求变更带来的复杂性往往会导致错误的发生。

(5) 时间压力。软件项目的进度表往往难以精确预测，通常需要估计和推测。当截止日期临近或关键时刻到来时，错误往往会随之出现。

(6) 代码文档不足。缺乏规范的代码文档使得代码维护和修改变得异常困难，这可能导致许多错误的发生。

(7) 软件开发工具。包括可视化工具、类库、编译器和脚本工具在内的各种软件开发工具，可能会将自身的缺陷带入应用软件中。实际上，无论采用何种技术或方法，软件中仍然可能存在错误。虽然使用新技术、先进的开发方法和完善开发流程可以减少错误的引入，但无法完全消除软件中的错误。这些错误需要通过测试来发现和评估。

1.3 软件质量与质量模型

软件质量问题是软件工程领域的核心。那么，何为软件质量？这实际上是一个多维度的概念，不同个体从各自视角审视软件质量问题时，往往会有各自的解读。通常，人们会用诸如某软件易用、功能完备、架构合理、层次清晰、运行迅速等模糊表述来评价软件质量，但这些并不能构成对软件质量的科学评估。随着计算机软硬件技术的进步，人们对软件质量的认识日益加深，相关标准随之演变。根据ISO/IEC 9126-1991(GB/T16260-1996)“信息技术软件产品评价质量特性及其使用指南”标准，软件质量的定义如下。

软件质量涉及软件产品满足既定或潜在需求的能力，涵盖了特性与属性的综合。其核心意义体现在以下几个方面。

- 符合特定需求的软件特性。软件需求是评价软件质量的关键，不满足需求的软件无法称得上高质量。因此，软件必须在功能、性能等方面达到预期，并能够稳定运行。
- 达到预期属性组合的程度。这意味着软件结构合理，系统资源得到合理运用，代码易于阅读、理解，并便于修改，从而方便进行软件维护。
- 满足用户综合期望的程度，即软件系统拥有用户友好的界面，使得用户使用起来更加便捷。
- 软件的综合特性。在软件的整个生命周期中，各阶段的文档都应完整且规范，以利于配置管理。

软件质量特性，即影响软件质量的多种因素，构成了一个复杂的集合。这些特性揭示了质量的核心，而探讨软件质量问题，本质上是要明确软件质量特性的定义。

要深入探究影响软件质量的关键因素及其评价方法，首先需要确立一套科学的质量评估标准，以确保软件产品达到预期的质量要求。为了解决这一问题，构建一个易于理解和操作的质量模型显得尤为重要，这不仅有助于全面评估软件质量，还能有效识别和管理潜在风险。目前，学术界和产业界已提出多种质量模型，这些模型从不同维度定义了软件质量的各项属性。其中，McCall模型、Boehm模型和ISO/IEC 9126模型尤为突出，它们的共同特点在于采用了分层结构来构建软件质量特性体系。这些被广泛认可的质量特性模型通常采用双层架构：顶层由若干基本质量特性构成，这些特性按照主要类别进行划分；底层则进一步细化为各个主要类别下的子类质量特性；最后，在每个子类中详细列出与之对应的具体评价标准或相关指标。这种层次化的结构设计不仅使质量评估更加系统化，也为软件质量的持续改进提供了清晰的指导框架。

1976年，Boehm及其同事首次提出了软件质量模型的层次结构。随后，在1979年，McCall及其团队对Boehm的质量模型进行了优化，提出了一个新的软件质量模型。该模型的质量定义基于11个关键特性，这些特性涵盖了软件产品的运行、修正和转移等方面。这些特性与软件质量的关系在图1-4中进行了展示。McCall等人坚信，特性是衡量软件质量的指标，而软件属性则可以作为评估标准。通过量化地测量这些属性，可以准确地评估软件质量的高低。

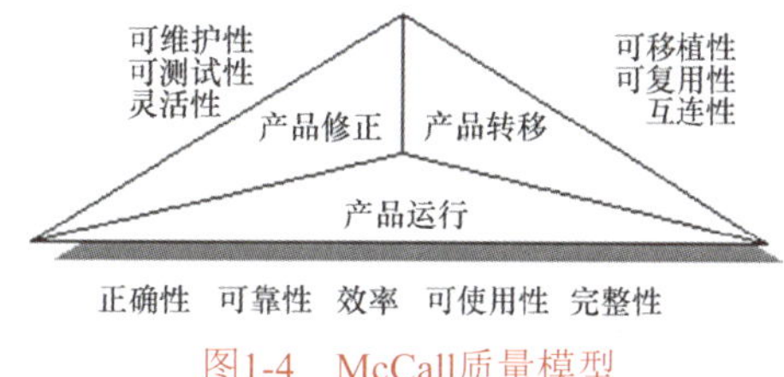

图1-4　McCall质量模型

对于那些缺乏开发经验的个体而言，软件能够顺利运行似乎已经足够。然而，软件工程的终极目标在于开发出符合质量标准的软件产品。产品的质量要求是多维度的，其中正确性仅仅是衡量软件质量的一个方面。软件质量的考量因素众多，包括但不限于正确性、可靠性、可使用性、效率、完整性、可维护性、可测试性、灵活性、可移植性、可复用性以及互连性等。

国际标准化组织(ISO)基于广泛的用户视角，提倡并促进了对软件质量特性统一认识的讨论，逐步达成了共识并持续进行优化。1991年发布的ISO/IEC 9126《软件质量特性与产品评价》标准，初步展示了这一国际性探讨的成果。ISO/IEC 9126-1991标准所规定的软件质量模型由三层构成，如图1-5所示。该模型中，第一层被称为质量特性(SQRC)，第二层被称为质量子特性(SQDC)，第三层被称为度量(SQMC)。此模型定义了8个质量特性，包括正确性、可靠性、可维护性、效率、安全性、灵活性、可使用性及互连性，并推荐了21项子特性，例如完备性和准确性等，但这些子特性并不构成标准的一部分。度量质量子特性的方法没有统一的标准，各组织可根据实际情况自行制定。正如前文所述，软件质量的评价应以用户需求为基准，通常以用户的“满意度”作为衡量标准。

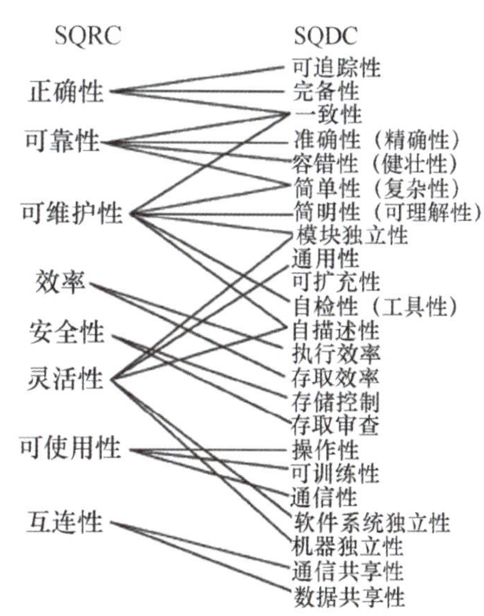

图1-5　ISO的软件质量评价模型

自1997年以来，国际标准化组织(ISO)以软件生命周期为视角，提出了软件质量度量的概念。在这一概念的指导下，ISO对1991年发布的ISO/IEC 9126标准进行了修订，并推出了新的9126系列标准，包括ISO/IEC 9126-1、-2、-3和-4。2001年发布的ISO/IEC 9126《产品质量—质量模型》中，软件质量被定义为包含内部质量、外部质量和使用质量三个维度，如图1-6所示。换言之，软件满足既定或潜在用户需求的能力，需要通过其在内部、外部及使用过程中的表现进行综合评估。

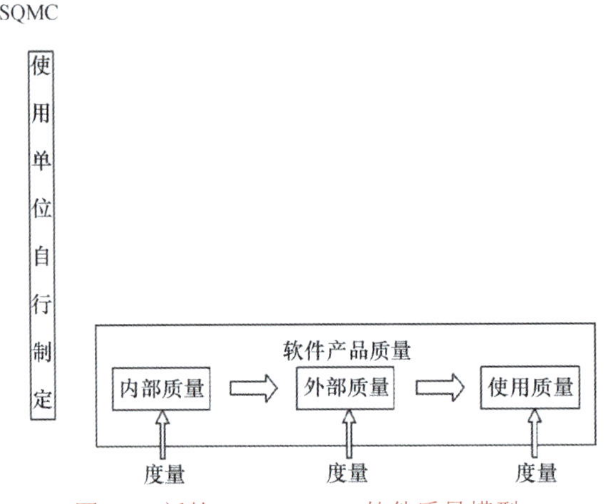

图1-6　新的ISO/IEC 9126软件质量模型

所谓内部质量，是指从软件产品内部视角出发，对其特性的综合评价。这一评价是基于对内部质量需求的精确测量和深入评估。依据新版ISO/IEC 9126《产品质量——质量模型》标准，内部质量被定义为软件产品在特定条件下使用时满足需求的能力属性，它体现了软件开发过程中(涵盖需求开发、设计、编码等阶段)的质量特性。

内部质量特征主要包括以下几个方面。

- 可维护性：指的是对软件系统进行修改以增强其性能或修正错误的能力。
- 灵活性：涉及对系统进行调整以适应多样化用途或环境，而无须进行专门设计的能力。
- 可移植性：意味着对系统设计的某些部分进行调整，以便其能够在其他环境中运行。
- 可重用性：指的是将系统中的某些部分应用于其他系统的难易程度。
- 可读性：涉及理解系统源代码的能力。
- 可测试性：指进行单元测试或系统测试，以验证系统满足所有性能需求的难易程度。
- 可理解性：指从整体或细节层面理解整个系统的难易程度。

软件产品的外部质量指的是在特定环境下使用时，其满足需求的程度。它反映了从外部观察到的软件特性，主要通过在模拟条件下使用外部度量和模拟数据进行测试来评估，即在既定系统环境中可能达到的质量水平。

外部质量特性主要包括以下方面。

- 准确性：指系统受说明、设计和实现错误影响的程度。
- 易用性：指用户学习和使用系统的难易程度。
- 性能：涉及系统对资源的最小化利用，包括存储和执行时间。
- 稳定性：指系统在特定条件下执行功能的能力。
- 安全性：指防止非法或不当访问的能力。
- 兼容性：指系统在不同应用或其他环境中无须修改即可使用的程度，无须经过特定设计。
- 精确度：指系统不受错误影响的程度，特别是在数据输出方面(精确度与准确性不同，它衡量的是系统完成任务的能力，而非设计的正确性)。

- 鲁棒性：指系统在面对无效输入或压力环境时继续执行功能的能力。

软件产品的使用质量被定义为在特定的使用环境下，软件产品满足特定用户实现既定目标的能力。这一定义基于用户视角，旨在评估软件在特定环境和条件下的表现，反映了其在满足用户需求方面的效能。

使用质量通过有效性、生产效率、安全性和用户满意度等特性进行描述。

在实际的软件项目管理中，同时提升所有质量特性是一项极具挑战性的任务。项目管理的三大核心要素——质量、资源和时间相互制约，提高质量往往需要投入相应的成本和时间，这可能导致需要更多资源或项目延期。因此，项目管理应依据项目的具体特性，平衡这三大要素，制定合理且可行的质量目标。

任何产品都是由多个过程构成的，因此，管理和控制这些过程是提升产品质量的关键。对于软件项目而言，为了提高产品质量、缩短开发周期、降低成本，必须对软件开发过程的各个阶段和步骤进行有效的管理和控制。

1.4　软件测试

软件测试作为软件质量保证过程中的核心环节，发挥着至关重要的作用。通过实施软件测试，我们能够对产品的质量进行全方位的评估，从而为软件产品的发布、系统的部署、产品的鉴定以及其他关键决策提供坚实的信息支持。

1.4.1　软件测试的定义与目的

1. 软件测试的定义

软件测试是软件开发流程中不可或缺的环节，其主要任务在于对软件产品进行验证与确认，以评估其质量、发现缺陷或错误，并确保其满足既定需求和预期效果。该过程包括一系列经过精心规划的测试活动，如单元测试、集成测试、系统测试、验收测试等，旨在确保软件在各种环境中能够准确无误、稳定运行。软件测试不仅关注功能的正确实现，还涉及性能、安全性、易用性等多个方面。通过软件测试，可以提升软件的可靠性和用户满意度，同时降低软件发布后的维护成本。

根据IEEE所制定的软件工程标准术语，软件测试被定义为："运用人工或自动化手段执行或测试系统的过程，旨在检验其是否满足既定需求，或揭示预期结果与实际结果之间的差异。"软件测试与软件质量紧密相关，其核心目标在于确保软件产品的质量。通常，软件质量的评估以"满足需求"为基本准则，而IEEE对软件测试的定义也明确指出，其目标在于验证软件是否符合既定需求。

在软件的整个生命周期中，软件测试扮演着至关重要的角色。根据传统的瀑布模型，测试活动通常被安排在运行维护阶段之前，作为确保软件质量的关键步骤。然而，随着软件工程领域新理念的引入，每个生命周期阶段都应包含测试活动。软件工程的生命周期方法将开发过程细分为多个阶段，这为检验中间产品提供了机会，而完成的文档则成为评估软件质量的关键。

通常，程序中的错误并非仅由编码引起，它们可能源自详细设计、概要设计甚至需求分析阶段的问题。因此，即便是在源代码层面进行测试，问题的根源可能位于开发过程的早期阶段，解决和纠正这些错误需要追溯到这些前期工作。基于此，测试工作应覆盖整个软件生命周期，特别关注编码之前的各个开发阶段，以确保软件质量。换言之，测试应从软件生命周期的起始阶段开始，并贯穿整个生命周期，以检验各阶段成果是否达到预期目标，并尽可能早地发现并修正错误。若不在早期阶段进行测试，错误的延迟扩散往往会导致最终成品测试的极大困难。美国软件质量安全中心在2000年对100家知名软件公司进行的调查显示：在开发早期发现软件缺陷，与在开发后期发现相比，可以节省90%的资金和人力资源；在产品推向市场前发现缺陷，与推出后发现相比，同样可以节省90%的资金和人力资源。因此，软件测试不应仅仅被视为传统意义上产品交付前的单一“找错”过程，而应是一个贯穿软件生产全过程的科学质量控制过程。从软件项目的需求分析、概要设计、详细设计到程序编码等各个阶段产生的文档，包括需求规格说明、概要设计规格说明、详细设计规格说明及源程序，都应成为软件测试的对象。在整个软件生产过程中，都需要软件测试工程师的参与。

软件测试的核心需求涉及两个主要方面：首先，确保软件产品的精确性和完整性；其次，保障软件在其生命周期各个阶段的逻辑协调性与一致性，以及软件内部结构的统一性。软件生命周期中各开发阶段的主要测试活动如表1-1所示。

表1-1 软件生命周期中的主要测试活动

开发阶段	主要测试活动
需求分析	根据项目需求规格说明书，确定项目中需要进行的测试类型，并据此制订系统测试计划
设计	确认设计是否符合需求，制订集成测试计划和单元测试计划
编码	开发相应的测试代码和测试脚本
测试	执行测试，并提交详尽的测试报告
安装	将经过测试的系统投入生产
维护	修改缺陷并进行重新测试

在需求分析阶段，主要验证需求定义是否与用户需求相符；在设计与编码阶段，确保设计编码遵循需求定义；在测试与安装阶段，检查系统运行是否符合规格；在维护阶段，需要重新测试系统，以确保修改和未修改部分均能正常运作。

2. 软件测试的目的

软件测试的核心目的是确保产品质量，它在开发流程中发挥着关键的质量控制作用。

测试的主要目标是发现程序缺陷，而非保证程序完全无误。软件测试覆盖整个生命周期，用户在使用后也会参与测试。Glen Myers在*The Art of Software Testing*中提出了三个测试原则。

- 测试是执行程序以发现错误的过程。
- 良好的测试用例能发现新的错误。

- 成功的测试是指能够发现新错误的测试。

软件测试的主要宗旨在于以最小的资源消耗(包括人力、物力和时间成本)，揭示软件内部潜在的错误与缺陷。通过此方法，可以对这些错误和缺陷进行修正，从而提升软件的整体质量，并降低因潜在问题引发的商业风险。由于软件是由人类开发的，其固有的不完美性使得错误的出现不可避免。此外，软件开发过程的复杂性使得错误易于产生。尽管软件领域的专家和学者已投入大量努力，但完全避免软件错误仍然是一项挑战。因此，普遍认为软件中存在错误是其固有特性，难以彻底根除。通常，软件测试的目标是尽可能多地发现这些缺陷，并通过修正它们来提升软件质量。

此外，测试的目的不仅限于发现缺陷和错误，还包括对软件质量的评估和度量，以进一步提高软件质量。软件测试是一项旨在评价程序或系统的特定属性的活动，它验证软件是否满足用户需求，并为用户选择和接受软件提供坚实的依据。

同时，分析错误产生的原因有助于识别当前软件开发流程中的不足，为软件流程改进提供方向。通过对测试结果的深入分析和整理，可以优化软件开发规范，并为软件可靠性分析提供支持。

1.4.2 软件测试的原则

为确保测试成效，测试工程师必须深入理解软件测试的核心原则。以下原则通常被视为测试的基石。

(1) 早期测试。将“早期和持续的测试”作为行动准则。鉴于软件的复杂性和程序性，错误可能在软件生命周期的各个阶段出现，因此不应仅将软件测试视为软件开发过程中的一个独立阶段，而应将其融入软件开发的每个阶段。在需求分析和设计阶段，测试工作应当开始，并编写相应的测试文档。同时，要坚持在软件开发的每个阶段进行技术评审和验证，尽早开展测试执行工作。代码模块一旦完成，就应立即进行单元测试；当代码模块集成为相对独立的子系统后，应进行集成测试；一旦有Bug提交，就应进行系统测试。由于测试执行工作提前进行，测试人员能够更早地发现软件缺陷，从而显著降低Bug修复的成本。但需要注意，“早期测试”并不意味着无目的地提前进行测试活动，测试活动的开展应基于达到必要的测试准备条件。

(2) 全面测试。软件由程序、数据和文档构成，因此测试软件不仅限于程序本身，还应涵盖对软件“副产品”的“全方位测试”。需求文档和设计文档作为软件开发过程中的阶段性成果，对软件品质有着直接的影响。阶段性产品的质量是软件整体质量的基础，若无法确保这些阶段性产品的质量，最终软件质量将难以控制。

“全方位测试”涵盖两个方面的内容：首先，它要求对软件的所有组成部分进行彻底测试，包括需求、设计文档、代码和用户文档等。其次，它需要软件开发和测试团队(有时还包括用户)的全面参与。例如，在需求验证和确认的过程中，开发人员、测试人员和用户都应共同参与。因为测试不仅仅是确保软件的正常运行，更重要的是确保软件能够满足用户的需求。

“全方位测试”有助于全面掌握软件质量，并尽可能地消除可能导致软件问题的因素，从而确保软件能够达到既定的质量标准。

(3) 全程测试。“全程测试”包含两层含义：其一，测试人员需密切关注开发流程，并对流程中的任何变化迅速做出响应。例如，开发进度的调整可能需要测试进度和策略的相应调整，而需求变更也可能影响测试的执行。其二，测试人员应全面追踪测试的整个流程，例如建立一套完善的度量和分析体系，以便通过对流程的度量及时掌握过程信息，并据此调整测试策略。

“全程测试”有助于及时应对项目中的变动，降低测试风险。同时，对测试流程的度量与分析也有助于掌握测试流程，调整策略，从而优化测试过程。

(4) 独立性与迭代性的测试。这一概念包含两层含义：其一，测试流程应当与开发流程适度分离，形成一个独立的管理流程。传统的软件开发瀑布模型只是一个理想化的框架。为了应对不断变化的需求，软件开发实践中出现了螺旋模型、迭代模型等多种开发模型。在这些模型中，需求分析、系统设计、编码等环节可能会相互重叠并多次进行。因此，测试工作也应当是迭代和反复的。若无法将测试从开发流程中独立出来进行管理，测试管理将不可避免地陷入困境。其二，测试工作应由独立的专业软件测试机构执行。通常情况下，程序设计者对自己的程序有着深刻的理解，往往倾向于认为其设计是正确的。然而，如果在设计阶段就存在理解上的偏差，或因不良编程习惯而潜藏隐患，程序员本人往往难以察觉这类错误。

(5) 帕累托原则指出，在测试过程中发现的缺陷中，80%可能源自仅占20%的模块。例如，美国IBM公司的OS/370操作系统中，47%的缺陷仅与系统的4%的程序模块相关。因此，必须重视测试中缺陷集中的现象。若发现某一程序模块的错误频率明显高于其他模块，则应该投入更多的时间和精力进行针对性测试。

(6) 对测试结果的错误必须进行确认。通常，由工程师A发现的错误应由工程师B进行复核。对于严重错误，可以组织评审会进行讨论和分析。

(7) 制订严格的测试计划。应详细制订测试计划，并为测试工作预留充足的时间。切勿期望在极短的时间内完成高质量的测试工作。

(8) 完全测试是不现实的，测试必须有终止点。在有限的时间和资源条件下，试图找出所有软件缺陷和错误，使软件达到完美状态是不可能的。一个中等规模的程序，其路径组合数量接近天文数字，进行穷举测试——即对每一种可能的路径都执行一次测试是不现实的。即使能够进行穷举测试，也无法保证找到程序中所有潜在的错误。同时，成本将大幅上升，而漏掉的软件错误数量并不会因成本增加而显著减少。随着测试的推进，发现错误的成本也会逐渐增加。因此，应根据测试中发现错误的概率以及软件的可靠性要求，合理确定测试的终止时间，而不应无休止地进行测试。

(9) 重视回归测试的相关性。回归测试的相关性必须得到足够的重视，因为修复一个错误可能会导致更多错误的出现，这种情况并不罕见。

(10) 谨慎保存所有测试过程文档。保存所有测试过程文档的重要性不言而喻，测试的可复现性往往依赖于详尽的测试文档。

1.4.3 软件测试与软件开发各阶段的关系

在软件领域，人们常常关注软件开发与测试之间的相互作用。软件开发与测试是软件生命周期中至关重要的环节，共同构成了软件过程的核心。开发过程主要负责软件的生产，而测试则确保软件的质量。若将软件开发类比于传统制造业，开发人员就像生产线上的工人，而测试人员则类似于质量控制专家。然而，软件测试与开发之间的联系更为紧密，测试在软件开发中扮演着不可或缺的角色。

软件开发遵循自顶向下的原则，逐步进行细化。在软件计划阶段，明确了软件的作用范围；在软件需求分析阶段，确立了软件的信息域、功能和性能需求以及各种约束条件；在软件设计阶段，则将设计思想转化为具体的程序代码，通常采用某种程序设计语言。

相对而言，测试过程则按照自底向上的顺序逐步集成。首先，对每个程序模块执行单元测试，以消除模块内部的逻辑和功能错误；接着进行集成测试，以发现并排除子系统或系统结构上的缺陷；然后进行验收测试，以确保软件满足设计要求；最终，从整个系统的角度进行软件运行，以验证其是否能够满足所有既定需求。软件测试与软件开发各阶段之间的关系如图1-7所示。

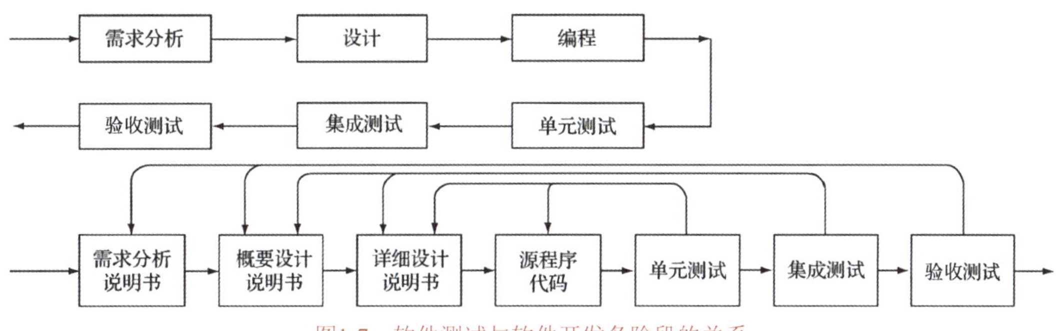

图1-7　软件测试与软件开发各阶段的关系

在软件测试的进程中，通过人工或自动化的执行方式对软件进行检验，并将观察到的行为特性与预期的行为特性进行细致比较。随着对软件测试方法、工具和技术的深入研究，测试的定义已经从一个简单的编程后评估过程，演变为软件开发生命周期中每个阶段不可或缺的活动。

1.4.4　软件测试过程模型

在软件开发的持续实践中，人们积累了宝贵的经验和教训，并对未来发展进行了预测，从而总结出多种开发模型。例如，典型的迭代改进模型、瀑布模型、快速原型模型、螺旋模型、增量模型等。然而，遗憾的是，这些模型中往往对测试环节没有给予足够的重视和充分的阐释。随着软件测试过程模型的出现，这一局面得到了改善。这些测试模型在考虑软件开发过程的同时，实现了开发与测试的有效融合。软件测试模型对于指导软件测试流程、提升测试质量和效率具有重要意义。因此，选择一个恰当的软件测试模型，对于确保测试流程的顺畅进行至关重要。

软件测试流程与软件开发流程一样，是一种抽象模型。它同样需要遵循软件工程原理和管理学原理。测试专家通过实践和不断改进，创建了众多实用的测试模型。这些模型明确了测试与开发之间的关系，使测试流程与开发流程产生互动，从而成为测试管理的重要参考。下面将对一些主要的测试模型进行简要介绍。

1. V模型

V模型作为具有显著代表性的测试模型，最初由Paul Rook于20世纪80年代末提出，旨在提高软件开发的效率与效果。该模型揭示了测试活动与分析设计活动之间的联系。如图1-8所示，它清晰地从左至右展示了基础的开发流程与测试行为，明确标示了测试流程中各种类型的测试，并详细阐释了测试阶段与开发流程中各个阶段的对应关系。图中的箭头指示了时间的流向，左侧下降部分代表开发流程的各个阶段，而与之对应的右侧上升部分则表示测试流程的各个阶段。

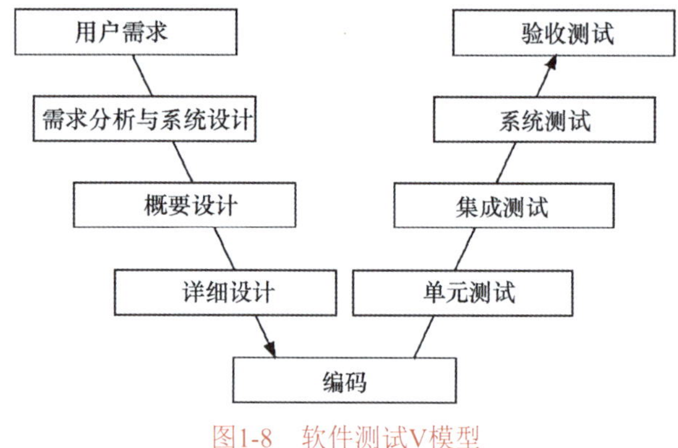

图1-8 软件测试V模型

V模型强调，单元测试与集成测试的宗旨在于验证程序执行是否符合软件设计规范；系统测试的目的在于评估系统功能和性能的质量特性是否满足既定的系统要求；验收测试则确保软件实现是否符合用户需求或合同规定。

然而，V模型也存在一定的局限性，它将测试活动仅视为编码之后的一个阶段，主要关注发现程序运行时的错误，忽略了测试在需求分析、系统设计等前期活动中的验证和确认作用。

2. W模型

W模型是由Evolutif公司提出的，它在V模型的基础上进一步强调了在软件开发过程中各个阶段应并行实施的验证与确认活动。验证活动的目的是通过数据来检验是否正确地执行了产品制造，主要关注过程的正确性；而确认活动则通过数据来确保制造了符合要求的产品，主要关注结果的正确性。W模型如图1-9所示，它由两个V型模型组成，分别代表了测试过程和开发过程，清晰地呈现了测试与开发的并行关系。

W模型强调测试应贯穿整个软件开发周期，测试的对象不仅限于程序，还包括需求和设计等环节，从而实现测试与开发的同步进行。W模型有助于在早期发现潜在问题。例如，在需求分析阶段完成后，测试人员应立即参与需求的验证和确认工作，以便尽早识别缺陷。同时，对需求进行测试也有助于及时评估项目难度和测试风险，从而提前制定应对策略，这将显著缩短总体测试时间，并加速项目进程。

然而，W模型也存在局限性。在W模型中，需求分析、设计、编码等环节被视为顺序进行，测试与开发活动之间维持线性的时间顺序关系，必须在前一阶段完全结束之后才能正式开始下一阶段的工作。这种模式无法适应迭代开发模型的需求。鉴于当前软件开发环境的复杂性和多变性，W模型并不能完全解决测试管理过程中面临的挑战。

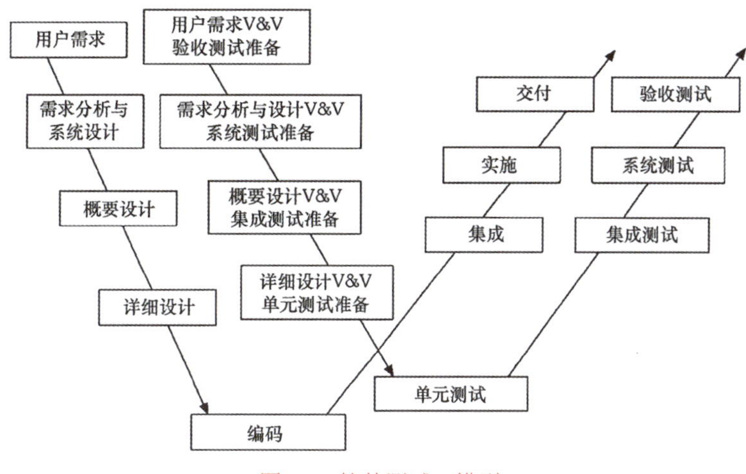

图1-9　软件测试W模型

3. X模型

在X模型的展示中(如图1-10所示)，左侧详细描绘了独立代码块的单独编码与测试流程。这些代码块随后将经历持续的交接过程，并通过集成步骤逐步构建出可执行的程序。这些程序将接受更深入的测试。一旦集成测试完成，产品即可封装并提供给用户，或成为更大规模集成的一部分。图1-10中并行的多条曲线表示变更可以在任何阶段随时发生。从图1-10中可以明显看出，X模型特别突出了探索性测试的重要性，这是一种无须预先规划的测试方法，通常由经验丰富的测试人员执行，旨在发现计划之外的软件缺陷。尽管如此，该测试方法可能导致资源的过度消耗，并且对测试人员的专业技能要求较高。

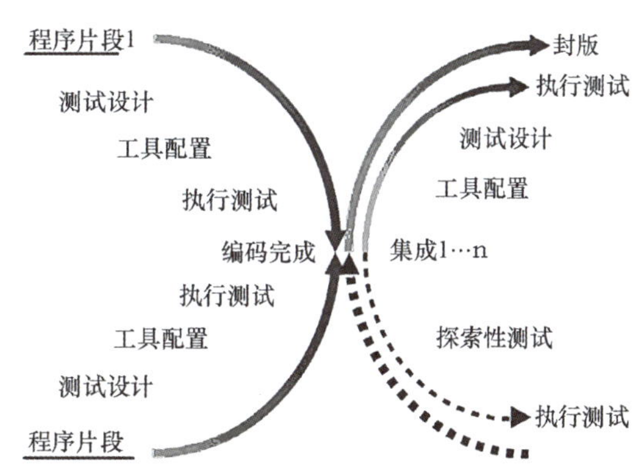

图1-10　软件测试X模型

4. H模型

V模型与W模型均存在一定的局限性。如前所述，这两种模型均将软件开发过程视为需求分析、系统设计、编码等顺序性活动，然而在实际操作中，这些活动往往能够并行推进。因此，相关的测试活动之间并不存在绝对的顺序性。同时，不同层级的测试(如单元测试、集成测试、系统测试等)也展现出反复和迭代的特性。为了应对这些挑战，专家们提出了H模型。该模型将测试活动彻底分离，形成一个独立的流程，并明确区分测试准备和测试执行两个阶段，如图1-11所示。

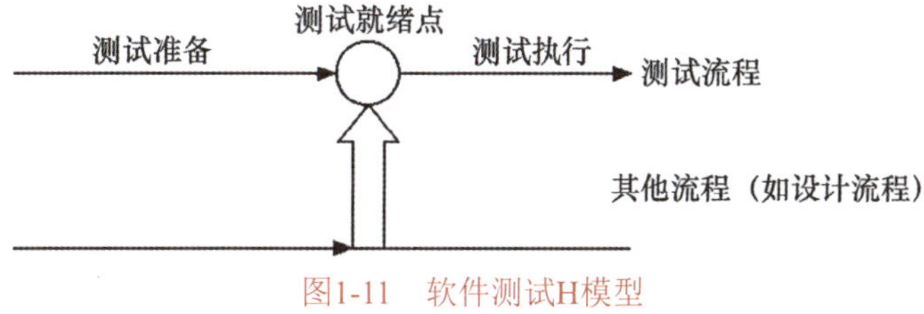

图1-11　软件测试H模型

图1-11展示了在生产周期的特定阶段进行的一次测试“微循环”。图中标识的“其他流程”可能代表任何开发流程，如设计流程或编码流程。换言之，一旦测试条件准备就绪，测试准备工作完成后，测试执行活动即可启动。

H模型揭示了软件测试是一个独立的流程，贯穿于产品的整个生命周期，并与其他开发流程并行执行。该模型强调软件测试应尽早开始并及时执行。不同的测试活动可以按顺序依次进行，也可以循环往复。只要某个测试活动达到准备就绪的状态，测试执行活动即可立即展开。

1.4.5 软件测试的分类

软件测试所涉及的技术与方法极为多样，可以根据不同的视角对其进行分类。

1. 按测试方式分类

根据测试方法的差异，软件测试可分为静态测试和动态测试两大类。

(1) 静态测试涉及在不执行程序的前提下，对代码是否遵循既定规则进行检查，并对程序的数据流及控制流进行详尽审查。

(2) 动态测试包括选取实际的测试用例以执行程序，旨在模拟真实的用户操作。

2. 按测试方法分类

根据测试方法的不同，软件测试可以分为白盒测试和黑盒测试两大类。

(1) 白盒测试。在对软件内部结构有深入理解的基础上，依据程序流程进行测试。白盒测试也被称为结构测试、透明盒测试、水晶盒测试、代码导向测试或设计导向测试。由于白盒测试需要投入较多资源，并且对测试人员的专业能力要求较高，因此通常仅对关键部分实施。

(2) 黑盒测试。依据软件规格说明书，针对系统应实现的功能进行测试。测试人员需对产品的设计概念有所掌握。黑盒测试也被称为行为导向测试、功能导向测试或需求导向测试。

(3) 灰盒测试。灰盒测试结合了白盒测试与黑盒测试的特征，是一种基于对程序内部结构有限了解的软件测试方式。测试人员可能对系统组件之间的交互有一定认识，但对程序内部功能和机制的了解并不深入。灰盒测试既关注输入与输出的正确性，也关注内部表现，但其关注程度不及白盒测试那样深入。测试人员通常通过一些关键现象、事件和标志来推断程序内部运行状态。灰盒测试有助于减少过度测试，从而简化多余的测试用例。

3. 按测试过程分类

在软件交付周期的各个阶段，软件测试是不可或缺的环节。依据不同的目标类型，整个软件测试过程可以细分为四个主要步骤，从独立程序模块的测试开始，一直到最终的验收测试。

(1) 单元测试。该测试阶段在开发初期进行，其主要目的是验证软件中最小的可测试单元。单元测试涉及对单一功能或子程序的测试，包括对每一行代码执行基础测试。它通常用于对模型中的最小组成单元如程序块、方块、函数等进行实施，以确保控制流和数据流得到全面覆盖，并且构件能够按照预期运行。测试内容包括界面测试、局部数据结构测试、边界条件测试、覆盖条件测试以及错误处理等方面。

(2) 集成测试。集成测试是在单元测试完成后，按照设计要求将各个模块组装起来进行的测试。其主要目的是发现与接口相关的问题。测试重点在于验证模块间的数据传输是否准确无误，模块集成后的功能是否得到正确实现，以及模块接口功能是否与设计要求保持一致。集成测试通常紧随单元测试之后，一旦单元测试通过，即可开始准备集成测试环境。

(3) 系统测试。系统测试将被测试软件视为计算机系统的一个组成部分，与计算机硬件、外部设备、支持软件、数据和人员等其他系统元素结合，在实际运行环境中对整个计算机系统进行全面测试。该测试旨在全面发现系统错误，评估系统的整体性、可靠性和安全性。系统测试从客户或最终用户的角度出发，对系统进行全面评估。

(4) 验收测试。验收测试旨在确认被测试系统是否满足既定需求。测试重点在于评估产品在常规使用条件下的表现。主要由市场、销售、技术支持人员和最终用户根据既定需求共同进行有效性测试，以检验软件的功能、性能及其他特性是否符合用户要求。验收测试通常采用黑盒测试方法。其基本事项包括功能确认(根据用户需求规格说明，检测系统对规定功能的实现情况)和配置确认(检查系统资源和设备的协调情况，确保所有开发文档资料齐全，以支持软件运行后的维护工作) 。配置确认的文档资料包括设计文档、源代码、测试文档和用户文档等。

以上四个过程彼此独立且顺序相连，依次展开。首先，测试人员需单独完成每个单元的测试任务，以确保每个模块能够正常运行。单元测试主要采用白盒测试技术，旨在尽可能地发现模块内部的程序错误。一旦单元测试完成，测试人员将已测试的模块组合在一起，执行集成测试，其目的是检查与软件设计相关的程序结构问题。在这一阶段，更多地使用黑盒测试技术来设计测试用例。集成测试完成后，为了验证被测试软件是否能够与其他系统组件(如硬件、数据库和操作人员)协同工作，必须进行系统测试。最后，验收测试作为检验软件是否满足所有功能和性能需求的最终手段，通常采用黑盒测试方法，根据既定需求对开发初期制定的验收标准进行验证。

4. 按测试目的分类

测试可以根据其目的划分为多种类别。尽管存在超过三十种不同的测试类型，但在实际应用中，许多测试目的常常相互交错。根据测试目的进行分类，主要的测试类型包括以下几种。

(1) 功能测试。该测试专注于根据产品需求说明书对软件进行验证，确保软件功能与需求相一致。测试内容包括既定功能的检验，以及确认软件中是否存在多余或遗漏的功能。

(2) 健壮性测试。该测试着重于程序的容错能力，主要目的是验证程序在遭遇各种异常情况时是否能保持稳定运行。测试内容涵盖数据边界测试、非法数据测试、异常中断测试等。

(3) 接口测试。该测试涉及对各个模块进行系统联调的测试，包括程序内部接口和外部接口的测试。在这一过程中，测试人员会在单元测试阶段执行部分工作，而大部分工作则在集成测试阶段完成。

(4) 性能测试。该测试旨在检验系统性能是否满足用户需求，即在特定运行条件下评估系统的能力。性能测试通常利用自动化工具模拟正常、峰值和异常负载情况，对系统性能指标进行评估。通过测试获得的负载和响应时间等数据，可以验证软件系统是否达到用户期望的性能标准。

(5) 强度测试。该测试属于性能测试的一种，通过在极端资源配置下运行系统来评估其性能。强度测试的目的是揭示因资源不足或资源竞争导致的错误。例如，当内存或磁盘空间不足时，测试对象可能会暴露出在正常条件下不明显的缺陷，这些缺陷可能是由于共享资源的竞争(如数据库锁或网络带宽) 引起的。如果一个系统在366MB内存下可以正常运行，但当内存容量减少后无法运行并提示内存不足，那么这个系统对内存的最低需求就是366MB。

(6) 压力测试。该测试作为一种性能测试，主要用于在超负荷环境下检验程序的运行稳定性。其目的是评估系统在资源超负荷状态下的表现，通过极限测试手段揭示系统在极端或恶劣条件下的自我保护能力。压力测试旨在确认系统在超过最大预期工作负载时仍能保持正常运行。此外，该测试还涉及评估软件的性能指标，如响应时间、事务处理速率以及其他与时间相关的性能参数。例如，在B/S架构中，用户并发量测试就属于压力测试的范畴。测试人员可以利用Webload工具模拟成百上千的用户同时访问网站，以观察系统的响应时间和处理速度。

(7) 用户界面测试。该测试专注于检验系统的界面设计，确保用户界面的友好性、软件的易用性、系统设计的合理性以及界面元素的正确布局。

(8) 安全测试。该测试着重于评估系统抵御未授权访问的能力。例如，测试系统在面对未经授权的内部或外部用户发起的攻击或恶意破坏时的运行状况，以及系统保护数据安全的能力。

(9) 可靠性测试。该测试旨在确保软件的可靠性水平满足用户需求，并验证软件是否达到软件规格说明书中规定的可靠性标准。通过分析在软件可靠性测试中收集到的失效数据，可以对软件当前的可靠性水平进行评估，并确认其是否符合要求。由于其高投入的特性，软件可靠性测试通常需要执行大量测试。

(10) 安装与反安装测试。安装测试主要检查软件是否能够顺利安装，安装文件的配置是否正确有效，以及安装后是否对整个计算机系统造成影响。反安装测试则是安装测试的逆过程，主要评估软件是否能够被彻底删除，以及删除后是否对计算机系统产生不良影响。

(11) 文档测试。文档测试主要评估内部和外部文档的清晰度与准确性。对于外部文档，测试工作侧重于用户文档，包括需求说明、用户手册和安装手册等，以确保文档内容与实际应用的一致性。同时，还需评估文档是否易于理解，技术术语是否得到了恰当的解释等问题。

(12) 恢复测试。恢复测试旨在检验系统在遭遇崩溃、硬件故障或其他灾难性问题时的表现，以及系统从这些故障中恢复的能力。

(13) 兼容性测试。兼容性测试着重于评估软件产品在不同平台、不同工具软件或相同工具软件不同版本下的兼容性。其目的是确保系统能够与其他软件和硬件设备良好地协同工作。

(14) 负载测试。负载测试通过模拟系统在资源超负荷状态下的表现，以识别设计缺陷或验证系统的负载承受能力。在此类测试中，测试对象将承受不同的工作负载，以评估其在不同负载条件下的性能表现和持续运行的稳定性。负载测试的目标是确保系统在超出最大预期工作量的情况下，仍能保持正常运行。此外，负载测试还包括对性能指标的评估，例如响应时间、事务处理速率以及其他与时间相关的性能参数。

1.4.6 软件测试流程

软件测试流程贯穿了从测试的启动至完成的整个周期，涵盖了准备、执行和分析等一系列步骤。通常，软件测试活动需经历制订测试计划、设计测试、准备测试、执行测试、评估测试结果等关键环节。软件测试流程的详细步骤如图1-12所示。

接下来，将对测试流程的各个阶段进行详尽阐释。

1. 制订测试计划

制订测试计划是启动测试流程的首要步骤，其核心在于对整个项目的测试活动进行周密规划。测试计划并非单一的时间表，而是一个持续演进的过程，最终以一系列文档的形式固定下来。通常，制订测试计划旨在明确任务、分析潜在风险、规划所需资源并确立进度安排。

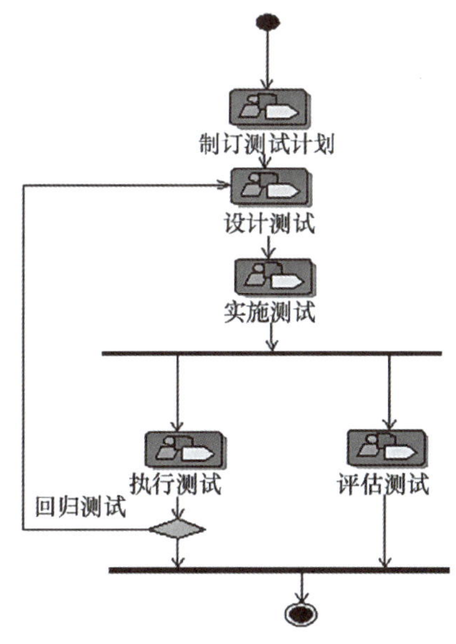

图1-12　软件测试的流程

测试计划通常由测试主管或具备丰富测试经验的专家来编制。其主要依据是项目开发计划以及测试需求分析的结果。一个完整的测试计划通常包含以下几个关键部分。

(1) 软件测试背景。这部分详细介绍了软件项目的概况、项目团队成员(包括项目经理等)的介绍及其联系信息等。

(2) 软件测试依据。这部分包括了软件需求文档、软件规格说明书、软件设计文档等关键文件。

(3) 测试范围的界定。测试范围的界定指的是明确测试工作应覆盖的领域。在实际操作过程中，测试范围可能会根据项目进度的紧迫性进行调整。例如，在时间有限的情况下，优先考虑对关键功能进行测试。因此，测试计划制订者在接手任务时，需要依据项目计划的时间框架来确定测试范围。若在范围界定上出现偏差，将对测试执行产生负面影响。

在确定测试范围之前，管理人员需要对任务进行细分，这主要出于两个目的：一是识别各个子任务，二是便于评估所需的测试资源。在完成任务细分后，可以依据项目历史数据来估算完成这些子任务所需的时间和资源。通常情况下，执行一次全面的测试是不现实的，测试人员必须策略性地界定测试范围。

(4) 风险识别。在项目执行过程中，不可避免地存在诸多不确定因素，这些因素一旦出现，可能会对项目的顺利进行产生重大影响。因此，在项目开发的初期阶段，首要任务是识别潜在的风险。风险识别的方法多种多样，但一个普遍适用的原则是：任何可能对项目进度产生显著影响的事件都应被视为一个潜在风险。识别出风险后，需要制定相应的策略来规避这些风险。

(5) 测试资源评估。明确完成测试任务所需的人力资源和物资资源，这包括但不限于测试设备、测试人员、测试环境以及其他相关资源的需求。

(6) 测试策略制定。测试策略涉及选择合适的测试方法、构建必要的测试环境、选用适当的测试工具和测试管理工具，以及对测试人员进行必要的培训。

(7) 时间表编制。在识别子任务并估算出所需测试资源后，可以将任务、资源与时间相结合，制定详细的测试时间进度表。

(8) 其他事项。测试计划应涵盖编写日期、作者信息等细节。尽管详尽的测试计划是理想状态，但在实际操作中，资源限制、人员变动等软件开发过程中的常见问题往往使得按原计划执行变得困难。这要求我们从宏观角度对测试工作进行调整和控制。然而，只要制订了周密的测试计划，测试人员就能在变动中保持镇定，灵活应对。

2. 设计测试

在测试的设计阶段，必须设计详尽的测试用例和测试流程，以确保测试用例能够全面覆盖所有测试需求。

测试用例是针对特定目标而设计的一系列测试输入、执行条件和预期结果的集合。这些特定目标可能包括验证特定的程序路径或确认某项功能是否满足特定需求。

设计测试用例涉及为特定功能或功能组合制定测试策略，并将其编写成文档。在选择测试用例时，不仅要考虑常规情况，还应包括极端情况和边界值情况。测试的主要目的是揭示应用软件中潜在的缺陷。因此，在设计和选择测试用例及数据时，应优先考虑那些有助于发现缺陷的测试用例和数据，并结合复杂的运行环境，在所有可能的输入和输出条件下确定测试数据，以验证应用软件是否能够产生正确的输出。

测试用例的完善并非一次性任务，它们源于测试需求。通常，测试人员会根据在不同阶段确定的测试需求设计测试用例，并随着开发过程的推进，根据测试需求的增补或修改，不断调整测试用例。评估测试用例质量的普遍认可标准有以下两个。

- 测试用例是否能够发现尚未发现的软件缺陷？
- 测试用例是否能够覆盖全部的测试需求？

测试流程通常分为多个阶段，包括代码审查、单元测试、集成测试、系统测试及验收测试等。尽管这些阶段在具体实施细节上存在差异，它们遵循的工作流程却是统一的。设计测试流程意味着构建测试的基本执行步骤，并为每个阶段的工作制定一个基础框架。

3. 测试准备和测试环境的建立

在筹备阶段，必须完成一系列测试前的准备工作，这包括全面而准确地掌握各类测试资料，深入理解并熟悉测试软件，配置测试所需的软硬件环境，搭建测试平台，以及充分掌握测试工具等任务。

测试环境的配置至关重要，一个符合标准的测试环境能够协助测试人员精确地识别软件中的问题并做出恰当的评估。不同的软件产品对测试环境有各自特定的需求。例如，针对客户端/服务器(C/S)和浏览器/服务器(B/S)架构的软件产品，测试人员需要在多种操作系统环境下进行测试，包括但不限于Windows、UNIX、Linux以及苹果的macOS等，这些环境都是不可或缺的。而对于嵌入式软件(如手机应用)，若需评估特定功能模块的电力消耗或手机的待机时间，测试人员则需构建相应的电流测试环境。

构建测试环境的核心要素之一在于软硬件配置的精确性。唯有深入理解测试对象，才能明确每种测试对象所需的特定软硬件配置，从而搭建一个相对公正、合理的测试环境。在资源许可的条件下，建议构建一个满足待测软件运行所需的最小硬件配置环境。在配置测试的软硬件环境时，还需兼顾其他因素，例如操作系统、办公软件(如用于编写测试计划和规范的文字处理软件和电子表格软件)、视频设备、网络速度、显示分辨率、数据库权限、硬盘容量等。若条件允许，最佳做法是配置几组不同的测试环境。

测试准备是测试人员常常忽略的一个环节。在接到测试任务后，由于多种因素的影响，测试人员往往急于求成，立即投入具体的测试工作，忙于测试、记录和分析。然而，当工作进行到一半时，可能会发现硬件配置不符合要求、网络环境欠佳，甚至软件版本不正确，这些问题都可能对测试工作产生重大影响。这些无不源于测试准备不足。

4. 执行测试

进行测试的实施包括执行全部或部分选定的测试用例，并对结果进行细致观察。测试的执行流程可以进一步细分为以下阶段：单元测试→集成测试→系统测试→验收测试，每个阶段均可能涵盖回归测试等环节。

从测试的角度来看，执行测试不仅涉及数量，更关乎质量，即测试的广度和深度。具体而言，针对一个版本，我们需要测试哪些方面？每个方面又需要达到何种测试深度？执行测试的步骤可以概括为以下4个部分。

(1) 输入：完成工作所必需的初始条件。

(2) 执行过程：从输入到输出的转化过程或所承担的工作任务。

(3) 检查过程：评估输出是否满足既定标准的处理步骤。

(4) 输出：产生的可交付成果。

以程序员进行的单元测试为例，其步骤如下。

(1) 输入程序代码和相应的测试用例。

(2) 执行测试，生成特定产品或中间产品的可交付成果。

(3) 检查工作，确保产品或中间产品符合规范说明和既定标准。

(4) 若检查过程中未发现任何问题，则测试结果将被传递至下一个工作流程；反之，若发现问题，则产品将被退回以进行重新处理。

在测试执行阶段，根据所处的测试周期不同，工作内容会有所区别，主要体现在产品输入、测试策略、所使用的工具以及产品输出等方面。测试活动贯穿软件开发的整个流程。通常情况下，执行测试仅占测试工作总量的约40%。然而，鉴于测试工作通常需要迅速完成，因此常常需要通过长时间的连续工作来应对繁重的工作量。

在测试执行过程中，每个测试用例的结果都必须被详细记录。对于自动化测试，测试工具会自动记录输入数据和测试结果；而对于手动测试，测试结果则应记录在测试用例文档中。在某些情况下，仅记录测试用例是否通过或失败就已足够。对于未通过的测试用例，需要生成相应的软件缺陷报告。需要注意的是，在测试执行期间，缺陷的记录和报告应当成为测试工程师日常工作的一部分。

5. 评估测试

测试评估的核心方法包括缺陷评估、覆盖评测以及质量评测。

(1) 缺陷评估。缺陷评估采用多种方法，这些方法既多样又广泛，涵盖从简单的缺陷计数到严格的统计建模等不同层面。严格的缺陷评估通常以测试过程中缺陷出现的比率或发现的比率来表示，常用模型假设该比率遵循泊松分布，实际的缺陷率数据也可以适用于这一模型。缺陷评估旨在评估当前软件的可靠性，并预测在持续测试或缺陷排除过程中可靠性将如何变化。缺陷评估也被称为软件可靠性增长建模，是当前研究领域中较为活跃的一个方向。

(2) 覆盖评测。覆盖评测是对测试完整性程度的评估，通过测试需求和测试用例的覆盖以及已执行代码的覆盖来表示。简而言之，测试覆盖是指基于需求(需求驱动)或代码设计/实施标准(代码驱动)对完整性程度的评估。

如果需求已经完全分类，基于需求的覆盖策略可能足以产生可量化的测试完整性评估。例如，若已确定所有性能测试需求，则可以引用测试结果来获得评估，如已验证了75%的性能测试需求。

在实施基于代码的测试覆盖策略时，测试的深度与广度是依据已执行的源代码量来衡量的。对于那些对安全性要求极高的系统，这种测试覆盖策略显得尤为重要。代码覆盖可以通过控制流(包括语句、分支或路径)或数据流来实现。控制流覆盖旨在检验代码行、分支条件、路径或软件控制流的其他关键元素，而数据流覆盖则侧重于通过软件操作来验证数据状态的有效性。

这两种评估方法均可通过手动方式完成，也可借助测试自动化工具来计算得出。

(3) 质量评估。质量评估着重于测试软件的可靠性、稳定性和性能，其依据是对测试结果的分析以及对测试过程中发现的缺陷进行深入分析。在评估测试对象的性能表现时，可采用多种评估方法，这些方法侧重于收集与行为相关的数据，例如响应时间、执行流、操作可靠性和限制条件。这些评估主要在“评估测试”阶段进行，但在“执行测试”阶段也可以利用性能评估来监控测试进度和状态。主要的性能评估方法包括动态监测、响应时间/吞吐量分析、百分位数报告、比较报告，以及追踪和配置文件报告。

6. 总结测试

在测试工作的各个阶段，都应撰写相应的测试总结报告。对于测试软件的每个版本，也应具备详尽的测试总结。测试活动结束后，通常需要对整个项目的测试过程进行回顾，分析存在的不足，总结可为未来测试工作提供借鉴的经验教训。尽管测试总结报告没有固定的格式和字数要求，但其重要性不容忽视。

制定合理的软件测试流程，不仅要求制定者具备深厚的软件测试理论知识，还必须拥有实际的软件测试执行经验、管理经验以及卓越的沟通能力等多方面的专业素养。此外，软件测试流程的完善性也需通过测试人员长期的实践来不断验证。

上述内容概述了测试工作的通用流程。实际上，每个公司或测试部门都有自己独特的测试方法和流程，这些方法和流程之间存在差异。

1.4.7　软件测试发展历程和发展趋势

软件测试的历史与软件本身的发展历程同样悠久，软件的产生和运行自然伴随着测试的不可或缺性。在软件开发的初期阶段，测试的范围相对狭窄，通常被视为“调试”的同义词，其核心目的是纠正软件中已发现的缺陷。在这一时期，测试工作通常由开发人员亲自承担，且对测试的重视程度并不高，测试往往在开发流程的后期才开始介入，通常是在代码编写完毕、产品基本定型之后才进行。

从20世纪50年代末到60年代，随着高级编程语言的出现和普及，程序的复杂性相应增加。然而，受限于当时的硬件条件，软件仍处于从属地位，软件正确性的验证主要依赖于程序员的个人技能。因此，在这一时期，测试理论和方法的发展相对迟缓。

到了20世纪70年代，随着计算机处理速度的迅猛提升以及内存和外存容量的显著增加，软件规模不断扩大，复杂性也急剧增加，软件在计算机系统中的作用日益凸显。这一时期见证了众多测试理论和方法的诞生，逐步构建起一套完善的测试体系。1979年，Glenford Myers所著的《软件测试艺术》成为该领域内极具影响力的著作。Myers将软件测试定义为：“测试是执行一个程序或系统以发现错误的过程”。Myers及其团队在20世纪70年代对软件测试领域的贡献是不容忽视的。

在20世纪80年代初，信息技术(IT)领域经历了飞速发展，软件产品逐渐向大型化和高复杂度演进，软件质量的重要性日益凸显。1982年，美国卡内基梅隆大学举办了首届软件测试技术大会，这标志着软件测试和软件质量研究者与开发人员首次齐聚一堂，该大会成为软件测试技术发展史上的一个转折点。紧接着在1983年，Bill Hetzel在其著作《软件测试完全指南》中提出：“测试是任何旨在评估程序或系统属性的活动，它是对软件质量的一种度量。”这一定义至今仍被广泛引用。同年，IEEE在软件工程术语中对软件测试的定义是：“使用人工或自动手段来执行或评估某个软件系统的过程，目的是验证它是否满足既定需求或揭示预期结果与实际结果之间的差异。”这一定义明确指出了软件测试的核心目的是验证软件系统是否符合需求。软件测试已不再是单一的、仅限于开发后期的活动，而是与整个开发流程紧密融合。软件测试已经发展成为一个专业领域，需要运用特定的方法和工具，由专业人员和专家来执行。

随着20世纪90年代的到来，软件产业迎来了空前的发展，软件项目的规模显著扩大。在众多大规模软件开发项目中，测试环节消耗了大量时间和资源。当时，测试工作几乎完全依赖于手工操作，效率极低；随着软件复杂性的提升，许多测试任务已无法仅靠手工方式应对。因此，许多测试专业人员开始尝试开发自动化测试工具，以支持和辅助测试人员完成特定类型或领域的测试任务，测试工具逐渐变得普及。人们普遍意识到，为了全面测试现代软件系统，自动化测试工具是不可或缺的，测试工具的选择和应用受到了越来越多的重视。测试工具的发展显著提高了软件测试的自动化程度。到了2002年，Rich和Stefan在《系统的软件测试》一书中对软件测试进行了更深入的阐述：“测试是为了评估和提升被测软件的质量，涉及软件设计、执行和维护的整个生命周期过程。”这些经典著作对软件测试研究的理论化和系统化产生了深远的影响。

在过去的三十年间，计算机与软件技术的飞速发展显著推动了软件测试技术研究的进步。自1982年首次软件测试技术会议在美国卡内基梅隆大学召开以来，该学术会议每两年举行一次。同时，国际软件可靠性会议的规模、论文数量和质量也表明，从事软件测试的专业人员数量显著增加，软件测试技术的研究日益深入。

展望未来，软件测试技术与行业预计将经历更为迅速的发展。软件测试理论和技术将趋于成熟，测试效率有望逐步提升。更多实用的软件测试工具将涌现市场，测试工程师将获得应有的尊重，独立的软件测试部门也将成为更多软件公司的标准配置。然而，随着软件在社会各领域的影响力日益增强，测试任务的复杂性和工作量也随之增加。软件规模不断扩大，功能日益复杂，如何实施全面而有效的测试依旧是软件工程领域亟需深入探索的课题。此外，随着安全问题的凸显，如何对信息系统的安全性进行有效测试与评估，也成为了迫切需要解决的挑战。

1.4.8 软件测试人员的基本素质

软件测试是一项要求极为严格、复杂且充满挑战的工作。随着软件规模的持续扩大和复杂性的日益增加，软件公司已将软件测试视为技术工程中的一个专业职位。随着软件技术的不断进步，对专业化和高效率的软件测试需求日益迫切，对软件测试人员的基础技能和素质要求也在不断提高。简而言之，软件测试人员应掌握以下基本技能和素质。

1. 技能要求

测试人员的技能要求与开发人员截然不同。开发人员可能仅需掌握某种编程语言或开发工具便能胜任其工作，而测试人员则需具备更广泛的知识。测试人员的技能要求可以细分为以下4个主要类别。

1) 业务知识

测试人员对其所测试软件所涉及行业领域的了解称为业务知识。例如，许多IT企业专注于石油、电信、银行、电子政务和电子商务等行业领域的产品开发。掌握行业知识是测试人员成功完成测试任务的关键。只有深入理解产品的业务流程，测试人员才能准确判断开发人员实现的产品功能是否符合要求。测试人员对业务知识的了解越深入，其测试就越能贴近用户的实际需求。此外，测试中发现的缺陷往往也是用户最为关注的。反之，如果对产品涉及的业务领域缺乏理解，测试人员所发现的缺陷可能仅限于功能操作的正确性，甚至可能因为对某些业务知识的误解而导致错误的测试结果。

2) 计算机专业知识

掌握计算机领域的专业知识是测试工程师必须具备的基本素质，也是确保测试工作顺利进行的基础。对于希望拥有更广阔发展空间或持久竞争力的测试工程师来说，扎实的计算机专业技能是不可或缺的。计算机专业技能主要包括以下几个方面。

(1) 软件编程知识。软件编程知识是测试人员必备的技能之一(在微软公司，许多测试人员都具备多年的开发背景)。因此，为了实现更好的职业发展，测试人员必须掌握编程技能。只有具备编程能力，才能胜任单元测试、集成测试、性能测试等更为复杂的测试任务。

(2) 网络、操作系统、数据库和中间件等知识。鉴于测试过程中频繁地需要配置和调试各类测试环境，以及在性能测试环节还需对多样化的系统平台进行深入分析与优化，测试人员必须具备更广泛的网络、操作系统、数据库、中间件等相关知识。

3) 测试专业知识

测试专业知识涵盖广泛，不仅包括基础测试技术，如黑盒测试、白盒测试以及测试用例设计，还涵盖各种测试方法，例如单元测试、功能测试、集成测试、系统测试和性能测试。此外，测试流程管理、缺陷管理和自动化测试技术等也是测试人员必须掌握的重要知识。

4) 用户知识

测试工作应始终以用户和使用者的视角为出发点，而非仅从开发人员或实现者的角度思考。因此，测试人员必须深入了解用户的心理模型和操作习惯。若缺乏这些方面的知识，或思维方式出现偏差，将难以发现用户体验、界面交互、易用性和可用性方面的问题。这类问题虽然看似微小，却是用户极为关注的，有时甚至会成为决定产品成败的关键因素。

2. 素质要求

身为一名杰出的测试工程师，除掌握必要的专业技能和相关知识外，还应具备一些基本的个人素质。

(1) 必须拥有强烈的责任心、自信心，以及在工作中展现出的专注、细致和耐心。

- 责任心：作为完成工作不可或缺的品质之一，测试工程师尤其需要培养强烈的责任心。若在测试过程中未能尽责，甚至草率行事，那么测试任务可能会转嫁给用户，这可能导致极其严重的后果。
- 自信心：自信心是当前许多测试工程师所欠缺的品质，特别是在编写测试代码等任务面前，他们常常感到力不从心。为了职业发展，测试工程师们应当致力于持续学习，树立能够“解决所有测试难题”的自信。
- 专注：测试人员在执行测试任务时必须全神贯注，不可三心二意。经验表明，高度集中的注意力不仅能提升工作效率，还能帮助发现更多软件中的缺陷。在团队中，那些最能集中精力的成员往往业绩最佳。
- 细致：在执行测试工作时，必须细心谨慎，认真对待每一个测试环节，不可忽视任何细节。一些缺陷，如界面样式和文字错误等，若不细心则难以察觉。
- 耐心：许多测试工作可能显得单调乏味，需要极大的耐心才能做好。如果心态浮躁，就难以做到“专注”和“细致”，也难以敏锐地发现那些隐藏较深的软件缺陷。

(2) 测试人员必须具备出色的沟通与交流技巧。在测试过程中，他们需要与不同背景的人互动，包括技术团队成员(如开发者)和非技术人员(如客户和管理层)。这要求测试人员能够与用户建立良好的关系，同时与开发团队有效沟通。在分析故障报告和问题时，他们应能够清晰地表达自己的观点，并在必要时保持冷静与专业，以便与可能情绪化的开发人员协作。当遇到开发人员认为不需修复的软件缺陷时，测试人员应耐心解释缺陷的重要性，并通过实际演示来明确阐述自己的立场。这种能力有助于将冲突和对抗降至最低。

(3) 软件测试人员应展现出卓越的团队合作精神。在软件工程的开发模型和流程中，人员之间的协作是至关重要的。团队合作精神的贯彻执行，从根本上影响着项目开发的成功与否。测试人员需要与开发人员紧密合作，共同确保项目的顺利进行。在规模较大的软件项目中，测试工作往往需要多名测试人员的参与，单打独斗无法应对复杂的测试任务。因此，所有测试人员必须齐心协力，共同推进工作。缺乏团队合作精神，测试工作将难以顺利进行。

1.5 本章小结

本章全面阐述了软件测试领域的多个方面，从软件危机的背景知识入手，探讨了软件质量的定义，以及软件测试的理论基础与实践应用，旨在为读者构建一个详尽的软件测试知识体系。通过案例分析与数据支持，本章突显了软件测试在保障软件质量方面的核心作用，并明确了软件测试从业者应具备的技能与素质。此外，本章还展望了软件测试的发展趋势，为未来软件测试技术的提升指明了方向。

1.6 思考和练习

一、填空题

1. 软件测试是软件工程中的重要部分，是确保软件质量的______手段。
2. 本章的学习目标之一是了解软件缺陷和软件故障的概念，及相关______和产生原因。
3. 敏捷模型采用______的方式进行软件开发。
4. 敏捷软件开发旨在取代传统的______模型。
5. 功能测试主要依据______说明书对软件进行验证。

二、判断题

1. 软件测试只在软件开发完成后进行一次。 ( )
2. 敏捷模型不适用于需求不明确或可能发生变化的项目。 ( )
3. 压力测试的目的是评估系统在资源超负荷状态下的表现。 ( )
4. 安装测试主要检查软件是否能够顺利安装，安装文件的配置是否正确有效。 ( )
5. 软件可靠性测试通常不需要执行大量测试。 ( )

三、简答题

1. 简述软件测试的重要性。
2. 什么是敏捷模型？
3. 解释什么是功能测试。
4. 为什么需要进行性能测试？
5. 简述软件缺陷和软件故障的区别。

第 2 章

软件测试计划

软件测试计划是软件测试工作的基础，它明确了测试的目标、范围、方法和重点，是项目启动初期必不可少的规划文档。测试计划对于确保测试工作顺利进行、增进项目成员之间的有效沟通、及早发现并修正软件规格说明书的问题，以及使测试工作更易于管理至关重要。在制订测试计划时，应遵循一些基本原则，例如尽早开始、保持灵活性、简洁易读、多方面评审和计算投入等。此外，本章还详细介绍了制订测试计划时应考虑的内容，包括测试资料的搜集与整理、测试目标的明确、测试方法的制定、测试项通过/失败的标准、测试进度的安排、资源需求、人员职责和培训需求，以及风险及应急措施等。最后，本章通过IEEE 829-1998标准的测试计划模板，给出了测试计划应包含的16个主要部分，为测试计划的编写提供了结构化的指导。

本章学习目标：

- 掌握软件测试计划的核心要素，理解其编制原则和方法，学会应用IEEE 829-1998标准模板，确保测试工作高效、有序进行。
- 能够独立编写科学合理的测试计划，从而提升项目质量，减少后期修正成本，确保软件产品按时交付并满足用户需求。
- 通过案例分析，帮助读者熟悉实际项目中测试计划的编制过程，将理论知识与实践相结合，提升解决实际问题的能力。
- 能够识别并规避常见的测试计划编制误区，优化资源配置，提升团队协作效率，确保测试工作的高效执行。
- 掌握如何根据项目特点灵活调整测试计划，提升应对突发状况的能力，保障软件产品的稳定性和可靠性。

2.1 软件测试计划的目的

软件测试计划是一份详尽阐述测试目标、范围、方法以及测试重点的文件。作为软件项目计划的一个组成部分，它在项目启动初期至关重要。随着软件开发在众多企业中日益受到重视，软件质量的关注度也逐渐提高，测试流程逐步从一个相对独立的阶段转变为与软件生命周期紧密相连的活动。因此，如何规划整个项目周期内的测试工作，以及如何将测试提升至管理层面，都依赖于测试计划的制订。测试计划因此成为测试工作得以顺利进行的基础。

根据《IEEE软件测试文档标准829-1998》，测试计划被定义为："一个详细描述预定测试活动的范围、方法、资源和进度安排的文件。它明确了测试项、测试特性、测试任务、人员分配，以及任何潜在风险。"软件测试计划是指导测试流程的纲领性文件，它需要包含所有必须完成的测试工作，包括测试项目的背景、目标、范围、方法、所需资源、进度安排、组织结构以及与测试相关的风险等关键信息。

通过软件测试计划，参与测试的项目成员，特别是测试管理人员，可以清晰地了解测试任务和方法，确保测试实施过程中的沟通顺畅，有效跟踪和控制测试进度，并应对测试过程中出现的各种变更。

具体而言，制订软件测试计划可以在以下方面为测试人员提供帮助。

1. 推动软件测试工作的顺利开展

一份周密的软件测试计划应详尽地包含将要执行的测试活动，涵盖所采用的模式、方法、步骤，以及可能遭遇的问题和风险。这种全面的规划有助于提高测试执行、分析和报告撰写的准备效率，确保软件测试流程更加顺畅。在测试的实际操作过程中，经常会出现一些问题，这些问题可能会阻碍测试工作的顺利进行。然而，许多问题实际上是可以提前预防的。测试计划还应包括潜在的测试风险，这些风险可能包括测试中断、设计规格频繁变更、人力资源短缺、人员流动、测试经验不足、测试进度压缩、软硬件资源不足以及测试方向错误等，这些都是难以预料的风险因素。对于测试计划而言，任何可能影响测试流程的问题都应纳入考虑范围。换言之，针对测试项目的推进应做好最坏的准备，并为这些潜在的最坏情况制定最佳的应对策略，以尽量规避风险，确保软件测试工作能够顺利进行。

2. 提升项目参与人员之间的沟通效率

测试工作需满足特定的先决条件。设想若程序员仅限于编写代码而不为代码添加注释，测试人员将难以完成测试任务。同样，若测试团队成员之间未能就测试对象、所需资源、进度安排等关键信息进行有效沟通，整个测试工作将难以顺利推进。测试计划将测试组织结构和测试人员的工作分配纳入考量，对测试工作进行了明确的划分，这有助于避免工作的重复和遗漏。同时，确保每位测试人员都明确自己应完成的测试任务，并在测试方向、策略等方面达成共识，从而使团队成员之间的沟通更为顺畅，确保沟通中不会出现偏差。

3. 提前识别并修正软件规格说明书中的问题

在软件测试计划编制的初期阶段，首要任务是深入理解软件各部分的规格和要求，这要求测试人员仔细阅读并领会规格说明书的内容。在这一过程中，测试人员可能会发现规格说明书存在的问题，例如论述上的前后矛盾或描述不完整等。越早发现并修正规格说明书中的缺陷，对软件开发的积极影响就越大，因为规格说明书始终是指导软件开发的基础。

4. 使软件测试工作更易于管理

制订测试计划的另一个重要目的是将整个软件测试工作系统化，从而提高其可管理性。

测试计划中包含了两种关键的管理策略：工作分解结构(Work Breakdown Structure，WBS)和监督控制。工作分解结构将所有测试任务细化，以便于测试人员分配工作。在执行软件测试时，管理人员可以运用有效的管理方法来监督和控制测试流程，确保测试进度的透明度。

综上所述，编写一份优质的软件测试计划书在测试开始之前至关重要。

遗憾的是，目前许多软件测试活动仍是在缺少测试计划的情况下进行的。这种“即兴应对”的方法使得测试人员处于不确定的境地，面对问题时往往采取临时性的应对措施，这不仅效率低下，还导致测试人员在相同问题上耗费大量时间，极大地消耗了精力。虽然这种情况下的软件测试也能发现错误和缺陷，但未经计划的测试对软件整体质量的影响令人担忧。实践证明，只有通过精心的规划和有效的管理，才能高效且高质量地完成软件测试工作。

2.2 制订测试计划的原则

制订测试计划是软件测试流程中极具挑战性的环节之一，遵循以下原则将有助于更高效地制订测试计划。

(1) 尽早启动测试计划的制订。即便对所有细节尚不完全掌握，也可以从总体框架入手，随后逐步细化以完成详尽的计划。提前开始制订测试计划有助于大致估算所需资源，并在项目其他部分占用这些资源之前进行测试。

(2) 确保测试计划的可适应性。在制订测试计划时，应考虑到能够轻松地增加测试用例和测试数据等元素，测试计划本身应具备一定的灵活性，但同时也要受到变更控制的约束。

(3) 保持测试计划的简洁性和可读性。测试计划无须庞大且复杂。实际上，越是简洁明了的测试计划，其针对性就越强。

(4) 尽可能地邀请多方面的人员参与测试计划的评审。来自不同背景的人员提供的评审和反馈，对于制订易于理解的测试计划非常有益。测试计划应像项目的其他交付物一样，接受质量控制的管理。

(5) 评估制订测试计划所需的工作量。通常，制订测试计划应占整个测试工作量的大约三分之一，测试计划的质量越高，后续的测试执行过程就会越顺畅。

2.3 如何制订软件测试计划

软件测试计划作为指导测试活动的纲领性文件，要求全面考量影响测试流程的众多因素。为了确保软件测试计划的有效性，需要特别关注以下几点。

1. 详尽地搜集与整理测试资料

搜集与整理测试资料是一项细致而复杂的任务。通常，除了从产品定义中获取资料，测试人员还经常需要直接向程序员询问产品的细节。因此，测试人员与程序设计人员的紧密合作对于提升产品质量至关重要。在测试工作中，除了通过与同事及上级主管的交流来了解与测试相关的人员、事件和工作环境外，还应重点关注技术信息的收集。技术信息主要包括以下几个方面。

- 软件的类型及其架构。软件的类型及其架构涉及软件的类别与用途(不同类型的软件有不同的测试重点)、软件的结构、支持的平台，以及软件的主要组成部分、各自的功能以及彼此之间的相互联系。此外，还需了解每个组成部分所使用的编程语言信息。如果进行白盒测试，测试人员还需要熟悉各部分已构建的函数库中的函数，包括这些函数的用途、输入和输出值。
- 软件的用户界面。用户界面的风格可能是类似Windows的图形界面、命令行界面或网页类界面。测试人员需要掌握用户界面各部分的功能、相互联系，以及界面中各个组件的特性和操作特点等。
- 当测试的软件涉及第三方软件时，必须对第三方软件的功能及其与待测软件之间的交互有所了解。常见的第三方软件包括各种浏览器，如Internet Explorer、Chrome和FireFox等。

上述所有资料通常可以通过软件的规格说明书、设计说明书或向相关人员咨询来获得。在掌握了所有资料后，接下来的工作是对资料进行整理和归类。

此外，还需搜集和整理的其他信息，包括软件项目当前的主要问题、测试工作将使用的测试软件、缺陷报告软件，以及当前使用的版本控制软件。此外，还应了解哪些计算机专门用于测试，以及哪些关于该软件产品的信息可供参考等。这些信息一般可以通过测试部门的主管获得。

2. 明确测试目标，增强测试计划的实用性

测试目标应当具体明确，能够被量化和度量，而非含糊不清的宏观描述。此外，测试目标需要相对集中，避免列出一系列不分轻重的目标。通过分析用户需求文档和设计规格文档，可以确定被测软件的质量要求和测试应达成的目标。编写软件测试计划的主要目的是使测试工作能够揭示尽可能多的软件缺陷，其价值在于帮助管理测试项目，并识别软件潜在的缺陷。因此，软件测试计划中的测试范围必须全面覆盖功能需求，测试方法必须切实有效，测试工具必须具备高实用性和易用性，生成的测试结果必须直观且准确。

3. 遵循5W原则，确保内容与流程的明确性

5W原则中的每一个W分别代表What(执行何种任务)、Why(为何执行该任务)、When(何时执行任务)、Where(在何处执行任务)以及How(如何执行任务)。运用5W原则来构建软件测试计划，有助于测试团队深入理解测试的目的(Why)，明确测试的范围与内容(What)，设定测试的开始与结束时间(When)，指明测试的方法与工具(How)，并明确测试文档及软件的存放位置(Where)。

为了使5W原则更加具体化，测试团队需要精确掌握被测软件的功能特性、应用领域的专业知识以及软件测试技术。在测试计划中，应着重强调关键环节，分析测试中的风险、特性、场景以及所采用的测试方法。此外，测试人员还需为测试流程的各个阶段、文档管理、缺陷管理、进度管理提供切实可行的策略。

4. 通过评审和更新机制确保测试计划与实际需求相符

在测试计划编写完成后，若未经评审就直接交付给测试团队，可能会存在准确性问题或遗漏关键信息。这可能导致在软件需求发生变更时，测试范围的调整未能得到适当反

映，从而误导测试执行人员。鉴于测试计划内容的复杂性，以及编写者可能受限于个人的测试经验和对软件需求的理解，加之软件开发是一个逐步完善的过程，最初的测试计划往往存在不完整性，需要后续的更新。因此，实施相应的评审机制至关重要，它有助于对测试计划的完整性、正确性及可行性进行全面评估。例如，在测试计划初步完成后，可以提交给一个由项目经理、开发经理、测试经理和市场经理等组成的评审委员会进行审阅，并根据评审委员会的反馈意见和建议对计划进行修正和更新。

2.4 制订测试计划时面对的问题

在制订测试计划的过程中，测试人员可能会遇到以下几类问题。

(1) 意见分歧。测试人员与开发人员在测试工作的理解上往往存在对立，双方均可能认为对方试图占据优势。这种对抗性心态不仅会阻碍项目进展，消耗宝贵资源，还可能损害双方的合作关系，对测试工作本身无任何正面影响。

(2) 测试工具的匮乏。项目管理部门可能未能充分认识到测试工具的重要性，导致在测试工作中过度依赖人工操作，从而提高了测试成本并降低了效率。

(3) 培训不足。许多测试人员未接受过系统的测试培训，这可能导致他们对测试计划产生诸多误解，从而影响测试工作的质量。

(4) 管理层对测试工作的理解和支持不足。测试工作的成功需要管理层的有力支持，这不仅包括资金投入，还包括对测试过程中遇到的问题提供明确的指导和支持。缺乏这些支持，测试人员的工作积极性可能会受到打击。

(5) 用户参与度不足。用户可能被排除在测试流程之外，或者他们可能缺乏参与的意愿。实际上，用户在测试过程中的角色至关重要，他们能够确保软件产品满足实际需求。

(6) 测试周期的紧迫性。测试时间不足是测试团队常有的抱怨。关键在于如何合理安排测试计划的优先级，确保在有限的时间内完成必要的测试任务。

(7) 对测试人员的过度依赖。项目开发人员可能认为测试人员会负责检查他们的代码，因此可能只专注于编码，在代码质量上依赖测试人员。这种心态通常会导致更高的缺陷率和更长的测试周期。

(8) 测试人员面临的两难境地。一方面，如果测试人员报告了过多的缺陷，可能会被指责为项目延期的始作俑者；另一方面，如果未能发现关键缺陷，又会被质疑工作质量。

(9) 必须说“不”的挑战。对于测试人员而言，这是一种极为尴尬的处境，他们有时不得不拒绝项目相关方的要求。然而，项目相关方往往难以接受这个“不”字，因此测试人员在进度和成本的压力下，有时不得不妥协。

2.5 测试计划评估标准

确立测试计划的主要宗旨在于保证测试活动的有序性和目标性。在技术维度上，测试计划需明确测试的目标、范围和深度，并配备详尽的执行策略和测试焦点；在管理维度上，则要求测试计划能够预估大致的进度和资源需求。一个卓越的测试计划应具备以下要素。

(1) 测试计划应能有效引导整个软件测试流程，确保测试团队与开发团队的协同工作，保障软件质量，并确保产品按时发布。

(2) 测试计划中所采用的方法应促进测试效率，即在较短时间内发现尽可能多的软件缺陷。

(3) 测试计划应明确阐述测试的目标、策略、具体步骤和测试标准。

(4) 测试计划需平衡测试重点与基础覆盖率，两者不可偏废。

(5) 测试计划应充分利用公司提供的资源，包括人力资源和物质资源，并确保方案的可行性。

(6) 测试计划中列出的所有数据必须精确无误，包括外部软件/硬件兼容性要求、输入/输出数据等。

(7) 测试计划应具备一定的灵活性，以便应对突发情况，如需求变更等。

上述内容概述了卓越测试计划应具备的关键要素。鉴于不同软件具有其独特性，测试计划的制订也应充分考虑这些特性。

2.6 制订测试计划

在规划测试计划的过程中，需要考虑到不同软件企业背景的差异，这些差异会导致它们所制订的测试计划文档呈现出一定的多样性。经验表明，采用标准化的文档格式来规划测试计划通常更加理想。为了便于参考，此处提供了一个基于IEEE 829-1998标准的软件测试计划文档模板，如图2-1所示。该模板详细规定了测试活动的范围、方法、资源分配、进度安排、待执行的测试任务以及每个任务的人员配置等关键要素。在实际应用中，可根据具体的测试需求对模板进行适当的调整。

根据IEEE 829-1998软件测试文档编制标准的建议，测试计划应包含16个主要部分，下面将对这些部分进行介绍。

IEEE 829－1998 软件测试文档编制标准

软件测试计划文档模板

目录

1.测试计划标识符
2.简要介绍
3.测试项目
4.测试对象
5.不需要测试的对象
6.测试方法（策略）
7.测试项通过/失败的标准
8.中断测试和恢复测试的判断准则
9.测试完成所提交的材料
10.测试任务
11.测试所需的资源
12.职责
13.人员安排与培训需求
14.测试进度表
15.风险及应急措施
16.审批

图2-1　软件测试计划文档模板

1. 测试计划标识符

测试计划标识符是一个唯一识别码，用于区分不同版本的测试计划、等级以及相关的软件版本等信息。

2. 简要介绍

测试计划的概述部分主要包括测试软件的基本信息及测试范围。测试软件的基本信息包括产品规格(制造商及软件版本号)、运行平台、应用领域、软件特性以及主要功能模块的特点。此外，还需描述数据存储及传递的方式(通过数据流图展示)，各部分的数据更新机制，以及一些基础的技术要求(如所需的数据库类型)。对于大规模测试项目，测试计划还应明确测试的重点。测试范围的概述可以表述为："本测试项目包括集成测试、系统测试及验收测试，但不包含单元测试，后者由开发团队负责，不属于本测试计划的范畴之内。"此外，概述中应列出所有经批准的相关文档、主要参考资料及其他测试依据文件，如项目批准文件和项目计划等。

3. 测试项目

测试项目应当详细记录被测试软件的名称及其版本，包括所有测试项目、外部条件对测试特性的影响，以及软件缺陷报告机制等相关信息。

测试项目部分的指导性描述应明确测试的范围，包括具体包含哪些内容，并制定一份详尽的测试项目清单。所有未包含在该清单中的工作均不纳入测试范围。这部分内容可按照程序、单元、模块进行组织，具体要点如下。

- 功能测试：从理论上讲，测试应覆盖所有功能项，例如在数据库中进行添加、编辑和删除记录等操作。尽管这是一项庞大的工程，但对确保测试的完整性至关重要。
- 设计测试：设计测试的目的是检验用户界面、菜单结构、窗体设计等方面的合理性。
- 整体测试：整体测试需确保数据在软件模块间流转的正确性。

根据IEEE标准，可参考以下文档来完成项目测试。

- 需求规格说明。
- 用户指南。
- 操作指南。
- 安装指南。
- 与测试项相关的事件报告。

总体而言，必须对软件的每一部分进行分析，明确其是否需要测试。若软件的某一部分未安排测试，则必须阐述不进行测试的原因。由于误解而未对某些代码进行测试，可能会导致无法发现软件潜在的错误或缺陷。然而，在实际操作中，有时也会选择不对软件产品中的某些内容进行测试，这些内容可能是之前已发布或已测试过的部分。

4. 测试对象

在测试计划的这一部分，应详尽罗列所有待测的单一功能及其组合。需要注意的是，此部分内容与测试项目有所区别。测试项目是从开发人员或项目管理者的视角出发，规划需要进行测试的项目。而测试对象则是从用户的角度出发，规划测试内容。例如，针对某台自动取款机(ATM)软件的测试，其中"需要测试的功能"可能包括取款功能、查询余额功能、转账功能，以及支付电话费和水电费等功能。

5. 不需要测试的对象

本部分指那些不纳入测试计划的单一功能或功能组合，并需明确阐述不进行测试的具体原因。对于某些功能的豁免测试，可能基于多种理由，例如这些功能可能暂时无法启用，或者它们拥有稳定的运行记录等。然而，一旦某个功能被归入此列，通常意味着它被认为风险较低。这部分内容无疑会吸引用户的关注，因此必须谨慎解释决定不测试某些特定功能的详细原因。

同时，应注意测试进度的可能延后，这可能导致本部分内容的增加。如果风险评估已经明确了每个功能的风险等级，那么在测试进度延后的情况下，可以将那些风险最低的额外功能从“需测试的功能”列表转移到“免测试的功能”列表中。

6. 测试方法(策略)

测试方法是测试计划的核心内容。在测试计划中，需要对测试方法进行描述，并对每个阶段的测试策略进行详尽阐述。因此，许多软件企业更倾向于采用“策略”这一术语。

测试策略应详尽描述测试人员如何对整个软件及其各个阶段进行测试，包括如何确保测试的公正性和客观性。必须综合考虑包括模块、功能、整体、系统、版本、压力、性能、配置和安装在内的多个维度。策略应尽可能详尽，并准备测试记录文档模板，以充分支持即将开展的测试工作。关于测试记录的具体说明如下。

- 公正性声明：测试记录应明确阐述测试的公正性和遵循的标准，以证明测试的客观性。总体而言，软件功能应满足需求并与用户文档描述保持一致。
- 测试用例：测试记录中应详细描述测试用例的性质、所使用的工具及其来源，以及测试用例的执行方式和所用数据。同时，应为未来的回归测试留出空间，并考虑其他同时安装的软件可能对测试软件产生的影响。
- 特殊考虑：在某些情况下，需要针对外部环境的影响对软件进行特定方面的测试。
- 经验判断：可以参考以往测试中常见的问题，并结合当前测试的具体情况来制定测试方法。
- 设想：运用联想性思维，有助于发现新的测试途径。

测试的成功与否，主要取决于是否达到预期的测试覆盖率和精确性。因此，必须提供用于判断测试覆盖率和精确性的技术依据和评估标准。

决策是一项复杂的任务，应由经验丰富的测试人员来完成，因为这直接关系到测试工作的成败。此外，确保项目团队全体成员了解并同意预定的测试策略也极为重要。

7. 测试项通过/失败的标准

本部分需详细阐释“测试项目”中所涉及的每一项测试的合格与不合格判定标准。正如每个测试用例均应设定预期结果，每个测试项目也需要明确其预期成效。通常，合格与不合格的标准会依据测试用例的合格/不合格情况、缺陷的数量、类型、严重性以及缺陷出现的位置，还有系统的可靠性或稳定性等因素来确定。不同的测试阶段和组织机构可能会采用不同的具体标准。以下列出了一些测试项合格/不合格标准的常用指标。

- 测试用例的合格比例，即合格的测试用例与总测试用例的百分比。
- 缺陷的数量、严重程度以及它们在系统中的分布情况。
- 测试用例的覆盖范围，即测试用例覆盖了多少功能点或代码行。
- 用户对测试结果的满意度，即用户对测试成功与否的反馈。
- 文档的完整性，即相关文档是否详尽且准确地记录了测试过程和结果。

- 性能标准的达成情况，即系统是否满足了既定的性能指标。

8. 中断测试和恢复测试的判断准则

本部分详述了测试中断及恢复测试的标准，即在何种情形下应考虑中断测试。例如，当缺陷总数达到既定阈值或出现特定严重级别的缺陷时，测试活动应暂停。同时，对于恢复测试，也应制定明确的指导原则，例如在重新设计系统某部分或修正了错误代码后，如何重启测试流程。此外，本部分还需提供测试的替代方案以及在恢复测试前需要重新执行的测试项目。以下是中断测试的一些常见标准。

- 关键路径上存在未解决的任务。
- 缺陷数量显著增加。
- 出现严重级别的缺陷。
- 测试环境不完善。
- 资源供应不足。

9. 测试完成所提交的材料

提交的测试完成材料应包含测试过程中所涉及的所有开发和设计文档、工具等。具体而言，应包括测试计划、测试设计规格说明、测试用例、测试日志、测试数据、自定义工具、测试缺陷报告以及测试总结报告等。

10. 测试任务

本部分旨在详细说明测试前所需进行的准备工作以及必须执行的测试任务序列。同时，将详细列举所有任务之间的相互依赖性，以及完成这些任务所需的专业技能。在制订测试计划的过程中，通常会将这部分内容与“测试人员的工作分配”一并阐述，以确保每项任务均明确指定责任人。

11. 测试所需的资源

执行测试策略所必需的资源是确保测试成功的关键因素。在测试活动启动之前，必须制订一个全面的项目测试资源计划，该计划应详细列出每个阶段任务所需的具体资源。一旦发生资源过期或资源共享冲突等问题，应立即对计划进行更新。计划中应包含测试过程中可能涉及的所有资源。以下列举了一些测试中常见的资源需求。

- 人员配置：需评估测试团队的规模、成员的专业技能和经验水平。团队成员可能是全职员工、兼职人员、志愿者或学生。
- 设备规格：需考虑计算机、打印机等硬件的性能指标，包括机型要求、内存、CPU、硬盘的最低配置等。同时，还需明确设备用途，如计算机是否用作数据库服务器或Web服务器等。此外，还需考虑特殊限制，例如是否需要开放外部端口、限制某些端口或进行性能测试。
- 办公与实验室空间：需明确办公和实验室的具体位置、空间大小以及布局方式。
- 软件需求：包括文字处理软件、数据库管理软件、自定义工具以及每台设备上安装的自研软件和第三方软件的名称及版本号等。

- 其他资源：需考虑是否需要U盘、各类通信设备、参考书籍、培训材料等辅助工具。
- 特定测试工具：在特定测试工具方面，也需要进行详细的规划。

具体的资源需求会根据项目、团队和公司的具体情况而有所差异，因此在制订测试计划时，精确评估所需资源至关重要。通常，如果在预算初期没有得到妥善规划，项目后期获取额外资源将变得异常困难，甚至可能无法实现。因此，编制一份详尽的资源清单是至关重要的。

12. 职责

测试人员的职责必须明确界定，以确保每位测试人员都对自己的工作责任有清晰的认识。测试团队由众多成员构成，职责界定的模糊性将直接影响整个测试项目的进展，进而导致测试效率的降低。有时，测试任务的性质并不总是一目了然，它们不像编程任务那样易于界定，复杂的任务可能涉及多个执行者或需要团队协作完成。因此，建议参考表2-1所示的工作职责表，以清晰、直观的方式明确展示每位测试人员的具体职责。

表2-1　测试人员的工作职责表

任务	管理	编程	测试	技术作者	用户	产品支持
编写产品可视化说明	—				×	
建立产品部件清单	—			×		
建立联系	—			—		
产品设计/功能划分	—			×		
主项目进度	—			×		
制定和修改产品说明书	—			×		
审查产品说明书	×	—	—	—	—	—
内部产品体系化	—	×				
设计和编制产品		×		—		
测试计划	—		×			
审查测试计划	×	—		—		—
单元测试		×				
通用测试			×			
建立配置清单		—	—	×	—	—
配置测试			×			
定义性能指标	—		—			
执行指标测试			×			
内容测试			×	—		
外部代码小组测试		—	×			
建立β程序	×				×	
管理β程序	×					—
审查打印材料	×	—	—	—	—	—

(续表)

任务	管理	编程	测试	技术作者	用户	产品支持
定义演示版	—				×	
制作演示版	—				×	
测试演示版			×			
软件会议	×	—	—		—	—

在表2-1中，任务被置于左侧，而潜在的执行者则横向排列于表格顶部。符号“×”代表任务的执行者，而一字线“—”则代表任务的参与者。空白处则表明测试人员无须承担该任务。

在实际操作过程中，表格中应包含哪些任务，取决于制表者的专业判断。理想的做法是由小组中资深的测试人员对任务清单进行一次审核，以确保其准确性。然而，鉴于每个项目都具有其独特性以及每位测试人员的能力和特点各异，一个更为有效的方法是咨询经验丰富的测试人员，了解他们过去参与的项目情况，特别是那些容易被忽略的任务。

13. 人员安排与培训需求

前面介绍的职责旨在明确不同角色(例如管理、测试人员和程序员等)应承担的具体任务。而“人员安排与培训需求”则进一步细化，明确测试人员在软件测试工作中具体负责的环节以及他们必须掌握的技能。表2-2所示为一个极度简化的测试人员任务分配示例。在实际操作中，任务分配表应更为详尽，以确保软件的每个部分都得到充分的测试覆盖。每位测试人员都应明确自己的职责，并拥有足够的信息以开始设计测试用例。

表2-2　测试人员任务分配表

测试人员	测试人员任务
A	字符格式：字体、字号、颜色、样式
B	布局：项目符号、段落、制表位、换行
C	配置和兼容性
D	UI：易用性、外观、辅助特性
E	文档：联机帮助和滚动帮助
F	压迫和负荷

培训需求通常包括学习特定工具的使用、掌握测试方法、熟悉缺陷跟踪系统、了解配置管理以及掌握与被测试系统相关的业务基础知识。不同的测试项目往往具有独特的培训需求，这主要取决于各自项目的具体情况。

14. 测试进度表

测试进度表详细列出了测试活动的关键时间安排，评估了各项测试任务所需的时间，并提供了测试进程的时间规划。

测试进度的构建基于项目计划中的主要里程碑(如文档交付、模块交付、接口可用性设计等)。在测试计划的制订过程中，合理安排测试进度至关重要。许多在设计和编制阶段看似简单易行的测试工作，在实际执行时往往需要大量时间。作为测试计划的一部分，完成测试进度的规划可以为项目管理者提供关键信息，从而更有效地安排整个项目的进度。

在实际的测试过程中，测试进度可能会不断受到项目中先前事件的持续影响。例如，如果项目中某一部分的交付比预定计划晚了两周，而按照原计划这一部分只有三周的测试时间，那么会发生什么情况呢？这可能导致将三周的测试压缩到一周内完成，或者将整个项目推迟两周。这类问题被称为进度危机。为了避免陷入进度危机，一种方法是在测试进度计划中避免设定具体的任务启动和结束日期，而是构建一个不包含具体日期的通用进度表。表2-3所示展示了一个可能导致测试团队陷入进度危机的测试进度表示例。

表2-3 设置固定日期的测试进度表

测试任务	日期
测试计划完成	2024.3.3
测试用例完成	2024.6.1
第1阶段测试通过	2024.6.15~2024.8.1
第2阶段测试通过	2024.8.15~2024.10.1
第3阶段测试通过	2024.10.15~2024.11.15

相反，如果在测试进度表中对各测试阶段采用相对日期，那么测试任务的开始日期将取决于先前事件的交付日期，如表2-4所示。

表2-4 采用相对日期的测试进度表

测试任务	开始日期	期限
测试计划完成	说明书完成之后7天	4周
测试案例完成	测试计划完成	12周
第1阶段测试通过	编码完成	6周
第2阶段测试通过	Beta构造完成	6周
第3阶段测试通过	发布试用版本	4周

适当的进度规划对于简化测试流程的管理具有重要作用。在大多数情况下，项目管理员或测试管理员将承担进度安排的最终责任，而测试人员则负责规划各自具体任务的进度。

15. 风险及应急措施

在测试流程中，识别潜在风险和不利因素至关重要，并且需要制定相应的缓解策略。软件测试人员需清晰地识别计划阶段的风险，并与测试和项目负责人进行沟通。这些风险应在测试计划中明确记录，并在进度安排时予以考虑。尽管有些风险可能最终并未显现，但提前识别它们是必要的，以避免项目后期出现时的惊慌失措。通常，测试团队会发现资源有限，无法覆盖软件测试的所有方面。然而，识别风险有助于测试人员确定测试项的优先级，并集中精力关注那些可能导致严重后果的领域。

以下是一些软件测试中常见的潜在问题和风险。

- 设备和网络资源的限制可能导致测试不全面。应对策略包括测试人员明确指出缺少哪些资源以及这些限制可能带来的影响。
- 现场定制的开发模式和紧迫的上线时间可能导致测试不充分。测试人员应详细说明在这些限制条件下如何进行测试。
- 不切实际的交付日期。
- 系统间接口的不完善。
- 软件开发是一个逐步完善的过程，初始的测试计划可能不完整，需要定期更新。变更可能源于项目计划、需求、测试产品版本或测试资源的变动，这些都增加了测试的不确定性。
- 历史缺陷较多的模块。
- 经历过多次复杂变更的模块。
- 安全性、性能和可靠性问题。
- 难以变更或测试的特性。

尽管风险分析在初次尝试时可能面临诸多挑战，但在软件测试中执行风险分析至关重要，这一点必须铭记。

16. 审批

审批者应是拥有授权宣布测试工作准备就绪并可进入下一阶段的个体或团队。在测试计划的审批流程中，签名页扮演着重要角色。审批者在签署其姓名及日期时，需明确阐述其是否支持通过评审的立场。

前述内容概括了测试计划的基础框架。在实际撰写测试计划时，可以根据待测软件的特性、各测试部门的实际情况及条件，对前述要素进行适当的补充与调整，无须完全遵循固定模式。通常，制订一份详尽的测试计划需耗时数周乃至数月，并且这是一项需要全体测试人员共同参与的工作。

2.7 本章小结

本章详细介绍了软件测试计划的制订原则、方法及其重要性。软件测试计划构成了软件测试工作的基础，明确了测试的目标、范围、方法和重点，是项目启动初期必须规划的关键文档。本章强调，测试计划对于确保测试工作顺利进行、促进项目成员间的沟通、提前发现并修正软件规格说明书中的问题，以及使测试工作更易于管理，具有重要意义。同时，本章也提出了制订测试计划时应遵循的原则，例如尽早开始、保持灵活性、简洁易读、多方面评审和计算投入等。此外，本章还详细阐述了制订测试计划时应考虑的内容，包括测试资料的搜集与整理、测试目标的明确、测试方法的制定、测试项的通过/失败标准、测试进度的安排、资源需求、人员职责和培训需求、风险及应急措施等。最后，文档依据IEEE 829-1998标准的测试计划模板，列出了测试计划应包含的16个主要部分，为测试计划的编写提供了结构化的指导。

2.8 思考和练习

一、填空题

1. 软件测试计划应包含的16个主要部分是根据________标准的模板给出的。

2. 制订测试计划时应遵循的一个原则是保持测试计划的________性和可读性。

3. 在测试计划中，测试对象是从________的角度出发规划测试内容。

4. 测试计划中应详细描述使用到的测试方法，并对每个阶段的测试策略进行________阐述。

5. 测试计划中应明确测试项的通过/失败标准，通常依据测试用例的合格/不合格情况、缺陷的数量、类型、严重性以及缺陷出现的位置，还有系统的________或稳定性等因素来确定。

二、判断题

1. 测试计划的制订可以完全依赖于测试人员的经验，无须遵循任何标准模板。 (　　)

2. 测试计划的制订应尽早开始，即使对所有细节尚不完全掌握，也可以从总体框架入手。 (　　)

3. 测试计划中不需要考虑测试进度的安排。 (　　)

4. 测试计划的制订应保持灵活性，但同时也要受到变更控制的约束。 (　　)

5. 测试计划的制订不需要考虑资源需求。 (　　)

三、简答题

1. 制订软件测试计划的目的是什么？

2. 制订测试计划时应遵循哪些原则？

3. 测试计划中应包含哪些关键要素？

4. 测试计划中如何处理测试中断和恢复测试的标准？

5. 测试计划的审批流程中，签名页扮演着什么角色？

第 3 章

黑盒测试与测试用例设计

黑盒测试是一种普遍且广泛应用的软件测试技术，它将待测软件视为一个不可开启的黑盒，主要依据功能需求设计测试用例进行测试。本章将介绍几种常用的黑盒测试技术及其相应的测试用例设计策略，并通过具体案例详细说明这些技术的应用。

本章学习目标：

- 了解测试用例的定义和设计方法。
- 掌握黑盒测试的基本原理，熟悉常用黑盒测试技术，如等价类划分和边界值分析等。
- 学会设计高效测试用例，并通过实例理解其在实际项目中的应用。
- 能够独立运用黑盒测试方法，提升软件质量，以确保系统的稳定运行。

3.1 测试用例综述

测试用例是一系列经过精心设计的测试输入、执行条件和预期结果，旨在验证软件程序的特定功能路径或确保满足既定需求，以实现特定的测试目标。

测试用例构成了测试流程构建与规划的核心，其质量在很大程度上决定了测试工作的成效。一个经过深思熟虑设计的测试用例能够显著提升测试的效率，并有助于在软件开发早期阶段发现潜在缺陷。

测试用例对软件测试活动进行了系统化的组织和总结，将测试行为转化为易于管理的形式。此外，测试用例是量化测试过程的一种有效工具。针对不同类型的软件产品，测试用例也呈现出多样性。在测试流程中，测试用例发挥着至关重要的作用，它们构成了测试流程设计和制定的基础。从某种意义上讲，测试的深度与测试用例的数量呈正相关，而基于需求覆盖的测试用例数量是衡量测试完整性的一个关键指标。

3.1.1 测试用例的定义

测试用例是为达成特定目标而精心设计的一系列测试输入、执行条件和预期结果，构成了测试执行的基本单元。简而言之，测试用例是一份详尽记录输入数据、操作步骤、时间限制和预期输出结果的文档。其核心目的在于验证应用程序的特定功能是否能够正常运作，并确保输出符合预期设计。

在执行测试用例的过程中，若软件无法正常运行且该问题反复出现，这表明软件可能存在缺陷。此时，必须将该缺陷明确标识，并将其记录于问题跟踪系统中，以便通知软件开发团队。开发人员在接到通知后，将着手修复问题，并将修正后的软件交回测试人员复核，以确保问题已得到妥善解决。

3.1.2 测试用例的设计

对于测试专业人员而言，设计与编写测试用例是一项至关重要的技能。测试用例的编写者不仅需要精通软件测试的技术与流程，还必须对整个软件系统有深入的理解，包括业务层面、设计细节、功能规格说明、用户体验场景以及程序或模块的架构。因此，在实际的测试活动中，通常由经验丰富的专业测试人员负责测试用例的设计工作。

1. 测试设计说明书

测试设计说明书旨在为每个软件特性明确具体的测试方法，涵盖被测特性、所采用的测试方法、测试准则等要素。根据ANSI/IEEE 829标准，测试设计说明书是对测试计划中测试方法的提炼，需明确指出设计所包含的特性及其相应的测试方法，并规定判断特性是否通过的准则。以下内容可作为测试设计说明书的参考依据。

- 标识符：为测试设计说明书提供一个唯一的引用和定位标识。
- 被测试的特性：明确列出所有需测试的软件特性及其组合，并指出与每个特性或特性组合相关的测试设计说明书。例如，“计算器程序的加法功能”“写字板程序中的字体大小选择和显示”等。
- 方法：阐述测试的总体方法，明确测试指定特性组所需的主要活动、技术和工具。若测试计划中已列出方法，则在此处需详细描述所采用的技术，并提供验证测试结果的方法。例如，可以描述一种方法，开发一个测试工具，顺序读写不同大小的数据文件，数据文件的数量、大小及内容由程序员提供的示例决定。使用文件比较工具比较输出文件与源文件，若两者相同，则视为通过；否则，视为失败。
- 测试用例信息：本部分不定义实际测试用例，而是用于描述测试用例的相关信息。例如，测试用例“检查最大值”的ID为#15326，测试用例“检查最小值”的ID为#12327等。
- 通过/失败规则：设定各测试项通过测试的标准，即描述判定某项特性测试结果为通过或失败的准则。该描述可能非常简洁明了，例如“通过是指在执行全部测试用例时未发现软件缺陷”。也可以较为含糊，例如“失败是指超过10%的测试用例未通过”等。

2. 测试用例的编写标准

在获取测试设计说明之后，便能够依据其内容对每个测试项进行详尽的测试用例设计。具体而言，测试用例详细阐述了每个测试的输入数据、操作步骤以及预期的输出结果。一个高质量的测试用例应当包含以下几个关键要素。

- 用例的编号(ID)：作为测试用例的唯一标识符，测试用例编号遵循特定的规则，例如“软件名称缩写-功能模块缩写-序号”。设定测试用例编号有助于快速定位和管理测试用例，便于跟踪测试进度。
- 测试标题：简明扼要地描述测试用例的目的。测试用例的标题应清晰反映测试的意图，例如“验证用户在输入错误密码时，软件的响应机制”。
- 测试项：测试用例需精确且详细地描述被测试项及其具体特征，这些描述应比测试设计说明中提及的特性更为详尽。例如，如果测试设计说明中提到“计算器程序的加法功能”，测试用例应具体描述为“加法运算的上限溢出处理”。同时，测试用例应指明所依据的产品说明书或其他设计文档。
- 测试环境要求：明确列出执行该测试用例所需的外部条件，包括具体的软硬件规格和必要的测试工具等。
- 特殊要求：详细说明对测试环境的特定需求，包括所需的特殊设备、特殊配置(例如对防火墙配置的特殊要求)等。
- 测试技术：详细描述和阐释测试过程中所采用的技术和方法。
- 测试输入说明：明确测试执行中所需的各种输入条件。依据需求文档中的输入条件，确定测试用例的输入。测试用例的输入与软件需求中的输入条件密切相关，若需求文档中对输入条件定义不明确，将严重影响测试用例的设计。
- 操作步骤：明确列出测试执行的具体步骤。对于复杂的测试用例，其输入需要分步骤完成，这些步骤应在操作步骤中详细描述。
- 预期结果：明确测试执行的预期结果，预期结果应基于软件需求中的输出条件得出。若实际测试结果与预期结果不符，则测试失败；否则，测试成功。
- 测试用例间的关联性：明确标识该测试用例与其他测试用例之间的依赖关系。在实际测试中，许多测试用例并非孤立存在，它们之间可能存在时间顺序或次序上的依赖，应列出相关联的前一测试用例和后一测试用例的编号。
- 测试用例设计者和执行者。
- 测试日期：如表3-1所示，ANSI/IEEE 829标准提供了测试用例编写的表格格式，可作为编写测试用例时的参考。

表3-1 测试用例编写的表格格式

编号：

编制人		审定人		时间	
软件名称			编号/版本		
测试用例					
用例编号					
参考信息(参考的文档及章节号或功能项)：					
输入说明(列出选用的输入项，列出预期输出)：					
输出说明(逐条与输入项对应，列出预期输出)：					

(续表)

编制人		审定人		时间	
环境要求(测试要求的软件、硬件、网络要求):					
特殊规程要求:					
操作步骤:					
用例间的依赖关系					
用例产生的测试程序限制:					

在测试用例设计中，引入了优先级的概念，这有助于明确软件测试的关键点，并区分各个测试用例的重要性。通常情况下，测试用例被细分为五个等级，分别用数字0~4来标识。在小型软件项目中，优先级的作用可能并不十分突出。但在规模较大且时间紧迫的项目中，优先级的作用显得尤为关键，因为它确保了测试人员能够集中精力执行更为重要的测试用例。

3. 编写测试用例所依据的文档和资料

在制定测试用例时，主要参考的资料如下。

- 软件需求说明书及相关文档。
- 相关的设计说明，例如概要设计和详细设计等。
- 与开发团队关于需求理解的交流记录。
- 已经成熟稳定的测试用例。

通常情况下，借鉴同类别软件的测试用例具有显著的参考价值。在测试过程中，若能发现同类别的软件系统的测试用例，切勿错过这个参考机会。同类别的软件，由于系统功能相似，测试用例可以用来参考，根据当前被测软件的需求来简单调整即可使用。参考这些已经构建且成熟的测试用例，不仅能显著拓宽测试用例设计的思路，还能大幅节省设计时间。

简而言之，尽可能地获取所有可用的项目文档。从这些资料中，提炼出若干具体的“功能点”，并深入理解这些“功能点”，结合相应的软件需求文档和软件设计文档。在掌握了一定的测试用例设计方法后，才能设计出全面且合理的测试用例。

4. 测试用例设计的基本原则

测试用例设计的核心要求是全面覆盖待测试的功能。在测试过程中，为了确保测试用例能够全面覆盖，必须对被测试产品的功能有深入的理解，明确测试的范围(尤其是明确哪些内容无须测试)，并掌握基本的测试技术(如等价类划分等)。然而，考虑到成本因素，测试用例设计原则不能仅仅局限于“全面覆盖待测试的功能”。以下列举了一些常见的测试用例设计原则。

- 应当采用成熟的测试用例设计方法来指导设计过程：在设计测试用例时，不应仅依赖于主观或直观的思维，而应以成熟的测试用例设计方法为基础，同时结合设计人员的个人经验积累。
- 确保测试用例的正确性：这包括数据的正确性和操作的合理性。首先，确保测试用例中的数据准确无误。其次，预期的输出结果应与测试数据所涉及的业务逻辑相匹配，同时，操作的预期结果应与程序实际产生的结果保持一致。

- 测试用例应具有广泛的代表性：它们应能覆盖各种合理与不合理、合法与非法、边界与越界的数据，以及极限的输入数据、操作和环境配置等。
- 测试结果应具有可判定性：即测试执行结果的正确性应能够明确判断，每个测试用例都应有清晰的预期结果。
- 测试结果应具有可再现性：即对相同的测试用例，系统的执行结果应保持一致。
- 步骤应足够详细、准确和清晰：即使是对测试内容一无所知的新手，也能够根据所编写的测试用例准确无误地完成测试。

5. 测试用例的分类

为提高实际测试工作的效率，并确保测试用例的编写与执行过程更为顺畅，有必要对测试用例实施分类管理。这有助于确保关键测试用例不会被遗漏。测试用例可划分为以下5个主要类别。

- 白盒测试用例：这类测试用例通常基于逻辑覆盖法和基本路径测试法进行设计，其核心理念是利用程序的控制结构来导出测试用例。
- 软件功能测试用例：以文字编辑器为例，这类测试用例涵盖新建文档、打开文档、保存文档、打印文档、编辑文档等功能。软件功能测试用例的设计通常采用等价类划分法、边界值分析法、错误推测法和因果图法等黑盒测试技术。
- 用户界面测试用例：涉及用户界面中所有菜单、命令按钮、输入框、列表框、工具栏、状态栏等元素的测试用例。
- 软件非功能测试用例：此类测试用例包含性能测试、强度测试、接口测试、兼容性测试、可靠性测试、安全测试、安装/卸载测试、容量测试、故障修复测试等。
- 针对软件缺陷修复的测试用例。

在软件测试的不同阶段，应使用不同类型的测试用例。编写并执行特定阶段的测试用例是提高测试效率的关键。测试阶段、测试类型与测试执行人员的对应关系如表3-2所示。

表3-2 测试阶段、测试类型与测试执行人员的对应关系

测试阶段	测试类型	测试执行人员
单元测试	模块功能测试，包含部分接口测试、覆盖测试、路径测试	开发人员、开发人员与测试人员结合
集成测试	接口测试、路径测试、部分功能测试	开发人员与测试人员结合、测试人员
系统测试	功能测试、兼容性测试、性能测试、用户界面测试、安全性测试、强度测试、可靠性测试、安装/卸载测试	测试人员
验收测试	对于实际项目基本同上，并包含文档测试；对于软件产品主要测试相关技术文档	测试人员(可能包含用户)

测试活动与开发活动通常并行开展。因此，测试计划一旦制订完成，就应立即开始编写测试用例。测试与开发之间的对应关系如表3-3所示。

表3-3 测试与开发之间的对应关系

开发阶段	依据文档	编写的用例
需求分析结束后	需求文档	系统测试对应的用例
概要设计阶段结束后	概要设计、体系设计	集成测试对应的用例
详细设计阶段	详细设计文档	单元测试对应的用例

6. 测试用例设计步骤

一套完整的软件测试流程包含多个环节，其起点为测试用例的设计。下面将介绍测试用例设计的标准流程，目的是确保所制定的测试用例能够尽可能地满足需求，同时避免不必要的重复和冗余。首先，我们将从理论层面探讨测试用例设计的一般步骤。

1) 测试需求分析

在这一阶段，测试人员需要从软件需求文档中提取测试软件和模块的需求，并进行深入分析，以综合形成测试需求，明确被测对象的功能特性。测试需求应具备以下特点：不仅要包含软件需求，还应具备可测试性。基于软件需求，测试需求应进一步进行归纳和分类，以便设计出恰当的测试用例。在测试用例中，测试集与测试需求之间存在多对一的关系，即一个或多个测试用例集对应于一个特定的测试需求。

2) 业务流程分析

软件测试不仅需要从功能层面进行检验，还应深入软件内部结构，执行逻辑测试。为了全面开展测试工作，对软件产品的业务流程必须有深入的理解。因此，在设计复杂的测试用例之前，建议先梳理出软件的业务流程图。这将有助于把握软件的逻辑处理和数据流向，从而指导测试用例的设计。

在软件的业务流程中，应掌握以下关键信息：主要流程的概览、条件备选流程的细节、数据流向的路径，以及关键判断条件的依据。

3) 测试用例设计

在完成测试需求分析和软件业务流程分析之后，接下来的步骤是着手设计测试用例。在设计测试用例的过程中，有几个关键点需要特别注意。

(1) 必须明确测试套件的定义。测试套件体现了功能上的分类，它将类似的测试场景整合在一起，而不是基于技术层面的分类。在技术设计中，若各模块间耦合度较高，功能上不相关的模块可能因代码复用而在修复缺陷时相互影响，从而引发错误。引入回归测试的目的正是为了预防此类情况。然而，在进行功能测试的模块划分时，应始终以用户视角为出发点，依据用户场景来划分测试的“模块”。

(2) 针对每个测试套件，需要明确一个或多个基本流程和可选流程，即测试场景。可以借助场景矩阵(Scenario Matrix)来清晰地排列和组合可能出现的场景。需要注意的是，一方面，用例或PRD文档中的描述可能未能覆盖所有场景，因此测试人员应尽可能地发掘这些场景，这既是出于测试本身的需要，也可能是基于开发团队的工作；另一方面，在复杂系统中，测试场景不可能覆盖所有可能的情况，这就要求测试人员采取适当的测试策略，对系统进行“足够的(adequate)”测试，而非追求完全的测试。

(3) 对于每个测试场景，需要确定一个或多个测试用例。这同样可以通过矩阵(Matrix)来清晰地规划。每个测试用例都应包含其对应的预置条件、输入和期望结果。测试用例分为正向测试用例(Positive Test Case)和负向测试用例(Negative Test Case)两种，分别用于验证产品是否能正确执行其应完成的功能，以及是否能正确处理不应执行的操作。

(4) 需要增加测试数据以完善测试用例。测试数据是测试用例中不可或缺的部分，每个测试用例可能需要多套测试数据。测试工程师将根据某种测试技术，尽可能地设计较少的测试数据，以完成“足够的”测试。

4) 测试用例评审

测试用例设计完成后，为确保测试流程及方法的精确性，并识别潜在的遗漏测试点，必须进行测试用例的评审。通常，该评审过程由测试主管负责引导，参与者包括测试用例的设计者、测试主管、项目经理、开发工程师，以及相关的开发和测试工程师。完成测试用例评审后，测试工程师将根据评审反馈对测试用例进行必要的修改，并详细记录修改日志。

5) 测试用例更新完善

完成测试用例并不意味着一个阶段的终结，而是标志着它们需要持续更新和完善。当软件产品引入新功能或更新现有需求时，测试用例也必须同步更新，以保持一致性。在软件交付并投入使用后，客户可能会反馈一些软件缺陷。这些缺陷往往源于测试用例的漏洞，因此对测试用例进行完善显得尤为重要。通常情况下，小的修改可以直接在原始测试用例文档上进行，但必须记录更改内容。随着软件版本的升级和更新，测试用例也应相应地编制新的升级更新版本。测试用例是动态的，它们在软件的整个生命周期中需不断更新和完善。

7. 测试用例设计实例

【例3-1】以下内容展示了计算实数平方根的函数设计说明，该说明将作为推导测试用例的基础。

- 输入：实数。
- 输出：实数。
- 处理逻辑：若输入值为0或大于0，函数将返回该数的平方根；若输入值小于0，则函数将输出错误信息“Square root error- illegal negative input”，并返回0。库函数Print_Line用于输出错误信息。

依据设计说明中的三个关键点，可以设计两个测试用例来对应这些情况。

- 测试用例1：输入4，预期输出2(对应第一个关键点)。
- 测试用例2：输入-10，预期输出0，并显示错误信息“Square root error - illegal negative input”(对应第二个和第三个关键点)。

通过设计说明导出的测试用例，确保了与被测单元设计说明的陈述序列之间存在良好的对应关系，这不仅增强了测试说明的可读性，也提高了其可维护性。然而，仅依赖软件设计说明导出测试用例是不够的，还需要补充负面测试用例，以确保提供全面的单元测试说明。此外，基于设计说明导出的测试技术同样适用于安全分析、保密分析和其他单元测试用例的设计。

【例3-2】本测试案例针对一个基于B/S架构的登录功能进行测试，属于黑盒测试范畴。测试假设用户使用的是Internet Explorer浏览器。功能描述如下。

(1) 用户在地址栏输入指定的网址后，系统应显示登录界面。

(2) 用户输入用户名和密码后单击“登录”按钮，系统将进行验证并提供相应的反馈信息。

(3) 若用户未输入用户名或密码中的任何一项，登录操作后系统应提示相应的错误信息。

(4) 若用户连续三次登录验证失败，系统将自动关闭Internet Explorer浏览器。

本例具体的登录界面测试用例如表3-4所示。

表3-4　登录界面测试用例

<table>
<tr><td>XXXX-XX-XX</td><td>用例名称</td><td colspan="2">系统登录</td></tr>
<tr><td colspan="4">系统登录页面包含“用户名”和“密码”输入文本框，输入正确的用户名、密码后，单击“登录”按钮，成功登录系统</td></tr>
<tr><td colspan="4">打开浏览器，在地址栏输入相应地址进入该系统登录页面</td></tr>
<tr><td>场景</td><td>测试步骤</td><td>预期结果</td><td>备注</td></tr>
<tr><td>初始页面显示</td><td>从用例入口处进入</td><td>页面元素完整，显示与详细设计一致</td><td></td></tr>
<tr><td>用户名录入-验证</td><td>输入已存在的用户：test</td><td>输入成功</td><td></td></tr>
<tr><td>用户名录入-容错性验证</td><td>输入：aaaaabbbbbcccccdddddeeeee</td><td>输入到蓝色显示的字符时，系统拒绝输入</td><td>输入数据超过规定长度范围</td></tr>
<tr><td>密码-密码录入</td><td>输入与用户名相关联的数据：test</td><td>输入成功</td><td></td></tr>
<tr><td>系统登录-成功</td><td>正确输入“用户名”和“密码”，单击“登录”按钮</td><td>登录系统成功</td><td></td></tr>
<tr><td>系统登录-用户名、密码校验</td><td>没有输入用户名、密码，单击“登录”按钮</td><td>系统登录失败，提示：请检查用户名和密码的输入是否正确</td><td></td></tr>
<tr><td>系统登录-密码校验</td><td>输入用户名，没有输入密码，单击“登录”按钮</td><td>系统登录失败，提示：需要输入密码</td><td></td></tr>
<tr><td>系统登录-密码有效性校验</td><td>输入用户名，输入密码与用户名不一致，单击“登录”按钮</td><td>系统登录失败，提示：错误的密码</td><td></td></tr>
<tr><td>系统登录-输入有效性校验</td><td>输入不存在的用户名、密码，单击“登录”按钮</td><td>系统登录失败，提示：用户名不存在</td><td></td></tr>
<tr><td>系统登录-安全校验</td><td>连续3次未成功</td><td>系统提示：“您没有使用该系统的权限，请与管理员联系!”</td><td></td></tr>
<tr><td>…</td><td>…</td><td>…</td><td>…</td></tr>
</table>

3.2　等价类设计方法

等价类划分技术选取适当数据子集代表整体数据集，旨在通过减少测试案例数量实现合理的覆盖效果，从而揭示更多潜在缺陷。

作为一项核心的黑盒测试方法，等价类划分技术将程序的所有潜在输入数据(涵盖有效与无效数据)细分为若干等价类。随后，从每个等价类中选取具有代表性的数据作为测试用例进行分类，确保测试用例的全面性和代表性。测试用例由有效和无效等价类的代表数据构成。该技术允许测试设计独立于程序的内部结构，基于需求规格说明书选择适当的典型子集，深入分析和推敲说明书中的需求(特别是功能需求)，以尽可能多地发现错误。等价类划分技术是一种系统化的方法，用于确定测试条件的输入。

3.2.1 等价类划分

在进行等价类划分时，需将程序的整个输入域细分为若干个互不相交的子集，并从每个子集中挑选出若干具有代表性的数据作为测试用例。

设计测试用例的过程包括两个阶段：首先是进行等价类的划分(制定等价类表)，其次是选择测试用例。等价类是指输入域中的一个子集，在此子集中，所有输入数据对于发现程序中的错误具有相同的效果。测试等价类中的一个代表值相当于对该类中所有其他值进行了测试。

因此，为了根据测试输入条件识别一组等价类，必须采用一种系统化的方法。每个等价类代表一组潜在的测试输入，此时无须为等价类中的每个元素单独创建测试用例，而是根据等价类的特性挑选出一个具有代表性的测试用例。在选择等价类时，必须格外小心谨慎，确保等价类内的所有元素在行为上具有高度的一致性。

等价类可细分为以下两种情况。

(1) 有效等价类。该等价类基于程序的规格说明，由合理且有意义的输入数据组成。

(2) 无效等价类。该等价类涉及对于程序的规格说明而言，不合理且无意义的输入数据。需要注意的是，正确的术语应为“无效值的等价类”，而非“无效等价类”，因为等价类本身并非无效，只是对于特定输入值而言无效。

接下来，通过一个计算年终奖金的案例来阐释等价类的划分。某公司计划开发一款应用软件，用于计算员工的年终奖金。该奖金的计算机制如下。

(1) 若员工在公司服务时间超过2年，则可获得相当于其月收入50%的年终奖金。

(2) 若员工服务时间超过4年，则可获得相当于其月收入75%的年终奖金。

(3) 若员工服务时间超过7年，则可获得相当于其月收入100%的年终奖金。

根据员工在公司的不同服务年限，可以就奖金计算划分出4个不同的有效输入值等价类(即vEC)，具体如表3-5所示。

表3-5　有效等价类和代表值

参数	等价类	代表值
奖金计算程序	vEC1:0≤x≤2	2
员工工作年限	vEC2:3≤x≤4	4
	vEC3:5≤x≤7	7
	vEC4:x>7	12

此外，对于有效输入值之外的无效值，也需进行相应的测试。必须识别出无效输入值的等价类，并使用这些无效等价类的代表值来设计测试用例。在前述例子中，如表3-6所示，列出了两个无效等价类，这些无效等价类以iEC标识。

表3-6　无效等价类和代表值

参数	等价类	代表值
奖金计算程序	iEC1:x<0	−3
员工工作年限	员工工作年限为负(不正确)	
	iEC3:x>70	72
	员工工作年限过长(不正确)	

需要注意的是，在第二类等价类中，数值70是随机选取的，考虑到没有人可能被公司雇佣如此长的时间，公司设定的最大服务年限应依据客户的实际情况而定。

以上展示的两个示例仅是对等价类概念的简明阐释。在实际应用中，等价类的划分需要进一步细化。若测试对象的规格说明明确指出等价类中的某些元素需区别对待，则这些元素应被归入同一个等价类。对于每个等价类，在测试时应选取一个具有代表性的值。

为完成测试用例的设计，测试人员必须明确每个测试用例的前置条件以及预期结果。

划分输入数据等价类的原则同样适用于输出数据。显然，获取输出数据的测试用例成本更高，因为必须确定与每个输出数据代表值相对应的输入数据组合。同时，对于输出数据，也必须考虑无效值等价类的情况。

在划分等价类和选择代表值时，必须谨慎考虑。测试中发现缺陷的可能性在很大程度上取决于等价类划分的质量以及所选测试用例的执行效果。通常，从规格说明等文档中提取等价类并非易事。

理想的测试值是那些能够验证等价类边界的值。然而，由于自然语言无法精确界定等价类的边界，需求文档的描述可能会产生歧义或错误。例如，在使用自然语言描述需求时，“超过3年”可能意味着数值3包含在等价类之内(EC:x≥3)，也可能意味着数值3位于等价类之外(EC:x>3)。因此，包含x=3的测试用例能够揭示这种歧义，并可能导致测试对象失效。本书后面的边界值分析章节将对此问题进行深入探讨。

3.2.2　等价类划分方法

为了实现等价类划分，必须遵循两个步骤：首先识别等价类；其次确定测试用例。识别等价类主要涉及对特定输入或外部条件的启发式分析。下面将详细介绍等价类划分方法的应用。

(1) 若输入条件明确规定了输入值的范围，则可以划分出三个等价类：一个合法等价类和两个非法等价类。

【例3-3】如图3-1所示，假设规定值的范围为1~99，则可以划分出三个等价类：合法等价类为{1~99}；两个非法等价类分别为{x|x<1}和{x|x>99}。

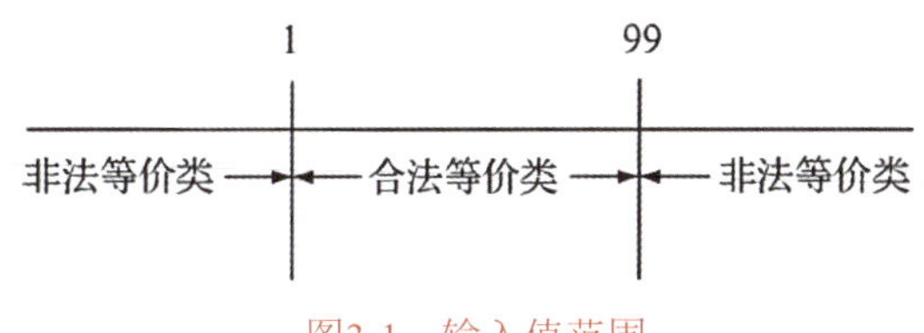

图3-1　输入值范围

(2) 若输入条件定义了一个输入值的集合，并且每个值的处理方式各异，则应为该集合中的每个元素构建一个合法等价类和一个非法等价类。

举例说明：若需从含有N个元素的集合中选取输入值，那么将产生N+1个等价类。具体而言，为集合中的每个元素分别构建一个合法等价类{M_1}、{M_2}、…、{M_n}；同时构建一个非法等价类，该类包含集合之外的所有元素{x|x不属于{M_1、M_2、…、M_n}}。

(3) 若处理各合法输入的方式各异，则应为每个合法输入构建一个合法等价类。例如，在选择菜单项的场景中，应为每个菜单选项定义一个等价类。

(4) 若输入条件指定了合法输入的数量(设为N)，则应为正确的输入数量定义一个合法等价类，并分别定义两个非法等价类。

(5) 若输入条件规定了必须满足的条件，则应生成两个等价类：一个合法等价类和一个非法等价类。例如，若输入的第一个字符必须为数字，则应得到两个等价类：合法等价类{s|s的首字符为数字}；非法等价类{s|s的首字符非数字}。

(6) 若等价类中的元素被程序以不同方式处理，则应将该等价类细分为更小的等价类。一种直观的识别方法包括简单值、普通值、极端值和典型值等。

根据划分的等价类，选择测试用例应遵循以下原则。

- 为每个等价类分配一个唯一编号。
- 设计一个新的测试用例，使其尽可能多地覆盖尚未被覆盖的有效等价类，重复此步骤，直至所有有效等价类均被覆盖。
- 设计一个新的测试用例，使其仅覆盖一个尚未被覆盖的无效等价类，重复此步骤，直至所有无效等价类均被覆盖。

在常规的等价类划分中，等价类通常被划分为以下几个类别。

- 弱一般等价类：基于单缺陷假设，不考虑异常区域(即无效等价类部分)。
- 强一般等价类：基于多缺陷假设，不考虑异常区域。
- 弱健壮等价类：基于单缺陷假设，需考虑异常区域。
- 强健壮等价类：基于多缺陷假设，需考虑异常区域，即为一个全笛卡尔乘积。

单缺陷假设是边界值分析的核心原则。单缺陷假设指的是“失效通常不是由两个或两个以上的缺陷同时发生所导致的”。在边界值分析中，单缺陷假设意味着选择测试用例时仅使一个变量取极值，而其他变量保持正常值。多缺陷假设则认为“失效是由两个或两个以上缺陷共同作用所引起的”，要求在选择测试用例时同时让多个变量取极值。

【例3-4】某函数F涉及两个变量x1和x2。对于这两个输入变量，其取值范围规定如下。

- a≤x1≤d，区间包括[a,b]、(b,c)、[c,d]。
- e≤x2≤g，区间包括[e,f)、[f,g]。

分析x1和x2的无效区间，得出以下结论：

- x1＜a；x1＞d；
- x2＜e；x2＞g。

(1) 弱一般等价类测试：该测试方法不考虑无效数据，仅从每个有效等价类中选择一个值作为测试用例。其设计的测试用例仅需覆盖所有有效等价类，具体如图3-2所示。在该图中，所选区域代表了相应等价类的选取。在此例中，已排除了无效输入，仅保留了3个有效的等价类。

(2) 强一般等价类测试：每个等价类至少应选取一个测试用例。该测试方法不考虑无效等价类，在选取测试用例时，必须确保覆盖所有有效区间的组合，如图3-3所示，6个等价类均已被选取为测试用例。

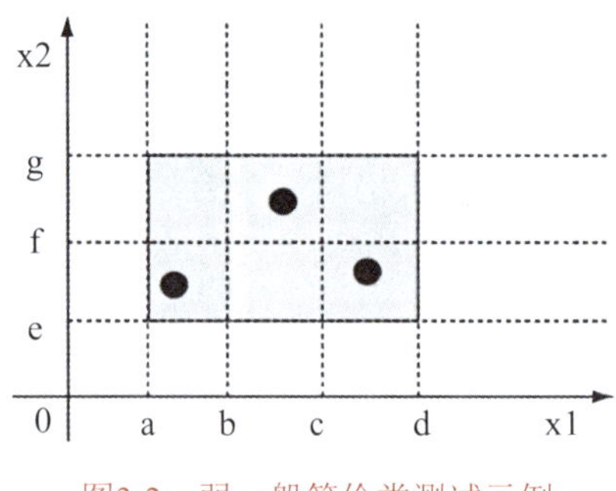

图3-2　弱一般等价类测试示例

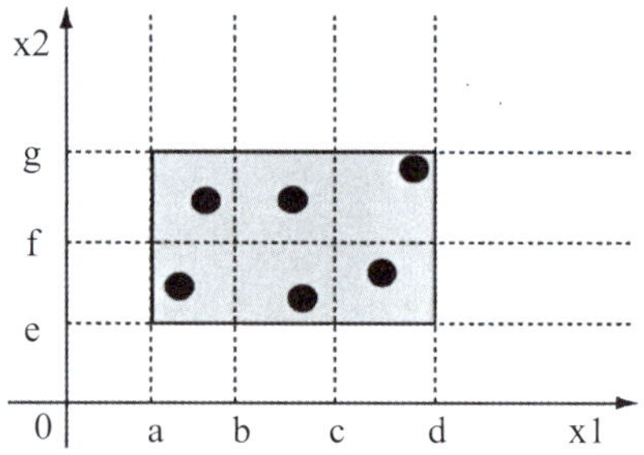

图3-3　强一般等价类测试示例

(3) 弱健壮等价类测试：针对有效输入，每个有效类中选取一个代表值；对于无效输入，则选取一个无效值作为测试用例，其余值保持有效。该测试方法基于单一缺陷假设，关注于无效等价类的选取，旨在确保测试用例能够覆盖所有有效等价类以及每个无效等价类，但不允许同时覆盖两个无效等价类，具体如图3-4所示。

(4) 强健壮等价类测试：必须确保每个无效等价类与有效等价类的组合均得到充分测试，以覆盖所有可能的有效与无效情况，具体如图3-5所示。

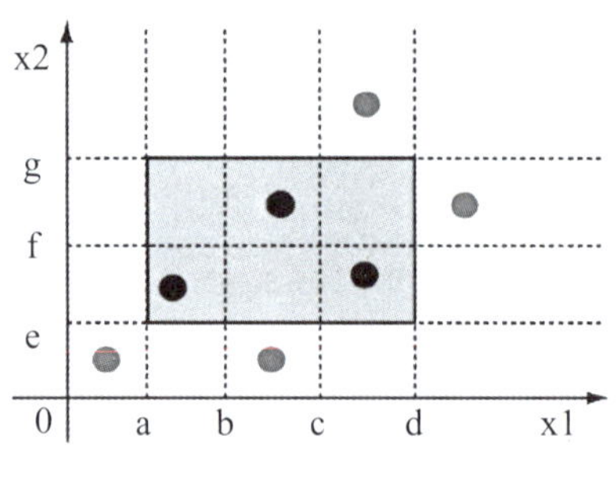

图3-4　弱健壮等价类测试示例

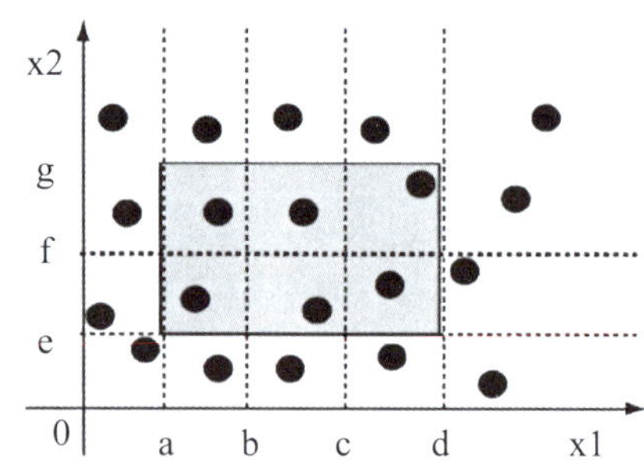

图3-5　强健壮等价类测试示例

3.2.3　等价类划分的测试运用

1. 三角形问题的等价类测试

三角形问题在测试文献中被广泛采用，作为检验程序逻辑的典型示例。本问题要求输入三个整数a、b和c，分别代表三角形的三条边，并通过程序判断这三条边构成的三角形类型。可能的结果包括等边三角形、等腰三角形、一般三角形，或者不构成三角形。

假设输入的三个整数a、b和c的取值范围为1~100，三个整数a、b和c，分别代表三角形的三条边，且这三个整数必须满足以下条件。

- 1≤a≤100，1≤b≤100，1≤c≤100。
- a＜b+c，b＜a+c，c＜a+b。

程序的输出结果应为这三条边构成的三角形类型，包括：等边三角形、等腰三角形、一般三角形或非三角形。若输入值不满足上述条件中的任何一个，程序应提供相应的提示信息：“请输入1~100的整数”。若a、b和c满足上述条件，则输出以下四种情况之一。

(1) 若不满足后三个条件中的任意一个，则程序输出“非三角形”。

(2) 若三条边相等，则程序输出“等边三角形”。

(3) 若仅有两条边相等，则程序输出“等腰三角形”。

(4) 若三条边均不相等，则程序输出“一般三角形”。

以上四种情况彼此互斥且不相容。三角形问题涉及清晰而复杂的逻辑关系，因此常用于软件测试中的问题分析。

深入分析三角形问题，可以划分出等价类，如表3-7所示。基于该表可以设计出覆盖上述等价类的测试用例。

表3-7 三角形问题的等价类

有效等价类	编号	无效等价类	编号
正整数	1	一边为非整数 两边为非整数 三边均为非整数	4 5 6
三个数	2	输入一边 输入两边 输入四边	7 8 9
1≤a≤100 1≤b≤100 1≤c≤100	3	一边为0 两边为0 三边为0	10 11 12
		一边<0 两边<0 三边<0	13 14 15
		一边>100 两边>100 三边>100	16 17 18

测试用例Test1=(3,4,5)能够充分覆盖有效等价类1~3。

无效等价类的测试用例如表3-8所示。

表3-8 三角形问题无效等价类测试用例

测试用例	输 入 a、b和c	期望输出	覆盖等价类
Test2	1.5,4,5	提示“请输入1~100的整数”	4
Test3	3.5,2.5,5	提示“请输入1～100的整数”	5
Test4	2.5,4.5,5.5	提示“请输入1～100的整数”	6

(续表)

测试用例	输 入 a、b和c	期望输出	覆盖等价类
Test5	3	提示“请输入三条边长”	7
Test6	4,5	提示“请输入三条边长”	8
Test7	2,3,4,5	提示“请输入三条边长”	9
Test8	3,0,8	提示“边长不能为0”	10
Test9	0,6,0	提示“边长不能为0”	11
Test10	0,0,0	提示“边长不能为0”	12
Test11	-3,4,6	提示“边长不能为负”	13
Test12	2,-7,-5	提示“边长不能为负”	14
Test13	-3,-4,-5	提示“边长不能为负”	15
Test14	101,4,5	提示“请输入1～100的整数”	16
Test15	3,101,102	提示“请输入1～100的整数”	17
Test16	101,104,105	提示“请输入1～100的整数”	18

在大多数情况下，等价类的划分源自被测试程序的输入域，但也可以根据输出域来定义等价类。实际上，对于三角形问题，这是一种便捷的分类方式。三角形问题的输出结果可以被划分为四种类别：等边三角形、等腰三角形、一般三角形以及非三角形。基于这些输出结果，我们可以从值域的角度出发，将等价类划分为：

- R1={<a,b,c>：边长为a、b和c的等边三角形}
- R2={<a,b,c>：边长为a、b和c的等腰三角形}
- R3={<a,b,c>：边长为a、b和c的一般三角形}
- R4={<a,b,c>：边长为a、b和c的非三角形}

2. NextDate函数问题

NextDate函数问题在软件测试领域中是一个常见的案例。其描述如下：NextDate函数包含三个变量，即月份(month)、日期(day)和年份(year)，其输出为输入日期的次日日期。例如，若输入为2024年4月25日，则函数输出应为2024年4月26日。

该函数要求输入变量均为整数值，并且必须满足以下条件：

- 1≤month≤12
- 1≤day≤31
- 1912≤year≤2050

NextDate函数的主要特征在于输入变量之间逻辑关系的复杂性。这种复杂性主要源自两个方面：一是输入域本身的复杂性，二是闰年的规则。例如，根据year和month的不同取值，day的取值范围也会相应变化，可能为1~30或1~31，也可能为1~28或1~29。

1) 对NextDate函数进行简单等价类划分测试

有效等价类包括：

- M1={month：1≤month≤12}

- D1={day：1≤day≤31}
- Y1={year：1912≤year≤2050}

若M1、D1、Y1中任一条件无效，NextDate函数将输出指示相应变量超出取值范围的信息。例如，当month的值不在1~12的范围内时，函数会给出相应提示。显然，还存在大量year、month、day的无效组合，NextDate函数将这些组合统一输出为“无效输入日期”。

因此，其无效等价类包括：

- M2={month：month＜1}
- M3={month：month＞12}
- D2={day：day＜1}
- D3={day：day＞31}
- Y2={year：year＜1912}
- Y3={year：year＞2050}

一般等价类测试用例如表3-9所示。

表3-9　NextDate函数的一般等价类测试用例

测试用例	输入			期望输出
	day	month	year	
TestCase1	25	4	2024	2024年4月26日

在健壮等价类测试中，可进一步细分为弱健壮等价类测试与强健壮等价类测试。下面将采用此种分类方法来划分测试用例。

(1) 弱健壮等价类测试。

在弱健壮等价类测试中，有效的测试用例选取自每个有效等价类中的一个代表值。而无效测试用例则仅包含一个无效值，其余均为有效值，这种设计体现了单缺陷假设的原则，具体如表3-10所示。

表3-10　NextDate函数的弱健壮等价类测试用例

测试用例	输入			期望输出
	day	month	year	
TestCase1	25	4	2024	2024年4月26日
TestCase2	25	0	2024	month不在1～12中
TestCase3	25	13	2024	month不在1～12中
TestCase4	0	4	2024	day不在1～31中
TestCase5	32	4	2024	day不在1~31中
TestCase6	25	4	1911	year不在1912～2050中
TestCase7	25	4	2051	year不在1912~2050中

(2) 强健壮等价类测试。强健壮等价类测试在考虑无效值情况时更为全面。在强健壮等价类测试中，无效测试用例可能包含多个无效值，即多个缺陷假设。由于NextDate函数

涉及三个变量，相应的强健壮等价类测试用例可能包括一个、两个或三个无效值。具体如表3-11所示。

表3-11　NextDate函数的强健壮等价类测试用例

测试用例	输入			期望输出
	day	month	year	
TestCase1	25	−1	2024	month不在1～12中
TestCase2	−25	3	2024	day不在1～31中
TestCase3	25	3	1900	year不在1912～2050中
TestCase4	−1	−3	2024	变量day、month无效； 变量year有效
TestCase5	−1	3	1900	变量day、year无效； 变量month有效
TestCase6	25	−3	1911	变量month、year无效； 变量day有效
TestCase7	−25	−3	2051	变量day、month、year无效

然而，在对NextDate函数进行简单等价类划分测试时，未考虑到2月份天数的特殊情况以及闰年的问题，仅涵盖了月份天数为30天或31天的情形。因此，在对NextDate函数进行改进的等价类划分测试时，必须考虑2月份天数的特殊性。

2) 改进等价类划分测试NextDate函数

针对每个月份的天数问题，可以进一步细化为以下等价类：

- M1={month：该月具有30天}
- M2={month：该月具有31天，但不包括12月}
- M3={month：该月为2月}
- M4={month：该月为12月}
- D1={day：1≤day≤27}
- D2={day：day=28}
- D3={day：day=29}
- D4={day：day=30}
- D5={day：day=31}
- Y1={year：该年为闰年}
- Y2={year：该年非闰年}

改进后的NextDate函数的等价类划分测试的详细情况如表3-12所示。

表3-12　NextDate函数改进等价类划分测试用例

测试用例	输入			期望输出
	day	month	year	
TestCase1	30	6	2017	2017年7月1日
TestCase2	31	8	2017	2017年9月1日

(续表)

测试用例	输入			期望输出
	day	month	year	
TestCase3	27	2	2017	2017年2月28日
TestCase4	28	2	2017	2017年3月1日
TestCase5	29	2	2016	2016年3月1日
TestCase6	31	12	2017	2018年1月1日
TestCase7	31	9	2017	不可能的输入日期
TestCase8	29	2	2017	不可能的输入日期
TestCase9	30	2	2017	不可能的输入日期
TestCase10	9	15	2017	变量month无效
TestCasell	35	9	2017	变量day无效
TestCasel2	9	9	2100	变量year无效

以上为等价类划分测试用例的一个基础实例。然而，等价类测试也存在一些问题：首先，规格说明通常未明确界定无效测试用例的预期输出。因此，测试人员需投入大量时间以确定这些测试用例的预期结果。其次，对于强类型语言而言，无效输入并非必须考虑的因素。传统的等价类测试方法源于FORTRAN和COBOL等语言盛行的时代，当时无效输入导致的故障较为常见。实际上，正是由于这类错误的频繁发生，推动了强类型语言的广泛应用。

在执行等价类划分测试时，还需注意以下几点。

(1) 若所使用的编程语言为强类型语言(无效值输入将导致系统运行时错误)，则无须进行健壮等价类测试。

(2) 若错误输入的检测至关重要，则应实施健壮等价类测试。

(3) 若输入数据以离散区间或集合的形式定义，等价类测试是一个合适的选择，尤其适用于变量值超出界限即会导致故障的系统。

(4) 在找到合适的等价关系之前，可能需要进行多次尝试。

3.3　边界值设计方法

众多软件测试的实践研究表明，缺陷通常出现在定义域的边界值处，而非其内部。因此，为了检测程序对于边界值的处理，针对边界值设计测试用例，往往能取得显著的测试效果。边界值分析法，作为一种黑盒测试方法，专注于对输入或输出的边界值进行测试。通常，边界值分析法作为等价类划分法的补充，其测试用例源自等价类的边界。

3.3.1　边界值分析法原理

1. 边界值测试原理

边界测试用例涉及程序运行中的一些特殊情况。通常情况下，大量中间数值的处理是正确的，但在边界值时可能会出现错误。例如，在进行三角形边长判断的测试时，需要输入三条边长a、b和c，并满足条件a+b＞c。然而，若将条件中的“＞”误写为“≥”，在测试边界值时将无法形成有效的三角形。在应用边界值分析法设计测试用例时，首要任务是确定边界情况。若程序的边界较为复杂，需寻找适当的边界，并在测试过程中耐心分析程序的输出边界与输入边界，以识别可能导致故障的边界情况。

边界值分析法的核心理念在于，在等价类的极端情况下进行软件测试，因为错误往往发生在输入值的关键点，即合法值转变为非法值的临界点。由此可知，边界值分析与等价类划分紧密相关。在等价类划分过程中，无论是输入还是输出，都会产生许多边界情况。因此，选择恰好等于、略大于或略小于等价类边界的值作为测试数据，而不是选择等价类中的典型值或任意值作为测试数据。

2. 边界条件

边界条件指的是输入定义域或输出值域的极限范围，而非其内部。在软件测试中，通常涉及多种类型的边界检验，包括数字、字符、位置、质量、大小、速度、方位、尺寸、空间等。

相应地，上述类型的边界值应当在以下情形下进行测试：最大值/最小值、起始位置/终止位置、上限/下限、最快速度/最慢速度、最高点/最低点、最短距离/最长距离、空状态/满状态等。在实际软件测试过程中，常见的边界条件包括以下几种。

(1) 屏幕上光标位于最左上角或最右下角。

(2) 报表的第一行和最后一行。

(3) 数组的第一个元素和最后一个元素。

(4) 循环的第一次迭代、第二次迭代以及倒数第二次迭代和最后一次迭代。

因此，在输入变量值时，应考虑最小值、略高于最小值、正常值、略低于最大值和最大值的情况。

上述讨论的是一般意义上的边界条件，这些条件在产品说明书中有明确的定义，或在软件开发过程中被确定。然而，有些边界条件存在于软件内部，普通用户几乎无法察觉，但软件测试仍需对其进行检查，这类边界条件被称为次边界条件或内部边界条件。寻找次边界条件并不要求软件测试人员具备程序员的技能或阅读源代码的能力，但需要对软件的工作原理有基本的了解。

以ASCII码表为例，ASCII码表并不是一个结构良好的连续表：自然数0~9对应ASCII码表中的48~57；斜杠字符(/)位于0之前，冒号(:)位于9之后；大写字母A~Z对应65~90；小写字母对应97~122。这些情况均代表次边界条件。在测试涉及文本输入或文本转换的软件时，参考ASCII码表以确定数据区间所包含的值是相当明智的做法。例如，若测试的文本框仅接受用户输入字符A~Z和a~z，则应在非法区间中包含ASCII码表中这些字符前后的值——@、’、[、{。

3. 边界值分析法的优缺点

边界值分析法是一种专注于测试范围边界值的测试方法，具有简便易行的特点，且生成测试数据的成本相对较低。然而，从整体测试流程来看，该方法生成的测试用例并不充分，无法揭示测试变量间的依赖关系。此外，边界值分析法所产生的测试用例未考虑含义和性质，因此仅适用于初步测试阶段。

3.3.2 边界值分析原则

边界值测试用例的生成原则如下。

(1) 若输入条件定义了一个数值区间，应从该区间的边界选取合法测试用例，并设计针对刚好超出边界的非法测试用例。

(2) 若输入条件规定了数值的数量，应构建测试用例，包括最大数量、最小数量、比最小数量少一个、比最大数量多一个的数值。

(3) 若输出条件定义了一个数值区间，则应为该区间的边界选取合法测试用例，同时针对刚好超出边界的情况设计非法测试用例。

(4) 若程序的输入或输出涉及有序集合(如顺序文件、线性列表、表格等)，则应特别关注集合中的第一个和最后一个元素。

(5) 应探究其他潜在的边界条件。

例如，若合法数值范围为-999~999，则测试用例应包括：合法测试用例-999、合法测试用例999、非法测试用例-1000和非法测试用例1000。同理，当条件规定数值数量必须处于特定区间时，应为该区间的每个边界选取一个合法测试用例，并为刚好低于和高于可接受范围的情况设计两个测试用例。对于输入和输出文件，测试设计应特别关注第一个和最后一个记录，并寻找其他极端输入和输出条件，为每种情况设计一个测试用例。

通常，边界值分析测试用例的获取方法为：在输入变量的最小值(min)、略大于最小值(min+)、域内任意值(nom)、略小于最大值(max-)和最大值(max)处选取输入变量值。然后对程序中的每个变量重复上述步骤。对于单个变量，按照此方法可生成5个测试用例，如图3-6所示。

接下来，将对包含变量x1和x2的程序P进行深入探讨，假定输入变量x1和x2的取值范围限定为：a≤x1≤b，c≤x2≤d。

据此，取值情况如下。

x1的取值：x1min，x1min+，x1nom，x1max-，x1max

x2的取值：x2min，x2min+，x2nom，x2max-，x2max

针对两个变量的函数，边界值分析测试用例如下：

{<x1nom，x2min>，<x1nom，x2min+>，<x1nom，x2nom>，<x1nom，x2max->，<x1nom，x2max>，<x1min，x2nom>，<x1min+，x2nom>，<x1nom，x2nom>，<x1max-，x2nom>，<x1max，x2nom>}。如图3-7所示。

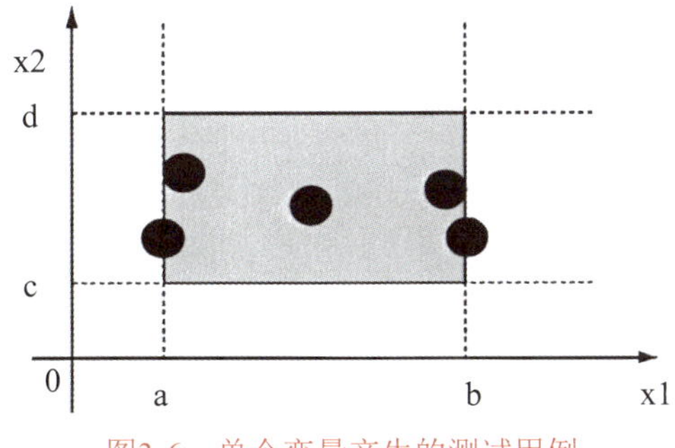

图3-6　单个变量产生的测试用例

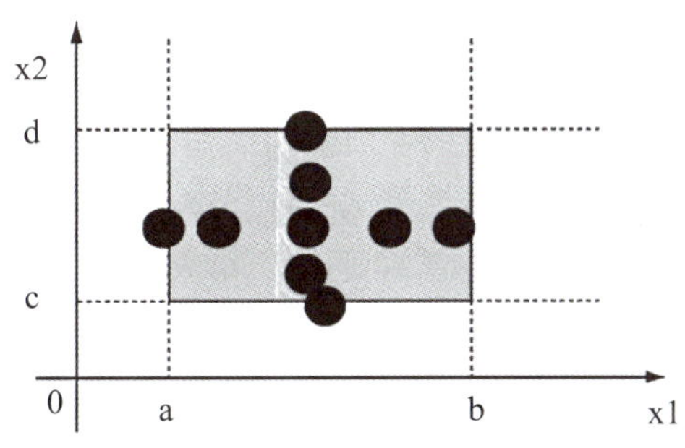

图3-7　两个变量产生的测试用例

一个含有n个变量的程序，保留其中一个变量，其余变量取正常值，这个被保留的变量依次取值为min、min+、nom、max-和max+。对每个变量都重复执行这一过程。因此，对于一个n变量的函数，边界值分析将产生4n+1个测试用例。

无论使用什么语言，变量的min、min+、nom、max-和max值通常可以根据上下文明确确定。如果没有显式给出边界，例如在三角形问题中，可以人为设定一个边界。显然，在输入为整数的情况下，边长的下界是1。但如何来确定上界呢？在默认情况下，可以使用最大可表示的整型值(在某些语言中称为MAXINT)，或者规定一个特定的数值作为上界，例如100或1000。

3.3.3 健壮性分析

软件的健壮性指的是其在面对异常情况时仍能维持正常运行的能力。健壮性测试实际上是对边界值分析方法的一种扩展。

在进行健壮性测试时，除了对变量的五个边界值进行分析，还需考虑略超出最大值(max+)和略低于最小值(min-)的情况。健壮性测试的核心价值在于观察软件如何处理异常情况，它是评估软件系统容错能力的关键手段。

针对包含两个输入变量的程序，健壮性测试用例的选择可参照图3-8所示。对于含有n个变量的程序，固定一个变量并让其他变量保持正常值，而被固定的变量依次取值为min-、min、min+、nom、max-、max和max+。若对每个变量均执行此过程，则健壮性边界值测试将生成6n+1个测试用例。

边界值分析的多数原则同样适用于健壮性测试。然而，健壮性测试中最具意义的方面并非输入本身，而是预期的输出结果，即观察软件在面对非预期情况时的处理方式。例如，当物理量超出其设定的最大阈值时，程序将如何应对。

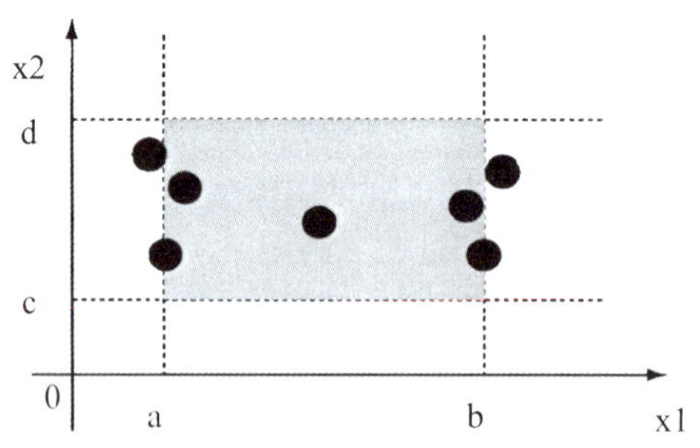

图3-8 健壮性边界值测试用例

在强类型语言的背景下，进行健壮性测试可能会面临一定的挑战。以C语言为例，若为变量设定了特定的取值范围，超出此范围的值将导致程序故障。

在开展健壮性测试的过程中，应关注以下几点。

(1) 必须重视预期的输出结果。

(2) 健壮性测试的核心价值在于观察程序对异常情况的应对能力。

(3) 衡量软件质量的关键因素之一是其容错性。

(4) 软件的容错性可以通过其从非法输入中恢复的能力来衡量。

3.3.4 边界值分析法的测试运用

1. 三角形问题的边界值分析

在三角形问题的测试用例设计中，除了要求边长为整数，并未提供其他限制条件。假设输入值范围设定为1~100，则边长的下限为1，上限为100。表3-13展示了相应的边界值分析测试用例。

表3-13 边界值分析测试用例

测试用例	a	b	c	预期输出
Testl	60	60	1	等腰三角形
Test2	60	60	2	等腰三角形
Test3	60	60	60	等边三角形
Test4	50	50	99	等腰三角形
Test5	50	50	100	非三角形
Test6	60	1	60	等腰三角形
Test7	60	2	60	等腰三角形
Test8	50	99	50	等腰三角形
Test9	50	100	50	非三角形
Test10	1	60	60	等腰三角形
Test11	2	60	60	等腰三角形
Test12	99	50	50	等腰三角形
Test13	100	50	50	非三角形

2. NextDate函数问题的边界值分析测试用例设计

在NextDate函数的实现中，隐含地规定了变量month的取值范围为1~12。至于变量day的取值范围，则根据不同的情况，可能为1~28、1~29、1~30或1~31。此外，在上一节的等价类划分中，已设定变量year的取值范围为1912~2050。表3-14所示的是NextDate函数的边界值测试用例。

表3-14 NextDate函数边界值测试用例

测试用例	day	month	year	预期输出
Testl	15	5	1911	变量year超出范围
Test2	15	5	1912	1912年5月16日
Test3	15	5	1913	1913年5月16日
Test4	15	5	1975	1975年5月16日
Test5	15	5	2049	2049年5月16日
Test6	15	5	2050	2050年5月16日

（续表）

测试用例	day	month	year	预期输出
Test7	15	5	2051	变量year超出范围
Test8	-1	5	2001	变量day超出范围
Test9	1	5	2001	2001年5月2日
Test10	2	5	2001	2001年5月3日
Test11	30	5	2001	2001年6月1日
Test12	31	5	2001	输入日期不正确
Test13	32	5	2001	变量day超出范围
Test14	15	-1	2001	变量month超出范围
Test15	15	1	2001	2001年1月16日
Test16	15	2	2001	2001年2月16日
Test17	15	11	2001	2001年11月16日
Test18	15	12	2001	2001年12月16日
Test19	15	13	2001	变量month超出范围

3.4 因果图设计法

因果图法，也称为因果图分析法，是一种通过图形化手段分析输入条件所有可能组合的测试用例设计方法。该方法适用于全面审视程序输入条件的多种组合情况。

等价类划分法与边界值分析法均侧重于输入条件的单独考量，未涉及输入条件的组合效应及条件之间的相互约束。相比之下，因果图法则综合考量了输入条件的多种组合及其相互作用。

3.4.1 因果图原理

1. 因果图

在因果图中，通过运用一系列简单的逻辑符号，并以直线连接左右节点来表达逻辑关系。左侧节点代表输入状态，即因果图中的原因；右侧节点代表输出状态，即结果。因果图包含四种符号，分别代表规格说明中的四种因果关系。其中，c_i符号表示原因，通常位于图的左侧；e_i符号表示结果，通常位于图的右侧。c_i与e_i的取值可以是0或1，其中0代表状态不发生，而1代表状态发生，如图3-9所示。

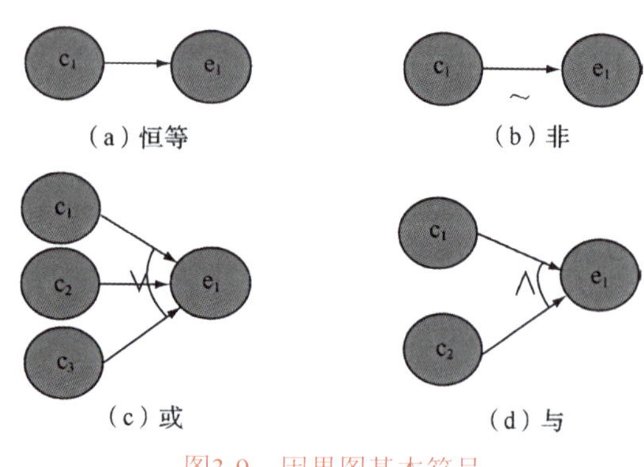

图3-9　因果图基本符号

(1) 恒等性：若c_1为1，则e_1也为1。

(2) 否定性：若c_1为1，则e_1为0。

(3) 析取性：若c_1、c_2或c_3中至少有一个为1，则e_1为1；否则e_1为0。析取性适用于任意数量的输入。

(4) 合取性：若c_1和c_2均值为1，则e_1为1；否则e_1为0。合取性同样适用于任意数量的输入。

在实际问题处理中，状态之间可能存在某些依赖关系，这些关系被称为“约束”。约束的类型包括：E(异或)、I(或)、O(唯一)、R(要求)、M(强制)。在因果图中，这些约束通过特定的符号进行标识。如图3-10所示。

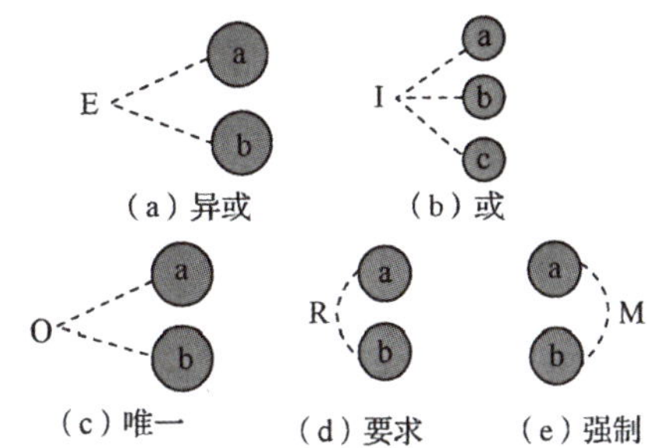

图3-10　因果图约束符号

(1) 异或：a和b中最多只有一个为1，即a和b不能同时为1。

(2) 或：a与b至少有一个为1，意味着a与b不能同时为0。

(3) 唯一：a与b恰好有一个为1。

(4) 要求：当a为1时，b必须也为1。上述(1)至(4)均为输入条件的限制性规定。

(5) 强制：强制性限制涉及输出条件。若输出结果a为1，则输出结果b必须强制设定为0。

2. 因果图法的测试用例设计步骤

设计测试用例的因果图法步骤如下。

(1) 依据程序规格说明书所描述的语义内容，分析并明确“原因”与“结果”。

(2) 识别原因与原因之间、原因与结果之间的相互关系，并将这些关系以“因果图”的形式展现出来，连接各个原因与结果。

(3) 鉴于语法及环境的限制，某些原因与原因之间、原因与结果之间的组合情况可能无法实现。在因果图上以特定标记注明这些约束或限制条件。

(4) 将构建的因果图转化为决策表。

(5) 根据决策表中的每一列来设计相应的测试用例。

3.4.2　因果图法应用

需要开发一款软件，其程序需求规格如下：输入的首个字符必须为“#”或“*”，紧接着的字符必须为数字，此时将执行文件修改操作；若首个字符非“#”或“*”，则输出信息N；若第二个字符非数字，则输出信息M。

测试设计步骤如下。

(1) 对程序规格要求进行细致分析，明确各种原因及其对应结果，并为每一对原因与结果赋予唯一标识，如表3-15所示。

表3-15　原因及对应结果

原因	结果
c_1：首个字符为“#”	e_1：输出信息“N”

(续表)

原因	结果
c_2：首个字符为“*”	e_2：执行文件修改
c_3：次字符为数字	e_3：输出信息“M”

(2) 确定原因与原因之间、原因与结果之间的逻辑联系，并以“因果图”的形式展现这些联系。将分析得出的原因与结果进行连接，可形成程序的因果图，如图3-11所示。其中编号为10的中间节点代表了导出结果的进一步原因。在绘制过程中，发现原因c_1与c_2不能同时成立，即首个字符不可能同时为“#”和“*”，因此在因果图上添加了E约束。

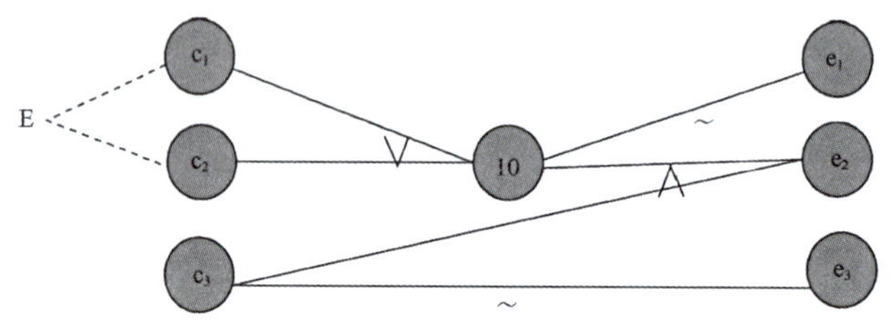

图3-11 因果图表示

(3) 将因果图转化为决策表。根据因果图构建决策表，如表3-16所示(关于决策表的详细讲解将在3.4.3节中展开)。

表3-16 根据因果图建立决策表

	1	2	3	4	5	6	7	8
条件：								
c_1	1	1	1	1	0	0	0	0
c_2	1	1	0	0	1	1	0	0
c_3	1	0	1	0	1	0	1	0
10			1	1	1	1	0	0
动作：								
e_1							√	√
e_2			√		√			
e_3				√		V		√
不可能	√	√						

(4) 依据决策表制定测试用例的输入与输出数据。针对表3-15，原因c_1与c_2同时为1的情况是不存在的，因此在设计测试用例时，必须排除这两种情况。基于此，可以得出6个有效的测试用例，如表3-17所示。

表3-17 根据决策表设计测试用例

测试用例编号	输入数据	预期输出
3	#3	修改文件
4	#A	给出信息M
5	*6	修改文件

(续表)

测试用例编号	输入数据	预期输出
6	*B	给出信息M
7	A1	给出信息N
8	GT	给出信息N和信息M

上述内容展示了因果图应用的一个基础实例。在处理更复杂的问题时，因果图分析法能够发挥显著作用。该方法有助于审查输入条件的组合，从而设计出更为高效和简洁的测试用例。

3.4.3　决策表法

1. 决策表

决策表是一种用于分析和表达在多种逻辑条件下执行不同操作情形的工具。在所有黑盒测试方法中，基于决策表(也称判定表)的测试方法最为严格且逻辑性最强。

决策表能够将复杂问题的各种可能情况完整列出，以简洁明了的方式避免遗漏。因此，借助决策表可以设计出全面的测试用例集合，这也是决策表的优势所在。

表3-18给出了一个阅读指南的决策表实例。问题栏中的“Y”代表“是”，“N”代表“否”。建议栏中的“√”表示该建议被提出。例如，在第一种情况下，若存在“疲倦”“感兴趣”“糊涂”等问题，则建议为“休息”。这就是决策表应用的一个基本示例。

表3-18　阅读指南决策表

		1	2	3	4	5	6	7	8
问题	觉得疲倦吗?	Y	Y	Y	Y	N	N	N	N
	感兴趣吗?	Y	Y	N	N	Y	Y	N	N
	糊涂吗?	Y	N	Y	N	Y	N	Y	N
建议	重读					√			
	继续						√		
	到下一章							√	√
	休息	√	√	√	√				

决策表通常由以下4个部分构成，如图3-12所示。

(1) 条件桩——列出问题的所有条件。

(2) 条件项——针对条件桩所列的条件，详细列出所有可能的取值。

(3) 动作桩——列出问题所规定的所有可能采取的操作。

(4) 动作项——明确指出在条件项的各组取值情况下应采取的相应动作。

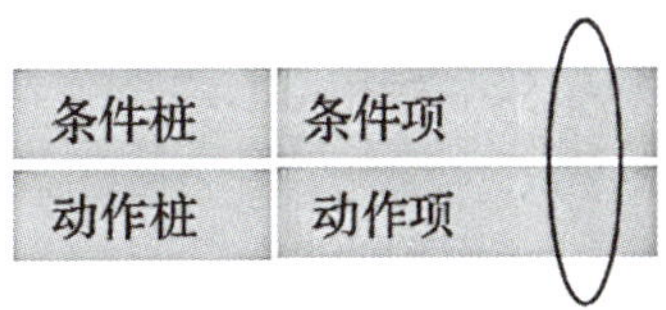

图3-12　决策表组成

动作项与条件项之间存在密切的关联性，它们共同指明了在不同条件项取值组合下应采取的相应行动。在决策表中，我们将一组特定的条件取值及其对应的操作定义为一条规则。因此，决策表中每一列都代表了一条规则。由此可知，表中所列条件取值组合的数量等同于规则的总数。

除非某些问题对条件的顺序有明确的要求，否则在决策表中，条件的排列顺序通常并不重要。同样，动作项所列操作的顺序一般也不受限制，但为了提高可读性，通常会按照一定的顺序进行排列。

2. 构建决策表的步骤

构建决策表涉及以下5个步骤。

(1) 确定规则的数量。通常情况下，具有n个条件的决策表将包含2^n条规则(每个条件均取真或假值)。

(2) 罗列所有条件桩和动作桩。

(3) 填充条件项。

(4) 填充动作项，形成初步的决策表。

(5) 简化决策表，通过合并相似规则来实现。

在实际应用中，若决策表显得复杂，通常会进行简化处理。简化的目标是合并规则。当两条或多条规则具有相同的行为，并且它们的条件项之间存在高度相似性时，这些规则可以进行合并。例如，如图3-13所示，合并后的条件项用符号“—”表示，表明执行的动作与该条件的取值无关，这类条件被称为无关条件。

在规则合并的过程中，若涉及的条件项分别为“—”与任意值，考虑到条件项“—”在逻辑上具有包含其他条件的特性，可直接将其合并为“—”，具体示例如图3-14所示。

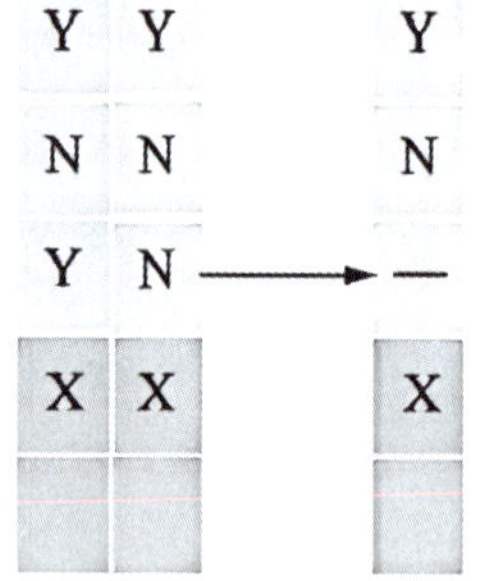

图3-13　两条规则合并为一条

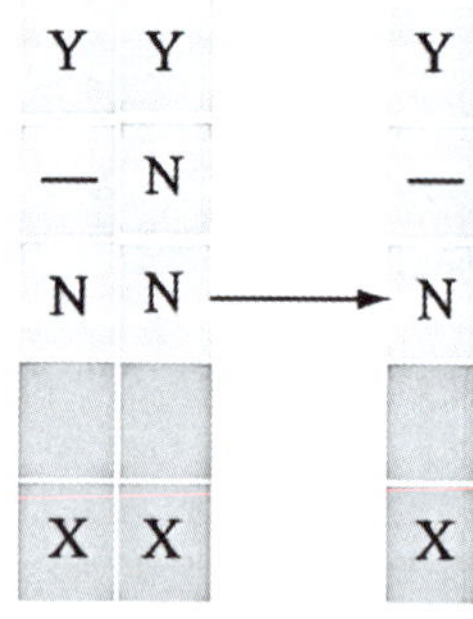

图3-14　两条规则进一步合并

3. 以三角形问题为例构建决策表

以3.2.3节所述的三角形问题为例，构建决策表。首先，列出问题的条件桩：

C_1：a，b，c能否构成三角形？

C_2：a等于b吗？

C_3：a等于c吗？

C_4：b等于c吗？

随后，计算该问题的规则数量：鉴于共有4个条件，每个条件的取值为“是”或

“否”，因此规则总数为2的4次方，即16条。

针对该问题，其动作桩包括：

A_1：非三角形

A_2：不等边三角形

A_3：等腰三角形

A_4：等边三角形

基于上述条件，可以制定表3-19所示的三角形问题决策表。

表3-19　三角形问题的决策表

		1	2	3	4	5	6	7	8	9
条件	a,b,c构成三角形吗?	N	Y	Y	Y	Y	Y	Y	Y	Y
	a=b?	—	Y	Y	Y	Y	N	N	N	N
	a=c?	—	Y	Y	N	N	Y	Y	N	N
	b=c?	—	Y	N	Y	N	Y	N	Y	N
动作	非三角形	√								
	不等边三角形									√
	等腰三角形					√		√	√	
	等边三角形		√							

4. 根据决策表生成测试用例

根据决策表生成测试用例比较简单，在给出决策表之后，只要选择适当的输入，使每一列的输入值都得到满足，即可生成测试用例。

决策表技术具有一些明显的使用特征。例如，if-then-else逻辑非常突出，输入变量之间存在逻辑关系，涉及输入变量子集的计算，输入与输出之间存在因果关系，以及较高的McCabe圈复杂度等。

决策表分析法能将复杂的问题按各种可能的情况逐一列举出来，这种方法简明易懂，有助于避免遗漏。然而，它无法有效表达重复执行的动作，例如循环结构。此外，决策表在伸缩性方面存在一定的局限，这为其应用带来了一些障碍。在实际测试中，可以按照需求选择最适合的测试方法。

3.5　正交实验设计方法

正交实验设计，也称为正交实验设计法，是一种用于研究多因素和多水平的实验设计技术。该方法依据正交性原理，从全面的实验组合中精选出具有代表性的实验点。这些精选的实验点具有“均匀分散、整齐可比”的特性，使得正交实验设计成为一种高效、快度且低成本的实验设计方法。

3.5.1 正交实验设计法原理

1. 正交实验法

在运用因果图设计测试用例的过程中，从软件需求规格说明中提取输入条件与输出结果之间的因果关系常常面临挑战。由于因果关系的复杂性，依据因果图生成的测试用例数量可能异常庞大，这无疑给软件测试工作带来了沉重的负担。为了有效地缩减测试工作的时间与成本，可以采用正交实验设计方法来设计测试用例。

正交实验设计方法基于Galois理论，旨在从众多实验数据(测试用例)中筛选出适量且具有代表性的样本点，以此科学地规划实验(测试)过程。此外，聚类分析方法和因子分析方法等也是类似的科学实验设计方法。

2. 利用正交实验设计测试用例的步骤

1) 提取功能说明，构建因子-状态表

将影响实验指标的条件定义为因子，而影响实验因子的条件则称为因子的状态。在采用正交实验设计方法设计测试用例时，首先需要依据被测试软件的规格说明书，识别出影响其功能实现的操作对象和外部因素，并将它们视为因子；同时，将各个因子的取值视为状态。对软件需求规格说明中的功能要求进行细致划分，将整体的、概要性的功能要求逐步细化为具体且相对独立的基本功能要求。通过这种方式，可以确定被测试软件中的所有因子，并为每个因子的权值提供参考依据。确定因子与状态是设计测试用例的核心，因此必须尽可能全面且准确地确定取值，以确保测试用例设计的完整性和有效性。

2) 加权筛选，生成因素分析表

因子与状态的选择可根据其重要程度分别赋予不同的权重。权重的确定应基于各个因子及状态的作用大小、出现频率以及测试需求。

3) 利用正交表构建测试数据集

在应用正交实验法时，需要考虑被测系统中需要准备测试的功能点，这些功能点即为获取的因子或因素。每个功能点所需输入的数据按等价类进行划分，存在多个输入条件，即状态或水平值。

3. 正交表的构成

(1) 行数(runs)：正交表中行的数量，即实验的次数，代表通过正交实验法设计的测试用例总数。

(2) 因素数(factors)：正交表中列的数量，即需测试的功能点。

(3) 水平数(levels)：任何单一因素能够取得的值的最大数量。

正交表所包含的值范围是从0到“水平数-1”或从1到“水平数”，即测试功能点的输入条件。

正交表通常以$L_{行数}(水平数^{因素数})$的形式表示，例如$L_8(2^7)$，表示的是8行7列，水平数为2的正交表，如表3-20所示。

表3-20　正交表示例

	列号							
		1	2	3	4	5	6	7
行号	1	1	1	1	1	1	1	1
	2	1	1	1	0	0	0	0
	3	1	0	0	1	1	0	0
	4	1	0	0	0	0	1	1
	5	0	1	0	1	0	1	0
	6	0	1	0	1	0	1	0
	7	0	0	1	1	0	0	1
	8	0	0	1	0	1	1	0

4. 交互作用

每一张正交表均附带相应的交互作用表，该表专门用于规划交互作用试验。

在规划涉及交互作用的实验时，将两个因素的交互作用视为一个新的因素，并分配一列以表示交互作用列。通过查阅表3-21，可以确定$L_8(2^7)$正交表中任意两列的交互作用列。表中标注()的为主因素列号，它与另一主因素的交互作用列号，从左至右为第一个列号，从下往上依次为第二个列号，两者相交的列号即为这两个因素的交互作用列。例如，若将A因素置于第(1)列，B因素置于第(2)列，则两列相交的数字为3，表明第3列为A与B的交互作用列。同理，可以发现第4列与第6列的交互作用列是第2列。

正交实验的表头设计是正交设计的核心，它负责将各因素及其交互作用合理地分配到正交表的每一列。因此，表头设计实际上代表了一个设计方案，如表3-21所示。

表3-21　$L_8(2^7)$交互作用表

列号	1	2	3	4	5	6	7
	(1)	3	2	5	4	7	6
		(2)	1	6	7	4	5
			(3)	7	6	5	4
				(4)	3	2	3
					(5)	3	2
						(6)	1

表格设计的主要步骤如下。

(1) 确定列数。首先，根据实验目的，选择处理因素与不可忽略的交互作用，明确其数量。在对研究中的某些问题尚不完全了解的情况下，可以适当增加列数，但通常不宜过多。当每个实验数据无重复，可以设置两个或多个空白列来计算误差项。

(2) 确定各因素的水平数。根据研究目的，通常采用2水平(有、无)可作为因素筛选的依据，这适用于实验次数较少且分批进行的研究。3水平可用于观察变化趋势，选择最佳搭配，而多水平则能够一次性满足实验要求。

(3) 选定正交表。根据确定的列数(c)与水平数(t)选择相应的正交表。例如，若需要观察5个因素8个一级交互作用，并留有两个空白列，且每个因素取2水平，则适宜选择$L_{16}(2^{15})$表。由于存在多个同水平的正交表，如$L_8(2^7)$、$L_{12}(2^{11})$、$L_{16}(2^{15})$，一般而言，只要表中列数稍多于需要观察的因素数量即可，这样可以有效节省工作量和时间。

(4) 表头的安排。在设计实验时，应优先考虑那些交互作用不可忽略的交互作用因素。根据不可混杂原则，首先将这些因素及其交互作用在表头中合理安排，然后再将其他因素随机分配至剩余的列中。例如，在研究一个项目时，若考察4个因素A、B、C、D及其交互作用A×B，并且每个因素均具有两个水平，选择$L_8(2^7)$表进行实验设计。由于需要观察因素A和B的交互作用，因此应优先将A和B分别安排在第1、2列。根据交互作用表，A×B应排在第3列，接着将C因素安排在第4列。尽管A×C和B×C的交互作用未被纳入考察范围，为了避免潜在的混杂效应，D因素则被安排在第7列。

(5) 实施方案的组织。根据选定的正交表中各因素所占据的列和水平数，构建实施方案表。实验应按照实验编号依次进行，共需进行n次实验，每次实验根据表中横行的各水平组合来执行。以$L_9(3^4)$表为例，若安排4个因素进行实验，第一次实验中A、B、C、D因素均取1水平，第二次实验中A因素保持1水平，而B、C、D取2水平，以此类推，直到第9次实验中A、B因素取3水平，C因素取2水平，D因素取1水平。实验结果数据应记录在对应行的末尾。因此，整个设计过程可以概括为一句话："因素顺序按列排列，水平按对应位置进行，实验按横向顺序执行。"

3.5.2 利用正交实验法设计测试用例

1. 用正交表设计测试用例的步骤

(1) 确定探讨的因素(变量)。

(2) 明确每个因素的水平(变量的取值)。

(3) 选择一个适当的正交表。

(4) 将变量的值映射到表中。

(5) 将每一行的各因素水平组合视为一个测试用例。

(6) 补充那些可疑且未在表中体现的组合。

2. 如何选择正交表

在选择正交表时，必须综合考量以下因素。

(1) 需要考虑的因素(变量)数量。

(2) 需考虑的因素水平(变量取值)数量。

(3) 正交表的行数。

(4) 选择行数最少的正交表。

3. 选择正交表的基本原则

在进行正交表的选择时，首先需要明确实验中的因素、水平以及交互作用，然后挑选出合适的L表。在确定各因素的水平数量时，建议对主要因素分配较多的水平，而对次要因素则可分配较少的水平。

(1) 首先考虑水平数量。若所有因素均为2水平，则应选择L(2*)表；若所有因素均为3水平，则应选择L(3*)表。若各因素的水平数量不一致，则应选择相应的混合水平表。

(2) 每个交互作用在正交表中应占据一列或两列。需评估所选正交表的容量是否足够大，以容纳所有考虑的因素和交互作用。为了进行方差分析或回归分析，建议预留一个空白列用作“误差”列，在极差分析中则可用作“其他因素”列。

(3) 需考虑实验精度的要求。若精度要求较高，则应选择实验次数较多的L表。

(4) 若实验成本较高，预算有限，或资源和时间紧张，则不宜选择实验次数过多的L表。

(5) 根据初步考虑的因素、水平和交互作用来选择正交表，若无完全匹配的正交表可供选择，可以适当调整原有的水平数量，以找到一个简便且实用的解决方案。

(6) 在对某因素或交互作用的影响存在与否缺乏把握时，选择L表时可能会犹豫于选择较大或较小的表。若条件允许，应尽可能选择较大的表，以便让可能存在较大影响的因素和交互作用占据适当的列。至于某因素或交互作用的影响是否真实存在，可以在进行方差分析的显著性检验时再作判断。这种方法既可以减少实验的工作量，还能避免遗漏重要信息。

在正确应用正交测试法的情况下，可以节省测试工作的时间，控制测试用例的数量，并确保生成的测试用例具有一定的覆盖率。

3.6 本章小结

软件黑盒测试，也称为功能测试，是一种在测试过程中忽略软件内部结构和工作原理的测试方法。在执行黑盒测试时，测试人员仅了解合法输入与预期输出，而对程序如何产生预期结果的具体实现细节则毫不知情。该测试方法强调基于软件功能属性的数据选择与结果解释，以避免不必要的重复测试。此外，黑盒测试在发现功能规格说明中的歧义和矛盾方面也具有显著作用。

在缺乏明确功能规格说明的情况下，设计测试用例将变得极为困难且充满挑战。等价类划分法作为一种核心且关键的黑盒测试技术，将所有潜在的输入数据(包括有效和无效的数据)划分为若干等价类。随后，从每个等价类中选取具有代表性的数据作为测试用例，以确保测试用例的完整性和代表性。这些测试用例由有效等价类和无效等价类的代表组成。

边界值分析法是一种针对输入或输出边界值进行测试的黑盒测试技术。通常，该方法作为等价类划分法的补充，其测试用例来源于等价类的边界。

因果图法是一种通过图形化手段分析输入条件的各种组合情况，从而设计测试用例的方法。该方法适用于检查程序输入条件的多种组合。与等价类划分法和边界值分析法侧重于单独考虑输入条件不同，因果图法关注输入条件的组合及其相互制约关系。相比之下，因果图法能够全面地考虑输入情况的多种组合及其相互之间的影响。

正交实验设计是一种研究多因素多水平的实验设计方法，它依据正交性原理，从全面实验中选取部分具有代表性的点进行测试。该方法是一种高效、快速且经济的实验设计技术。

3.7 思考和练习

一、填空题

1. 在设计实验时，若每个实验号无重复，只有一个实验数据时，可以设置______个或多个空白列，用以计算误差项。

2. 选择正交表时，若所有因素均为2水平，则应选择______表。

3. 在进行正交表的选择时，若实验次数较多，则表明实验精度要求______。

4. 若实验成本高昂或资源和时间紧张，则不宜选择实验次数______的L表。

5. 在对某因素或交互作用的影响存在与否缺乏把握时，若条件允许，应尽可能选择______的表。

二、判断题

1. 在设计实验时，若考虑的因素和交互作用较多，应优先选择实验次数较少的正交表。（ ）

2. 在选择正交表时，若所有因素均为3水平，则应选择L(3*)表。（ ）

3. 若实验精度要求较高，则应选择实验次数较少的L表。（ ）

4. 在选择正交表时，若实验次数较多，表明实验成本高昂。（ ）

5. 若对某因素或交互作用的影响存在与否缺乏把握，应选择较小的正交表以减少实验工作量。（ ）

三、简答题

1. 在设计实验时如何确定列数。

2. 简述在选择正交表时为什么要考虑实验次数。

3. 说明在正交表选择中，如何处理因素的水平数量不一致的情况。

4. 简述在设计实验时如何安排表头。

5. 简述在进行黑盒测试时如何根据输入条件定义等价类。

第 4 章

白盒测试

白盒测试，也称结构测试、透明盒测试、逻辑驱动测试或基于代码的测试，是一种测试用例设计方法。“盒子”指的是被测试的对象，而“白盒”则意味着盒子的内部结构是透明的，测试人员能够清晰地了解其内部构造及运作机制。白盒测试法要求对程序内部逻辑结构有全面的认识，并对所有可能的逻辑路径进行详尽的测试。白盒测试属于穷举路径测试的范畴。在执行白盒测试时，测试人员需要深入分析程序的内部结构，并从程序逻辑出发，制定相应的测试数据。本章将详细介绍白盒测试技术，包括逻辑覆盖、数据流分析等内容，以及白盒测试的覆盖准则和变异测试。

本章学习目标：

- 掌握程序控制流图的绘制，了解基本块的概念、流图的定义及其图形表示。
- 掌握逻辑覆盖测试的方法，了解测试覆盖率的计算及逻辑覆盖的分类。
- 理解路径分析与测试方法，例如基本路径测试法。
- 了解数据流测试分析的基础，理解测试充分性的基础理论及其度量标准，掌握基于数据流的测试充分性准则。
- 了解变异测试方法，包括变异和变体的概念、强变异和弱变异的区别、利用变异技术进行测试评估的方式、变异算子及其设计，以及变异测试的基本原则。

4.1 程序控制流图

4.1.1 基本块

若程序P采用过程式编程语言(如C、Java等)编写，则连续的语句序列仅包含单一入口块和出口块，可以视为一个基本块。基本块具有唯一的入口块和出口块，其中入口块对应基本块的首条语句，而出口块则是其末条语句。程序的控制流程仅允许从入口块进入，并通过出口块退出。除此之外，程序不得在基本块的其他位置退出或终止。此外，若基本块仅包含一条语句，则入口和出口被视为同一位置。

【例4-1】基本块示例代码。

```
1 begin
2 int x,y,temp;
3 float Z;
4 input(x,y);
5 if(x>y)
6   temp=x+y;
7 else
8   temp=x-y;
9   z =temp+5;
10 end
```

在【例4-1】中，程序包含10条语句，包括begin和end语句。程序的执行流程始于第1行，依次经过第2行、第3行、第4行，直到第5行，其中第5行是一个if语句。由于第5行是一个条件判断语句，程序可能根据不同的输入进入两个分支中的任意一个，即第6行或第8行。因此，从第1行至第5行构成了一个基本块，其中第1行是唯一的入口块，第5行则是唯一的出口块。

一些程序分析工具将单个过程调用语句视为一个独立的基本块。根据这种定义，【例4-1】中的input语句被视为一个基本块。

通常，函数调用被视为基本块的一部分。然而，由于这些调用语句会导致控制权从当前执行的函数转移到其他位置，可能会导致程序非正常终止。在分析程序流程图时，除非另有说明，否则函数调用与其他顺序执行语句被视为等同，即认为它们都不会导致程序中止。

4.1.2 流图的定义与图形表示

通常以$G=(N,E)$来表示流图G，其中N代表结点的有限集合，E代表有向边的有限集合。每一条边(i,j)通过一个从i指向j的箭头来表示，该边连接的是结点集合N中的结点ni和nj。Start和End是N中的两个特殊结点，N中的任何其他结点均可从Start出发到达，同样，N中的任何一个结点都有一条终止于End的路径。Start结点没有输入边，而End结点则没有输出边。

在程序P的流图中，通常使用结点来表示基本块，边则表示基本块之间的控制流。同时，对基本块和结点进行标识，基本块bi对应结点ni。若基本块bi和bj由边(i,j)连接，则表示控制可能从基本块bi转移到基本块bj。

在对程序进行控制行为分析时，通常采用流图的形式进行表示。每个结点用一个符号表示，通常用椭圆或矩形框表示。这些框被标以对应的基本块标号，框之间用代表边缘的线条相连，控制流的方向由箭头表示。对于判断语句，通常是从该基本块中引出两条边，分别对应true和false的选择分支。以下是对【例4-1】程序的流图定义：

```
N={Start,1,2,3,4,End}
E={(Start,1),(1,2),(1,3)，(2,4)(3，4),(4,End)}
```

图4-1(a)展示了该流图的描述，其中基本块的序号应位于相应框的右侧或右上方，如果仅对基本块的控制流感兴趣，而不关注其具体内容，可以省略框内的内容，改用圆圈来表示结点，如图4-1(b)所示。

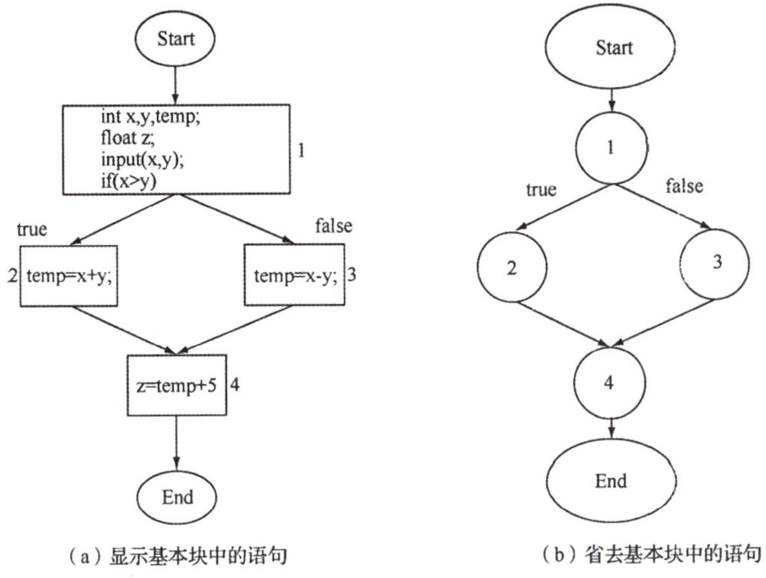

图4-1　【例4-1】的控制流图

4.2　逻辑覆盖测试

4.2.1　测试覆盖率

测试覆盖率是对测试完整性的一种评估。测试覆盖率用于衡量测试执行所达到的覆盖项的百分比，覆盖项指的是作为测试基础的入口点或属性，例如语句、分支和条件等。

测试覆盖率反映了测试的充分性，并可作为测试分析报告中的一个量化指标。通常认为，测试覆盖率越高，测试效果越好。然而，测试覆盖率并非测试的终极目标，而是一种评估手段。

最常见的覆盖评估方法包括基于需求的测试覆盖和基于代码的测试覆盖。简而言之，测试覆盖率是针对需求(基于需求的)或代码的设计/实施标准(基于代码的)的完整性评估。例如，基于需求的用例验证或基于代码的所有代码行执行。

系统的测试活动建立在至少一个测试覆盖策略之上。覆盖策略阐述了测试的一般目的，并指导测试用例的设计。覆盖策略的描述可以非常简洁，甚至只需指出验证所有性能的目标。如果需求已经完全分类，则基于需求的覆盖策略可能足以提供测试完整性的量化评估。例如，若已确定所有性能测试需求，则可引用测试结果进行评估，如已验证75%的性能测试需求。

若采用基于代码的覆盖策略，则测试策略将根据测试执行的源代码量来表示。这种类型的测试覆盖策略对于安全至关重要的系统尤为重要。

两种评估方法均可通过测试自动化工具进行计算。

基于需求的测试覆盖在测试生命周期中需要多次评估，并在测试生命周期的关键节点提供测试覆盖的标识(例如计划中的、已实施的、已执行的和成功的测试覆盖)。在执行测试活动时，需要使用两个测试覆盖评估：一个用于确定通过执行测试获得的测试覆盖，另一个用于评估成功的测试覆盖(即执行时未出现失败的测试，例如未发现缺陷或意外结果的测试)。

基于代码的测试覆盖评估通过度量测试过程中已执行的代码量，直观呈现剩余待执行的代码量。代码覆盖可以基于控制流(语句、分支或路径)或数据流。控制流覆盖的目的是测试代码行、分支条件、代码中的路径以及其他软件控制流元素。数据流覆盖则旨在通过软件操作测试数据状态的有效性，例如，确保数据元素在使用之前已经被定义。

4.2.2 逻辑覆盖

依据目标覆盖的差异以及源程序语句覆盖的详尽程度，逻辑覆盖可以细分为语句覆盖(SC)、判定覆盖(DC)、条件覆盖(CC)、条件/判定组合覆盖(CDC)、多条件覆盖(MCC)、修正条件判定覆盖(MCDC)、组合覆盖以及路径覆盖。

1. 语句覆盖

语句覆盖，也称为行覆盖、段覆盖或基本块覆盖，是测试领域中应用最为广泛且普遍的一种覆盖技术。其核心在于评估测试代码中每一条可执行语句是否得到了执行。这里所指的“可执行语句”不包括C++中的头文件声明、代码注释以及空行等非执行代码。概念清晰，仅统计可执行代码的执行行数。需要注意的是，单独的花括号{}通常也被纳入统计范围。语句覆盖常被批评为“覆盖能力最弱”——它仅关注于执行语句的覆盖，而未考虑不同分支的组合情况。若测试仅满足于语句覆盖，则可能无法显著提升测试效果，也难以深入揭示代码中的潜在问题。例如：

```
int foo(int a,int b)
{
return a /b;
}
```

假如测试人员编写了如下测试用例：

```
TestCase: a = 10, b = 5
```

经过测试人员细致检验，代码覆盖率已达到100%，所有测试案例均顺利通过。然而，令人遗憾的是，尽管语句覆盖率看似达到了100%，却未能揭示出一些基础性错误。例如，在设定变量b为0时，程序将引发除零异常。

简而言之，语句覆盖指的是通过设计一系列测试用例，执行被测程序，以确保每一行可执行代码至少被执行一次。此处所指的“一系列”强调测试用例的数量应尽可能少。语句覆盖率的计算公式如下：

```
语句覆盖率 = (可执行语句总数 / 被执行语句数量) × 100%
```

2. 判定覆盖

判定覆盖，也称为分支覆盖，旨在设计足够数量的测试用例，以确保程序中的每个判断均至少经历一次“真”和一次“假”的状态，从而使得程序流程图中的所有真假分支至少被执行一次。分支(判定)覆盖相较于语句覆盖，具备更强的测试能力。同时，它保持了与语句覆盖相同的简便性，无须对每个判定进行细分即可获得测试用例。然而，由于大多数分支(判定)语句通常由多个逻辑条件组合而成，仅关注其整体结果而忽略各个条件的具体取值，可能会导致部分测试路径的遗漏。因此，判定覆盖仍然属于较弱的逻辑覆盖范畴。

3. 条件覆盖

条件覆盖指的是选取足够的测试用例，以确保在执行这些测试用例后，每个判断中的每个条件的可能取值至少被满足一次，从而覆盖程序中所有可能的数据路径。

4. 条件/判定组合覆盖

条件/判定组合覆盖法旨在设计足够数量的测试用例，以确保在执行这些用例之后，每个判断中的每个条件至少被满足一次，同时确保程序中的每个判断至少被评估为“真”和“假”各一次。采用条件/判定组合覆盖法设计的测试用例，必然同时满足条件覆盖和判定覆盖的要求。

5. 多条件覆盖

多条件覆盖是指选择足够的测试用例，以确保在运行这些测试用例后，每个判断中每个条件的各种可能组合至少出现一次。然而，当判断语句较多时，条件的组合也会相应增多。

6. 修正条件判定覆盖

修正条件判定覆盖要求对所有判定条件的取值组合进行充分测试，其要求包含两个方面：首先，必须确保每个程序模块的入口和出口至少被调用一次，且每个程序的判定能够遍历所有可能的结果值；其次，程序的判定应拆解为由逻辑操作符(如and、or)连接的布尔条件，且每个条件对判定结果的影响应保持独立性。

7. 组合覆盖

组合覆盖指的是执行足够数量的测试用例，以确保程序中每个判定的所有可能条件取值至少出现一次。满足组合覆盖的测试用例必然同时满足判定覆盖、条件覆盖以及条件/判定组合覆盖的要求。

8. 路径覆盖

路径覆盖是通过设计足够多的测试用例，覆盖程序中所有可能的执行路径。

4.2.3　测试覆盖准则

测试覆盖准则主要探讨了错误敏感测试用例分析(ESTCA)和线性代码序列与跳转(LCSAJ)。

1. 错误敏感测试用例分析(ESTCA)

先前所述的逻辑覆盖方法，其基本出发点看似合理。所谓“覆盖”旨在追求全面且无遗漏。然而，实际情况表明，该方法并不能完全实现无遗漏的目标。K.A.Foster基于测试实践的教训，并借鉴计算机硬件测试的原理，提出了一套经验型的测试覆盖准则。

K.A.Foster的经验型覆盖准则灵感来源于早期的硬件测试方法。在硬件测试领域，对每个门电路的输入和输出进行测试时，通常会遵循既定的标准。一般而言，电路中某一门的故障往往表现为“输出恒为0”或“输出恒为1”。与硬件测试类似，程序中谓词的取值也需特别关注，尽管其复杂性可能更高。通过大量实验，K.A.Foster确定了程序中谓词最易出错的部分，并据此制定了一套错误敏感测试用例分析(ESTCA)规则。

规则1：对于形如A rel B(rel可为<、=和>)的分支谓词，应恰当选择A与B的值，确保在测试执行至该分支语句时，A<B、A=B和A>B的情况各出现一次。

规则2：对于形如A rel C(rel可为>或<，A为变量，C为常量)的分支谓词，当rel为<时，应适当选择A的值，使得A=C−M(M为距离C最小的正数容许值，若A和C均为整型，则M=1)。相应地，当rel为>时，应适当选择A的值，使得A=C+M。

规则3：对外部输入变量进行赋值，确保在每个测试用例中，该变量的值和符号均有所不同，并且与其他测试用例中的变量值和符号不一致。

2. 线性代码序列与跳转(LCSAJ)

Woodward等人曾经指出，诸如分支覆盖或路径覆盖等结构覆盖准则并不足以确保测试数据的有效性。因此，他们提出了一种名为层次LCSAJ覆盖的准则。LCSAJ这一术语的直接含义是线性代码序列与跳转。在程序中，一个LCSAJ由一组顺序执行的代码组成，其终止点为控制跳转。LCSAJ的起始点由程序本身决定，可能为程序的起始行、转移语句的入口点，或是控制流可达的任何点。若多个LCSAJ首尾相连，且第一个LCSAJ的起始点为程序的起始点，最后一个LCSAJ的终止点为程序的终止点，则这些LCSAJ构成了一条程序路径(LCSAJ路径)。一条LCSAJ程序路径可能由两个、三个或更多个LCSAJ组成。基于LCSAJ与路径之间的关系，提出了层次LCSAJ覆盖准则。该准则是一种分层的覆盖准则，其概括性描述如下。

- 第一层：语句覆盖，即被测代码中每个可执行语句至少被覆盖一次。
- 第二层：分支覆盖，即被测代码中每个判定分支或条件分支至少被覆盖一次。
- 第三层：LCSAJ覆盖，即程序中的每一个LCSAJ在测试中至少被覆盖一次。
- 第四层：两两LCSAJ覆盖，即程序中每一对相连的LCSAJ在测试中均需经历一次。
- 第n+2层：每n个首尾相连的LCSAJ组合在测试中均需经历一次。

在执行测试时，若要实现上述层次LCSAJ覆盖，必须生成被测程序的所有LCSAJ。

4.3 路径分析与测试

路径测试，也称为路径测试法，是一种基于路径设计测试用例的技术，广泛应用于状态转换测试。基本路径测试法基于程序控制流图，通过分析控制结构的环路复杂性，导出一组基本可执行路径集合，以此设计测试用例。设计的测试用例旨在确保在测试过程中，程序的每个可执行语句至少被执行一次。路径覆盖的目标是通过足够多的测试用例，覆盖程序中所有可能的路径。

尽管理想情况下应实现路径覆盖，但对于结构复杂的程序而言，测试所有路径是不现实的。在无法实现全面路径测试的情况下，若程序的每个独立路径都经过测试，则可以认为程序中的每个语句都已被检验，从而实现语句覆盖。这种方法称为基本测试法，其核心在于控制流图。通过对控制结构的环路复杂度进行分析，导出一组基本路径集，并基于该路径集设计测试用例。具体步骤如下。

(1) 绘制程序的控制流图。

(2) 计算程序的环形复杂度，导出基本路径集中的独立路径数量(这为确保程序中每个可执行语句至少执行一次所需的测试用例数量提供了上限)。

(3) 导出基本路径集，明确程序的独立路径。

(4) 依据步骤(3)中确定的独立路径，设计测试用例的输入数据和预期输出。

下面通过一个具体实例进行进一步的解释。

【例4-2】路径分析与测试的示例源代码。

```
void Sort(int iRecordNum, int iType)
{
  int x=0;
  int y=0;
  while ( iRecordNum-->0 )
  {
    if ( iType==0 )
      x=y+2;
    else
      if (itype==1 )
        x=y+10;
      else
        X=y+20;
  }
}
```

第一步是绘制控制流图，如图4-2所示。

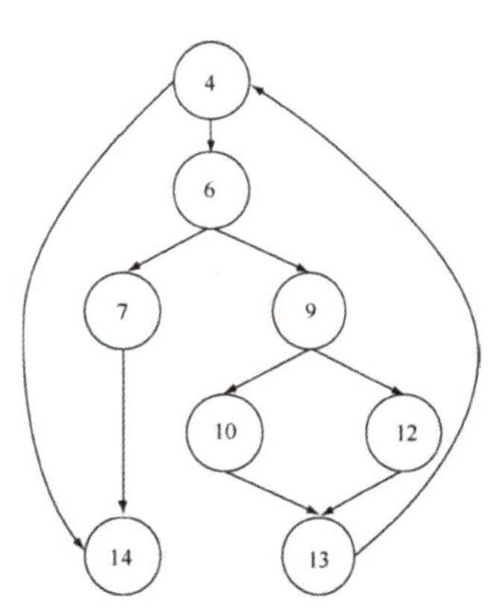

图4-2　【例4-2】的控制流图

第二步是计算环形复杂度。结构化程序的圈复杂度定义如下：

$$V(G)=E-N+2P$$

其中，$V(G)$代表圈复杂度，E为控制流图中边的数量，N为控制流图中节点的数量，P为控制流图中相连接的部分数量。由于控制流图均为连通图，因此P的值为1。在图4-2所示的控制流图中：$V(G)=10-8+2=4$。

第三步为导出独立路径(以语句编号表示)。

- 路径1：4→14
- 路径2：4→6→7→14
- 路径3：4→6→9→10→13→4→14
- 路径4：4→6→9→12→13→4→14

测试用例设计如表4-1所示。

表4-1　测试用例表

测试用例	输入数据	预期输出
测试用例1	irecordnum=0 itype =0	X=0 y=0
测试用例2	irecordnum=1 itype=0	X=0 y=0
测试用例3	irecordnum=1 itype=1	X=10 y=0
测试用例4	irecordnum=1 itype =2	X=0 y=20

4.4　数据流测试分析

4.4.1　测试充分性基础

软件测试的充分性标准可以分为两类：谓词形式与度量函数形式。谓词形式的充分性标准将充分性界定为一个特定的谓词，用于判断测试数据必须具备哪些属性才能构成彻底的测试；而度量函数形式的充分性标准则将充分性表述为测试的充分程度，这是一种更为广泛的充分性标准定义。

定义4.1 谓词形式的充分性准则

假设P为待测软件，D为P的输入域，即一个可数集合。对于任意的d属于D，$P(d)$表示程序的输出；S为$D \to P(D)$二元映射关系的一个子集，代表软件规格说明的集合；T为测试数据集合的集合，则谓词形式的软件测试充分性准则C是一个定义在$P \times S \times T$上的谓词，即

$$C:P \times S \times T \to \{\text{true,false}\}。$$

$C(p,s,t)$=true意味着根据充分性准则C和规格说明s，使用测试数据集t对程序p进行测试是充分的，反之若$C(p,s,t)$=false，则表示测试不充分。

定义4.2 度量函数形式的充分性准则

一个测试数据的充分性准则M是$P \times S \times T$到区间[0,1]上的映射，用数学形式可表示为M: $P \times S \times T \to [0,1]$。$M(s,p,t)=r$表示根据规格说明$s$和充分性准则$M$，使用测试数据集$t$对程序$p$进行测试的充分度为$r$，显然，$r$满足$0 \leq r \leq 1$，且$r$的值越大表明测试的充分性越高。

谓词形式的充分性准则与度量函数形式的充分性准则之间存在紧密的联系。实际上，谓词形式的充分性准则可以视为度量函数充分性准则的一个特例，其值域可视为{0,1}，其中0对应false，1对应true。对于一个给定的度量函数形式的充分性准则M和一个充分度r，总可以定义一个谓词形式的充分性准则Cr，使其满足$M(\mathrm{s,p,t}) \geqslant r \Leftrightarrow Cr(s,p,t)$=true，即当测试用例集$t$的充分度$\geqslant r$时，$t$被认为是$Cr$充分的。

4.4.2 测试充分性准则的度量

对测试充分性准则进行细致的比较分析具有重要的意义，这可以帮助测试人员更加精准地选择测试充分性准则，进而提升软件的质量并减少测试成本。本节将从揭示错误的能力、软件的可靠性以及测试成本三个方面，对不同的测试充分性准则进行比较和分析，以评估它们各自的优劣。

1. 揭错能力

揭错能力是衡量测试充分性准则有效性的关键指标之一。若采用充分性准则A相较于充分性准则B能够发现更多软件中的错误，则可以认为准则A的有效性优于准则B。该能力可通过缺陷检测效力(fault detection effectiveness，fde)和缺陷检测概率(fault detection probability，fdp)进行表征。

为了对fde和fdp进行量化描述，首先需定义一个有效性矩阵E，如表4-2所示。假设软件P内含有F_1~F_m个缺陷，依据测试准则C，生成T_1~T_n，共n个测试集。那么，这n个测试集对m个缺陷的检测结果构成了测试准则C对软件P的有效性矩阵$E(m,n)$。在该矩阵中，若$e_{i,j}$=0，则表示测试集T_j未能检测出缺陷F_i；若$e_{i,j}$=1，则表示测试集T_j成功检测出缺陷F_i。

表4-2 测试准则C对程序P的有效性矩阵E

Fault	Test Suite						fdp
	T_1	T_2	…	T_j	…	T_n	
F_1	1	1			…	0	$2/n$
F_2	0	1			…	0	$1/n$
…	0	0	…		…	1	…
F_j	…		…		…	…	…
…	.	…	…	.	…	.	…
F_m	1	0	…	…	…	0	
fde	$2/m$	…	…	…	…	$1/m$	

定义4.3 缺陷检测效力fde

针对特定测试集T与软件P，T对P的缺陷检测效力被定义为T所识别出的缺陷数量与P中实际存在的缺陷总数之间的比率，具体表述如下：

$$\mathrm{fde}_j = \sum_{i=1}^{m}\left(\frac{e_{i,j}}{m}\right)$$

定义4.4 缺陷检测概率fdp

针对软件P所涵盖的缺陷类型F_i，满足测试准则C的所有测试集中能够发现该缺陷的测试集所占的比例，即：

$$\mathrm{fdp}_j = \sum_{i=1}^{n}(\frac{e_{i,j}}{n})$$

其中，缺陷检测效能是指满足测试标准C的单一测试集发现缺陷的能力，而缺陷检测概率则描述了满足测试标准C的测试集对于软件中特定类型缺陷的检测能力。

2. 软件可靠性

当软件P经过满足测试充分性准则A的测试后，其可靠性高于经过满足测试充分性准则B的测试，可以认为测试充分性准则A相较于测试充分性准则B具有更高的有效性。软件可靠性是衡量软件质量的关键指标，也是软件开发的终极目标。然而，软件可靠性指标本身极为复杂，利用它来比较测试充分性准则的有效性是一项极具挑战的任务。鉴于软件在实际运行中，不同缺陷导致失效的概率存在差异，因此，不同缺陷的检测对测试后软件可靠性的贡献也不尽相同。为了量化软件P通过充分性准则C测试后所能达到的软件可靠性水平，必须综合考量缺陷的发生频率以及测试准则的检测效能。通过引入缺陷的潜在失效距离(potential failure distance，pfd)这一概念，可以对满足特定充分性准则的测试后软件可靠性进行评估。

定义4.5 潜在失效距离pfd

对于软件P，其对测试准则C的潜在失效距离定义为：在依据测试准则C对P进行充分测试之后，该软件仍可能失效的概率。

$$\mathrm{pdf} = \sum_{i=1}^{m} P_{occur\_i} \times (1 - P_{detect\_i})$$

其中，P_{occur_i}代表在实际操作过程中软件失效的概率，而P_{detect_i}则代表通过特定充分性准则测试后，错误被发现并移除的几率。

为了计算pfd，必须明确P_{occur_i}和P_{detect_i}的数值。P_{detect_i}可以通过相应的缺陷检测概率来估算。P_{occur_i}相当于输入操作落在导致缺陷i发生的输入区间内的概率，假设输入操作在输入空间中均匀分布，则

$$P_{occur\_i} = \frac{|D_i|}{D}$$

其中，$|D_i|$为会引发缺陷i的输入空间的大小，而$|D|$表示整个输入空间的大小。

3. 测试开销

软件测试是软件开发过程中成本较高的环节，其开销与所采纳的测试充分性标准紧密相关。本质上，这是对采用特定测试标准C时所需最小测试集T的成本进行比较。研究者们认为，采用某一测试标准进行测试的总成本涵盖了生成满足该标准C的测试用例集的成本、执行测试的成本以及检测输出结果的成本。

4.4.3　测试集充分性的度量

测试集的充分性通过一个有限集来衡量。根据所采纳的充分性标准，有限集中的元素根据软件需求或代码进行导出。针对特定的测试标准C，从软件需求或代码导出一个有限集，记作C_e，即所谓的覆盖域。

在评估测试集T的充分性时，给定一个含有n个元素的有限集C_e，其中$n \geqslant 0$。若测试集T覆盖C_e，意味着对于C_e中的每一个元素e，在T中至少存在一个测试用例能够对其进行测试。若T覆盖了C_e中的所有元素，则认为T对于C是充分的；反之，若T仅覆盖了C_e中的k个元素($k<n$)，则认为T对于C是不充分的。T对C的充分度用分数$\frac{k}{n}$表示，该分数也称为T对C的覆盖率。

为了验证C_e中的每个元素e是否均被测试集T覆盖，需依赖于软件P。若软件P中的每条路径至少被遍历一次，则认为测试集T针对C是充分的。

然而，充分的测试集可能无法揭示软件中最明显的错误。例如，在编程示例【例4-3】中，即使提供了一个包含明显错误的示例程序，如果使用测试集$T=\{t:<x=2,y=3>\}$进行测试，虽然T相对于P是充分的，但显然该程序仍然存在问题。

【例4-3】考虑编写程序sumProject，其需求如下。

- R_1：当$x<y$时，计算x与y的乘积，并显示结果。
- R_2：当$x \geqslant y$时，计算x与y的和，并显示结果。

示例程序如下：

```
begin
int x,y;
input(x,y);
sum=x+y;
output(sum);
end
```

尽管一个全面的测试集可能无法揭示软件中最明显的错误，但这并不会削弱测试充分性度量的重要性。

4.4.4　数据流概念

控制流测试着重于程序的架构、控制流程图以及测试覆盖标准。一旦这些要素明确，测试用例便能够被制定出来。然而，控制流测试并不关注程序中每条具体语句的实现细节。与此不同，数据流测试则将关注点放在程序内部的变量上。

1. 变量的定义和使用

根据程序设计的理论基础，程序内的变量扮演着双重职能：一方面作为数据的存储介质，另一方面则负责从存储中检索数据。变量在程序中的定位决定了其职能的具体表现。例如，在表达式$y=x_1+x_2$中，位于赋值表达式左侧的变量y代表将右侧的计算结果存储于该变量所指向的存储位置，从而实现数据与变量的关联。相对而言，位于赋值表达式右侧的变量x_1和x_2则表示从它们所指向的存储位置中提取数据以供计算，即调用与这些变量相关联的数据。

定义4.6

在程序中，若某处变量的出现导致数据与该变量产生绑定关系，则称该变量的出现被称为定义性出现。对于程序*P*中的语句*S*，其定义性出现集合的定义如下：

> def(*S*)={*V*|语句*S*包含*V*的定义}

定义4.7

在程序中，当某处变量的出现导致与该变量相关联的内容被引用时，此现象被称为变量的引用性出现。针对程序*P*中的语句*S*，其引用性出现的定义如下：

> use(*S*)={*V*|语句*S*包含*V*的引用}

变量的引用方式可以划分为两种类型。第一种类型用于计算新数据或输出结果，这种引用方式被称为计算性引用，使用符号c-use表示；第二种类型用于计算判断控制转移方向的谓词，这种引用方式被称为谓词性引用，用符号p-use表示。若测试集*T*包含至少一个测试数据，当程序在*T*上执行时，所有判定均被执行，则称*T*满足判定覆盖标准；若*T*能覆盖所有的p-use，则称*T*满足p-use标准。

若变量在被引用前未在其出现的代码块内定义，则该引用被称为全局引用；反之，则称为局部引用。

为了便于引用，可以对前述控制流图进行改造，即移除控制流图中的判断框，并将其中的谓词置于边上。这样的图被称为具有数据信息的控制流图。例如，图4-3(b)展示了一个计算最大公约数的具有数据信息的控制流图，而图4-3(a)则为该程序的控制流图。

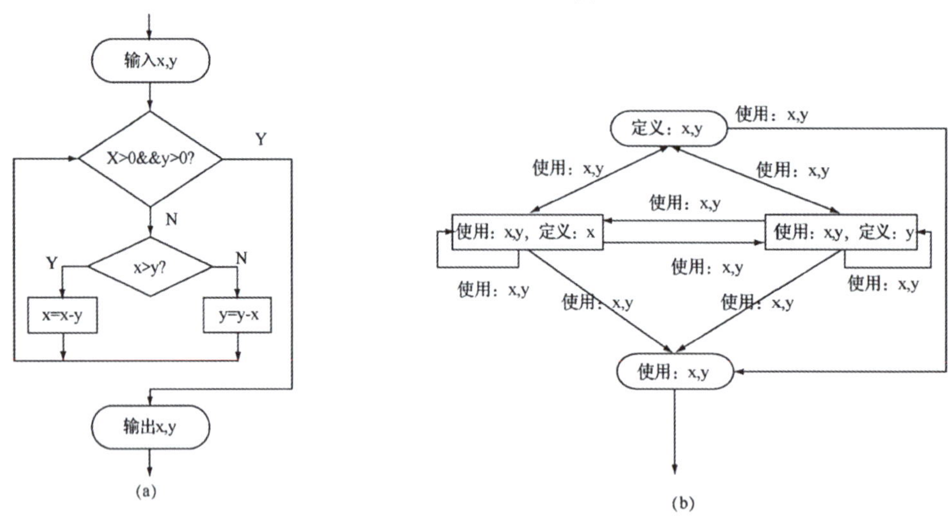

图4-3　求最大公约数的控制流图和具有数据信息的控制流图

数据流测试的核心在于验证程序中数据的定义与使用是否准确无误。换言之，该测试关注的是程序运行过程中，数据从被赋予变量的初始点至被引用的终点之间的路径，并对这些路径进行检验。通过这种方法，将变量的定义性出现def(*S*)传递至其引用性出现use(*S*)。在含有数据流信息的控制流图中，一个变量的定义传递至其引用的路径可定义如下。

定义4.8

设$<n_1,n_2,n_3,\cdots,n_k>$为控制流图G_p中的一条具有数据流信息的路径，*x*为程序中的一个变量。若路径中的节点$n_i(i=1,2,\cdots,k)$均不包含x的定义性出现，则称该路径对于x而言是无定义的。设n_0,n_k为G中的节点，其中n_0包含变量x的定义性出现，n_k包含变量x的计算性引用出现。从节点n_0至节点n_k的路径$<n_1,n_2,n_3,\cdots,n_k>$被称为一条将x在n_0中的定义传递至n_k中的计算性引用的路径，若该路径对x而言是无定义的，则称x在n_0中的定义可传递至n_k中的计算性引用，前提是存在这样的传递路径。

2. 全局/局部的定义与使用

可以明确地界定一个变量的定义性出现，并将其传递至谓词性引用的概念，以及此类传递的路径。变量可能在同一个基本块内经历定义、使用和重定义的过程。以包含三条语句的基本块为例：

```
p = y+z;
x = p+1;
p = z*z;
```

在本程序基本块中，变量p得以定义，并在后续操作过程中被使用和重新定义。p的初始定义具有局部作用域，由于在同一基本块内被后续定义所覆盖，其初始值未能在该基本块之外保持其有效性。p的第二次定义则具有全局作用域，其值有可能在定义的基本块之外被引用，从而在后续基本块中发挥作用。同样，p的首次使用也局限于局部作用域。变量y和z的计算使用(c-use)则具有全局作用域，因为它们的定义并未出现在使用它们的基本块内。值得注意的是，变量x的定义同样具有全局作用域。在基于数据流的测试充分性研究中，局部定义和使用并不具备显著意义。此处所述的全局与局部概念是针对程序基本块而言，与传统意义上的全局和局部变量定义有所区别。传统上，全局变量通常在函数或模块外部声明，而局部变量则在函数或模块内部声明。

3. 数据流图

程序的数据流图(也称为def-use图)详细描绘了程序中变量在不同基本块之间的定义流动情况，与程序的控制流图(CFG)具有相似性。CFG中的节点、边以及所有路径均在数据流图中得以保留。程序的数据流图能够从CFG图中推导得出。假设$G=(N,E)$为程序P的CFG，其中，N代表节点集合，E代表边集合。CFG中的节点与程序P中的基本块相对应，假定程序P包含k个基本块，用$b_1,b_2,\cdots,b_k$来标识这些基本块。用def_i表示定义在基本块i中的变量集合。程序中的变量声明、赋值语句、输入语句以及传址调用参数均能定义变量。用c-use_i表示在基本块i中有计算使用(c-use)的变量集合，p-use_i表示在基本块i中有参数使用(p-use)的变量集合。变量x在节点i中的定义表示为$d_i(x)$，相应地，变量x在节点i中的使用表示为$u_i(x)$。鉴于我们仅关注全局的定义与使用，考虑以下基本块b，其包含两条赋值语句和一个函数调用语句：

```
p = y+z;
foo(p+q, number);          //传值参数
A[i] = x+1;
if(x>y) {…};
```

基于此基础块，可得出$\text{def}_b = \{p,A\}$, $\text{c-use}_b= \{y,z,p,q,number,x,i\}$, $\text{p-use}_b = \{x,y\}$。

通过以下步骤，能够根据程序P及其控制流图(CFG)构建出相应的数据流图。

(1) 对程序P中每个基本块i计算def_i、c-use_i和p-use_i。

(2) 将节点集N中的每个节点i与相应的def_i、c-use_i和p-use_i建立关联。

(3) 对于每个p-use集非空且在条件C处结束的节点i，若条件C为真，则执行边(i,j)；若条件C为假，则执行边(i,k)。将边(i,j)、(i,k)分别与条件C和$!C$建立对应关系。

4. def-use对

def-use对描绘了变量的一次特定的定义和使用，程序的数据流图会包括该程序所有的def-use对。一般来说，主要关注两种类型的def-use对：一种是定义及其c-use构成的def-use对，另一种是定义及其p-use构成的def-use对。分别用集合dcu和dpu来表示这两类def-use对。对于一个变量而言，总会有一个dcu集合和一个dpu集合。程序的数据流图包含了该程序的所有def-use对。def-use对表示了变量的一次特定的定义和使用。一个def-use对由一个变量在某个基本块中的定义与该变量在另一个基本块中的使用构成。

4.4.5 基于数据流的测试充分性准则

设定CU和PU分别代表程序P中定义的所有c-use和p-use的总数。设变量集合$v=\{v_1, v_2, \cdots, v_n\}$包含程序$P$中所有变量，$N$表示程序$P$中的节点集合，$d_i$表示变量$v_i$的定义次数，其中$1 \leqslant i \leqslant n$且$0 \leqslant d_i \leqslant |N|$。$CU$和$PU$的计算方法如下：

$$CU = \sum_{i=1}^{n}\sum_{j=1}^{d_i}\left|dcu(v_i, n_j)\right|$$

$$PU = \sum_{i=1}^{n}\sum_{j=1}^{d_i}\left|dpu(v_i, n_j)\right|$$

其中n_j是变量v_i第j次被定义时所在的节点。

1. c-use覆盖

设z是$dcu(x,q)$中的一个结点，即结点z包含在结点q处定义的变量x的一个c-use。假设针对测试用例tc执行程序P，遍历了如下完整路径$p=(n_1,n_2,n_3,\cdots,n_k)$，其中$2 \leqslant i_j < k$，$1 \leqslant j \leqslant k$。如果$q=n_i$，$s=n_{i_m}$，$(n_1,n_2,n_3,\cdots,n_{i_m})$是一个从$q$到$z$的def-use路径，则称变量$x$的该c-use被覆盖。如果$dcu(x,q)$中的每一个结点在程序$P$的一次或多次执行中都被覆盖了，则称变量$x$的所有c-use被覆盖。如果程序$P$中所有变量的所有c-use都被覆盖了，则称程序中所有c-use被覆盖。以下是基于c-use覆盖的测试充分性准则。

测试集T针对(P,R)的c-use覆盖率计算如下：

$$\text{c-use} = \frac{CU_c}{CU - CU_i}$$

在程序P中，CU代表所有变量的c-use数量，CU_c表示被覆盖的c-use数量，而CU_i则代表无效的c-use数量。若针对(P,R)的c-use覆盖率达到100%，则称T在c-use覆盖准则方面是充分的。同理，若满足特定条件，节点q所定义的变量x在节点z的p-use边(z,s)上被覆盖。

2. p-use覆盖

设(z,r)和(z,s)是$dpu(x,q)$中的两条边，其中节点z包含变量x的一个p-use，而x是在节点q中定义的。假设针对测试用例tp执行程序P，遍历了如下完整路径$p=(n_1,n_2,n_3,\cdots,n_k)$，其中，$2\leqslant i_j<k$，$1\leqslant j\leqslant k$。如果满足以下条件，称节点$q$定义的变量$x$在节点$z$的p-use的边$(z,r)$被覆盖，并且对$x$而言是一个def-clear路径。类似地，如果满足以下条件，称节点q定义的变量x在节点z的p-use的边(z,s)被覆盖，并且对x而言是一个def-clear路径。当上述两个条件在程序P的同一次或多次执行中被满足时，称变量x在节点z的p-use被覆盖。以下是基于p-use覆盖的测试充分性准则。

测试集T针对(P,R)的p-use覆盖率计算如下：

$$\text{p-use}=\frac{PU_c}{PU-PU_i}$$

其中，PU是程序P中所有变量的p-use个数，PU_c是覆盖的p-use个数，PU_i是无效的p-use个数。如果T针对(P,R)的p-use覆盖率为1，则称T相对于p-use覆盖准则是充分的。

3. all-use覆盖

将c-use覆盖和p-use覆盖准则结合起来就得到了all-use覆盖准则。当所有的c-use和p-use都被覆盖时，就认为满足了all-use覆盖准则。测试集T针对(P,R)的all-use覆盖率计算如下：

$$\text{all-use}=\frac{PU_c}{PU-PU_i}$$

其中，CU、PU分别是程序P中所有变量的c-use个数和p-use个数，CU_c、PU_c分别是覆盖的c-use个数和p-use个数，CU_i、PU_i分别是无效的c-use个数和p-use个数。如果T针对(P,R)的all-use覆盖率为1，则称T相对于all-use覆盖准则是充分的。

4.5 变异测试

程序变异是一种用于评估和提升测试质量的技术。当测试人员运用变异技术来评估测试集的完备性或优化测试集时，此过程被称为变异测试。在某些情况下，利用变异技术对测试完备性进行评估也可称之为变异分析。

4.5.1 变异和变体

变异指的是对程序进行修改的行为，即便是微小的改动也可称之为变异。设P代表原始的被测试程序，M代表对P进行轻微修改后得到的程序，那么M可被视为P的变体，而P则是M的原始形态。若P的语法结构正确无误，即能够顺利通过编译过程，则M也必然语法正确。M所展现的行为可能与P保持一致。

对程序进行变异操作意味着需要对程序代码进行改动。然而，通常为了实现测试和评估的目标，所实施的变异仅限于一些细微的修改。接下来，将以【例4-4】中的简单程序作为示例进行说明。

【例4-4】示例程序。

```
begin
int x,y;
input(x,y);
if(x<y)
  output(x+y);
else
  output(x*y);
end
```

针对【例4-4】所展示的程序，可以实施多种修改，而修改后的程序在语法上依然保持正确性。接下来，将展示【例4-4】的一个变体，即变体M_1，该变体将操作符(+)更改为(−)：

```
begin
int x,y;
input(x,y);
if(x<y)
  output(x-y);
else
  output(x*y);
end
```

由此可见，对原有程序所作的修改相对简单。未在原有程序中大量引入新的代码段，而是仅需对父体进行适度调整即可生成相应的变体。

在程序测试过程中，通过一次修改得到的变体被称为一阶变体。相应地，二阶变体指的是通过两次简单修改得到的变体，三阶变体则是通过三次简单修改得到的变体，依此类推。换句话说，对一阶变体再进行一次修改即可得到二阶变体，而一个n阶变体可以通过对一个$(n-1)$阶变体执行一次修改而获得。

高于一阶的变体被称为高阶变体。在实际应用中，一阶变体的使用最为频繁，主要基于两个原因：首先，高阶变体的数量远超一阶变体，大量变体的存在会增加充分性评价的量化难度。其次，涉及耦合效应的问题(这将在后续内容中详细阐述)。

4.5.2 强变异和弱变异

在执行变异体优化过程中，人们提升变异体检测的效率是提高变异测试分析效率的关键。测试用例对变异体的检测方法主要分为强变异检测与弱变异检测两种。

针对特定被测程序P及其生成的变异体M，若测试用例T在程序P与变异体M执行后产生不同的输出结果，则称该测试用例T能够强变异检测到变异体M。通常，传统的变异测试分析采用强变异检测方法。强变异测试方法采用外部观察模式，即在程序执行完毕后立即对其行为进行观察，重点关注程序的返回值以及可能产生的影响，包括全局变量值的变化和数据文件的变动等。

为提升变异检测的效率，人们提出了弱变异检测方法。假定被测程序P由n个程序实体组成，集合S表示为$\{s_1, s_2,\cdots,s_n\}$。通过对程序实体s_m施加变异算子，生成变异体M。若测试用例t在程序P和变异体M的程序实体s_m上执行后，程序状态出现差异，则称测试用例t能够通过弱变异检测到变异体M。弱变异测试采用的是内部观察模式，即在程序及其变体执行过程中，观察各自的状态。内部观察可以通过多种方式实现，其根本差异体现在对观察程序状态的采样位置。因此，采用弱变异检测方式的测试用例并不需要执行所有程序实体，从而提升了测试用例的检测效率。

当测试用例通过弱变异检测到变异体时，其执行满足可达性和必要性条件。而当测试用例通过强变异检测到变异体时，其执行还需满足充分性条件。因此，两者之间存在包含关系：能够通过强变异检测到变异体的测试用例，必然能够通过弱变异检测到该变异体，反之则不成立。

弱变异检测方法的优势在于无须完整执行整个变异体，即在相关程序实体执行后，即可立即判断变异体是否被检测到。然而，由于程序实体间存在依赖关系，若用于评估测试用例集的充分性，弱变异检测方法相较于强变异检测方法略显不足。因此，弱变异检测方法通过牺牲变异评分的精确性，以提高变异测试分析的效率。

4.5.3 用变异技术进行测试评价

本节主要探讨评价测试集充分性的具体流程，图4-4所示展示了运用变异技术对测试集进行充分性评价的步骤序列，共包含12个具体步骤。

1. 步骤1 执行程序

评价测试集T针对于(P,R)充分性过程的第一步是针对T中的每一个测试用例t执行程序P。$P(t)$代表P执行t时输出的变量集合。

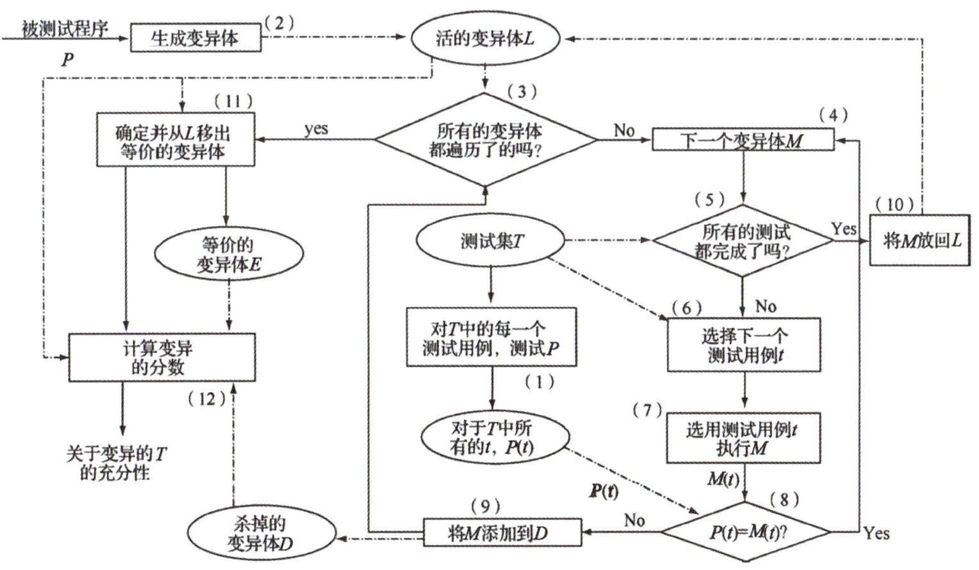

图4-4 利用变异技术对测试集进行充分性评价的过程

若程序P已执行测试集T中的全部测试用例t，并且$P(t)$的记录已存储于数据库中，则可视为步骤1已完成。换言之，步骤1的最终结果是一个包含所有t属于T的$P(t)$的数据库。

在此假设下，若对于集合T中的每一个t，程序$P(t)$均能满足既定需求R，则评价过程可以继续。若发现程序$P(t)$未能满足需求，则必须对程序P进行必要的修正，并在修正后重新启动步骤1。然而，必须明确的是，只有在确认程序P对测试集T完全正确的情况下，才能正式开始运用变异技术来评估测试的充分性。

2. 步骤2 生成变体

针对(P,R)充分性过程的第二步，评价测试集T涉及生成变体(该过程将在本书后续章节中详细阐述)。

假设通过以下步骤从程序P中衍生出变体：①替换算术运算符，将所有减法运算符(-)更改为加法运算符(+)，并将所有乘法运算符(*)更改为除法运算符(/)；②替换整数变量，将整数变量v替换为v+1。

在第②步结束时，形成一个变体集合L，其中的变体被称为活跃变体，因为它们尚未与原始程序产生明显差异。

3. 步骤3和4 选取下一个变体

在步骤3和4中，选取下一个待考虑的变体，该变体必须是之前未被考虑过的。需要注意的是，从这一时刻起，将循环选择列表L中的变体，直至每个变体均被选取一次。已被选取的变体将从列表L中移除。

4. 步骤5和6 选取下一个测试用例

在选定变体M之后，接下来的目标是从测试集T中找出一个测试用例，以便将变体与原始程序区分开来。此时，将进入一个新的循环阶段，即针对每一个选定的测试用例执行变体M。当循环结束时，可能是因为所有测试用例已经执行完毕，或者变体M被某个测试用例识别出来，从而与原始程序产生差异。无论出现哪种情况，该循环都将终止。

5. 步骤7、8和9变体的执行和分类

对于已选定的变体M以及准备实施的测试用例t，在步骤7中，应使用测试用例t对变体M进行执行；在步骤8中，需核验针对测试用例t执行变体M所产生的结果是否与执行原有程序P所得结果一致。

若存在测试用例t(t属于T)，使得在变体M与原有程序P上的执行结果出现不一致，则称该变体M相对于测试用例集T为“可杀除变体”。相反，若不存在任何测试用例t(t属于T)，使得在变体M与原有程序P上的执行结果保持一致，则称该变体M相对于测试用例集T为“可存活变体”。步骤7、8和9构成了在活跃变体中鉴别可杀除变体与可存活变体的过程。

6. 步骤10 活跃变体

当测试集T中不存在任何测试用例能够区分变体M与父体程序P时，变体M将被重新纳入活跃变体集合L。需要注意的是，任何被重新纳入活跃变体集合L的变体，在第步骤4中将不会被再次选取，因为它已经被选取过一次。

7. 步骤11 等价变体

在对所有变体执行完毕后，必须核查是否存在活跃变体，即验证变体集合L是否为空。通过设计新的测试用例，部分可存活变体可以被转化为可杀除变体，而剩余的可存活变体可能是等价变体。若变体M与原有程序P在语法上存在差异，但在语义上与P保持一致，则

称M为P的等价变体。由于等价变体无法被任意测试用例检测，因此在变异测试分析中必须排除此类变体。然而，等价变异体的检测是一个不可判定问题，这也是变异测试进一步应用和推广的主要障碍。

8. 步骤12 变异值的计算

此步骤为评估测试集T充分性的最终阶段。通常采用以下公式来计算测试用例集T的变异系数：

$$MS(T)=\frac{|D|}{|L|+|D|}$$

必须指出，集合L仅包含活跃的变异体，且这些变异体与原始程序均不等价。变异值始终介于0和1之间。

此外，若以M表示第二步生成的变异体总数，则相应的计算公式可表述为：

$$MS(T)=\frac{|D|}{|M|+|E|}$$

若测试集T能够鉴别出除等价变体之外的所有变体，则认为$|L|=0$，此时变异值$MS(T)$为1。反之，若测试集T无法鉴别出任何变体，则$|D|=0$，变异值$MS(T)$为0。

4.5.4 变异算子

变异测试的流程可概括为：针对特定的被测程序P和测试用例集T，首先依据程序P的特性，设定一系列变异算子。接着，通过在原程序P上应用这些变异算子，生成众多变异体。随后，从这些变异体中辨识出等价变异体。然后，对剩余的非等价变异体执行测试用例集T中的测试用例，若能成功检测出所有非等价变异体，变异测试分析终止；若存在未能检测出的变异体，则需要针对这些变异体设计新的测试用例，并将其纳入测试用例集T中。

在前述变异测试分析流程中，提到了变异算子的概念。在遵守语法规则的前提下，变异算子规定了从原始程序生成细微差异程序(即变异体)的转换规则。为便于引用，每个变异算子均被赋予一个独特的名称。基于先前的研究成果，Offutt和King于1987年首次为Fortran77定义了22种变异算子，这些变异算子的简称及其描述详见表4-3。这22种变异算子的设定为后续其他编程语言的变异算子设定提供了重要参考。

表4-3　针对Fortran77定义的22种变异算子

序号	变异算子	描述
1	AAR	以一个数组引用替换另一个数组引用
2	ABS	插入绝对值符号
3	ACR	用数组引用取代常量
4	AOR	算术运算符替代
5	ASR	用数组引用取代变量
6	CAR	用常量替代数组引用
7	CNR	数组名替代
8	CRP	常量替代

(续表)

序号	变异算子	描述
9	CER	用常量替代变量
10	DER	DO语句修改
11	DSA	DATA语句修改
12	GLR	GOTO标签替代
13	LCR	逻辑运算符替代
14	ROR	关系运算符替代
15	RSR	RETURN语句替代
16	SAN	语句分析
17	SAR	用变量替代数组引用
18	SCR	用变量替代常量
19	SDL	语句删除
20	SRC	源常量替代
21	SVR	变量替代
22	UOI	插入一元操作符

在针对语法正确的程序*P*进行变异时，变异算子能够生成一系列符合语法规则的程序变体。通过对程序*P*施加一个或多个变异算子，可以产生多样化的变体。一个变异算子可能产生一个或多个变体，但也有可能一个变体都无法产生。以CRP算子为例，其通过常量替换的方式生成变体。然而，若程序*P*中不存在任何常量，则该算子将无法产生任何变体。

4.5.5 变异算子的设计

普遍性错误的经验数据可作为变异算子设计的基础。在变异研究的初期阶段，变异算子是依据经验设计的，这些经验数据源自对多种软件错误研究的积累。这些算子的有效性已通过深入的探讨得以验证。本节将基于对历史软件错误的研究、其他变异系统的经验，以及评估变异算子在检测程序中复杂错误的有效性方面的经验研究，提出以下指导原则。

1) 语法正确性

变异算子必须能够生成语法正确的程序。

2) 典型性

变异算子应能够模拟简单的共性错误。尽管实际程序中的错误往往较为复杂，但变异算子仅限于模拟简单的错误。众多简单的错误集合，可以形成复杂错误。

3) 最小性和有效性

变异算子的集合应保持最小且有效。

4) 精确定义

必须明确界定变异算子的适用范围及其影响范围。变异算子的适用范围与影响范围取决于特定的编程语言，在定义变异算子的影响范围时，需要考虑所有保持语法一致性的替换。

4.5.6 变异测试的基本原则

在变异测试中，制定能够涵盖被测程序所有潜在缺陷的变异体生成策略是不切实际的。通常，传统的变异测试方法是通过构建与原始程序仅有细微差别的变异体，以尽可能全面地模拟被测软件的所有潜在缺陷。这种方法的可行性基于两个原则，这两个原则也构成了其基本假设：熟练程序员假设和耦合效应假设。

1. 假设一：熟练程序员假设

该假设由DeMillo等人于1978年首次提出。他认为，由于熟练程序员具备丰富的编程经验，他们所编写的含有缺陷的代码与正确代码极为相似，仅需进行微小的代码调整即可消除其中的缺陷。

对熟练程序员假设(CPH)的一个极端解读是：在给定一个账户的情况下，程序员被要求编写一个程序来计算账户余额，而他们不会编写一个将钱存入账户的程序。尽管这种情况出现的可能性极低，但不能完全排除不理智的程序员可能会编写出这样的程序。

一个更为合理的解读是：为了满足一系列需求而编写的程序，本质上是正确程序的变体。因此，即便程序的初始版本可能不正确，但经过一系列细微的变异，它仍有可能被修正为正确的程序。

基于熟练程序员掌握解决问题所需算法的假设，即便他们事先并不了解特定问题，也会在编写程序之前找到合适的算法。因此，变异测试只需通过对被测程序进行微小的代码修改，即可模拟熟练程序员的实际编程行为。

2. 假设二：耦合效应假设

与假设一聚焦于熟练程序员的编程行为不同，假设二侧重于软件缺陷的分类。该假设最初由DeMillo等人提出。他们认为，一旦测试用例能够识别出简单缺陷，那么该测试用例同样能够识别出更为复杂的缺陷。Offutt随后对简单缺陷与复杂缺陷进行了明确界定。简单缺陷指的是仅需在原有程序上进行单一语法修改即可形成的缺陷，而复杂缺陷则是指在原有程序上连续进行多次单一语法修改后形成的缺陷。

依据上述定义，变异体可进一步划分为简单变异体与复杂变异体，并且在假设二的基础上提出了变异耦合效应。复杂变异体与简单变异体之间存在变异耦合效应，这表明如果测试用例集能够识别出所有简单变异体，那么该测试用例集同样能够识别出绝大多数的复杂变异体。经验数据表明，一个针对一阶变异体充分的测试集，对于二阶变异体而言也很可能是充分的。进一步而言，若测试用例集能够识别出所有简单变异体，那么它同样能识别出大部分的复杂变异体。

4.6　本章小结

白盒测试，也称为结构测试、透明盒测试、逻辑驱动测试或基于代码的测试，是一种测试用例设计方法。在此方法中，“盒子”指的是被测试的软件，而“白盒”则表示盒子的内部结构是透明的，测试人员能够清晰地掌握盒子内部的运作原理。白盒测试法要求测试者深入理解程序的内部逻辑结构，并对所有逻辑路径进行全面测试。

语句分支覆盖测试是白盒测试中最常用的方法之一。根据覆盖目标的不同以及对源程序语句的覆盖详细程度，逻辑覆盖可以进一步细分为语句覆盖(SC)、判定覆盖(DC)、条件覆盖(CC)、条件/判定组合覆盖(CDC)、多条件覆盖(MCC)、修正条件判定覆盖(MCDC)、组合覆盖和路径覆盖等。

控制流测试关注的是程序的结构，一旦控制流图和测试覆盖准则确定，测试用例即可生成。控制流测试并不关注程序中每条具体语句的实现方式，而是侧重于程序的整体结构和执行路径。相对而言，数据流测试则专注于程序中的变量。

变异测试，有时称为“变异分析”，是一种旨在改进程序源代码细节的软件测试方法。所谓的变异，是基于一系列明确定义的变异操作，这些操作可能模拟典型的编程错误(例如使用错误的操作符或变量名)，或强制产生有效的测试用例(例如使每个表达式等于0)。其目的在于帮助测试者发现有效的测试用例，定位测试数据的薄弱环节，以及识别在执行过程中很少使用或从未使用的代码部分。

4.7 思考和练习

一、填空题

1. 白盒测试法要求测试人员对程序的内部逻辑结构有全面的认识，并对所有可能的逻辑路径进行详尽的测试，属于______路径测试的范畴。

2. 在白盒测试中，若基本块仅包含一条语句，则入口和出口被视为______位置。

3. 在程序控制流图中，Start和End是N中的两个特殊结点，其中Start结点没有______边，而End结点没有______边。

4. 测试覆盖率用于衡量测试执行所达到的覆盖项的百分比。覆盖项指的是作为测试基础的入口点或属性，例如______、分支、条件等。

5. 在数据流测试中，若变量在被引用之前未在其出现的代码块内定义，则该引用被称为______引用；反之，则被称为______引用。

二、判断题

1. 在白盒测试中，判定覆盖(DC)比语句覆盖(SC)具有更强的测试能力。 (　　)

2. 在数据流测试中，变量的定义性出现和引用性出现都只关注计算性引用。 (　　)

3. 变异测试中，高阶变体的数量通常少于一阶变体。 (　　)

4. 在控制流测试中，测试用例的生成不依赖于程序中每条具体语句的实现方式。 (　　)

5. 变异测试的基本原则之一是“熟练程序员假设”，该假设认为，熟练程序员编写的代码与正确代码极为相似。 (　　)

三、简答题

1. 什么是白盒测试中的基本块？

2. 解释什么是控制流图，并说明其在白盒测试中的作用。

3. 什么是测试覆盖率？它在测试中有什么作用？

4. 解释什么是数据流测试，并说明其与控制流测试的区别。

5. 什么是变异测试？它在软件测试中有什么作用？

第 5 章

软件测试过程

软件测试过程与软件设计周期之间存在着相互对应的关系。软件测试是分阶段进行的，从过程上来看，包括单元测试、集成测试、系统测试以及验收测试等一系列不同的测试阶段。本章将对这些不同软件测试阶段的核心测试任务、所采用的主要测试技术和方法进行详尽的介绍，并探讨测试管理与组织等相关议题。

本章学习目标：

- 了解软件测试过程与软件设计周期之间的对应关系。
- 了解单元测试、集成测试、系统测试、验收测试和回归测试的含义、任务、原则和作用，掌握各测试阶段的测试环境搭建、数据准备和测试执行等内容。
- 理解排错过程、排错方法和策略。

5.1 软件测试过程概述

软件测试流程与软件工程的开发流程是相互对应的。前面章节使用了V型图来展示软件开发与软件测试之间的对应关系。同样，也可以利用图5-1所示的螺旋型图来描绘这种相互关联。

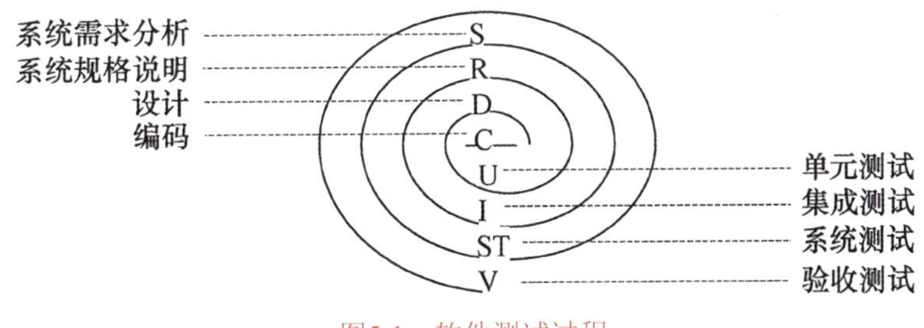

图5-1 软件测试过程

软件需求分析阶段确定了软件的作用范围、信息域、功能、行为、性能、约束以及验收标准。随后，项目进入总体设计和详细设计阶段，紧接着是编码工作。

开发软件的过程中，沿着螺旋模型由外向内旋转，每完成一圈，软件的抽象级别就降低一次。而在测试软件时，沿着相同的螺旋模型由内向外移动，每完成一圈，测试的范围就扩大一次。

(1) 单元测试位于螺旋模型的中心，主要针对每个模块的源代码进行测试，以确保其正常运行。

(2) 集成测试主要检验与软件相关的程序结构问题。由于集成测试基于模块间的接口，通常采用黑盒测试方法。

(3) 系统测试验证开发的软件是否满足所有功能和性能要求，并确保其能够与系统的其他部分(如硬件、数据库等)协同工作。

(4) 验收测试根据需求分析阶段确定的验收标准，评估软件是否满足合同规定的要求。

单元测试目的是确保每个独立模块的正确运行，通常采用白盒技术，专注于检查模块控制结构中的特定路径，以尽可能多地发现潜在错误。经过单元测试的模块随后被集成成软件包，此时测试人员会执行集成测试，主要针对软件结构进行检验。由于这类测试基于模块间的接口，因此主要采用黑盒测试方法，并辅以白盒测试技术以确保对主要控制路径的覆盖。系统测试则侧重于验证软件是否满足功能、行为和性能方面的要求，这一阶段完全依赖黑盒测试技术。最后，验收测试作为软件产品检验的最终环节，其独特之处在于强调客户的参与。同时，软件开发人员也会在一定程度上参与其中。

螺旋型图模型为软件开发和软件测试提供了一个简洁明了的框架。该模型的各个层次详细描述了软件测试阶段与软件开发过程的对应关系，明确了在软件开发的各个阶段应执行哪些测试。利用螺旋型图，管理人员能够及时规划并准备相应的测试工作。随着软件开发的逐步深入，软件测试的范围逐渐扩展，软件质量通过螺旋式上升的过程得到持续提升。

目前，各种组织和企业所使用的测试流程名称多种多样，包括但不限于构件测试、代码测试、开发人员测试、线程测试、系统集成测试、验证测试、互操作测试、用户验收测试、客户验收测试等。实际上，不同团体和公司根据自身特点和习惯对测试流程的命名并不重要。关键在于明确测试流程的范围以及该流程旨在完成的任务。接下来，制订相应的标准和计划，以确保任务的顺利执行。

5.2 单元测试

5.2.1 单元测试概述

单元测试的核心在于对软件中最小的可测试单元进行详尽的检查与验证。这些单元一般指的是源代码中的函数、模块或类。单元测试的主要目的是确保每个单元能够按照既定的预期正常运作，并且能够独立于其他单元进行测试，从而更有效地识别和解决潜在问题。

单元测试的关键特性包括以下几点。

- 隔离性：单元测试应尽可能地隔离被测单元，避免依赖外部资源(如数据库、文件系统或网络)或其他模块。
- 自动化：单元测试应实现自动化执行，以便能够重复运行，确保代码在开发过程中保持高质量。自动化测试通常通过测试框架来实现，这些框架提供了定义、组织和运行测试的工具。
- 快速反馈：单元测试应快速运行，以便开发人员可以迅速获得测试结果反馈。这有助于快速识别和修复代码中的错误。
- 可重复性：单元测试应具有可重复性，这意味着无论何时运行测试，结果都应该是一致的，前提是代码未发生改变。
- 高覆盖率：单元测试应覆盖尽可能多的代码路径，特别是那些容易出错的地方，如边界条件和异常处理。

单元测试的步骤通常包括以下3步。

(1) 准备(arrange)：设置测试环境，创建必要的对象和数据。

(2) 执行(act)：调用被测单元的方法或函数。

(3) 断言(assert)：验证结果是否符合预期。这通常涉及检查返回值、状态变化或异常是否按预期抛出。

不同的编程语言有不同的单元测试框架和工具。以下是一些常见编程语言及其对应的单元测试框架和工具。

- Java：JUnit
- Python：unittest、pytest
- JavaScript：Jest、Mocha
- C#：NUnit

借助这些单元测试框架和工具，开发人员可以轻松编写、组织和运行单元测试，从而提高代码质量和开发效率。

5.2.2 单元测试的重要性与原则

1. 单元测试的重要性

在软件开发流程中，单元测试扮演着不可或缺的角色。通过执行单元测试，开发团队能够确保软件产品的高品质、稳定性和可靠性，并且能够提升开发的效率和团队协作水平。单元测试的重要性具体体现在以下几个方面。

1) 尽早发现错误

单元测试使得开发人员能够在编码阶段及时检测和修正错误。通过早期发现错误，修复成本通常较低，因为此时错误的影响范围尚未扩散。这有助于预防在后期的集成测试或系统测试阶段遇到更复杂且难以解决的问题。

2) 提高代码质量

单元测试在确保代码的正确性与稳定性方面发挥着重要作用。通过逐一验证各个函数或模块的行为，开发人员能够确保代码的运行符合预期，从而降低潜在缺陷的风险。这一过程对提升软件整体的质量与可靠性具有显著的积极影响。

3) 促进代码重构

在进行代码重构或优化时，单元测试为开发人员构建了一个安全的防护网。通过执行测试，开发人员能够确认经过重构的代码是否依旧能够按照预期执行，从而确保对代码的修改不会导致新的错误产生。

4) 增强团队协作

单元测试的实施有助于提升代码的可读性和可维护性。当其他开发人员需对代码进行修改或扩展时，单元测试可以作为参考资料，帮助他们理解代码的功能及其预期行为。这一做法积极推动了团队合作与代码共享。

5) 支持持续集成/持续部署(CI/CD)

单元测试是持续集成/持续部署流程的重要组成部分。通过自动化测试，开发团队可以确保每次代码提交都经过验证，从而保持代码库的稳定性和可靠性。这有助于加快软件发布速度，同时降低发布风险。

6) 提供文档支持

单元测试可以作为代码的文档，帮助开发人员和其他利益相关者理解代码的功能和预期行为。通过查看测试代码，开发人员可以更直观地了解如何使用和扩展代码。

7) 提高开发人员信心

当开发人员知道代码已经通过了全面的单元测试时，会对代码的质量和稳定性更有信心。

2. 单元测试遵循的原则

单元测试的原则旨在确保测试的有效性、可靠性和可维护性。以下是几项关键原则。

1) FIRST原则

- 快速(fast)：单元测试应能够快速运行，通常应该在几分钟内完成，以便开发人员可以及时获得反馈。
- 独立(independent)：单元测试用例应互相独立，且不依赖外部资源。这样可以确保每个测试都能独立运行，一个测试的失败不会影响其他测试。
- 可重复(repeatable)：单元测试应该是可重复运行的，并且每次运行的结果都应保持一致。这有助于确保测试的稳定性，并允许开发人员在不同的环境和时间点上验证代码的正确性。
- 自我验证(self-validating)：单元测试应能够自动验证结果，无须人工检查。这可以通过使用断言来实现，断言会验证测试的实际输出是否与预期输出一致。
- 及时(timely)：单元测试必须及时进行编写、更新和维护，以确保测试用例可以动态地适应代码变化，持续保障软件质量。

2) AIR原则

- 自动化(automatic)：单元测试应具备自动化运行的能力，包括自动触发、自动执行和自动报告结果。这有助于减少人为错误并提高测试效率。
- 独立(independent)：与FIRST原则中的独立原则相同，单元测试用例之间应无依赖关系，以确保测试的独立性和稳定性。

- 可重复(repeatable)：与FIRST原则中的可重复原则相同，单元测试应该能够重复运行，以验证代码的可靠性和稳定性。

3) 其他重要原则

- 边界值测试：测试应包括边界值，如最大值、最小值、空值和特殊字符等，这些值通常容易引发错误。
- 覆盖所有代码路径：测试应覆盖所有可能的代码执行路径，包括正常的流程和异常情况，以确保代码的全面性和健壮性。
- 避免测试实现细节：测试应关注组件的行为，而不是其内部实现，这样可以使重构代码更容易。
- 清晰的测试命名：使用描述性的名称为测试用例命名，以便清楚理解每个测试的目的。
- 简洁的测试代码：保持测试代码简洁易懂，避免复杂的逻辑或冗余代码。
- 与代码同步更新：当代码发生更改时，相应的测试也应更新，以确保测试的有效性和可靠性。

遵循以上原则，可以帮助测试人员编写高质量的单元测试，从而提高代码的质量和稳定性。

5.2.3 单元测试的主要任务

单元测试的目的是对每个程序模块进行全面的测试，其核心任务是解决5个关键方面的测试问题，具体如图5-2所示。

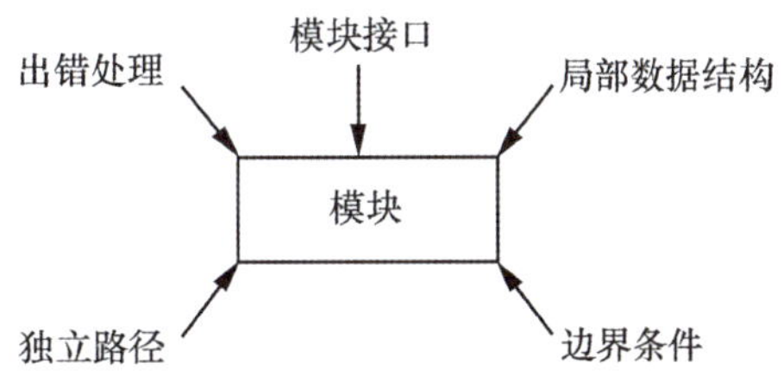

图5-2　单元测试解决5个方面的测试问题

1. 模块接口测试

模块接口测试的核心目的是验证数据在模块单元的输入输出过程中保持准确无误，它是单元测试中不可分割的一部分。在开展其他任何测试之前，首先必须对模块接口的数据流进行检验，因为只有确认数据能够正确地输入和输出，后续测试才具有实际意义。模块接口测试应当包括以下几个关键的检查点。

- 验证模块接受的实际参数数量是否与定义的形式参数数量一致。
- 检查输入的实际参数类型是否与模块的形式参数类型相匹配。
- 确认输入的实际参数与模块的形式参数所使用的单位是否一致。
- 在调用其他模块时，确保传送的实际参数数量与被调用模块的形式参数数量相同。
- 验证调用其他模块时，传送的实际参数类型是否与被调用模块的形式参数类型相匹配。
- 确保调用其他模块时，传送的实际参数单位与被调用模块的形式参数单位一致。
- 检查调用内部函数时，参数的数量、属性和顺序是否正确无误。
- 在模块具有多个入口点的情况下，确认是否引用了与当前入口无关的参数。
- 检查是否对只读型参数进行了修改。

- 当出现全局变量时，确保这些变量在所有引用它们的模块中定义一致。
- 考虑是否将某些约束错误地作为参数传递。

如果模块包含外部输入/输出，还应考虑以下几个问题。

- 验证文件属性是否正确设置。
- 检查文件打开语句的格式是否符合规范。
- 确认格式说明与输入/输出语句提供的信息是否一致。
- 确保缓冲区大小与记录大小相匹配。
- 确认所有需要的文件在使用前都已正确打开。
- 检查是否已妥善处理了文件尾部情况。
- 评估对文件结束条件的判断和处理是否准确无误。
- 检查输出信息中是否存在文字性错误。

2. 模块局部数据结构测试

在进行单元测试时，确保模块内部数据的完整性和准确性至关重要。这涉及对数据内容、格式以及数据之间的关联进行验证，以防止任何错误的发生。通常，模块的局部数据结构是错误的高发区，因此在单元测试中需要特别注意以下几类潜在错误。

- 类型声明的不恰当或不一致性。
- 初始化或默认值设置错误。
- 变量命名错误，包括拼写错误或不恰当的缩写。
- 数据类型不兼容。
- 数据下溢、上溢或地址错误。

除了关注局部数据结构之外，还应深入理解全局数据如何影响模块的功能。

3. 模块中所有独立路径测试

在单元测试中，核心任务是针对执行路径进行测试。在测试过程中，必须对模块中的每一条独立路径进行覆盖，确保设计的测试用例能够揭示因计算错误、错误的判断逻辑或异常的控制流所导致的缺陷。常见的错误类型包括以下几种。

- 对算术运算优先级的误解或错误应用。
- 混合使用不同数据类型的运算。
- 变量初始化不当。
- 算法实现的错误。
- 运算精度不足。
- 表达式中符号使用不当。

在进行判定和条件覆盖时，测试用例应能够揭示以下错误类型。

- 数据类型不匹配导致的比较错误。
- 逻辑运算错误或优先级判断失误。
- 精度问题导致本应相等的值无法匹配。
- 错误的判断条件或不当的变量使用。
- 循环终止条件异常或未设置。

- 在分支循环结构中无法正确退出循环。
- 循环变量的不当修改。

4. 各种错误处理测试

软件在运行时遭遇异常情况很常见，优秀的设计应当能够预见软件运行中可能出现的错误，并制定相应的应对策略。测试错误处理的核心在于验证，当软件模块在执行任务时遭遇错误，其内置的错误处理机制能够有效运行。

在检验软件错误处理机制时，应重点考察以下5个方面。

- 运行时出现的错误描述模糊不清。
- 报告的错误与实际遇到的错误不一致。
- 在错误处理机制介入之前，系统已进行了干预。
- 异常情况的处理方式不当。
- 提供的错误信息不足以协助定位问题的根源。

用户对以上5个方面的错误极为敏感。因此，设计测试用例以实现模块测试的高效错误发现，成为软件测试流程中至关重要的议题。

5. 模块边界条件测试

软件在模块边界处理常常会遇到问题。在测试过程中，以下几种情况应作为检查的重点。

- 在处理n维数组时，是否正确处理了第n个元素。
- 在进行n次循环时，第0次、第1次以及第n次迭代是否都无误。
- 在执行运算或进行判断时，取最大值和最小值的操作是否准确无误。
- 在数据流和控制流中，当值恰好等于、大于或小于特定的比较值时，是否得到正确处理。

边界条件测试是单元测试中至关重要的一步。必须采用边界值分析方法来设计测试用例，细致地测试那些限制数据处理的边界点，以确保模块能够正确运行。

5.2.4　单元测试环境的建立

通常，单元测试应在代码编写后立即执行，紧随程序的编写、复查以及语法正确性验证之后进行。测试用例的设计应与复审工作同步进行，通过选取与设计信息相关的数据，可以提高发现各类错误的概率。

在对每个模块进行单元测试时，不能忽视它们与周围模块的交互作用。为了模拟这些交互，单元测试中需要设置辅助测试模块。这些辅助测试模块分为两类：驱动模块(driver)和被调用模拟子模块(stub)。驱动模块用于模拟被测试模块的上级模块，在单元测试中接收测试数据，将相关数据传递给被测模块，激活被测模块并输出相应的结果。被调用模拟子模块则用来模拟被测模块在操作过程中所调用的模块。这些子模块通常只进行有限的数据处理，例如仅打印入口和返回信息，以便验证被测模块与其下级模块之间的接口。如图5-3所示，展示了一个典型的单元测试环境。

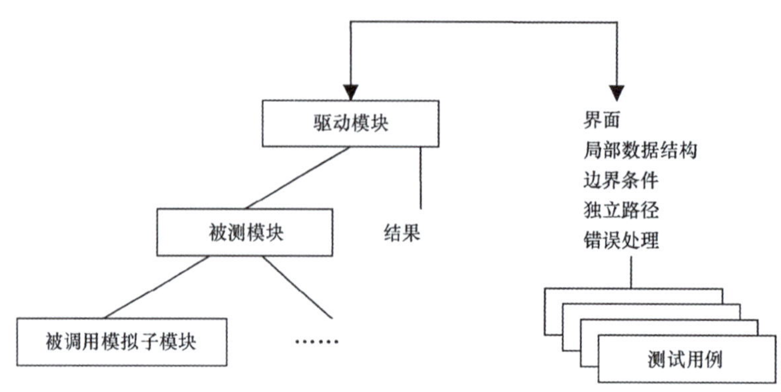

图5-3　一般单元测试环境

被测模块及其相关的驱动模块和被调用模拟子模块共同构成了一个“测试环境”。驱动模块和被调用模拟子模块带来了额外的开销，但这两种模块在单元测试中是不可或缺的。它们的编写会增加测试的复杂性，而在软件交付时，这些模块不会作为产品的一部分进行交付，且它们的编写需要投入一定的工作量。特别是被调用模拟子模块，它不仅需要提供“进入”信息。还必须确保软件测试的准确性。这意味着被调用模拟子模块可能需要模拟实际子模块的功能。因此，构建被调用模拟子模块并非易事。

如果驱动模块与被调用模拟子模块设计得较为简单，那么它们的运行开销将相对较低。然而，仅仅依赖“简单”的模块并不足以进行充分的单元测试。模块间接口的全面检验往往需要推迟到集成测试阶段才能进行。

5.2.5　单元测试技术和测试数据

1. 单元测试技术

单元测试的核心目标是验证软件设计中最小的可测试单元——模块或函数，其测试依据是详尽的设计文档。测试工程师需根据详尽的设计说明文档和源代码清单，深入理解模块的输入/输出条件以及逻辑结构。单元测试通常采用白盒测试方法，同时结合黑盒测试技术，以确保对所有合理及不合理的输入均能进行有效识别和响应。

人工静态检查构成了测试流程的起始阶段，其核心任务是确保代码算法逻辑的正确性。这一阶段的重点在于通过人工审查揭示潜在的逻辑错误，提高代码的清晰度、规范性、一致性以及算法的效率，并努力发现那些在程序运行中未被捕捉到的错误。

接下来的步骤包括设计测试用例、执行待测程序，并将实际结果与预期结果进行对比以识别错误。研究证明，人工静态检查法能够有效地检测出30%~70%的逻辑设计和编码错误。然而，代码中仍潜藏着许多不易察觉的错误，这些错误无法仅凭视觉检查发现，必须借助于动态跟踪和细致分析才能揭露。因此，动态跟踪方法在单元测试中占据了至关重要的位置，同时也是测试过程中的一个挑战。

(1) 静态测试。静态测试不涉及执行单元测试，而是通过独立审查单元代码来完成。它包括对代码进行评审和检查，特别是对外部接口和程序代码的关键部分进行桌面检查和代码审查。

在静态测试阶段，通常需要执行以下活动。

- 验证算法逻辑的准确性：确保所编写的代码算法以及数据结构定义(例如队列、堆栈等)能够满足模块或方法所需实现的功能。
- 确保模块接口的正确性：检查形式参数的数量、数据类型及顺序是否恰当，并确认返回值的类型及其准确性。
- 检查输入参数的正确性：若未进行正确性检查，需确认该参数是否确实不需要进行验证；否则，应补充相应的参数正确性检查。实践证明，缺少参数正确性检查的代码往往是导致软件系统不稳定的关键因素之一。
- 调用其他方法接口的正确性：确保实参类型、传入的参数值以及参数个数的准确性。对于具有多态性的方法，还需验证返回值的准确性，并确保没有误解返回值的含义。建议对每个被调用方法的返回值进行明确的代码层面验证。若调用的方法抛出异常或错误，程序应提供反馈，并实现相应的错误处理逻辑。
- 出错处理：模块代码应当具备预测潜在错误的能力，并实现恰当的错误处理机制。这样，在程序遭遇错误时，能够重新组织出错的程序部分，确保逻辑流程的准确性。这种错误处理机制应被视为模块功能的一个组成部分。如果出现以下任一情况，则意味着模块的错误处理功能存在错误或不足：①错误描述含糊不清；②错误描述不足以精确定位问题，无法确定错误的根源；③错误信息与实际错误原因不匹配；④错误处理方式不恰当；⑤在错误处理机制介入之前，错误条件已经触发了系统干预。
- 保证表达式和SQL语句的正确性：确保所编写的SQL语句在语法和逻辑上无误。表达式应避免含糊不清，对于可能导致混淆的表达式或运算符优先级(例如《、=、》、&&、||、++、--等)，建议使用括号“()”来明确运算顺序，从而消除歧义。这样做不仅确保了代码的正确性和可靠性，还提升了代码的可读性。
- 检查常量或全局变量使用的正确性：确保所采用的常量或全局变量的值、数值和数据类型准确无误；保证每次引用常量时，其值、数值和类型保持一致。
- 命令规范的一致性：确保变量命名既直观又富有意义，长度适中，既不过于冗长也不过于简短。最佳实践是遵循一致的命名规范，以便于记忆和发音。同时，应确保使用相同的命名约定来表示相同的功能，避免将不同功能的变量赋予相同的标识符，反之亦然。
- 程序风格的一致性和规范性：代码应当遵循企业标准，确保所有开发人员的编码风格保持一致、规范和整洁。例如，在进行数组循环时，避免使用不一致的索引方式，如时而使用从下到上的下标变量(例如：for(i=0;i++;i<10))，时而又采用从上到下的方式(例如：for(i=10;i--;i>0))。应尽量采用统一的循环方法。
- 检查代码是否可以优化，算法效率是否最高：探讨SQL语句的优化可能性，例如是否能够通过单一SQL语句替代程序中多条语句的功能，或者评估循环的必要性，判断是否可以将循环内的语句提取到循环外部。
- 检查注释：确保内部注释的完整性、清晰度和简洁性，以及它们是否准确体现了代码的功能(错误的注释比缺乏注释更糟糕)。审查注释文档的完整性，确保对包、类、属性和方法的功能、参数及返回值的注释准确且易于理解。特别注意形式参数和返回值的注释，例如应明确指出类型参数的含义，“1.代表什么，2.代表什么，3.代表什么……”。对于返回结果集(result set)的注释，应详细说明结果集中包含的字段、字段类型及字段顺序等信息。

(2) 动态执行跟踪。动态执行测试可以采用白盒测试和黑盒测试相结合的方式。

单元模块的开发设计者对单元的控制结构了如指掌，并且对产品的内部工作流程有深入的理解。他们能够利用白盒测试来验证每一种内部操作是否满足设计规格的要求，并确保所有内部组件都经过了彻底检查。在执行单元测试的过程中，主要采用的白盒测试技术包括逻辑覆盖法和基本路径法。其测试原则如下。

- 确保每个单元中的独立路径至少被执行一次。
- 确保所有决策的每个分支至少被执行一次。
- 确保每个循环在边界条件和常规条件下至少被执行一次。
- 验证所有单元内部数据结构的有效性。

黑盒测试涵盖了功能测试与非功能测试两个主要方面。功能测试专注于验证单元设计中的需求功能是否得到满足。由于对产品的功能设计规格已有明确了解，因此能够开展测试以确保每个实现的功能均符合既定要求。

非功能测试则在必要时执行，主要评估单元的性能表现，包括系统响应时间、外部接口的响应速度、CPU使用效率、内存使用兼容性等多个维度。

在进行单元测试时，除了确保满足必要的覆盖标准外，还应尽可能地运用边界值分析法、错误推测法等常见测试技术。通过边界值分析法，可以设计出既包括合理也包括不合理的输入条件。在条件边界测试中，应当考虑输入参数的极限情况以及各种语句的条件边界，例如if、while、for、switch语句以及SQL的WHERE子句等。至于错误推测法，它要求列举出程序中所有潜在的错误和易错场景，并依据过往的测试经验，对这些错误进行针对性的深入测试。

(3) 状态转换测试。当单元可能处于不同状态转换时，应根据单元可能进入的状态、状态之间的转换路径以及触发转换的条件进行测试。

运用上述测试技术，在大多数情况下，可以对一个单元进行较为全面的测试。

2. 测试数据

在单元测试中，通常避免使用真实数据。如果待测试的单元功能不涉及处理大量数据，可以采用一小部分具有代表性的手工测试数据。创建这些数据时，应确保它们能够充分覆盖单元的边界条件。然而，当测试单元需要处理大量数据，并且多个单元都有此需求时，可以考虑使用真实数据的一个小而有代表性的子集。此外，为了测试特定功能(如错误处理)，应在样本数据中加入一些手工制作的数据。

在测试需要从远程数据源(例如客户端/服务器系统)接收数据的单元时，必须使用测试辅助程序来模拟数据访问。然而，在采用这种方法之前，必须对开发的测试辅助程序进行测试，以确保其模拟的真实性。

此外，如果为了执行单元测试而手工创建了测试数据，应当考虑这些数据的复用，以便在后续的测试阶段再次使用。

5.2.6 单元测试工具

在当前市场上，存在众多适用于单元测试的工具。单元测试高度依赖工具的支持，运用这些自动化测试工具能够避免大量重复性劳动，减轻工作负担，显著提升测试效率，并使测试人员能够将精力投入到更具创造性的任务中。

自动化单元测试工具的运作原理是通过驱动模块和桩模块的协作，执行被测试的软件单元，以验证输入的测试用例是否按照软件的详细设计规格正确执行了相应的操作。

目前，单元测试工具的种类繁多，根据测试的范围和功能，可以划分为以下几类。

- 静态分析工具。
- 代码规范审核工具。
- 内存和资源检查工具。
- 测试数据生成工具。
- 测试框架工具。
- 测试结果比较工具。
- 测试度量工具。
- 测试文档生成和管理工具。

运用这些单元测试工具能够显著提升测试工作的效率。然而，在实际的测试过程中，选择与项目特性相匹配的自动化测试工具至关重要。以下是一些常用的单元测试自动化工具。

1) 基于XUnit测试框架的测试工具

通常情况下，单元测试会采用基于XUnit测试框架的自动化测试工具。例如，在Java编程中广泛使用的JUnit，以及.NET程序开发中常用的NUnit。此外，CppUnit也是XUnit家族的成员之一，它是一个较早开发的C++单元测试工具，不仅免费而且开源，为单元测试提供了一个框架。

2) C语言单元测试工具的常用选项

(1) VcTester。VcTester是专为VC(Visual C++及Visual Studio开发套件，均为微软公司发布的产品)环境设计的下一代单元测试工具，提供共享版和商用版两个系列。其核心功能涵盖脚本化测试驱动(支持变量修改与函数调用)、脚本桩、在线测试、持续集成测试支持、测试覆盖率统计、测试管理以及生成测试报告(仅限商用版本)和测试消息编辑器(仅限商用版本)等。

(2) C++Test。C++Test是一个功能全面的自动化C/C++单元测试工具，能够自动测试任何C/C++函数和类，并自动生成测试用例、测试驱动函数或桩函数。在自动化环境中，它能轻松快速地实现单元级测试的全面覆盖。其主要功能特性如下。

- 即时测试类/函数。
- 支持极端编程模式下的代码测试。
- 自动建立类/函数的测试驱动程序和桩调用。
- 自动建立和执行类/函数的测试用例。
- 提供快速加入和执行说明及功能性测试的框架。
- 执行自动回归测试。
- 执行部件测试(COM)。

3) Visual Unit单元测试工具

Visual Unit(简称VU)是一款国产的单元测试工具，采用了一系列创新技术。其功能特性涵盖了自动生成测试代码、快速构建功能测试用例、高效实现白盒测试覆盖、快速排错调试，以及生成详尽的测试报告。VU提供了极高的测试完整性，无论是单元测试中的功能测试、语句覆盖、条件覆盖、分支覆盖还是路径覆盖，使用VU都能轻松实现。

4) 分析覆盖率的工具

广泛应用于代码覆盖率分析的工具有LogiScope、TrueCoverage、PureCoverage等。这些工具各自的功能强度各不相同，用户可以根据实际需求灵活选择合适的工具。

5) 静态分析工具

在单元测试开展之前，可以使用pc_lint对目标代码进行静态检查，以排除潜在的语法错误，确保测试代码达到基本质量标准。这将有助于保障单元测试的顺利进行，并提升测试的执行效率。

5.2.7 单元测试人员

单元测试通常由开发人员负责完成。在组长的监督下，开发团队成员共同参与，由编写该单元的开发设计者设计必要的测试用例和测试数据，以确保对单元的全面测试和缺陷修正。开发负责人需确保采用恰当的测试技术，并在严格的质量控制和监督下执行测试，以保证测试的有效性。

研究表明，在单元测试过程中(特别是对代码的审查和检查)，充分利用开发团队的协作力量可以有效识别出单元中的缺陷。这是因为某些代码错误对于设计者本人来说可能难以察觉和定位。因此，在单元测试阶段，采用适当的评审和检查技术对于发现难以识别的缺陷至关重要。

在单元测试期间，开发负责人有时会根据具体情况邀请用户代表参与观察，尤其是在涉及系统业务逻辑或用户界面操作的测试时。这种做法有助于在单元测试阶段收集用户的非正式反馈，并在正式验收测试之前根据用户的期望对系统进行优化。

5.3 集成测试

5.3.1 集成测试概述

集成测试，也称为整合测试(integration testing)，是软件测试中的一种重要类型，其主要目的是验证不同软件模块在组合成一个整体后能否正常协同运作。在软件开发的流程中，大型应用通常会被拆分成若干模块或组件。这些模块或组件在独立开发并经历单元测试以确保其功能正确后，需要进一步整合成一个完整的系统，以进行集成测试。集成测试的主要依据是《软件概要设计规格说明》，任何与该说明不一致的模块行为都应予以记录并上报。

作为确保软件系统在整体层面按预期运作的关键步骤，集成测试有助于提前识别并解决模块间交互可能存在的问题，从而提升软件的整体品质与稳定性。

集成测试主要关注以下几个方面。

- 接口测试：确保模块之间的接口调用正确，数据传递无误。
- 全局数据测试：验证多个模块共同使用的全局数据的一致性和正确性。
- 性能测试：评估集成后的系统在性能上是否达到预期，包括响应时间、吞吐量等。
- 兼容性测试：确保不同模块在不同环境下(如操作系统、硬件配置等)的兼容性和稳定性。
- 错误恢复测试：验证系统在出现故障时能否正确恢复，以及恢复后的数据完整性。

集成测试的方法主要有以下两种。

- 非增量式集成测试(也称为大爆炸集成)：所有模块一次性集成到一起进行测试。这种方法简单但风险较高，因为问题定位较为困难。
- 增量式集成测试：逐步将模块集成到系统中，每集成一个模块就进行一次测试。这种方法较为复杂但风险较低，有利于及时发现并定位问题。增量式集成测试还可以进一步细分为自顶向下集成、自底向上集成和三明治集成等策略。

5.3.2 集成测试的任务

集成测试属于系统测试技术的一种，它在各个模块通过单元测试后，按照设计要求进行组装。集成测试的核心任务是验证软件系统是否符合其实际架构，并发现与接口相关的各类错误。其主要解决以下5个方面的测试问题。

- 连接各个模块，检验在模块间相互调用时，数据是否在接口处丢失。
- 组合各个子功能，验证是否能够实现预期的各项功能。
- 评估一个模块的功能是否会对其他模块的功能产生负面影响。
- 检查全局数据结构是否存在缺陷，是否容易被意外修改。
- 分析单个模块的误差是否会在系统中累积并放大，以至于变得不可接受。

5.3.3 集成测试遵循的原则

集成测试位于一个模糊的领域，精通这一过程并非易事，主要因为其难度较高。为了有效地进行集成测试，应当尽早根据总体设计进行规划，并遵循以下原则。

- 确保所有公共接口都经过测试。
- 对关键模块进行彻底的测试。
- 按照既定的层次结构执行集成测试。
- 在选择集成测试策略时，应综合考虑质量、成本和进度之间的平衡。
- 集成测试应尽早启动，并以总体设计为依据。
- 测试人员在模块与接口的划分上，应与开发人员进行充分的交流。
- 一旦接口发生变更，相关接口必须重新进行测试。
- 测试结果及其执行情况应准确记录。

5.3.4 集成测试实施方案

集成测试的实施方案多种多样，包括非增量式集成测试、增量式集成测试、三明治集成测试、核心集成测试、分层集成测试以及基于使用的集成测试等。其中，非增量式和增量式集成测试是最为常见的两种模式。

一些开发人员倾向于一次性将所有模块按照设计要求组装在一起，随后进行整体测试，这种方法被称为非增量式集成测试。然而，这种方式容易导致混乱，因为在测试过程中可能会发现大量错误，而为每个错误定位和纠正变得异常困难。更糟糕的是，在修正一个错误的同时，可能会引入新的错误，导致新旧错误交织在一起，使得确定问题的原因和位置变得更加复杂。

与非增量式集成测试相对的是增量式集成测试。在这种方法中，测试人员会逐步扩展程序，逐步增加测试范围。这种方法的优点在于，错误更容易被定位和纠正，界面测试也能进行得更加彻底。

1. 非增量式集成测试

非增量式集成测试采用一步到位的测试方法。这表示在对所有模块进行独立的单元测试后，依据程序的结构图将这些模块组合在一起，并将组合后的程序作为一个整体进行测试。图5-4展示了一个非增量式集成测试的经典案例。被测试程序的结构如图5-4(a)所示，它由6个模块组成。在单元测试阶段，依据它们在结构图中的位置，为模块B和模块D配备了驱动模块和被调用模拟子模块，而模块C、模块E和模块F则仅配备了驱动模块。主模块A位于结构图的顶端，没有其他模块调用它，因此只为其配备了3个被调用模拟子模块，以模拟它所调用的模块B、模块C和模块D。如图5-4(b)~(g)所示，在完成各自的单元测试后，再按照图5-4(a)所示的结构图将它们连接起来，执行集成测试。

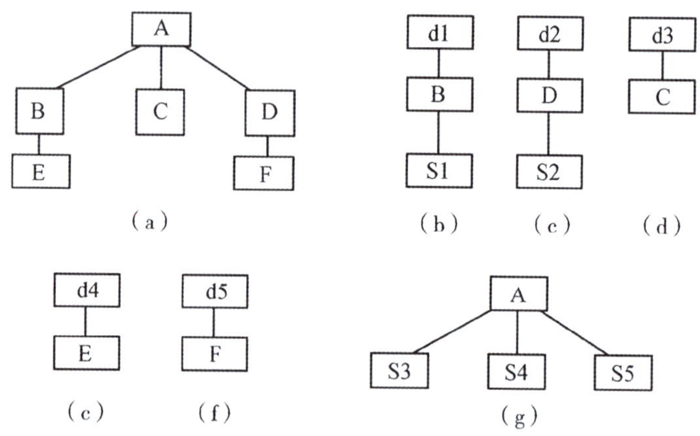

图5-4　非增量式集成测试案例示意图

2. 增量式集成测试

增量式集成测试与非增量式集成测试存在显著差异，它通过逐步实现单元集成，进而逐步完成集成测试。这种测试方式将单元测试与集成测试融合在一起。增量式集成测试可以采用不同的顺序进行，因此主要分为自顶向下增量式集成测试和自底向上增量式集成测试两种。

1) 自顶向下增量式集成测试

在自顶向下增量式集成测试中，模块的逐步集成和逐步测试是按照结构图自上而下的顺序进行的。这意味着模块集成的顺序首先从主控模块(主程序)开始，然后根据软件控制层次结构逐步向下集成。从属于主控模块的其他模块会按照深度优先策略(纵向)或广度优先策略(横向)逐步集成到结构中。

深度优先策略的集成方式是首先集成位于一个主控路径下的所有模块，主控路径的选择可以是任意的，通常根据问题的特性来确定。例如，可以先选择最左侧的路径，然后是中间的路径，直至最右边。如图5-5所示，若选择了最左侧的路径，首先将模块M1、M2、M5和M8集成在一起，接着集成M6，然后考虑集成中间的M3和M7，最后集成最右侧的M4。

采用广度优先策略进行集成时，首先会横向地将每一层级中直接隶属于上一层级的模块进行集成，直至达到最底层。以图5-5所示为例，该策略首先将M2、M3和M4与主模块进行集成，随后将M5、M6和M7集成，最终将最底层的M8集成。整个集成测试过程包括以下3个步骤。

(1) 将主控模块作为测试驱动器，用实际模块替换在单元测试中使用的被调用模拟子模块。

(2) 根据所选择的模块集成策略(深度优先或广度优先)，依次将下层的被调用模拟子模块替换为真实模块。

(3) 在每个模块集成后，必须立即执行测试。测试完成后，返回步骤(2)，重复此过程，直至整个系统结构完全集成。

如图5-6所示，展示了一个运用广度优先策略进行集成测试的典型案例。在初始阶段，对顶层的主模块A执行单元测试，此时需要配合模拟子模块S1、S2和S3(如图5-6(a)所示)，以模拟其对模块B、模块C和模块D的调用。随后，将模块B、模块C和模块D与顶层模块A进行连接，并为模块B和模块D配备模拟子模块S4和S5，以模拟对模块E和模块F的调用。按照如图5-6(b)所示的方式执行测试。最终，移除模拟子模块S4和S5，将模块E和模块F集成后，对整个软件结构进行综合测试，如图5-6(c)所示。

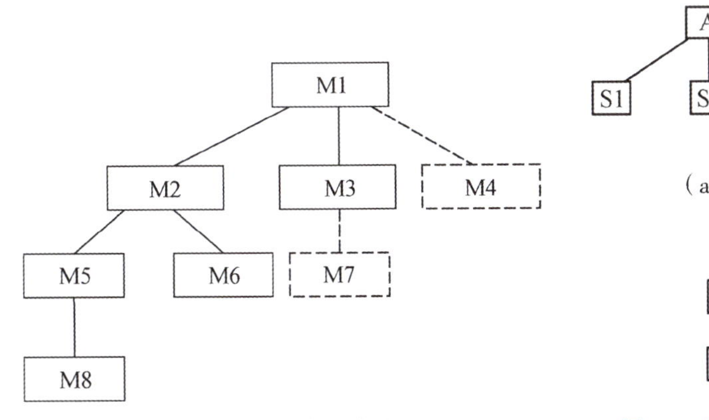

图5-5 自顶向下集成

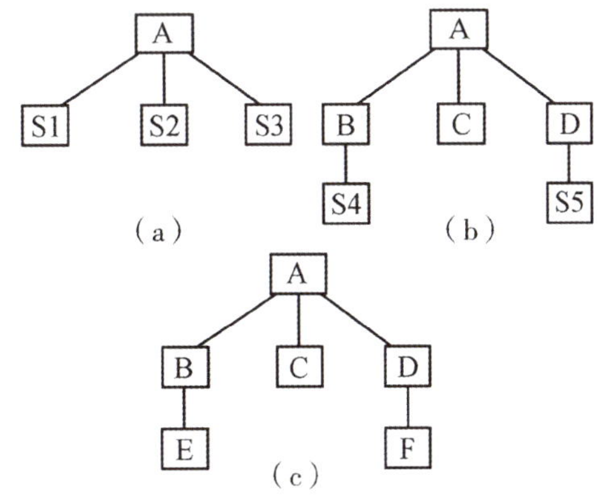

图5-6 自顶向下增式测试(广度优先策略)

2) 自底向上增量式集成测试

该方法从软件架构的最底层模块入手，依照结构图自下而上逐步实施集成与测试。由于从最底层模块开始集成，当测试至较高层模块时，所需的下层模块功能已完全实现，因此无须借助模拟子模块来辅助测试。如图5-7所示，采用自底向上增量集成测试方法实现与

图5-6相同实例的过程如下：如图5-7(a)、图5-7(b)和图5-7(c)所示，分别表示树状结构图中最底层的叶结点模块E、模块C和模块F。由于这些模块不调用其他模块，对它们进行单元测试时，只需配备相应的驱动模块d1、d2和d3，以模拟模块B、模块A和模块D对它们的调用。完成这3个单元测试后，再按照图5-7(d)和图5-7(e)所示的方式，将模块B与模块E、模块D与模块F连接，并配合驱动模块d4和d5进行部分集成测试。最终，按照如图5-7(f)所示的方式完成整个系统的集成测试。

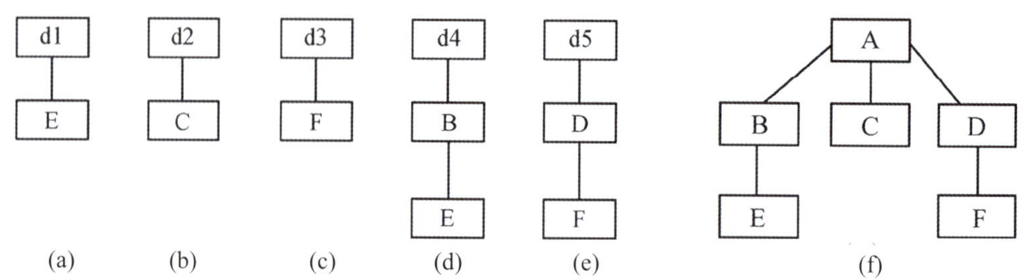

图5-7　自底向上增量式集成测试

3. 其他集成测试实施方案

1) 三明治集成测试

该测试方法巧妙地结合了自顶向下测试与自底向上测试的策略，通过并行的自顶向下、自底向上集成方式形成了一种改进的三明治方法。更为关键的是，三明治集成测试采纳了持续集成的策略，这意味着在软件开发过程中，各个模块不必等到最后才进行集成。根据开发进度，尽早将已完成的模块集成，有助于提前发现潜在的缺陷，防止在集成阶段出现大量问题。此外，在自底向上集成的过程中，早期完成的模块将作为后续模块的调用基础；而在自顶向下集成时，这些模块则成为后续模块的驱动程序。这种做法导致了后期模块的单元测试和集成测试在一定程度上重叠，不仅减少了测试代码的编写量，还提升了整体工作效率。

2) 核心系统优先进行集成测试

该测试的核心理念在于优先对核心软件组件实施集成测试，确保其通过后，再依据外围软件组件的重要性，依次将其集成至核心系统中。每当集成一个外围软件组件，便会确立一个新的产品基线，直至最终形成一个稳定的软件产品。核心系统优先集成测试所对应的集成过程呈现出逐渐闭合的螺旋形曲线，象征着产品逐步稳定成型的过程。其测试步骤如下。

(1) 对核心系统中的每个模块执行独立且详尽的测试，必要时利用驱动模块和桩模块进行辅助测试。

(2) 将核心系统的所有模块一次性集成至被测系统中，解决集成过程中出现的问题。在核心系统规模较大时，也可以采取自底向上的方法，逐步集成核心系统的各个组成模块。

(3) 根据外围软件部件的重要性以及模块间的相互依赖关系，制定外围软件部件集成至核心系统的顺序方案。方案经过评审后，即可执行外围软件部件的集成工作。

(4) 在将外围软件部件集成至核心系统之前，外围软件部件应先通过内部的模块级集成测试。

(5) 依次添加外围软件组件，解决集成过程中出现的问题，最终构建出完整的用户系统。

采用核心系统先行的集成测试方法对于快速软件开发非常有效，特别适用于复杂系统的集成测试，能够确保关键功能和服务的实现。然而，这种方法的局限性在于系统必须能够清晰地区分核心软件组件与外围软件组件。核心软件组件应具备较高的内聚性，外围软件组件内部也应有较高的内聚性，同时外围软件组件之间则应保持较低的内聚性。

3) 高频集成测试

高频集成测试是指与软件开发过程同步，定期对开发团队的现有代码进行集成测试。例如，某些自动化集成测试工具能够实现每日深夜对开发团队的代码进行集成测试，并将测试结果发送至开发人员的电子邮箱。该集成测试方法频繁地将新代码集成至一个已稳定的基线中，以避免集成故障难以发现，并控制可能出现的基线偏差。实施高频集成测试需满足以下特定条件：①能够持续获得一个稳定的增量，并且该增量内部已经过验证；②大部分有意义的功能增加可以在相对稳定的时间间隔内(如每个工作日)完成；③测试包和代码的开发工作必须并行进行，并且需要版本控制工具以确保始终维护测试脚本和代码的最新版本；④必须借助自动化工具来完成测试。高频集成测试的一个显著特点是集成频率高，因此，人工方法是不适用的。

高频集成测试通常遵循以下步骤。

(1) 选择集成测试自动化工具。例如，许多Java项目采用JUnit与Ant的组合来实现集成测试的自动化，同时也有多种商业集成测试工具可供选择。

(2) 配置版本控制工具，确保集成测试自动化工具获取的版本为最新。例如，使用CVS进行版本控制。

(3) 测试人员和开发人员共同负责编写相应的程序代码测试脚本。

(4) 设置自动化集成测试工具，定期对配置管理库中新添加的代码执行自动化集成测试，并将测试报告反馈给开发人员和测试人员。

(5) 测试人员监督代码开发人员及时处理不合格项。按照步骤(3)~(5)循环执行，直至最终软件产品完成。

高频集成测试方案能够在开发过程中及时发现代码错误，并直观地反映开发团队的有效工程进度。在此方案中，开发维护源代码与开发维护软件测试包被赋予了同等的重要性，这对于有效预防和及时纠正错误具有显著帮助。然而，该方案的局限性在于测试包有时可能无法揭示深层次的编码错误和图形界面错误。

4. 几种集成测试实施方案的比较

前面介绍了几种主要的集成测试方法，通过对比这些方法的实施细节，可以得出以下结论。

(1) 非增量式集成测试方法首先对各个模块进行独立测试，随后将它们集中起来进行一次性的集成测试。这种方法的缺陷在于，如果模块接口存在缺陷，它们可能直到最终集成阶段才被发现。在非增量式测试中，一旦发现错误，定位和修正这些错误将变得异常困难。而且，在修正一个错误的过程中，可能会不小心引入新的错误，从而导致新旧问题交织在一起，使得错误的根本原因和具体位置难以确定。相比之下，增量式集成测试通过逐步集成和测试的方式，将程序分成多个部分逐一扩展，逐步增加测试范围。这种方法有助于将潜在的错误分散暴露，使得错误更易于定位和修正。此外，随着模块的逐步集成，它们会得到更频繁的测试，从而可能带来更佳的测试效果。然而，增量式集成测试需要编写更多的驱动程序或模拟子模块程序，并可能会较晚发现模块间的接口错误。总体而言，增量式集成测试相较于非增量式集成测试，具有明显的优势。

(2) 自顶向下测试的主要优势在于它能够自然地实现逐步细化，使测试者从一开始就能清晰地了解系统的整体架构。然而，它的主要劣势在于需要依赖于被调用的模拟子模块，而这些模拟子模块可能无法完全反映实际情况，从而导致测试的不充分。此外，在输入/输出模块与系统集成之前，使用被调用的模拟子模块来表示测试数据存在一定的挑战。由于模拟子模块无法模拟真实数据，如果模块间的数据流无法形成有向非循环图，那么生成某些模块的测试数据将变得困难。同时，观察和解释测试结果也常常是一项挑战。

(3) 自底向上测试的优势在于，驱动模块能够模拟所有调用参数，因此即便数据流未形成有向非循环图，生成测试数据也毫无难度。当关键模块位于结构图的底层时，自底向上测试显示出其独特的优势。然而，其主要缺点在于，只有在最后一个模块被整合之后，才能一窥整个程序(系统)的全貌。

(4) 三明治集成测试结合了自顶向下测试与自底向上测试的优点，并采取持续集成的策略，这有助于提前发现缺陷，并且能够提高工作效率。

(5) 核心系统的先行集成测试确保了关键功能和服务的实现，对于快速软件开发而言，这是一种极为有效的手段。然而，实施此类测试模式的前提是系统能够清晰地区分核心软件组件与外围软件组件。高频集成测试的一个显著特征是其集成频率高，因此需要借助自动化工具来实现。

(6) 在集成测试阶段，自顶向下和自底向上的集成测试策略较为普遍。在现代复杂软件项目的集成测试过程中，通常会结合核心系统的先行集成测试与高频集成测试的方法。在实际测试操作中，应根据项目的具体工程环境以及各测试策略的适用范围，合理选择测试方案。

5.3.5 集成测试技术与测试数据

集成测试主要针对软件的架构问题进行检验，由于其测试基础是建立在模块间的接口上，因此通常采用黑盒测试技术，并辅以白盒测试技术以确保全面性。集成测试的开展通常依据系统设计要求以及总体设计文档中明确的功能和数据需求。软件集成测试的具体内容涵盖以下几个方面。

(1) 功能性测试。功能性测试主要包括以下内容。

- 程序功能的测试。检验各个子功能的组合是否能够满足设计要求。
- 评估一个程序单元或模块的功能是否会对其他程序单元或模块的功能产生负面影响。
- 考虑计算精度的需求时，需要评估单个程序模块的误差累积是否仍能满足既定的技术指标。
- 程序单元或模块间的接口测试。在将各个程序单元或模块连接时，需检查数据在通过接口时是否保持一致，并确认是否存在数据丢失问题。
- 全局数据结构测试。确保各个程序单元或模块所使用的全局变量保持一致性和合理性。
- 在集成测试阶段，安全测试主要针对程序中可能存在的特殊安全需求进行检验。

(2) 可靠性测试。根据软件需求和设计规范，对软件的容错性、易恢复性以及错误处理能力进行详尽的测试。

(3) 易用性测试。根据软件设计规范，对软件的易理解性、易学性和易操作性进行细致的检查和测试。

(4) 性能测试。根据软件需求和设计规范，对软件的时间特性、资源特性进行严格的测试。

(5) 维护性测试。依据软件需求和设计规范，对软件的易修改性进行深入的测试。

集成测试通常涉及的范围包括以下内容。

- 从其他相关模块中调用一个模块。
- 确保在相关模块间正确传输数据。
- 分析关联模块之间的相互作用，即检验引入一个模块是否会对其他模块的功能特性产生负面影响。
- 评估模块间接口的可靠性。

执行集成测试时，应遵循以下方法。

- 明确构成一个完整系统的各个模块之间的关系。
- 审查模块间的交互和通信需求，明确模块间的接口。
- 利用上述信息制定一套测试用例。
- 采用增量式测试方法，逐步将模块集成(扩展)到系统中，并对新合并后的系统进行测试。这一过程按照逻辑/功能顺序重复进行，直至所有模块被成功集成，形成一个完整的系统。

此外，在测试过程中，特别要关注关键模块。所谓关键模块通常具备以下一个或多个特征。

- 对应多个需求。
- 具有高层控制功能。
- 复杂且容易出错。
- 有特殊的性能要求。

集成测试的核心目的在于验证软件系统中各个模块之间接口的正确性及其交互作用。因此，相较于其他测试类型，集成测试对数据的复杂性和内容要求通常不会特别高。在进行集成测试时，通常不会采用真实数据，而是由测试人员手动创建一些具有代表性的测试数据。在构建这些测试数据时，确保它们能够充分覆盖软件系统的边界条件至关重要。

在进行单元测试时，根据需求生成了若干测试数据。在集成测试阶段，这些数据可以被适当复用，从而节约时间和人力资源。

5.3.6　集成测试人员

由于集成测试并非在真实环境中执行，而是在开发环境或独立的测试环境中进行，因此通常由测试团队和从开发团队中挑选的开发人员共同完成。在大多数情况下，集成测试的初步阶段由开发人员或白盒测试人员负责。一旦通过初步测试，后续工作则由测试部门接管。整个集成测试过程在测试组长的领导和监督下进行，测试组长确保在适当的质量控制和监督下，采用合适的测试技术进行全面的集成测试。

在集成测试阶段，指派一名独立的测试观察员来监督测试流程至关重要，他们将正式记录各个测试用例的执行结果。独立测试观察员可以是质量保证(QA)团队的成员，也可以是来自其他开发团队或项目的人员。

在集成测试的实施过程中，建议邀请一位用户代表以非正式的方式参与观察。这不仅为用户代表提供了一个了解系统功能和性能的绝佳机会，还能收集到宝贵的用户反馈。此举有助于在正式验收测试之前尽可能满足用户需求。

5.4　系统测试

5.4.1　系统测试概述

1. 系统测试的定义

系统测试(system testing)是对整个系统的测试，将硬件、软件、操作人员看作一个整体，检验其是否符合系统说明书的要求。这种测试可以发现系统分析和设计中的错误，确保软件系统符合用户需求和规格说明书的标准。

系统测试将已经集成的软件系统视为基于计算机系统的一个整体，并与计算机硬件、外设、部分支持软件、数据和人员等其他元素结合。在实际运行环境中，系统测试包括一系列的组装测试和验收测试。其目的是通过与系统的需求定义进行比较，发现软件与系统定义之间的不符合或矛盾之处，从而验证软件系统的功能和性能是否满足指定的要求。

系统测试的对象是软硬件集合在一起的系统，而不是独立的软件和硬件环境。测试人员会执行各种测试用例，包括功能测试、性能测试、可靠性测试、安全性测试和兼容性测试等，以确保软件系统能够在各种不同的环境和使用情况下正常运行。通过系统测试，可以发现潜在的问题和错误，提高软件质量和用户满意度，同时减少后续维护和修复工作的成本。

因此，系统测试是软件开发过程中不可或缺的一环，对于确保软件系统的质量和稳定性具有重要意义。

2. 系统测试和软件测试的区别和联系

系统测试和软件测试在软件开发过程中都扮演着重要的角色，但它们之间存在一些区别和联系。

系统测试和软件测试的区别主要体现在以下几个方面。

1) 测试对象

- 系统测试：测试的对象是整个系统，包括软件、硬件、外设、支持软件、数据和人员等元素。它关注的是系统作为一个整体的表现。
- 软件测试：测试的对象主要是软件本身，包括软件的功能、性能、安全性、兼容性等方面。它更侧重于软件的内部逻辑和代码质量。

2) 测试范围

- 系统测试：范围广泛，包括功能测试、性能测试、可靠性测试、安全性测试和兼容性测试等多个方面。其目的是验证系统是否满足整体需求，并确保系统在不同环境下都能稳定运行。

- 软件测试：范围相对狭窄，主要关注软件本身的错误和缺陷。它通常包括单元测试、集成测试、系统测试和验收测试等阶段，但每个阶段的测试重点各有不同。

3) 测试环境

- 系统测试：通常在真实或仿真环境下进行，以模拟用户实际使用场景。这种测试环境更贴近用户实际使用场景，因此测试结果更具参考价值。
- 软件测试：可以在不同的环境下进行，包括开发环境、测试环境和生产环境等。不同阶段的测试可能会在不同的环境下进行，以满足不同的测试需求。

4) 测试目的

- 系统测试：其目的是验证系统是否满足需求规格说明书中的要求，并发现系统中可能存在的问题和缺陷。重点关注系统的整体性能和稳定性。
- 软件测试：其目的是确保软件的质量和可靠性，并找出软件中的错误和缺陷。它更侧重于软件的内部逻辑和代码质量。

系统测试和软件测试的联系主要体现在以下几个方面。

(1) 目标一致：系统测试和软件测试的共同目标是确保软件系统的质量和可靠性。它们都旨在发现并修复软件中的错误和缺陷，以提高软件的整体性能和用户满意度。

(2) 测试方法类似：在某些方面，系统测试和软件测试的测试方法是相似的。例如，它们都可以采用黑盒测试和白盒测试等方法来验证软件的功能和性能。

(3) 相互补充：系统测试和软件测试在软件开发过程中是相互补充的。系统测试关注系统的整体性能和稳定性，而软件测试则更侧重于软件的内部逻辑和代码质量。通过这两种测试方法的结合，可以更有效地发现和修复软件中的问题。

由此可见，系统测试和软件测试在测试对象、范围、环境和目的等方面存在差异，但它们之间也存在联系。在软件开发过程中，这两种测试方法都是必不可少的，它们共同构成了软件质量保证体系的重要组成部分。

5.4.2　系统测试前的准备工作

系统测试旨在验证软件的各项功能是否正常运作，并评估其性能、稳定性、兼容性、用户体验、故障恢复等多方面的质量指标。因此，系统测试是一项复杂的工程。在测试开始之前，必须完成以下准备工作。

- 收集软件规格说明书，作为系统测试的基准。
- 收集各类软件使用手册，为系统测试提供参考。
- 仔细审阅软件测试计划书，若存在独立的系统测试计划书则更为理想，这将作为系统测试的基准。同时，整理已有的系统测试用例。

在审阅了所有相关文件后，若发现缺乏现成的系统测试用例，那么编写测试用例的工作量将会相当庞大。因此，首先需要从上述文档中提取以下关键信息。

- 系统各项功能的具体描述。
- 系统所需处理和传输数据的速度要求。

- 系统性能的具体要求。
- 系统备份和修复的具体要求。
- 系统兼容性的详细描述。
- 系统配置的详细说明。
- 系统安全方面的要求。

5.4.3 系统测试技术和测试数据

1. 系统测试技术

系统测试全面采用黑盒测试方法。在这一阶段，无须关注组件模块的内部实现，而是依据需求分析阶段确定的标准，检验软件是否满足功能、行为、性能以及系统协调性等方面的要求。

系统测试的范围不仅限于待测软件本身，还应涵盖软件所依赖的硬件、外设，以及某些数据、支持软件及其接口等。因此，必须将软件与各种依赖资源相结合，在实际运行环境中进行测试。系统测试由多个不同的测试组成，旨在全面运行系统，验证其各部件是否能够正常工作并完成既定任务。系统测试通常需要完成以下几种测试。

(1) 验证测试。依据前期的用户需求规格说明书，检验系统是否准确且完整地实现了需求中的功能。

(2) 功能测试。通过执行黑盒测试，评估系统的输入、处理、输出等各个方面的性能是否符合需求。这包括确认需求规格定义的功能是否已全部实现，检查各项功能的组合是否正确执行，以及识别业务功能之间潜在的冲突，例如共享资源的访问以及子系统工作状态变化对其他子系统的影响等。

(3) 性能测试。性能测试旨在评估系统内软件的运行效能。尽管从单元测试开始，每个测试阶段都涵盖了性能测试，但只有在系统完全集成并置于真实环境中，才能全面且可靠地检验软件的运行性能。此类测试有时需要与强度测试相结合，以评估系统的数据精度、时间特性(包括响应时间、更新处理时间、数据转换及传输时间等)以及适应性(在操作方式、运行环境或与其他软件接口发生变化时，系统应展现的适应能力)是否达到设计规范。

(4) 可靠性与稳定性测试。在持续的负载条件下，测试系统是否能够保持其可靠性和稳定性。

(5) 兼容性测试。本阶段测试将评估软件与各类硬件设备、操作系统以及支持软件之间的兼容性。对于在组网环境下运行的软件系统，还需要特别测试其对接入设备的支持能力，涵盖功能实现和群集性能等方面。

(6) 恢复测试。恢复测试的目的是通过各种人工手段故意引发软件错误(而非正常运行状态)，以验证系统的恢复能力。若系统具备自动恢复功能，需要检查重新初始化、检验点设置、数据恢复及重启过程是否准确无误。若恢复过程需要人工介入，则需评估平均修复时间是否符合预定的时间限制。

(7) 安全测试。安全测试旨在评估系统抵御非法侵入的能力，通过设计一系列旨在突破系统安全措施的测试案例，以识别潜在的安全漏洞。对于那些与人身安全、机器运行及环境安全紧密相关的软件，必须对其保护机制和防护措施的有效性及可靠性进行特别审查。在安全测试过程中，测试人员扮演非法入侵者的角色，运用各种策略尝试突破安全防线。例如，他们可能会尝试截获或破解密码，开发定制软件以破坏系统保护机制，故意引发系统故障以试图在恢复过程中非法入侵，或者通过访问非保密数据来推断所需信息。

(8) 强度测试。强度测试的目的是确定系统能够承受的最大实际负载。在这一测试中，程序被推向其设计极限，并进一步超越，以评估系统在超出临界点后的性能下降是否会导致灾难性后果。例如，执行每秒产生10个中断的测试案例，逐步增加数据输入率以检验输入子系统的响应能力，运行需要最大存储空间(或其他资源)的测试案例，以及执行可能导致虚拟存储操作系统或磁盘数据剧烈波动的测试等。

(9) 针对用户支持的测试。这类测试主要针对软件系统的最终用户，即那些直接操作软件的人。测试的重点是从用户的角度评估软件系统提供的支持，包括用户界面的规范性、友好性、易用性以及数据安全性等方面。具体测试内容如下。

- 用户支持测试：检查用户手册、使用指南及其他技术文档的准确性和易懂性，评估其是否体现出对用户的关怀。
- 用户界面测试：在确保用户界面能够顺利访问的前提下，评估其是否符合用户的审美和操作习惯。测试内容包括界面的美观度、直观性、操作的友好程度以及是否具备良好的易用性。

(10) 其他限制条件的测试：包括但不限于可用性、可维护性、可移植性以及故障处理能力的评估。

2. 测试数据

系统测试的核心目标之一是建立对软件系统通过验收测试的信心。因此，测试中使用的数据必须尽可能精确且具有代表性，与真实数据相似。此外，由于性能测试通常在系统测试阶段进行，系统测试所需的数据量和复杂性也应与真实数据相匹配。实现这一目标的有效方法之一是采用真实数据。这种方法的主要优势在于系统测试和验收测试使用相同的数据，消除了保持两者一致性的顾虑，增强了对测试结果的信心。然而，在无法使用真实数据的情况下(例如，出于对真实系统或其他使用真实数据的应用存在风险，或者数据涉及机密信息而需保密)，应考虑使用真实数据的副本。复制的数据应尽可能地保持真实数据的质量、精度和规模。如果真实数据包含敏感信息或存在保密问题，则不能直接使用这些原始数据进行系统测试。一种可行的解决方案是使用真实数据的副本，并在其中移除或修改与敏感信息或保密问题相关的数据项。在此过程中，必须格外小心，确保替代数据能够充分满足系统测试的需求。即便在使用真实数据或其副本时，引入一些手工制作的数据也是必要的，特别是在测试边界条件或错误条件时。在创建手工数据时，测试人员应运用正规的设计技术，确保提供的数据具有真正的代表性，以充分测试软件系统。

5.4.4　系统测试人员

为了有效地进行系统测试，项目组应设法组建一个高效的系统测试小组。该小组的成员主要包括以下几类人员：

- 机构独立的测试部门(若机构设有此类部门)的测试人员。
- 本项目的部分开发人员。
- 邀请其他项目的开发人员参与系统测试。
- 机构的质量保证人员。

系统测试由独立的测试小组在测试组长的监督下进行，测试组长负责保证在合理的质量控制和监督下，采用合适的测试技术执行充分的系统测试。系统测试小组应根据项目的特征确定测试内容。

在系统测试过程中，测试过程由一个独立测试观察员来监控测试工作是很重要的，他将正式见证各个测试用例的结果。独立测试观察员可以从部门的质量保证(QA)小组的成员中选出，或者从其他测试小组或项目的成员中挑选。此外，系统测试过程中应考虑邀请一个用户代表非正式地观看系统测试过程。系统测试提供了一个非常好的机会向用户代表展现系统的面貌和运行状况，同时也能收集用户反馈意见，以便在正式验收测试之前尽量满足用户的需求。

5.5 验收测试

5.5.1 验收测试概述

验收测试是软件开发周期的最终阶段，发生在软件产品即将交付给用户实际使用之前。这一阶段的测试活动旨在确保开发出的软件产品满足既定的性能标准，并获得用户的认可。其核心在于验证软件的功能正确性和需求的匹配度。

与软件研发阶段的单元测试、集成测试、系统测试不同，这些测试阶段主要目的是识别并修正软件中的错误，确保缺陷在交付给客户前被排除。验收测试则要求客户的积极参与，是一种确认软件是否满足需求规格的验证过程。鉴于验收测试不仅涉及软件的单一质量维度，还要求对软件的全面质量进行检验，并判断其是否合格，因此它是一项严格且正式的测试活动。

为了确保测试的全面性和准确性，必须遵循预先制订的计划，执行包括软件配置评审、文档审核、源代码审核、功能测试和性能测试在内的多项检测。

在软件工程项目中，软件开发完成后、交付给用户使用之前，必须对软件进行彻底的测试。其中，验收测试是至关重要的环节，它直接关系到软件开发的成败。一旦系统测试完成并经过了预定时间的试运行，就应启动验收测试。

在组织验收测试时，应以客户为中心，从客户的使用习惯和业务需求出发，而不是仅仅从开发者的实现角度考虑。测试应使用客户熟悉的业务术语来阐述业务逻辑，并根据实际业务场景来设计测试用例，以适应客户的思维模式和操作习惯，确保客户能够轻松理解和接受。

验收测试应在尽可能接近真实使用环境的条件下进行，以验证软件是否满足验收标准，这包括对相关文档资料的审查以及对程序功能的测试。如果现实条件不允许，也可以在模拟环境中进行测试。然而，无论采用哪种测试方式，都必须事先制订详尽的测试计划，明确测试的种类，并设计出相应的测试步骤和具体的测试用例。对于一些关键性软件，还需要根据合同中的严格条款执行特殊测试，例如强化测试和性能降级测试等。

验收测试是软件部署前的最终阶段测试。其核心目的是确保软件产品符合预定要求，包括合同中明确的所有功能和性能标准，以及文档资料的完整性。此外，验收测试还应评估用户界面的友好性以及软件的可移植性、兼容性、错误恢复能力和可维护性等关键方面，以确保用户满意度。测试结果通常呈现两种情况：一种是软件的功能和性能指标达到需求规格书的要求，用户可以接受；另一种是软件未能满足这些要求，用户无法接受。由于在项目后期发现严重错误和偏差往往难以在既定时间内修正，因此在这一阶段发现问题时，必须与用户进行协商，共同寻找合适的解决方案。

通常情况下，验收测试由用户或其代表主导，依据合同中规定的验收标准执行。这是一种极具实用价值的测试方法，本质上是让用户使用大量真实数据对软件系统进行全面试用。

5.5.2 验收测试的主要内容

软件验收测试应涵盖的核心测试活动包括配置复审、合法性检查、文档审核、软件源代码常规审查、软件一致性核查、功能和性能测试以及测试结果交付内容等。

1. 配置复审

验收测试的关键步骤之一是进行配置复审。复审的目标是确保软件配置的完整性、条理性和分类的有序性，同时包含所有软件维护所必需的详细信息。

2. 合法性检查

审查开发者在软件开发过程中所使用的开发工具是否符合相关规定。对于编程中采用的非本单位自行开发的控件、组件和函数库等第三方资源，需核实其是否拥有合法的发布许可。

3. 文档审核

(1) 必须提供审核的文档如下。

- 项目实施计划。
- 详细技术方案。
- 软件需求规格说明书(STP)。
- 概要设计说明书(PDD)。
- 详细设计说明书(DDD)。
- 软件测试计划(STP)。
- 软件测试报告(STR)。
- 用户手册(SUM)。
- 源程序(SCL)。
- 项目实施计划(PIP)。
- 项目开发总结(PDS)。
- 软件质量保证计划(SQAP)。

(2) 其他可能需要检查的文档如下。

- 软件配置计划(SCMPP)。
- 项目进展报表(PPR)。
- 阶段评审报表(PRR)。

(3) 文档质量的度量准则。文档作为软件不可或缺的组成部分，在软件生存周期的各个阶段都扮演着产品描述的角色。为了确保文档质量，需要对各阶段文档的适当性进行评审，主要涉及以下6个方面。

- 完备性：开发方需遵循计算机软件产品开发文件编制指南，确保开发阶段结束时文档的完整性。
- 正确性：重点检查文档描述的准确性，确保不存在歧义，并验证文字表达的正确性。各阶段文档内容必须真实反映工作成果，并与相应阶段需求保持一致。
- 简明性：软件开发各阶段的文档应使用清晰、准确、简洁的语言表达，以满足不同读者的需求。
- 可追踪性：软件开发各阶段的文档应具备良好的可追踪性，包括设计描述是否根据需求定义展开，应用程序是否与设计文档描述一致，以及用户文档是否准确描述应用程序操作。此外，文档的可追踪性还涉及不同文档间内容的检索便捷性以及同一文档中内容的查找便利性。
- 自说明性：软件开发各阶段的文档应具备良好的自说明性，即不同文档能够独立展示软件在各阶段的成果。
- 规范性：软件开发各阶段的文档应遵循良好的规范性，包括文档封面、大纲、术语定义以及图示符号等，确保符合相关规范要求。

在实际的验收测试执行过程中，文档审核往往是最具挑战性的任务。一方面，由于市场需求等多方面的压力，这项工作常常被削弱或推迟，导致审核周期延长，从而增加了文档审核的难度；另一方面，文档审核中存在许多难以掌握的细节，每个项目都有其独特之处，且往往难以找到相关的参考资料。

4. 软件源代码常规审查

软件源代码常规审查仅对系统核心模块的源代码执行抽查，审查模块代码的规范性、注释的精确性、潜在错误的存在以及代码的可维护性等方面。软件源代码常规审查主要包括以下内容。

- 命名规范审查。审查源代码中的变量、函数、对象、过程等命名是否遵循既定的规范，该规范通常由开发团队在软件工程文档中自行设定。
- 注释核查。检查程序内的注释是否符合规范性要求，以及注释量是否满足约定的标准。例如，确保注释量大约占到代码总量的30%。
- 接口核查。检查数据库接口等外部接口是否满足既定要求，确保各程序模块所使用的接口方式保持一致，并确认特定外部接口协议是否得到遵守。
- 数据类型审查。检查源代码中涉及金额的常量、变量以及数据集，确保这些数据与数据库中相关的数据类型一致，并采用货币类型，以避免在特定条件下出现较大误差，从而影响统计结果的准确性。

- 限制性检查。对程序中使用的具有使用限制的命令、事件、方法、过程、函数、对象、控件等进行核查。评估在长时间运行过程中，是否存在接近或达到限制条件的可能性(考虑到系统可能需要运行数年)。

5. 软件一致性检查

软件一致性检查主要包括以下几个方面。

- 编译检查。确保提交的源代码在其规定的编译环境中无误编译，并且能够完成相应的功能，以验证移交源代码的正确性。
- 装/卸载检查。在新系统上使用交付的软件安装盘重新安装各个模块，并验证通过运行这些软件模块是否能够正常完成相应的功能，以确保软件安装盘的正确性。安装后立即卸载所安装的模块，并检查是否能够彻底卸载。
- 运行模块检查。将新安装的软件模块与现场运行的模块进行抽样比较，以确认交付的软件安装盘与现场运行软件的一致性。随机抽查若干现场运行模块并使用软件工具进行对比，以验证现场运行软件的一致性。

6. 功能和性能测试

软件的功能和性能测试不仅是为了检验软件的整体行为表现，从另一个角度来看，它们也是对软件开发设计的再次确认。在开发团队完成功能演示之后，可以进行以下测试。

- 界面(外观)测试。
- 可用性测试。
- 功能测试。
- 稳定性测试。
- 性能测试。
- 强壮性测试。
- 逻辑性测试。
- 破坏性测试。
- 安全性测试。

在进行验收测试时，实际执行的测试项目和采用的测试方法应当与用户协商一致，基于实际情况共同决定。并非所有列出的测试项目都必须执行。

(1) 界面测试。依据界面规范(在软件需求规格说明书中定义或由软件工程规范提供)和界面表(在概要设计中定义)，检查各界面设计(包括界面风格、表现形式、组件使用、字体选择、字号选择、色彩搭配、日期显示、计时方式、时间格式、对齐方式等)是否符合规范、协调一致且易于操作。

(2) 可用性测试。评估软件系统的操作便捷性和用户界面的友好程度。测试功能和性能是否存在影响操作流程的界面缺陷和功能缺陷，记录具体缺陷的数量、出现频率和严重程度。

(3) 功能测试。该测试旨在验证数据在处理流程中各阶段的准确性。通过在系统每个模块上运行实际数据，并将结果与预期结果进行对比，或与软件需求规格说明书中规定的结果进行核对。若发现任何偏差，则表明功能测试未通过。此外，还需确认软件需求规格说明书中描述的所有需求是否得到满足；检查系统是否缺少需求规格说明书中明确要求的重要功能；确认是否存在系统在实际使用中必需但未在需求规格说明书中提及的功能。对于遗留数据，必须验证其转换过程是否准确无误。

(4) 稳定性测试。该测试评估系统能够承受的最大实际工作负载，旨在检验软件在超负荷条件下的功能实现情况。例如，要求软件执行大量重复操作、输入大量数据或大数值数据，以及执行大量复杂的数据库查询等。通过边界测试(包括最大值、最小值和多次循环)模拟系统运行，以观察其是否能保持稳定状态。

(5) 性能测试。依据系统设计指标或被测软件提出的性能要求，对软件的运行性能进行评估。测试内容包括但不限于传输连接的最大时限、传输错误率、计算精度、记录精度、响应时限以及恢复时限等。

(6) 稳定性测试。通过模拟的人为干扰，使应用软件、平台软件或系统硬件出现故障，并中断正常运行，以检验系统的恢复能力。在进行稳定性测试时，应参照性能测试的相关指标。

(7) 逻辑性测试。依据系统的功能逻辑图，验证软件是否按照既定的逻辑路径执行。通过选取极端数据判断软件运行中是否存在错误或非法路径，从而揭示系统的逻辑缺陷或潜在的安全漏洞。

(8) 破坏性测试。输入错误或非法的数据类型，以检验系统的错误处理、纠错能力，以及其稳定性。同时，测试系统在连续使用过程中能够持续运行多长时间而不发生崩溃。

(9) 安全性测试。验证系统内置的保护机制是否能够有效保护系统，防止各种非标准干扰。在进行安全测试时，需要设计特定的测试案例尝试绕过系统的安全防护，以检查是否存在安全漏洞。执行安全测试时，必须遵守相关安全规范，并确保有用户代表参与。

(10) 性能降级执行方式测试。在特定设备或程序出现故障时，对于支持降级运行的系统，必须确认经用户授权的安全性能降级执行方案。开发团队应根据用户指定的所有性能降级执行方案或其组合来设计测试用例，并应设定典型的错误原因及其导致的性能降级执行方式。开发团队必须确保测试结果与需求规格说明书中涵盖的所有运行性能要求保持一致。

(11) 检查系统的余量要求。必须实际评估计算机存储空间、输入/输出通道以及批处理的间接使用情况，以确保至少保留20%的系统余量。

7. 测试结果交付内容

在测试环节完成后，测试团队需负责编制软件测试报告，并将该报告连同所有测试资料一并提交给用户代表。交付的具体方式应由用户代表与测试团队双方协商后决定。测试报告应涵盖以下内容。

- 软件测试计划。
- 软件测试日志。
- 软件文档审查报告。
- 软件代码审查报告。
- 软件系统测试报告。

- 测试总结报告。
- 测试人员签字确认表。

5.5.3 验收测试技术和测试数据

1. 验收测试技术

验收测试主要由用户代表执行，他们通过模拟日常使用中的典型任务来评估软件系统。这一过程侧重于根据业务需求分析，验证软件是否满足功能、行为、性能以及系统协调性等关键要求。因此，验收测试无须深入了解软件的内部结构，完全依赖于黑盒测试技术。

用户代表依据软件使用过程中的各个阶段进行详尽的测试，直至整个运行周期圆满结束，并确保获得预期的结果。首先，他们会依照软件功能需求说明书所明确的各项功能进行细致的测试与对照，并对软件运行结果进行深入分析，以评估软件功能是否符合既定需求。接下来，进行软件的可用性性能测试，即在测试环节中确认软件操作的便捷性及用户的满意度。此外，用户代表还会采用静态测试方法对软件系统文档进行检验，包括用户操作手册、用户支持机制(涵盖文本和在线帮助)等关键文件，确保这些文档中描述的信息准确无误。

在进行验收测试时，确保测试项目的输入域覆盖全面至关重要。这不仅要求输入合法的数据，还必须包括非法数据的测试。例如，在测试基础数据定义时，如果规定输入必须是数字，那么测试过程中不仅要输入各种数字，如整数、负数和小数，还应尝试输入字母、空格等非数字字符，以检验系统的健壮性。在全面考虑测试域的同时，应当划分等价类，并从中选择具有代表性的少数用例进行测试，以提升测试效率。此外，适时采用边界值测试也是提高测试覆盖率的有效策略。

2. 测试数据

在验收测试中，尽可能使用真实数据是理想的做法。然而，如果真实数据包含敏感信息，且在局部或整个测试过程中可能被暴露，则必须实施一系列措施以确保以下几点。

- 确保用户代表有权访问这些数据。
- 确保测试组长有权访问这些数据，或者合理安排测试流程，使测试组长在不直接查看数据的情况下也能执行测试。
- 确保测试观察员有权访问这些数据，或者在不直接查看数据的情况下，能够验证并记录测试用例的执行结果。

在不采用真实数据的情况下(可能由于使用真实系统和其他应用真实数据存在风险，或数据包含敏感信息)，应考虑使用真实数据的副本。副本数据应尽可能地保持与真实数据相同的质量、精确度和规模。如果真实数据中包含敏感信息或与保密性相关的内容，那么这些原始数据就不应被用于验收测试。一种可行的解决方案是使用真实数据的副本，前提是敏感或保密信息已被删除或修改。然而，在此过程中必须格外小心，确保替代数据能够充分满足验收测试的需求，避免对测试的准确性造成不利影响。同时，在使用真实数据或其副本的过程中，引入一些手工制作的数据也是必要的，特别是在测试边界条件或错误条件时，测试人员应运用正规的设计技术，以确保数据具有真正的代表性，并能够全面测试软件系统。

5.5.4 α测试和β测试

在软件开发过程中，设计人员往往难以完全预测用户在实际使用软件系统时的具体情况。例如，用户可能会误解操作指令，输入一些意想不到的数据组合，或者对开发者认为显而易见的输出信息感到困惑。因此，软件是否真正符合最终用户的需求，应由用户通过一系列的验收测试来验证。这些验收测试可以是非正式的，也可以是有组织、有条理的。在某些情况下，验收测试可能持续数周甚至数月，期间不断揭示新的错误，从而导致开发周期的延长。此外，由于一个软件产品可能拥有庞大的用户群，实际上不可能让每个用户都参与验收测试。因此，通常会采用α测试和β测试这两种方法，以便发现那些只有最终用户才能发现的问题。

α测试是在软件开发公司内部进行的一种验收测试，它模拟了软件系统的运行环境。在此过程中，开发公司会组织内部人员模拟不同用户的行为，对即将推出的软件产品(即α版本)进行测试，目的是发现并修正潜在的错误。尽管α测试主要由开发公司内部人员执行，但用户的参与同样不可或缺。α测试的核心在于尽可能真实地再现实际使用环境和用户对软件的操作，同时努力覆盖所有可能的用户操作模式。

经过α测试并进行调整后的软件产品被称为β版本。随后进行的β测试涉及软件开发公司邀请各类典型用户在日常工作中实际使用β版本。用户被要求报告任何异常情况，并提供反馈和建议，这通常包括软件的功能性、安全性、易用性、可扩展性、兼容性、效率、资源占用以及用户文档等方面。基于用户的反馈，开发公司会对β版本进行进一步的错误修正和完善。

因此，某些软件开发公司视α测试为对一个早期且不稳定的软件版本执行的验收测试，而将β测试视为对一个更晚期、更为稳定的软件版本进行的验收测试。

5.5.5 验收测试人员

验收测试通常在测试团队的支持下，由用户代表来执行。在一些机构中，验收测试是由开发团队(或其独立的测试团队)与最终用户的代表共同进行；而在其他机构中，验收测试则完全由最终用户执行，或者由最终用户挑选人员组成一个中立且公正的小组来执行测试。测试组长负责确保在适当的质量控制和监督下，使用恰当的测试技术来执行全面的测试。在验收测试中，测试人员将协助用户代表进行测试，并与测试观察员一同向用户解释测试用例的结果。在系统测试阶段，测试观察员监控测试过程至关重要，他们将正式记录每个测试用例的结果。鉴于用户代表可能对自身领域的专业知识了如指掌，但在计算机技术方面可能经验不足，测试观察员将扮演保护者的角色，以避免测试人员过分热情地试图说服或强迫用户代表接受他们所关注的结果。观察员可以是部门质量保证(QA)团队的成员，也可以是从其他测试团队或项目组中选出的人员。

5.6　回归测试

回归测试指的是在软件系统经过修改或扩展(例如功能增强或升级)后，重新执行的一系列测试。其目的在于确保软件经过修改后未引入新的错误，同时验证先前的错误已被正确修复。每当软件引入新功能或修复现有缺陷时，这些变更都可能对软件的现有功能和结构产生影响。为了预防软件变更可能带来的意外副作用，不仅需要对新内容进行测试，还要重复执行先前的测试用例。这一过程可以确保修改没有导致未预见的后果，并验证修改后的软件依然能够满足实际需求。

确切来说，回归测试并非一个独立的测试阶段，而是一种适用于单元测试、集成测试、系统测试和验收测试等各个测试阶段的方法。在理想的测试环境中，每当程序发生变更，测试人员都会重新执行回归测试。这个过程不仅用于验证新增或修改的功能是否正确无误，还确保在开发新功能的过程中不会引入新的缺陷。此外，测试人员还会从先前的测试用例中挑选出大量案例进行复核。

当软件系统的运行环境发生变化，例如操作系统升级到新版本、硬件平台发生变动(例如内存和存储容量的增加)，或遭遇了特定的外部事件时，回归测试是一个可行的选择。以千年虫测试(即2000年日期变更问题)为例，它可被视为回归测试的一个特例。在典型的千年虫测试场景中，尽管软件系统本身未发生改变，但必须确保在2000年日期变更时，软件系统仍能正常运作。

正如之前提到的，回归测试适用于所有测试阶段。图5-8展示了回归测试与V型模型之间的关联。

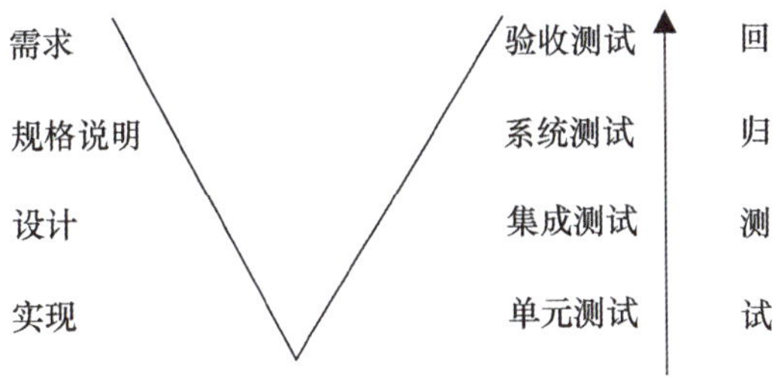

图5-8　回归测试和V型模型

回归测试特别适用于软件开发的后期阶段，通常在系统测试和验收测试阶段执行，旨在确保软件系统经过新的构建或版本更新后，依然能够正确运行，同时确保现有的业务功能保持完整无缺。

5.6.1　回归测试技术和测试数据

回归测试通常采用黑盒测试方法来验证软件的高层次需求，无须关注软件的内部实现细节。此外，回归测试也可能包含非功能性测试，用于评估系统增强或扩展是否影响了性能特性，以及系统之间的互操作性和兼容性问题。鉴于测试的核心目标是确保软件系统在经历修改和扩展后，其功能和可靠性未受到影响，因此在回归测试过程中，必须仔细分析并针对可能受修改和扩展影响的方面执行黑盒测试。

凭借技术专长和丰富经验，测试人员能够高效且有效地界定测试的覆盖范围和深度，确保经过修改或扩展的系统能够满足用户的需求。在回归测试中，错误预测扮演着至关重要的角色。尽管错误预测看似依赖于直觉来发现软件中的错误或缺陷，但实际上它主要基于经验。测试人员运用一系列技术来确定测试的覆盖范围和深度。这些技术主要包括如下内容。

- 关于软件设计的方法论和实现技术。
- 关于初步测试阶段成果的掌握。
- 对测试类似或相关系统所积累的经验，以及对以往系统中缺陷出现位置的洞察。
- 对典型错误成因的认识，例如除以零的错误。
- 通用的测试经验法则。

设计和引入回归测试数据时，一个核心原则是确保测试中可能影响结果的因素与在未修改的原始软件上进行测试时的因素保持一致。否则，很难判断观察到的测试结果是由数据变化引起的，还是其他因素导致的。例如，在回归测试中使用真实数据时，理想的做法是先利用之前软件测试中归档的测试数据集进行回归测试，以便将与数据无关的软件缺陷区分开来。如果这次测试结果令人满意，则可以采用新的真实数据，再次执行回归测试，以进一步验证软件的正确性。

在回归测试中，当需要应用新的手工数据时，测试人员应当运用正规的设计技术，例如之前提到的边界分析或等价类划分等方法。

5.6.2 回归测试的范围

在确定回归测试的范围时，一种简便的策略是每次回归时运行所有前期测试阶段创建的测试用例，以确保问题修正的准确性，并确认这些修正没有对其他功能产生负面影响。然而，这种方法的成本显然较高。另一种策略是选择性地执行特定的测试用例。在这种情况下，回归测试仅涉及先前测试用例的一个精选子集。这个子集的选择是否恰当、是否具有足够的代表性，将直接决定回归测试的成效和效率。常见的用例选择方法可以归纳为以下3种。

(1) 限定于修改范围内的测试。此类回归测试仅依据修改内容挑选测试用例，确保仅对修改的缺陷或新增功能进行验证。虽然此方法效率最高，但风险也最大，因为它无法确保修改是否影响了其他功能。在进度压力极大或系统结构设计耦合性极低的情况下，此方法可以被采用。

(2) 针对受影响功能的回归测试。此类回归测试要求分析当前修改可能波及的代码或功能区域，对所有受影响的功能和代码执行全面的测试用例回归，判断哪些功能或代码受影响。此类回归测试依赖于开发过程的规范性和测试人员(或开发人员)的经验，经验丰富的开发人员和测试人员能够有效识别受影响的功能或代码。

对于单元测试，需充分考虑代码修改对公共接口的影响，例如全局变量、输入输出接口的变化和配置文件的调整。这种方法是目前推荐的做法，适用于大多数项目。

(3) 依据特定覆盖率指标进行回归测试。这种方法通常在难以界定相关功能影响范围时使用。最简单的策略是要求修改范围内的测试覆盖率达到100%，而对于其他范围的测试则设定一个用例覆盖阈值，例如60%。

5.6.3 回归测试人员

回归测试通常与系统测试和验收测试紧密相关，因此应由测试组长负责，确保选用适当的技术，并在严格的质量控制流程中执行彻底的回归测试。在回归测试中，测试人员将负责设计和实现针对新扩展或增强功能所需的新测试用例，并采用规范的设计方法来创建或更新现有测试数据。在回归测试的执行过程中，由测试观察员监督测试活动至关重要，他们将正式记录每个测试用例的结果。观察员可以是来自质量保证(QA)团队的成员，或是其他测试团队或项目组的成员。回归测试完成后，测试组长需负责整理和存档所有回归测试结果，包括测试结果记录、回归测试日志以及简明的回归测试总结报告。

5.7 系统排错

系统测试的目标是尽可能地揭露潜在的错误。对于这些发现的错误，必须进行相应的修正。系统排错的任务是基于测试中发现的错误，定位其根本原因和具体位置，并实施有效的修正措施。排错与成功的测试紧密相连，测试成功的标志在于发现错误，而确定错误的根本原因和精确位置并进行修正则主要依赖于排错技术。排错工作通常由程序开发人员执行，即由程序的开发者进行排错。

1. 排错过程

排错过程始于执行一个测试用例。当结果与预期不符，显示出错误迹象时，排错的第一步是识别错误的根本原因，随后对错误进行修正。因此，排错过程可分为两种情况：一种是能够明确错误原因并成功修正。在这种情况下，为了确保错误已被彻底排除，必须重新运行揭示该错误的原始测试用例以及相关的回归测试；另一种情况是未能确定错误原因。此时，只能对可能的错误原因做出假设，并基于这些假设设计新的测试用例以验证假设。如果假设被证伪，则需提出新的假设，反复进行这一过程，直至发现并纠正错误。

排错是一个极其艰难的过程，这不仅源于开发人员心理上的障碍，还因为程序中隐藏的错误具有以下特殊性质。

- 错误的外在表现往往与引发错误的内在原因相距甚远，尤其在高度耦合的程序结构中，这种现象更加明显。
- 修正一个错误可能会导致另一个错误暂时消失。
- 一些错误的表现仅仅是表象，并非真正的错误原因。
- 由于操作人员的短暂疏忽，某些错误的表现难以追踪。
- 错误可能并非由程序本身引起。
- 输入条件难以精确重现(例如，在某些实时应用中，输入的顺序是不确定的)。
- 错误的表现时隐时现，这一现象在嵌入式系统中尤为常见。
- 错误可能是由于任务被分配到多台不同的处理机上运行而产生的。

在软件排错的过程中，可能会遇到各种各样的问题，问题数量的增加使得排错人员承受更大的压力，过度紧张可能导致开发人员在解决一个问题时，无意中引入更多的新问题。

2. 排错方法和策略

尽管故障排除是一个相当艰难的过程，要求排错人员具备丰富的经验，但仍然存在一些行之有效的方法和策略。接下来，将介绍几种常见的系统排错方法。这些方法包括原始类排错法、试探法、回溯法、对分查找法、归纳法和演绎法等。无论选择哪种排错方法，其核心目标始终如一：发现并消除导致错误的根源。这需要排错人员能够将直觉判断与系统分析巧妙地融合。

接下来将简要介绍3种常用的排错方法和策略。

- 原始类排错法：这是一种非常常见但效率较低的方法，通常只在别无选择时才会采用。其核心思想是“利用计算机辅助查找错误”。例如，通过输出存储器和寄存器的内容，或在程序中插入多个输出语句，来获取大量现场信息。尽管这种方法最终能够找到错误，但往往需要投入大量的时间和精力。
- 回溯法：这种方法从出现错误迹象的地方开始，人工逆向追踪控制流程，直至发现错误的根源。然而，随着程序规模的扩大，可能的回溯路径会显著增加，导致人工完全回溯变得难以实现。
- 归纳和演绎法：这种方法采用“分而治之”的策略，首先基于与错误出现相关的所有数据，假设一个可能的错误原因，并用这些数据来验证或反驳它；或者列出所有可能的原因，并通过测试逐一排除。一旦某次测试结果表明某个假设开始显现端倪，便立即细化数据，进一步进行深入的测试。

下面介绍几种在排错过程中经常使用的技术。

(1) 断点设置。通过设置断点对源程序进行跟踪，可以显著提升排错的效率。通常，除了依据经验与错误信息设置断点外，还应特别关注以下几种类型的语句。

- 函数调用语句：子函数的调用语句是测试的关键。一方面，调用子函数时可能会出现接口引用错误；另一方面，子函数本身也可能存在问题。
- 判定转移/循环语句：判定语句由于边界值和比较优先级等问题，可能会导致错误的转移或失效。因此，判定转移/循环语句也是重要的测试点。
- SQL语句：在数据库应用程序中，SQL语句往往承载着重要的业务逻辑，并且结构复杂，因此也容易出现错误。
- 复杂算法段：程序出错的概率通常与算法的复杂度成正比。因此，越是复杂的算法，例如递归、回溯等算法，就越需要重点跟踪。

(2) 可疑变量审查。在程序的跟踪执行阶段，当执行暂停在特定语句时，可以检查变量的实时值和对象的当前属性。通过比较这些变量的实时值与预期值，可以有效地识别并定位程序问题的根源。

(3) SQL语句执行核查。在程序的跟踪执行或运行阶段，将疑似错误的SQL语句输出，然后在数据库SQL查询分析器(例如Oracle SQL Plus)中重新执行，以高效检测并纠正SQL语句中的错误。

(4) 重视群集现象。经验显示，测试后程序中剩余的错误数量与已发现的错误数量或检错率成正比。基于这一规律，应当对错误集中的程序段落进行深入测试，以提升测试效率。若发现某个代码段比其他模块更频繁地出现错误，则应投入更多的时间和资源来测试该特定模块。

上述每种方法都可以借助排错工具来辅助。目前，调试编译器、动态调试器(也称为“追踪器”)、测试用例自动生成器、存储器映像以及交叉访问示图等众多工具已被广泛使用。然而，任何工具都无法替代开发人员在仔细审阅和深入分析完整设计文档以及清晰的源代码后所能发挥的作用。此外，排错过程中一个极为宝贵的资源是开发团队中其他成员的反馈和建议，正所谓“当局者迷，旁观者清”。如前所述，修正一个旧问题可能会不经意间引入新的问题，有时程序的修改会变得越来越复杂，但若能在每次纠错前都细心留意以下3个问题，情况将得到显著改善。

- 这个错误的根源是否还存在于程序的其他部分？
- 本次修改可能会对程序的相关逻辑和数据产生哪些影响？可能会引发哪些问题？
- 对于上一次遇到的类似问题，是如何解决的？

5.8 本章小结

本章详细介绍了软件测试过程中的各个阶段，包括单元测试、集成测试、系统测试、验收测试以及回归测试等。重点强调了软件测试流程与软件设计周期的对应关系，并对每个测试阶段的核心任务、主要测试技术和方法进行了详尽的阐述。同时，本章还探讨了测试管理与组织的相关议题，以及测试过程中可能遇到的问题和解决方案。通过具体的实例和分析，本章旨在为读者构建一个完整的软件测试知识框架，帮助读者理解测试流程的每个环节，并掌握有效的测试技术和策略。

5.9 思考和练习

一、填空题

1. 在进行验收测试时，实际执行的测试项目和采用的测试方法应与用户协商一致，基于实际情况共同决定________列出的测试项目都必须执行。

2. 界面测试依据________，检查各界面设计是否符合规范、协调一致，且易于操作，包括界面风格、表现形式、组件使用、字体选择、字号选择、色彩搭配、日期显示、计时方式、时间格式和对齐方式等。

3. 可用性测试评估软件系统的________和用户界面的友好程度，并记录具体缺陷的数量、出现频率和严重程度。

4. 功能测试旨在验证数据在处理流程中各阶段的________，通过在系统每个模块上运行实际数据，并将结果与预期结果进行对比，或与软件需求规格说明书中规定的结果进行核对。

5. 安全性测试验证系统内置的________是否能有效保护系统，防止各种非标准干扰，并设计特定的测试案例尝试绕过系统的安全防护，以检查是否存在安全漏洞。

二、判断题

1. 在验收测试中，所有列出的测试项目都必须执行。 ( )
2. 界面测试只关注界面的美观性，不包括功能性和操作便捷性。 ( )
3. 可用性测试不需要记录缺陷的具体数量和严重程度。 ( )
4. 功能测试仅需要核对实际结果与预期结果，无须确认软件需求规格说明书中描述的所有需求是否得到满足。 ( )
5. 安全性测试在执行时无须遵守相关安全规范。 ( )

三、简答题

1. 界面测试的目的是什么？
2. 可用性测试中需要记录哪些信息？
3. 功能测试中如何判断测试是否通过？
4. 在安全性测试中应如何设计测试案例？
5. 在软件测试过程中，验收测试与哪些其他测试阶段存在对应关系？

第6章

测试报告与测试评估

软件测试的目的是确保软件产品的质量达到预期标准。在软件项目中，测试工作需要遵循严格的测试流程进行规划、设计和执行，随后编写详尽的测试报告并进行测试评估。测试报告记录了软件中发现的缺陷情况，而测试评估则涵盖了覆盖度评价以及对软件性能、稳定性和可靠性的综合评价。其中，覆盖度评价衡量了测试的全面性，而性能和质量评测则深入分析了软件的运行效率、稳定性及可靠性。本章将重点介绍如何有效地报告软件缺陷以及如何进行测试评估。

本章学习目标：

- 了解软件缺陷的定义和种类。
- 熟悉软件缺陷的生命周期。
- 了解软件缺陷的分离和再现。
- 掌握报告软件缺陷的原则。
- 掌握软件缺陷报告的编写。
- 掌握软件缺陷的跟踪和管理。
- 掌握软件测试评估方法。

6.1 软件缺陷及缺陷类型

6.1.1 软件缺陷概述

软件缺陷是指软件(包括文档、数据和程序)中那些不期望出现或无法接受的偏差，这些偏差会导致软件出现质量问题。然而，从软件测试的角度来看，软件缺陷的定义相对宽泛。一般情况下，如果软件满足以下5个条件中的任何一个，即可被认定为存在软件缺陷。

(1) 软件未能实现软件规格说明书中规定的功能。

(2) 软件行为超出了软件规格说明书中界定的范围。

(3) 软件未能达到规格说明书中所描述的性能目标。

(4) 软件在运行过程中出现错误。

(5) 软件测试人员发现软件难以理解、使用不便、运行缓慢，或最终用户认为软件的使用效果不佳。

当软件系统在执行过程中遭遇缺陷，可能导致系统失效。精确且有效地定义和描述这些软件缺陷，有助于快速修复问题，节省软件测试项目的成本和资源，同时提升软件产品的整体质量。

软件缺陷的基本描述构成了报告缺陷的基础。应采用简洁、准确且专业的语言，以准确捕捉软件缺陷。若描述含糊不清，可能会导致开发人员产生误解。以下是一些有效的软件缺陷描述规则。

- 单一性与准确性：每个报告应专注于描述单一的软件缺陷。
- 可复现性：提供明确的步骤，以便开发人员能够理解并重现该缺陷，从而进行修复。
- 完整且一致：提供详尽且一致的缺陷修复步骤和信息，包括图片、日志文件等。
- 简洁明了：利用关键词，使软件缺陷标题既简短又能够准确反映问题的本质。
- 特定条件：在描述软件缺陷时，不要忽略那些看似微小但关键的特定条件(例如特定的操作系统或浏览器版本)，这些信息有助于开发人员追踪问题的根源。
- 持续跟进：从发现软件缺陷的那一刻起，测试人员应确保缺陷得到正确的记录，并持续关注其修复过程，直至问题得到解决。
- 客观性：软件缺陷报告应针对产品本身，避免在描述中加入个人意见或对开发人员的评价。

6.1.2 软件缺陷类型

在软件测试过程中，识别软件缺陷以及了解常见的软件缺陷类型是测试人员的重要任务。对于经验尚浅的测试人员来说，对软件缺陷的判断可能会感到不确定。本节将介绍常见的软件缺陷类型，包括功能异常、软件使用体验不佳、软件架构设计不合理、功能缺失、与用户交互不良、性能问题、错误处理不当、边界条件错误、计算失误、长期运行错误、控制流程错误、大数据量下的性能问题、硬件兼容性问题、版本控制不当以及文档错误等。

1. 功能异常

功能异常指的是产品在使用过程中未能达到设计规格说明书所定义的功能要求，或者根本无法使用。这类错误通常在测试的早期和中期阶段被发现，许多设计规格说明书中描述的功能无法正常运行，或者运行结果与预期设计不符。一个典型的例子是用户界面提供的选项和操作，用户在进行操作后没有得到任何反馈。例如，在一个简单的软件测试案例中，软件允许用户输入希望保留的信息数量和天数。测试人员发现，输入数量时一切正常，但若输入天数则没有任何效果。经过调查，发现开发人员遗漏了对输入选项的判断逻辑，导致无论用户如何选择，程序仅根据输入的保留信息数量进行计算。虽然对开发人员来说这可能只是一个微不足道的小错误，但如果测试人员未能及时发现并纠正，可能会对用户造成严重的使用障碍。

2. 软件使用体验不佳

任何难以掌握或操作不便的软件，其设计必然存在问题。优秀的软件应当追求极致的用户友好性，确保用户能够轻松上手。以苹果公司推出的操作系统为例，其用户界面和操作流程经过精心设计，使用体验非常流畅。然而，许多软件公司提供的产品在用户界面设计上却存在较大差异，这不仅增加了用户的适应成本，也反映出这些公司在产品整合方面的能力不足。

用户界面的优劣往往能直接反映出一家软件公司的专业水平。以下是三个基本的评判标准：首先，启动程序后按F1键，应立即弹出“帮助”对话框；其次，检查软件是否支持热键或快捷键；最后，测试Tab键的顺序是否合理。这三项是最基本的要求。如果一个软件公司连这些都未能实现，那么显然在用户界面设计方面需要进一步提升。

3. 软件架构设计不合理

软件开发有两种基本方法：自顶向下与自底向上。采用自顶向下方法构建的软件，在功能规划和组织上通常更为系统和完整。而自底向上组合式开发的软件则可能导致功能较为零散。以一款具备三种扫描功能的软件为例：实时扫描、手动扫描和定时扫描。从功能整合的角度来看，这三种扫描功能理应归入同一主选项下。然而，如果实时扫描是后期添加的功能，并且具备了即时编辑的能力，它可能会被单独设置为另一个选项。这种设计可能导致用户误解，认为在实时扫描中所做的即时编辑设置同样适用于其他两种扫描模式。

4. 功能缺失

功能缺失与功能异常是不同的概念。这里所指的软件功能在技术上运作正常，但对用户来说并不完整。即便软件功能的运作结果符合设计规范，系统测试人员在评估测试结果时，仍需从用户的角度进行考量。

5. 与用户交互不良

优秀的软件必须能够与用户进行有效的互动。在用户使用软件的过程中，软件应当能够及时且准确地响应用户的指令。例如，在网络中浏览网页时，假设用户正在某一个网页填写信息，但是所填写的信息不完整或存在错误。当用户单击“提交”按钮后，如果网页仅告知信息有误，却没有明确指出错误所在，用户将不得不返回上一页重新填写信息，或者选择放弃离开。这正是软件在用户互动设计上的不足。对于基于窗口的软件，这一点同样容易被忽视。例如，在用户进行更新或删除等操作前后，软件是否向用户提供必要的反馈信息？是否对所执行的动作进行确认？例如，是否弹出确认窗口。软件与用户的互动原则是，所有操作都应伴随适当的反馈。

6. 性能问题

经过测试，软件的功能虽然正常，但性能表现却不尽如人意。性能不佳往往源于开发人员选择了错误的解决方案或不当的算法。在实际测试过程中，许多错误正是由于不恰当的解决方法所引起。以一款Client/Server架构的企业软件为例，Server端负责对Client端上传的信息进行分类处理。由于信息种类较多，开发人员将它们分别存储在不同的信息文件中。例如，Client A发送给Server的信息种类包括A1至A10，Server则将这些信息分别存入10个不同的文件。这种做法导致用户在查询信息时速度缓慢，因为Server需要逐一检查这10个文件的内容进行比对。类似的案例屡见不鲜，问题的根源通常在于基础审核和设计审核的缺失，很多问题往往是在系统测试或性能测试阶段才暴露出其严重性。

7. 错误处理不当

除了预防错误之外，软件开发中还必须重视错误处理机制的建立。许多软件之所以出现故障，往往是因为程序缺乏应对错误的有效策略。例如，在测试中发现，某软件在读取外部信息文件并进行分类整理时，遇到了文件内容损坏的情况。当程序尝试读取这个损坏的文件时，虽然识别出了问题，但由于缺乏适当的错误处理机制，操作系统为了自我保护，不得不终止程序运行。这一情况凸显了建立错误处理机制的重要性。以这个例子为参考，程序在读取外部信息文件之前，应首先验证文件的完整性以确保系统的稳健性。这样的预防措施更为稳妥。

8. 边界条件错误

缓冲区溢出问题是网络攻击的常见手段，这类错误是边界错误的特性。当程序试图处理超出其预定范围的数据时，就会触发这种错误。除了编程语言中某些函数可能存在的缺陷外，许多边界错误源于开发人员在声明变量或使用边界范围时的疏忽。以下是一个由缓冲区溢出引起的边界错误的典型示例：

```
void func(void){
  int i;
  char buffer[256]; //Buffer定义为256
  for(i=0;i<512;i++){ //越界
    buffer[i]='t';
  }
  return
}
```

9. 计算失误

任何计算机程序都不可避免地涉及数学计算。软件出现计算错误的原因可能包括使用了错误的数学运算公式，或者未将累加器正确初始化为零。

10. 长期运行错误

长期运行错误表现为程序在启动初期运行顺畅，但随着时间的推移，运行过程中逐渐暴露出问题。一个典型的案例是数据库的查询功能。在软件初始使用阶段，其信息检索功能运行流畅，然而随着时间的推移，用户会发现检索所需的时间逐渐增加。经过深入分析，发现问题源于程序采用了顺序查找算法，随着数据库信息量的增加，查找效率自然下降。另一个例子涉及一款提供组件更新功能的软件，该软件通过互联网下载最新组件并用新组件替换旧组件。在设计时，开发人员忽略了将状态标志重置至初始状态。因此，尽管更新程序在首次执行时能够正常运行，但若尝试进行第二次更新，则将无法执行任何操作。

11. 控制流程错误

软件开发过程中，控制流的设计直接反映了软件设计的严谨程度。软件状态转换的合理性必须通过流程控制的验证来确保。以软件安装程序为例，用户在输入用户名及其他必要信息后，理应立即启动安装过程。然而，若用户期望将软件安装至不同的磁盘驱动器或目录，而安装程序未能提供相应的路径选择功能，则显露出软件控制流程的缺陷。

12. 大数据量下的性能问题

在程序处理大量数据的过程中出现异常，属于软件错误的一种表现形式。对于服务器级别的软件而言，进行大规模数据压力测试至关重要，因为这类软件对稳定性的需求远超其他类型的软件。通常，必须执行一系列大规模数据压力测试。例如，让程序处理超过十万条信息，随后观察程序的运行表现。

13. 硬件兼容性问题

此类错误的发生与硬件环境的差异密切相关。当开发的软件与特定硬件设备直接相关联时，此类问题可能频繁出现。例如，某些软件可能仅在特定品牌的服务器上运行时才会出现错误。

14. 版本控制不当

版本控制不当往往源于项目管理上的疏漏，测试人员未能充分履行其职责也是问题产生的一个原因。例如，在发现软件存在安全漏洞时，软件公司迅速发布了修复版本供用户使用。然而，一年后在推出新版本时，未能将已解决的问题纳入更新范围。这导致用户认为问题已经得到妥善处理，但在升级后问题却再次出现。试想，这些用户将如何看待软件的质量？实际上，此类问题的发生频率并不低。一些用户对此采取的态度是尽量避免更新已经稳定的软件，即便软件公司提供了新版本或补丁，他们也会选择暂时观望。这种做法虽然看似安全，却可能带来新的风险。例如，2003年1月24日，针对微软SQL Server漏洞的计算机蠕虫病毒导致了大规模的计算机网络瘫痪。造成如此严重损害的原因是许多用户未能及时安装微软公司提供的补丁程序。

15. 文档错误

软件文档中的错误不仅涵盖随软件提供的使用手册、说明文档以及其他相关文档的内容疏漏，还包括软件使用界面中的文字错误和不当用词。这些文档错误不仅会降低软件的整体质量，在严重情况下甚至可能导致用户产生误解。因此，上述所有类型的软件缺陷都需通过周密的软件测试流程进行识别。

6.1.3 软件缺陷的特性

要深入了解软件缺陷，首先需要掌握其定义及描述方式，然后深入探究软件缺陷的特性。开发人员负责修复软件缺陷，但并非所有缺陷都需要立即处理。因此，明确软件缺陷的特性至关重要。它为开发人员提供了参考框架，帮助他们根据缺陷的优先级和严重性进行修复工作，确保不会遗漏那些严重的缺陷。对于测试人员来说，了解软件缺陷的特性可以有效地追踪和管理缺陷，从而确保软件产品的质量。

软件缺陷的特性包括缺陷标识、缺陷描述与缺陷注释、缺陷类型、缺陷严重程度、缺陷发生的可能性、缺陷优先级、缺陷状态、缺陷起源、缺陷来源和缺陷原因等。下面将详细探讨这些特性。

1. 缺陷标识

缺陷标识是一个唯一代码，用于标识特定缺陷，相当于为缺陷命名。它通常以数字序号形式呈现，一般由软件缺陷管理系统自动生成。

2. 缺陷描述与缺陷注释

缺陷描述涉及对发现缺陷过程的详细记录，而缺陷注释则提供了对缺陷的附加说明和辅助信息。

3. 缺陷类型

根据缺陷的固有特性进行分类，通常包括以下几种类型。

- 功能缺陷：此类缺陷对软件系统的功能实现及逻辑流程造成了影响。
- 用户界面缺陷：涉及用户界面及人机交互体验的问题，包括屏幕布局、用户输入的便捷性、输出结果的展示格式等方面的不足。
- 文档缺陷：文档问题影响了软件的发布及后续维护，涉及注释、用户手册、设计文档等资料。
- 软件配置缺陷：由于软件配置管理、变更控制或版本控制不当所导致的错误。
- 性能缺陷：系统性能未能达到可测量的性能指标，例如执行时间过长、事务处理速度缓慢等。
- 系统/模块接口缺陷：与其他系统组件、模块或设备驱动程序之间的不兼容或冲突等问题。

4. 缺陷严重程度

缺陷严重程度反映了软件缺陷对软件质量的破坏程度，体现了缺陷对产品和用户的影响，即软件缺陷的存在如何影响软件的功能和性能。软件缺陷的严重性评估应基于最终用户的视角，从用户的角度出发，考虑缺陷可能造成的不良后果的严重性。通常，严重性分为以下4个等级。

- 致命：系统中的任何一个主要功能完全失效，用户数据遭到破坏，系统崩溃、悬挂、死机，或存在危及人身安全的风险。
- 严重：系统的主要功能部分失效，数据无法保存，次要功能完全丧失，系统提供的功能或服务受到显著影响。
- 一般：次要功能未完全实现，但不影响用户的正常使用。例如，提示信息不够精确、用户界面存在瑕疵、操作时间过长等。

- 较小：操作者可能会感到不便或遇到小麻烦，但不影响功能的正常使用，例如个别不影响产品理解的错别字、文字排列不整齐等问题。

在每个软件测试过程中，由于时间、人力、财力等限制，必须对软件缺陷进行取舍，承担一定的风险。通常，根据缺陷的严重程度来决定哪些软件缺陷需要立即修复，哪些可以暂时搁置，以及哪些可以推迟到后续版本中解决。

5. 缺陷发生的可能性

软件缺陷的发生概率通常分为总是、通常、有时、很少等几类。

- 总是：软件缺陷总是出现，出现概率为100%。
- 通常：依据测试用例，该软件缺陷会出现，出现概率大约在80%~90%之间。
- 有时：依据测试用例，该软件缺陷偶尔会出现，出现概率大约在30%~50%之间。
- 很少：依据测试用例，该软件缺陷很少出现，出现概率大约在1%~5%之间。

6. 缺陷优先级

缺陷优先级体现了修复缺陷的重要性和紧迫性，是指导软件缺陷处理和修正顺序的关键指标。它决定了哪些缺陷应当优先修正，哪些可以稍后处理。在确定软件缺陷优先级时，主要从软件开发工程师的视角出发，因为决定修正顺序是一个复杂过程。它不仅涉及技术问题，还涉及开发人员对代码的熟悉程度，他们能更准确地评估修正缺陷的难度和潜在风险。通常，缺陷优先级分为：最高优先级、高优先级、正常排队、低优先级等。

- 最高优先级：涉及关键性错误，这些缺陷导致系统几乎无法使用或测试无法继续，必须立即修复。
- 高优先级：缺陷影响重大，阻碍测试进程，需要优先处理。
- 正常排队：缺陷需要按正常流程排队等待修复，在产品发布前必须解决。
- 低优先级：缺陷可以在开发人员有空闲时进行修复。

软件缺陷的优先级在项目周期内可能会发生变化。例如，一个原本标记为优先级2的软件缺陷，随着项目进展和临近发布日期，可能会被重新评估为优先级3。作为发现该缺陷的测试人员，需要持续监控其状态，确保能够理解并同意对其所做的任何调整，并提供额外的测试数据以支持修复工作。

7. 缺陷状态

该术语用于描述缺陷在追踪修复过程中的进展状况。通常包括以下状态：激活或打开、已修正或修复、关闭或非激活、重新打开、推迟、保留、不能重现、需要更多信息等。

- 激活或打开：此状态表示问题尚未得到解决，仍存在于源代码中，已被确认为“提交的缺陷”，正等待处理，例如新报告的缺陷。
- 已修正或修复：此状态表明缺陷已被开发人员检查并修复，并通过了单元测试，认为已解决，但尚未由测试人员进行验证。
- 关闭或非激活：此状态表示测试人员验证后，确认缺陷已不存在。
- 重新打开：此状态表示测试人员在验证后发现缺陷仍然存在，需重新激活。
- 推迟：此状态表示该软件缺陷计划在下一个版本中解决。

- 保留：此状态表示由于技术限制或依赖于第三方软件的缺陷，开发人员目前无法修复该问题。
- 不能重现：此状态表示开发人员无法再次复现该软件缺陷，因此需要测试人员提供详细的复现步骤。
- 需要更多信息：此状态表示开发人员能够复现软件缺陷，但需要额外信息以进一步分析问题，例如缺陷相关的日志文件、截图等。

8. 缺陷起源

缺陷起源指的是在软件开发过程中首次识别出缺陷的阶段，涵盖了需求分析、系统架构、详细设计、编码、测试以及用户使用等多个阶段。

- 需求分析：在需求分析阶段发现的软件缺陷。
- 系统架构：在概要设计、详细设计阶段发现的软件缺陷。
- 编码：在编码过程中发现的软件缺陷。
- 测试：在软件测试过程中发现的软件缺陷。
- 用户使用：在用户实际使用软件过程中发现的软件缺陷。

9. 缺陷来源

在软件的整个生命周期中，软件缺陷的分布比例通常为：需求和架构设计阶段占54%、设计阶段占25%、编码阶段占15%、其他阶段占6%。软件缺陷的根源指的是导致软件缺陷产生的根本原因，主要包括需求说明书、设计文档、系统集成接口、数据流(库)以及程序代码等方面。

- 需求说明书：需求说明书中的错误或表述不清晰导致的问题。
- 设计文档：设计文档的描述存在偏差，与需求说明书不一致的问题。
- 系统集成接口：系统各模块间参数不匹配，以及开发团队间缺乏有效协调所导致的缺陷。
- 数据流(库)：数据字典或数据库中的错误所引起的缺陷。
- 程序代码：在编码过程中出现的问题所导致的缺陷。

10.缺陷原因

缺陷原因是导致软件缺陷的根本原因，识别这些原因有助于进一步优化软件开发流程和提升管理水平。通常包括以下几个方面。

- 测试策略：测试范围设定不当、对测试目标存在误解、超出测试能力等。
- 过程、工具和方法：需求收集过程无效、风险管理过程不充分、项目管理方法未被采纳、缺乏合理的估算规程、变更控制过程无效等。
- 团队/人员：项目团队职责重叠、缺乏必要的培训。团队经验不足、士气低落、动力不足等。
- 组织和沟通不足：用户参与度低、职责不明确、管理不善等问题。
- 硬件：硬件配置不当、缺失，或处理器缺陷导致的算术精度问题、内存溢出等。
- 软件：软件配置不当、缺失，或操作系统错误导致资源无法释放，工具软件错误，编译器错误等。

- 工作环境：组织结构调整、预算变动以及恶劣的工作环境等因素。

6.2　软件缺陷的生命周期

软件缺陷的生命周期详细描述了软件缺陷从被发现、报告，直到最终修复、验证并关闭的完整过程。以下是一个简化的软件缺陷生命周期模型，该模型系统性阐述了软件缺陷从发现到各个生存阶段的演变。

(1) 发现——打开：测试人员识别出软件缺陷，将其记录并报告给开发团队。

(2) 打开——修复：开发人员复现并修复缺陷，然后将修复后的版本返回给测试人员进行验证。

(3) 修复——关闭：测试人员确认缺陷已成功修复，并关闭该缺陷记录。

软件缺陷首次被测试人员发现时，将被记录并指派给程序员进行修复，此时缺陷处于“打开”状态。开发人员修复了代码后，缺陷便进入待验证状态。测试人员随后执行回归测试，以确认缺陷是否已解决。如果测试结果表明缺陷已修复，缺陷记录将被关闭，标志着缺陷生命周期的结束。

在某些情况下，软件缺陷的生命周期可能相对简单，仅涉及缺陷的报告、解决和关闭。然而，在现实工作中，流程往往不会如此顺畅，需要考虑众多因素。在其他情况下，生命周期可能更为复杂，如图6-1所示。

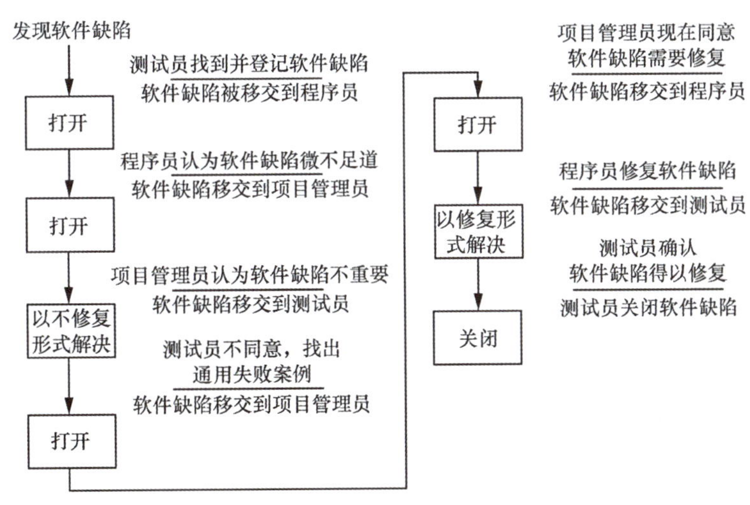

图6-1　复杂的软件缺陷生命周期

软件缺陷的生命周期始于测试人员发现并报告缺陷，随后将其提交给程序员进行修复。在此阶段，程序员可能认为该缺陷对软件整体质量的影响较小，因此选择不进行修复，并将决定权转交给项目管理员。项目管理员与程序员意见一致，决定将该缺陷标记为“无须修复”，并将其置于解决状态。测试人员对此持有异议，他们通过提供更具说服力的测试用例来证明缺陷的严重性，并重新报告该问题给项目管理员。项目管理员在审视了新的证据后，改变了立场，指示程序员对缺陷进行修复。程序员随后修正了缺陷，并将其标记为“已解决”，再次提交给测试人员。测试人员在验证修复无误后，最终关闭了该缺陷。这一过程展示了软件缺陷在生命周期中可能经历的多次修改和重新评估，有时甚至会出现反复的情况。如图6-1所示，这种情况在实际的测试工作中相当普遍。通常，软件缺陷的生命周期还会包含以下两个额外的状态。

1) 审核状态

审核状态涉及项目管理员或委员会(即变更控制委员会)对软件缺陷是否进行修复的决策。在某些项目中，此过程可能延续至项目末期，或根本不予执行。需要注意的是，审核状态可直接转入关闭状态。若审核结果表明软件缺陷无关紧要，或确认该缺陷无须修复，认为其并非实际问题或属于测试误差，则项目将进入关闭状态。

2) 延后状态审查

软件缺陷的修复可能会推迟到未来的某个时间点，而非在当前版本中立即进行。然而，推迟修复的软件缺陷日后可能被证实为严重问题，需立即采取措施。在这种情况下，软件缺陷将被重新激活，并重新启动修复流程。

为确保软件缺陷得到妥善管理，多数项目团队会制定规则，以限制更改软件缺陷状态或处理软件缺陷的权限。例如，仅项目管理员可以决定是否推迟修复软件缺陷，或仅由测试人员负责关闭软件缺陷。关键在于，一旦记录软件缺陷，就必须持续跟踪其整个生命周期，确保其不被忽视，并提供必要信息，以推动其及时修复和关闭。

在软件缺陷的生命周期中，测试人员、开发人员及管理人员共同参与并协作进行测试。一旦发现软件缺陷，团队成员将对其进行密切监控，直至生命周期结束。这个过程确保了在较短时间内能够高效解决所有缺陷，从而缩短了软件测试周期，提升了软件质量，并有助于降低开发和维护成本。

6.3 分离和再现软件缺陷

为确保测试人员能够精确识别并重现软件缺陷，必须明确地界定引发缺陷的条件和执行的具体步骤。通常情况下，如果测试人员能够设定完全一致的输入条件，软件缺陷往往可以被重现，而不会出现随机性。以一个简单的画图程序测试用例为例，该用例旨在验证程序是否能够使用所有颜色进行绘画。若每次选择红色时，程序却以绿色绘画，这就构成了一个明显且可重现的软件缺陷。然而，在某些不利情况下，确立完全一致的输入条件需要高超的技巧，并且耗时较多。当输入条件未知时，重现软件缺陷变得极为困难。在这些情况下，分离和重现软件缺陷所需的条件、环境和技术要求非常高，且资源消耗巨大。以画图程序为例，若颜色错误的缺陷仅在执行其他测试用例之后出现，而在直接启动机器后执行特定测试用例时却不出现，那么对于这种随机出现的软件缺陷进行分离和重现就尤为棘手。

分离与重现软件缺陷是测试人员展现其侦探般洞察力的关键时刻，他们应致力于确定缩小问题范围的精确步骤。有些测试人员在分离和重现软件缺陷方面表现出色，能够迅速识别出缩小问题范围的具体步骤和条件，从而有效定位软件缺陷。然而，对于其他测试人员而言，这项技能需要通过不断寻找和报告各种软件缺陷来逐步提升。因此，测试人员应把握每一个机会去分离和重现软件缺陷，以此来锻炼和提升这项技能。

当发现的软件缺陷需要复杂的步骤才能重现，或在某些情况下根本无法重现时，可以采用以下方法来隔离和重现这些缺陷。

1) 详尽记录所有测试步骤

测试人员详细记录测试过程中的每一步操作，包括每一个步骤、每次暂停以及每项任务。若测试过程中遗漏或增加步骤，可能导致软件缺陷无法重现。如有必要，可利用摄像机记录整个测试过程。这些记录的目的是确保能够完整地重现导致软件缺陷的所有细节。

2) 关注时间和运行条件的影响

软件缺陷是否仅在特定时刻出现？它可能与输入速度有关，或者取决于使用何种存储设备；测试时网络是否繁忙；在不同速度的硬件上运行测试用例；以及测试的时序等因素。这些时间和运行条件上的差异，将直接影响软件缺陷的隔离和重现。

3) 注意软件的边界条件、内存容量限制以及数据溢出问题

在测试过程中，与边界条件相关的软件缺陷、内存容量不足和数据溢出等问题可能会逐渐显现。例如，执行特定测试可能导致数据覆盖，但问题可能只有在尝试使用该数据时才会被发现，而且可能在后续测试中不再出现相同的软件缺陷。有时，软件缺陷会在重启计算机后消失，而在执行其他测试后又重新出现，这种现象属于此类情况。遇到这种情况时，应运用动态的白盒测试技术回顾之前的测试过程，以确定软件缺陷是否无意中发生。

4) 留意由事件发生顺序引起的软件缺陷

状态缺陷通常只在特定的软件状态下显现。例如，软件缺陷可能仅在首次运行时出现，或在首次运行后才会显现；它可能在数据保存后出现，或在任何键被按下之前发生。这类软件缺陷看似与时间和运行条件相关，但经过深入分析后会发现，它们实际上更多地与事件发生的顺序有关，而非事件发生的具体时间。

5) 资源依赖性以及内存、网络、硬件共享的交互作用

在测试过程中，应观察软件缺陷是否出现在运行其他软件或与硬件通信的繁忙系统上。审视软件对资源的依赖性，以及内存、网络和硬件共享之间的交互作用，这些因素的综合考虑有助于识别和分离软件缺陷。

6) 重视硬件的重要性

在软件测试过程中，必须关注硬件对软件性能的影响。例如，硬件性能的降低、异常操作、板卡松动、内存损坏或CPU过热等问题都可能导致软件运行异常。这些现象表面上看似软件缺陷，实则并非如此。测试人员应确保在多种硬件配置上运行软件，以验证软件缺陷是否可复现。这一点在进行配置测试或兼容性测试时尤为重要。测试人员需要明确软件缺陷是在单一硬件环境下出现，还是在多个硬件环境下普遍存在。

即使测试人员已尽最大努力去隔离软件缺陷，但若无法提供简洁的复现步骤，仍应记录下软件缺陷的详细信息，以防遗漏。这些信息将帮助程序员迅速定位问题。由于程序员对代码的熟悉，他们看到症状、测试用例步骤以及隔离问题的努力过程时，可能会发现解决软件缺陷的线索。当然，并非所有软件缺陷都需要程序员亲自介入。有时，软件缺陷的隔离和复现需要测试团队的集体智慧。面对难以隔离和复现的软件缺陷时，测试团队应共同努力寻找解决方案。

6.4 软件测试人员需正确面对软件缺陷

软件测试人员的职责在于运用特定的方法和逻辑，寻找并识别软件中的缺陷，从而验证软件的质量是卓越还是低劣。因此，发现缺陷往往成为许多测试人员关注的焦点。在软件测试的过程中，测试人员通常需要确保发现的软件缺陷得到妥善处理。然而，在实际的测试工作中，软件测试人员应从全面的角度审视软件的质量问题，并对发现的软件缺陷保持一种平和的心态。

(1) 并非测试人员辛苦发现的每一个软件缺陷都必须被修复。测试旨在证明程序存在错误，但无法保证程序完全没有错误。无论测试计划和执行多么周密，并非所有发现的软件缺陷都能得到修复。有些软件缺陷可能会被完全忽略，而另一些则可能被推迟到软件的后续版本中进行修复。不修复软件缺陷的原因有以下几个。

- 时间限制。在项目开发中，时间总是显得捉襟见肘。软件功能的丰富性与程序设计人员及软件测试人员的稀缺形成了鲜明对比。更糟糕的是，项目计划中往往未能预留出充足的时间用于编码和测试。在实际开发流程中，用户常常对软件交付设定了严格的截止日期，这迫使开发团队必须在限定时间内完成软件开发。
- 误报缺陷。在某些特定情况下，软件测试人员可能会错误地将一些并非真正的软件缺陷视为缺陷。这可能是由于对需求的误解、测试过程中的错误，或是说明书的变更所导致。
- 修复风险。修复软件缺陷往往伴随着巨大的风险。由于软件本身的复杂性和脆弱性，修复一个缺陷可能会引发新的问题。除了紧迫的产品发布期限带来的压力外，修改软件缺陷本身就是一个高风险的决定。有时候，忽略已知的软件缺陷，以避免引入新的未知缺陷，可能是一个更为稳妥的策略。
- 不值得修复。虽然这种说法可能听起来可能有些刺耳，但这是事实。对于那些不常出现的软件缺陷，或者是在不常用功能中发现的缺陷，可以考虑不予修复。如果用户有能力预防这些缺陷，这类软件缺陷通常也无须修复。这归根结底是基于商业风险的决策。

(2) 发现的缺陷数量并不能代表软件质量软件中不可能完全没有缺陷，发现缺陷对于测试工作而言是正常现象。缺陷数量多，仅能说明测试方法取得了成效。然而，以此来否定软件的质量则显得过于武断。例如，如果测试中发现的缺陷大多数是轻微的提示性错误、文字错误等，且这些缺陷的修复几乎不会影响软件的核心执行部分，同时软件的基本功能和性能保持稳定，那么这样的测试结果实际上表明了“软件质量是可靠的”。因此，它属于优秀软件的范畴。这种情况下，只要处理好发现的缺陷，软件基本上就可以发行使用了；进行完整的回归测试反而会增加软件成本，浪费商机和时间。

相反，如果测试中发现的缺陷数量较少，但这些缺陷主要集中在未实现的功能和未达标的性能上，甚至频繁导致死机或系统崩溃等严重问题，而且大多数用户在使用过程中都会遇到这些问题，那么这样的软件发布将面临巨大的风险，不会有人轻易建议“发布”。

尽管这两个例子可能有些极端，在实际测试中几乎不会出现，但提出这些问题是为了提醒测试人员，不应仅关注发现缺陷的数量。

(3) 不要期望能发现软件中的所有缺陷。尽管许多人认同这一观点，但往往未能充分理解它对软件测试工作的重要性。鉴于软件缺陷的不可避免性，不应期望能够发现所有缺陷。当缺陷数量降至可接受的水平(不同公司对此有不同的定义)时，就应考虑终止测试。

软件测试人员在面对发现的缺陷时，应保持平和的心态，并坚持始终如一的工作原则，跟踪每一个缺陷的处理进展，确保缺陷得到妥善处理。缺陷的关闭应基于缺陷已被修复或决定不进行修复的前提。最终决定是否修复缺陷的权力属于项目负责人，然而确保缺陷得到解决的责任则落在测试人员的肩上。

6.5　报告软件缺陷

许多人可能认为，在软件测试过程中，报告发现的软件缺陷是一项相对简单的任务。与制订测试计划、执行实际测试以及掌握发现软件缺陷所必需的技巧相比，指出存在的错误似乎是一项省时省力的活动。然而，实际情况并非如此。报告软件缺陷实际上可能是软件测试人员所面临的最重要且最具挑战性的任务之一。

6.5.1　报告软件缺陷的基本原则

在软件测试流程中，测试人员应以简洁明了的方式报告发现的软件缺陷，确保修复决策团队获得完整的信息，以便做出是否修复的判断。鉴于软件开发模式的多样性以及修复团队的不固定性，为每个特定团队或项目制定统一的修复决策流程是不切实际的。通常，决策权可能由项目管理员、程序员掌握，或通过会议讨论来决定。一般而言，由专门的人员或团队负责审查软件缺陷，并决定是否需要修复。无论在何种情况下，软件测试人员提供的关于软件缺陷的详细信息对于决策过程至关重要。如果测试人员对缺陷的描述模糊不清，报告不够及时或有效，或者没有提供充分的用例来证明缺陷的必要性，那么缺陷可能会被误解为非缺陷，或被认为不够严重而不值得修复，甚至可能被认为修复风险过高，从而导致各种误判。报告软件测试错误的目的是确保修复人员能够重现报告的错误，便于分析错误原因、定位并修正。因此，报告软件测试错误的基本要求是准确、简洁、完整和规范。测试人员在报告软件缺陷方面必须投入大量精力。报告软件缺陷的基本原则有以下几条。

1. 迅速上报软件缺陷

软件缺陷的早期发现将为修复工作提供更为充足的时间。例如，如果在软件正式发布前的几个月内能够从辅助文档中识别出诸如错别字这样的缺陷，那么这些缺陷得到及时修复的可能性将大大提高。如图6-2所示，时间与缺陷修复之间存在密切的关系。

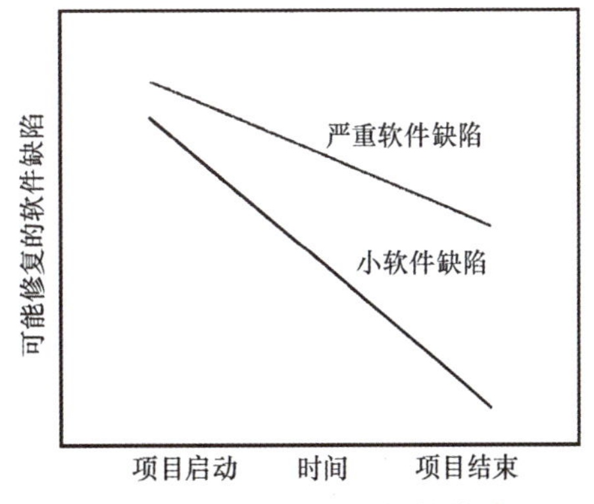

图6-2　时间和缺陷之间的关系

2. 有效描述软件缺陷

软件缺陷报告的核心在于其基本描述，这是测试人员对问题的陈述。一份出色的描述应采用简洁、精确且专业的语言，准确捕捉软件缺陷的本质。若描述模糊不清，则可能导致开发人员产生误解。根据本章6.1节所述的软件缺陷有效描述规则，测试人员应简洁、清晰、准确、完整地描述在测试过程中发现的软件缺陷，以便向开发团队传达所有必要的信息，从而便于开发团队判断是否应立即修复报告中的软件缺陷。

通常情况下，通过复杂步骤描述的软件缺陷，其修复的可能性较低。相反，如果缺陷描述简洁明了、易于理解，则修复的几率会显著增加。因此，建议尽可能使用简短的短语和句子，避免复杂的句式。报告软件错误的初衷是为了便于定位问题，因此需要客观地描述操作步骤，避免使用修饰性词汇和复杂的句型。只需陈述事实，详细报告软件缺陷的必要细节，以提高报告的可读性。例如，当程序开发人员收到测试人员的报告："无论何时在登录对话框中输入一串随机字符，软件就会出现异常。"这样的描述，如果未说明随机字符的具体内容、字符长度以及产生的异常现象，开发人员将无法着手修复该软件缺陷。为了便于定位特定的测试错误，应记录缺陷或错误发生的具体位置、出现错误的先决条件和具体情境，并提供一系列明确的步骤来说明问题。如果存在多组输入或操作导致软件缺陷的情况，应当提供一个示例，特别是那些能够帮助程序员找到问题根源的示例和线索。

在对错误现象进行分析时，必须进行精确判断，并明确指出错误的类别。例如，布局错误、判断条件错误、功能错误或字节错误等。应尽可能使用IT行业通用的术语和表达方式，以确保表达的精确性并体现专业性。

每个报告应专注于单一的软件缺陷。若在一个报告中提及多个软件缺陷，通常只有第一个缺陷会被关注和修正，而其他缺陷则可能被忽略或遗忘。同时，追踪同一报告中列出的多个软件缺陷也是不可行的。因此，软件缺陷应单独报告，而不是汇总在一起。例如，若报告称"联机帮助文档中有5个单词拼写错误"，则应分别报告这5个独立的软件缺陷。对于"登录对话框不接受大写字母的密码或登录ID"这一问题，从用户角度看似两个独立的缺陷，但在代码层面可能仅是一个问题，即程序员未正确处理大写字母。当存在疑问时，应将其报告为单一软件缺陷。尽管多个软件缺陷最终可能由同一原因引起，但在缺陷修复前，无法确定其具体原因。因此，即使单独报告可能有误，也比延误或遗忘修复软件缺陷要好。

在提交软件缺陷报告时，应避免包含任何主观评价。在软件测试的过程中，测试人员的主要任务是识别程序中的错误，这可能导致他们与开发人员之间产生不必要的对立情绪。软件缺陷报告有时会被开发团队成员(包括程序员)视作测试人员的工作评估，因此报告中应避免包含任何偏见或个人意见。例如，使用"编写的打印机控制代码质量极差，完全无法使用。我确信你在提交测试前未进行适当的检查"这类措辞是不恰当的。因此，软件缺陷报告应专注于产品本身，而非特定个人。报告应仅陈述事实，避免涉及个人评价、幸灾乐祸、个人倾向、自负或责怪。对于软件测试人员而言，得体和委婉是报告软件缺陷的关键。在必要时，可以附加特殊文档以及个人建议和注解。例如，若缺陷或错误是由于打开特定文档而引发的，则必须附加该文档，以便快速重现缺陷或错误。有时，为了帮助缺陷或错误的修正者更清晰地理解问题，可以附加个人的修改建议或注解。

比未发现关键软件缺陷更糟糕的情况是，测试人员发现了一个软件缺陷并进行了报告，却随后将其遗忘或跟丢。众所周知，测试软件是一项艰苦的工作，因此不应让自己的劳动成果——即发现的软件缺陷被忽视。从发现软件缺陷的那一刻起，测试人员就应进行恰当的报告，并确保其得到应有的关注。优秀的测试人员不仅会发现并记录下许多软件缺陷，还会在发现并记录大量软件缺陷后，继续监督其修复的全过程。

上述内容概括了报告测试错误的规范要求，测试人员应牢记这些关于报告软件缺陷的原则。这些原则适用于几乎所有交流活动，尽管有时执行起来可能颇具挑战，但测试人员必须遵循这些基本原则，以有效地报告软件缺陷并确保其得到修复。随着软件测试需求的变化，测试人员在长期的测试过程中积累了相应的经验，逐渐培养出良好的专业习惯，并不断吸收新的规范书写要求。此外，经常阅读和学习高级测试工程师的缺陷报告，并将其与自己以往的报告进行对比和反思，有助于不断提升自己的技能水平。

6.5.2 IEEE软件缺陷报告模板

ANS/IEEE 829-1998标准规定了一种文档类型，即软件缺陷报告，其主要目的是记录在测试过程中出现的所有缺陷。如图6-3所示，该标准提供了一个模板，可用于撰写软件缺陷报告。

IEEE 829-1998软件测试文档编制标准

软件缺陷报告模板

目录

1. 软件缺陷报告标识符
2. 软件缺陷总结
3. 软件缺陷描述
   - 3.1 输入
   - 3.2 期望得到的结果
   - 3.3 实际结果
   - 3.4 异常情况
   - 3.5 日期和时间
   - 3.6 软件缺陷发生步骤
   - 3.7 测试环境
   - 3.8 再现测试
   - 3.9 测试人员
   - 3.10 见证人
4. 影响

图6-3　软件缺陷报告模板

1) 软件缺陷报告识符

为每份软件缺陷报告分配一个固定的标识符，以便于后续的追踪和引用。

2) 软件缺陷总结

以简洁明了的方式陈述软件缺陷的事实，并对其内容进行概括。需提供被测试软件的版本信息、相关测试用例以及测试说明等详细资料。对于已识别的软件缺陷，必须附上相应的测试用例。若软件缺陷是偶然发现的，也应创建一个能够揭示该意外缺陷的测试用例。

3) 软件缺陷描述

在撰写软件缺陷报告时，报告撰写者应提供充分信息，以确保修复人员能够理解并重现问题。以下内容应包含在软件缺陷描述中。

- 输入：实际测试过程中使用的特定输入，例如文件、按键等。
- 期望得到的结果：基于测试用例设计时预期的输出结果。
- 实际结果：记录实际运行的测试结果。
- 异常情况：描述实际结果与预期结果之间的差异程度。如有必要，记录其他关键数据，例如系统数据量异常或特定日期相关的问题。
- 日期和时间：记录软件缺陷出现的具体日期和时间。

- 软件缺陷发生步骤：详细说明导致软件缺陷的具体步骤。若测试操作复杂且冗长，此部分尤为重要。
- 测试环境：指明进行测试时所使用的环境，包括但不限于系统测试环境、验收测试环境、客户测试环境或测试地点。
- 再现测试：记录为重现该测试所进行的尝试次数。
- 测试人员：记录执行此次测试的人员信息。
- 见证人：记录了解此次测试的其他人员信息。

4) 影响

在软件缺陷报告中，“影响”一词指的是软件缺陷可能对用户产生的潜在后果。在报告软件缺陷时，测试人员需要对缺陷进行分类，并以简洁明了的方式阐述其影响。通常采用的方法是将软件缺陷划分为不同的严重性和优先级。尽管不同公司可能有各自的具体做法，但基本原则是相同的。根据测试的实际经验，尽管在确定严重性和优先级时可能永远无法完全消除不精确性，但通过在定义等级时描述主要特征(例如轻微、较大和严重)，可以有效降低这种不精确性到可接受的水平。

6.6 软件缺陷的跟踪管理

6.6.1 软件缺陷跟踪管理系统

在实际的软件测试工作中，为了更高效地记录发现的软件缺陷，并在整个软件缺陷生命周期中进行有效监控，通常会采用软件缺陷跟踪管理系统。

软件缺陷跟踪管理系统是一个集中管理软件测试过程中发现缺陷的数据库程序。它支持通过添加、修改、排序、查询和存储操作来管理软件缺陷。借助软件缺陷跟踪管理系统，用户可以方便地查找和跟踪缺陷。对于大中型软件的测试过程而言，报告的缺陷总数可能高达数千甚至上万。如果没有缺陷跟踪管理系统的支持，查找某个特定错误将变得极为困难，效率也会大打折扣。

1. 软件缺陷管理系统的重要性

在测试流程中使用软件缺陷管理系统能够带来许多益处。

1) 提高测试流程的效率

软件缺陷跟踪管理系统通常在测试团队的内部局域网中运行，打开和操作的速度较快。测试人员能够实时向内部数据库提交新发现的缺陷，若出现遗漏，系统会及时提供提示，以确保软件缺陷报告的完整性和一致性。软件缺陷验证工程师能够专注于数据库中新报告的缺陷，从而显著提升工作效率。

2) 提升软件缺陷报告的质量

软件缺陷报告的一致性和正确性是衡量软件测试工程师专业水平的关键指标之一。通过精确且全面地填写软件缺陷数据库的各项信息，可以确保测试工程师提交的缺陷报告格式统一。此外，引入软件缺陷跟踪管理系统，有助于从测试工具和流程层面确保具有不同测试技术背景的测试人员能够编写出结构一致的软件缺陷报告。为了提高报告的效率，缺陷数据库的许多字段内容可以预设选项，从而避免每次手动输入。

3) 实行实时管理，确保安全控制

软件缺陷的查询、筛选、排序、添加、修改、保存以及权限控制是数据库管理的基础功能和主要优势。通过便捷的数据库查询和分类筛选功能，用户可以快速定位缺陷并统计缺陷类型。通过设置权限，确保只有授权人员才能修改或删除软件缺陷，从而保障测试的质量。此外，该系统还帮助跟踪和监控错误处理的过程和方法，便于检查处理方法的正确性，并记录处理者的姓名和处理时间，为工作量统计和业绩评估提供参考。

4) 促进项目组成员之间的协作

缺陷跟踪管理系统为测试人员、开发人员、项目负责人以及缺陷评审人员提供了一个协同工作的平台，使得各个成员能够实时掌握每个缺陷的最新状态，从而有效地完成相应的测试工作。

1. 缺陷跟踪管理的实现原理

软件缺陷跟踪管理系统通过执行添加、修改、排序、查询和存储等操作来管理软件缺陷。市场上有多种通用缺陷跟踪管理软件，它们各自具备独特的功能特点，可以依据实际需求直接采购；或者根据测试项目的具体需求，定制开发专用的缺陷跟踪系统。

从技术实现的角度来看，缺陷跟踪管理系统是一个数据库应用程序，由前台用户界面、后台缺陷数据库以及中间数据处理层构成。目前，许多缺陷跟踪管理系统采用B/S架构实现。这类系统的用户界面显示的信息会根据用户角色的不同而有所差异，因为不同角色使用系统完成的任务各不相同。例如，测试人员使用系统报告缺陷或确认缺陷是否可以关闭；开发人员使用系统了解需要处理的缺陷及其处理后的状态；项目负责人则需要及时掌握当前的新缺陷情况和必须优先修正的缺陷。此外，不同角色的数据操作权限也有所不同。例如，开发人员无法通过用户界面向数据库添加新的缺陷信息，也无法关闭已知的缺陷；而测试人员则无法决定将缺陷分配给谁去修复，也无法决定是否修复某个缺陷。图6-4展示的是国内流行的码云平台缺陷管理系统。

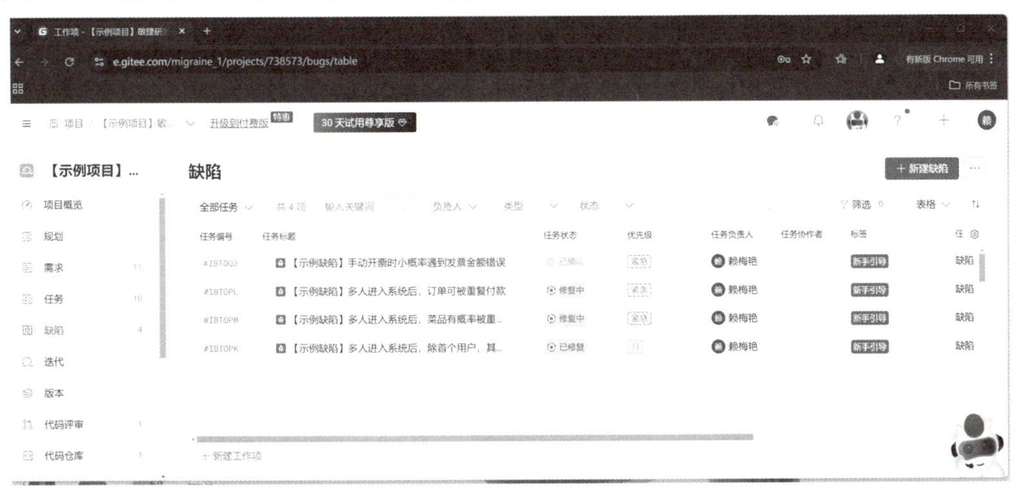

图6-4　码云平台缺陷管理系统

图6-4展示了记录的软件缺陷信息。每个缺陷条目包括任务编号(缺陷编号)、任务标题(缺陷描述)、任务状态(缺陷状态)、优先级以及任务负责人等。用户可以通过调整信息显示查看所有字段，或者双击条目以查看软件缺陷的详细信息。此外，授权人员可以执行新建、查询、打开、编辑和关闭软件缺陷等操作。

软件缺陷跟踪数据库最常用的功能之一是输入和查询软件缺陷，以获取所需的缺陷清单。由于软件缺陷数据库可能包含成千上万的条目，在这样庞大的清单中进行手工排序是不现实的。将软件缺陷存储在数据库中的优势在于，查询变得简单而高效。软件缺陷数据库的查询，与大多数同类工具一样，允许使用逻辑与、逻辑或以及括号运算符来构建查询条件。从查询结果可以看到缺陷编号、缺陷名称、状态、优先级、严重性、解决方法和产品名称等信息。通常，这些信息足以满足需求，但在某些情况下，用户可能希望查看更详细或更简洁的信息。软件缺陷数据库通过导出窗口提供了灵活的字段选择，以满足不同需求。例如，如果只需要一个简单的软件缺陷列表，可以导出仅包含软件缺陷编码和标题的简易清单；而如果要详细讨论软件缺陷，则可以导出包含软件缺陷编号、缺陷名称、优先级、严重性以及指定人员等字段的详细清单。

综上所述，借助软件缺陷跟踪系统，不仅可以查询软件缺陷，还能够识别缺陷类别，评估发现软件缺陷的效率，并追踪已修复的缺陷数量。该系统能够提取各种实用且重要的数据，从而展示测试工作的成效和项目的进展情况。测试人员或项目管理员能够通过这些数据识别出是否需要扩展测试范围，以及测试工作是否与预先设定的测试计划保持一致。

引入缺陷跟踪管理系统是软件公司构建测试组织的基石，它能够满足当前及未来软件测试业务不断增长的需求。一旦这项基础工作得到妥善执行，不仅可以确保初期测试项目的顺利进行，还能为未来的大规模测试项目实施奠定坚实的基础。

6.6.2 手工报告和跟踪软件缺陷

在软件测试过程中，每个测试用例的结果都必须被记录。若采用上述软件缺陷数据库跟踪系统，测试工具将自动记录软件缺陷的相关信息。相反，若测试采用手工记录和跟踪软件缺陷的方式，相关信息则可以直接记录在相应的文档中。如图6-5所示为根据ANS/IEEE829-1998标准设计的软件缺陷报告文档。

图6-5所示表格为单页文档，其设计宗旨在于搜集和记录软件缺陷识别与描述所需的关键信息。同时，它还包含了在软件缺陷生命周期中进行追踪的相关项目。测试人员完成填写后，此表格将移交至软件缺陷修复人员以供处理。修复人员可以在表格中详细记录修复过程，包括潜在的解决方案等选项。此外，表格中设有项目，供测试人员在软件缺陷解决后进行重新测试及关闭缺陷的相关工作记录。表格底部设有签名区域，在多个行业中，当缺陷得到解决时，测试人员需签名确认。对于规模较小的项目，此类表格完全能够满足需求。

对于需求更为严格的大型项目，可根据具体情况在表格中增加额外信息，以满足各自的特殊需求。

公司名称：________ BUG 报告：________ BUG#：________

软件：________ 版本：________

测试员：________ 日期：________

严重性：________ 优先级：________ 是否会重现：是　否

标题：________

描述：________

____

____

解决办法：________

解决日期：________ 解决人：________ 版本号：________

解决描述：________

____

重新测试人：________ 测试版本号：________ 测试日期：________

重新测试描述：________

____

姓名：

策划：________ 测试：________

编程：________ 项目管理：________

销售：________ 技术支持：________

图6-5　软件缺陷报告文档

6.7　软件测试评估

软件测试评估主要有两个目的：其一，通过量化测试进度，评估软件测试的当前状态，以决定何时可以结束测试；其二，为最终的测试报告或软件质量分析报告提供必要的量化数据，例如缺陷清除率和测试覆盖率等。软件测试评估为软件测试过程中的阶段性总结，通过生成的软件测试评估报告来确定软件测试是否达到了既定的完整性和成功标准。

软件测试评估贯穿整个软件测试周期，可以在每个测试阶段结束前进行，也可以在测试周期中的任意时间点进行。软件测试的评估方法主要包括覆盖评估和质量评估。测试覆盖评估是对测试完整性程度的评估，它基于测试覆盖，测试覆盖是通过测试需求、测试用例的执行情况或已执行代码的覆盖来表示的。质量评估则是对测试对象的可靠性、稳定性和性能进行评估，建立在对测试结果的评估以及对测试过程中发现的缺陷及其修复情况的分析基础之上。

6.7.1　覆盖评测

覆盖评测指标作为衡量软件测试完整性的重要工具，常被用于评估测试的有效性。最为常见的覆盖评测方法包括基于需求的测试覆盖与基于代码的测试覆盖，这两种方法分别对需求(基于需求的)或代码的设计和实施标准(基于代码的)的完整性进行评估。

测试活动的系统性应建立在测试覆盖策略的基础之上。一旦需求被完全分类，基于需求的覆盖策略便足以产生可量化的测试完整性评估。例如，若所有性能测试需求都已被识别，那么可以通过引用测试结果来进行评估(如已验证了75%的性能测试需求)。而采用基于代码的覆盖策略时，测试策略则通过已执行源代码的覆盖率进行表示。这两种评估方法均可通过手工计算或使用测试自动化工具完成。

1. 基于需求的测试覆盖

在需求导向的测试过程中，测试的覆盖范围需要在测试流程的多个阶段进行反复评估，并在每个测试阶段的结束时提供相应的覆盖度量。例如，包括计划内的测试覆盖范围、已实施的测试覆盖范围以及成功实施的测试覆盖范围等。

1) 需求导向的测试覆盖率

需求导向的测试覆盖率可以依据以下公式进行计算：

$$测试覆盖率=T^{(p,i,x,s)}/RfT\times 100\%$$

其中，T是用测试过程或测试用例表示的已计划、已实施或成功的测试需求数量；RfT是测试需求的总数。

2) 制订测试计划过程中的测试覆盖率

在制订测试计划的过程中，测试覆盖范围的计算方法如下：

$$计划的测试覆盖率=T^{p}/RfT\times 100\%$$

其中，T^{p}是用测试过程或测试用例表示的计划测试需求数量；RfT是测试需求的总数。

3) 执行测试过程中的测试覆盖率

在执行测试的过程中，由于测试正在进行，测试覆盖率的计算使用以下公式：

$$已执行的测试覆盖率=T^{i}/RfT\times 100\%$$

其中，T^{i}是用测试过程或测试用例表示的已执行测试需求数量；RfT是测试需求的总数。

4) 进行测试活动时的测试覆盖率

在进行测试活动时，确定成功的测试覆盖率(即在执行过程中未出现失败的测试，例如未发现缺陷或意外结果的测试)可以通过以下公式进行计算：

$$成功的测试覆盖率=T^{s}/RfT\times 100\%$$

其中，T^{s}是用完全成功且没有缺陷的测试过程或测试用例表示的已执行测试需求数量；RfT是测试需求的总数。

在进行测试时，通常会依赖两个关键的测试覆盖度量指标：其一是已执行测试的覆盖率，其二是成功的测试覆盖率，后者指的是在执行过程中未出现失败的测试所占的比例。例如，那些未发现缺陷或未产生意外结果的测试，覆盖率是评估测试效果的重要指标。通过将这些指标与既定的成功标准进行对比，可以判断测试是否达到了预期效果。如果测试结果与标准不符，这些指标还可以帮助预测剩余的测试工作量。

2. 基于代码的测试覆盖

代码测试覆盖率评测衡量的是在测试过程中已执行的代码量，与之相对的是尚未执行测试的代码量。代码覆盖率可以基于控制流(语句、分支或路径)或数据流来建立。控制流覆盖旨在测试代码行、分支条件、代码路径以及软件控制流的其他元素。而数据流覆盖则侧重于通过软件操作来验证数据状态的有效性。例如，数据元素在使用前是否已被定义。许多测试专家认为，度量代码覆盖率是测试团队在测试工作中极为重要的一项任务。

代码测试覆盖率的计算公式如下：

$$基于代码的测试覆盖率=I^{e}/T_{\text{lic}}\times 100\%$$

其中，I^{e}是用代码语句、代码分支、代码路径、数据状态判定点或数据元素名表示的已执行代码数；T_{lic}是代码的总数。

代码测试覆盖评估可以通过使用代码覆盖工具来完成，这些工具拥有友好的用户界面，操作简便。它们能够测量语句、分支或路径的覆盖程度，并向开发人员或测试人员提供反馈，指出哪些语句、路径或分支已被测试用例执行，哪些尚未执行。

显然，在软件测试领域，执行基于代码的测试覆盖评估工作具有重大意义，因为任何未经过测试的代码都可能成为潜在的风险因素。通常情况下，代码覆盖在较低级别的测试(如单元测试和集成测试)中效果最佳，这些级别的测试通常由开发人员执行(这是一个明智的选择，因为对代码中未测试部分的分析最好由最熟悉代码的人来完成)。即便在使用了代码覆盖工具的情况下，也应优先设计单元测试用例，以确保覆盖程序规格说明的所有方面，然后再根据代码本身来设计其他测试用例。

在众多软件企业中，代码覆盖率常被视为关键的衡量标准。一些企业甚至不惜投入巨资，努力将代码覆盖率从85%提升至90%。虽然这种做法无可厚非，但确保这90%已测试代码的“正确性”才是至关重要的。换言之，即便采用代码覆盖率作为度量标准，也必须结合某种基于风险的方法。即便代码覆盖率达到了100%，这种做法同样适用，因为优先测试关键组件并修复其中的软件缺陷是极为有益的。在实际测试中，看到覆盖率从50%增长到90%无疑是一个积极的信号。然而，覆盖率从50%增长到51%的价值却并不明显。换句话说，如果采用基于风险的测试方法，确保风险最高的组件优先得到测试，那么每次覆盖率的提升都具有可量化的价值。如果测试不是基于风险进行的，那么理解覆盖率提升的意义就更加困难。还有一个有趣的现象是，将覆盖率从95%提升至100%的成本，往往高于将覆盖率从50%提升至55%的成本。如果运用基于风险的技术，那么最后这5%的覆盖率提升不会导致测试工作成本过高，因为这部分通常风险最低。这实际上是在权衡建立和运行这些额外测试所需资源的价值。然而，无论如何，坚持到底始终是测试工作的基本原则。

对于软件测试项目而言，单纯地执行所有代码并不能确保软件质量。换言之，即便所有代码都经过了测试，也无法保证它们完全符合客户需求、需求规格和设计标准。

在典型的软件开发流程中，用户需求被记录并形成需求规格说明书，这些说明书随后指导设计过程，并基于设计成果编写代码。通过测试代码，可以验证代码是否与设计相符，但这并不能证明设计是否满足了需求。基于需求的测试用例能够揭示需求是否得到满足，以及设计是否与需求相符。因此，关键在于根据代码、设计和需求来构建测试用例。显然，仅依靠基于代码的测试覆盖评估，并不能证明软件满足了既定需求。

6.7.2 质量评测

测试覆盖率的评估为测试完整性提供了一个重要的衡量标准，而对测试过程中发现的缺陷进行评估，则是衡量软件质量的最佳指标。由于质量反映了软件满足需求的程度，因此在这种背景下，缺陷被视为一种变更请求，测试的目标是识别出不符合需求的部分。

缺陷评估的方法多种多样，从简单的缺陷计数到复杂的统计建模，各种方法都有其应用场景。

测试的有效性度量通常基于缺陷分析构建。缺陷分析是指对缺陷在一个或多个相关参数上的分布进行研究。这种分析不仅为软件可靠性提供了指标，还为识别软件可靠性的缺陷趋势和分布提供了重要的判断依据。在进行缺陷分析时，通常会关注以下4个主要参数。

- 状态：指缺陷的当前状态，例如是否处于打开、正在修复或已关闭等。
- 优先级：反映修复缺陷的紧迫性和重要性，以及应优先处理的时间。
- 严重性：衡量软件缺陷的严重程度，以及其对产品和用户可能产生的影响。
- 起源：指导致缺陷的根本原因及其发生的位置，或者为了排除缺陷而需要修改的软件组件。

缺陷分析通常通过以下4种形式的度量来提供缺陷评测。

- 缺陷发现率。
- 缺陷潜伏期。
- 缺陷密度。
- 整体软件缺陷清除率。

通过这些软件缺陷生成的评测，可以评估当前软件的可靠性，并预测在持续测试和排除缺陷的过程中，可靠性将如何提升。

1. 缺陷发现率

缺陷发现率通过将发现的缺陷数量作为时间的函数进行评估，从而创建缺陷趋势图。在该趋势图中，时间轴位于x轴，而同期检测到的软件缺陷数量则位于y轴。图中的曲线描绘了软件缺陷随时间推移的变化情况，如图6-6所示。

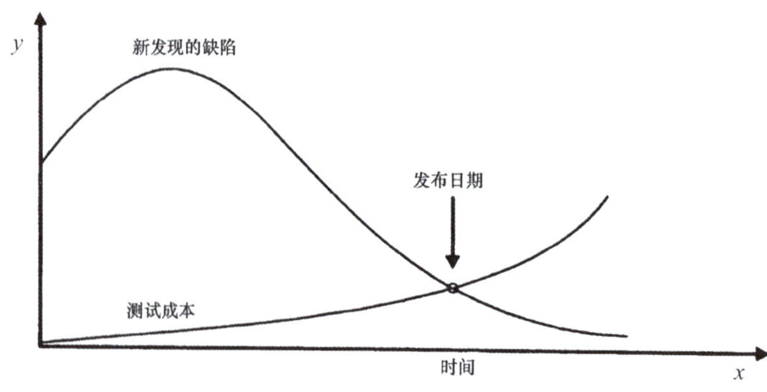

图6-6 缺陷发现率

众多软件企业将缺陷检出率视为判断软件产品是否达到发布标准的关键指标。一旦缺陷检出率降至既定阈值以下，通常会被认为产品已具备上市条件。在实际操作中，检出率的下降往往被视为积极信号。然而，仍需警惕可能导致检出率降低的其他因素，例如工作量的减少或缺乏新的测试用例等。因此，关键的决策过程通常需要依赖多个辅助指标。

如图6-6所示，在测试过程中，缺陷趋势呈现出一种可预测的模式。在测试初期，缺陷率迅速攀升，并在达到峰值后，随着时间的推移，缺陷率以较慢的速度下降。当新发现缺陷的数量开始减少时，假设工作量保持不变，那么发现每个缺陷的成本将逐渐增加。因此，继续测试到某个阶段后，成本将随之上升。此时，关键任务是估算出现这种情况的时间点。随着测试和修复的推进，缺陷发现率最终会降低。此时可以设定一个阈值，一旦缺陷发现率降至该阈值以下，即可对软件产品进行发布。

然而，由于未发现缺陷的性质和严重程度仍然未知，测试工作中的不确定性依然存在。采用基于风险的技术可以在一定程度上缓解这种不确定性。实际上，时间或预算的耗尽往往是测试终止的现实原因。但在实际的软件开发过程中，并非总是追求产品的完美实现，而是力求将产品风险控制在可接受的范围内。有时，由于市场竞争或现有系统失效等原因，交付一个完美无缺的产品所承担的风险，可能超过了交付一个略有瑕疵产品的风险。实际上，另一个重要的指标用于判断系统是否可以发布，那就是在评测过程中发现的缺陷严重程度的趋势。如果运用基于风险的技术，有望实现缺陷发现率的显著下降，同时预期缺陷的严重程度也将相应降低。如果未观察到这种趋势，那么系统可能尚未达到交付使用的标准。

2. 缺陷潜伏期

缺陷潜伏期是评估测试有效性的重要指标，通常也被称为阶段潜伏期。它是一种衡量缺陷分布的特殊方式。在测试实践中，缺陷发现得越晚，其造成的损害通常越大，修复成本也随之增加。因此，在高效的测试过程中，缺陷往往会被更早地发现。表6-1所示展示了项目缺陷潜伏期的度量方法。在实际项目中，可能需要根据特定的软件开发生命周期以及测试阶段的数量和名称，对这一度量进行调整。例如，在总体设计评审阶段发现需求缺陷，其阶段潜伏期可以设定为1；而如果一个缺陷直到产品试运行阶段才被发现，其阶段潜伏期则可以设定为8。

表6-1 项目缺陷潜伏期的度量

缺陷造成阶段	发现阶段									
	需求	总体设计	详细设计	编码	单元测试	集成测试	系统测试	验收测试	试运行产品	发布产品
需求	0	1	2	3	4	5	6	7	8	9
总体设计		0	1	2	3	4	5	6	7	8
详细设计			0	1	2	3	4	5	6	7
编码				0	1	2	3	4	5	6
总计										

如表6-2所示，该项目中缺陷分布情况按照缺陷产生的阶段和发现的阶段进行了分类。例如，在总体设计、详细设计、编码、系统测试、验收测试、试运行产品和发布产品阶段分别检测出8个、4个、1个、5个、6个、2个和1个需求缺陷。如果曾通过分析缺陷来确定它们的引入时间，从这个统计表中可以看出，对项目缺陷分布进行统计是一项极其细致的工作。

表6-2　项目中缺陷的分布

缺陷造成阶段	发现阶段										
	需求	总体设计	详细设计	编码	单元测试	集成测试	系统测试	验收测试	试运行产品	发布产品	缺陷总量
需求	0	8	4	1	0	0	5	6	2	1	27
总体设计		0	9	3	0	1	3	1	2	1	20
详细设计			0		3	4	0	0	1	8	31
编码				0	62	16	6	2	3	20	9
总计	0	8	13	19	65	21	14	9	8	30	187

通过对项目在不同阶段产生的缺陷以及在各阶段发现的缺陷进行统计分析，可以根据软件开发生命周期中各阶段的缺陷潜伏期加权值，评估缺陷发现过程的有效性以及修复软件缺陷所需的成本。在此过程中，引入了“缺陷损耗”的概念，这是一种通过使用阶段的潜伏期和缺陷分布来衡量缺陷消除活动有效性的度量方法。缺陷损耗的计算公式如下：

$$缺陷消耗=\frac{缺陷数量\times发现的阶段潜伏期加权值}{缺陷总量}$$

表6-3展示了项目中各个缺陷的损耗值，这些值是基于缺陷潜伏期加权后的已识别缺陷数量。以验收测试阶段为例，共发现9个缺陷。其中6个缺陷源自项目的需求阶段。由于这些在验收测试中发现的缺陷原本可能在之前的7个阶段中的任何一个被识别，因此将这些在验收测试之前一直未被发现的需求缺陷的加权值定为7。因此，在验收测试期间识别出的需求缺陷加权值为42(即6乘以7等于42)。

表6-3　一个项目的各个缺陷损耗值

缺陷造成阶段	发现阶段										
	需求	总体设计	详细设计	编码	单元测试	集成测试	系统测试	验收测试	试运行产品	发布产品	缺陷总量
需求	0	8	8	3	0	0	30	42	16	9	4.3
总体设计		0	9	6	0	4	15	6	14	8	2.1
详细设计			0	15	6	12	0	0	6	42	2.6
编码				0	62	32	18	8	15	120	2.7
总计											2.7

通常情况下，缺陷损耗数值越低，表明缺陷检测过程越高效(理想情况下，该数值应接近1)。作为一个独立的数值，缺陷损耗本身意义有限，但当它被用来衡量测试有效性的长期趋势时，其价值便得以显现。

3. 缺陷密度

软件缺陷密度是指通过平均估算法来评估软件中缺陷分布的密度指标。通常以千行代码为单位来衡量程序代码，软件缺陷密度的计算公式如下：

$$软件缺陷密度=\frac{软件缺陷数量}{代码行和功能点的数量}$$

例如，一个项目包含100千行代码，软件测试团队在测试过程中共识别出450个软件缺陷。据此计算出的软件缺陷密度为4.5(即450÷100)，这意味着在每千行代码中，平均会出现4.5个缺陷。如图6-7所示。

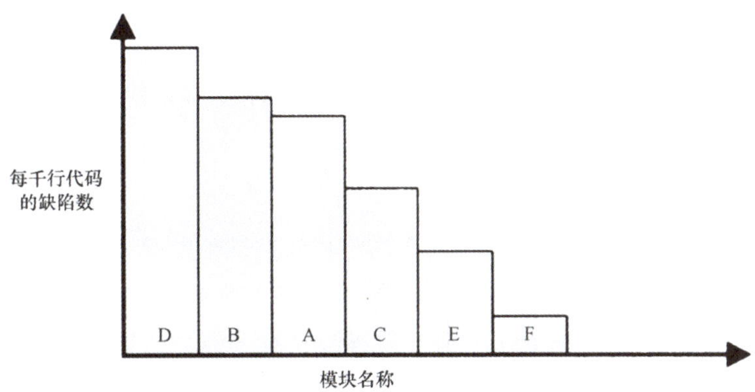

图6-7　各个模块中每千行代码的缺陷密度

图6-7揭示了项目中各个模块每千行代码的缺陷密度。观察该图可知，模块D的缺陷密度相对较高。经验表明，在系统中曾经检测到大量缺陷的区域，即使在初步测试阶段后进行了缺陷修复，这些区域往往仍会持续出现较多缺陷。因此，缺陷密度的数据对于测试人员来说是宝贵的，它能指导测试人员将更多的关注点放在那些系统中潜在问题较多(即容易出错)的部分。

然而，在实际的评估过程中，缺陷密度这一度量标准显得极为不完善，其度量本身并不全面。一些测试人员试图将测试过程中发现的缺陷数量作为测试有效性的衡量标准，但这里存在一个主要问题：并非所有缺陷都具有相同的构造。不同软件缺陷的严重性、对产品和用户的影响程度以及修复这些缺陷的紧迫性都有显著差异。因此，对缺陷进行“分级和加权”处理是必要的。通过提供软件缺陷在不同严重性级别或优先级上的分布情况作为补充度量，可以使得评估更加全面且更具实际应用价值。在测试工作中，大多数缺陷都记录了其严重程度的等级和优先级，因此这一问题通常能够通过合理分级得到妥善解决。例如，图6-8展示了软件缺陷在各优先级上的分布情况。

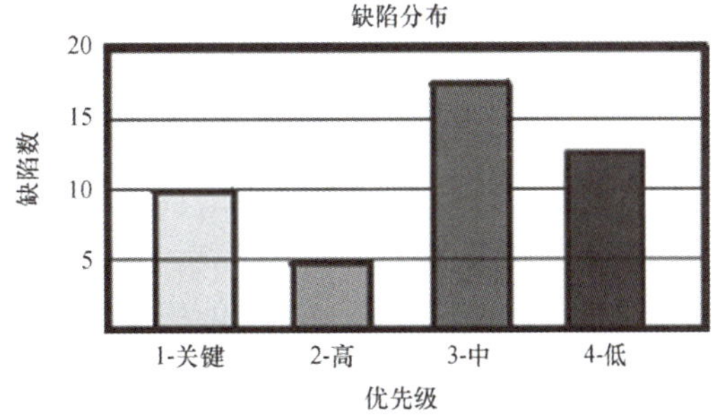

图6-8　各优先级上软件缺陷分布图

4. 软件缺陷清除率

为了估算软件缺陷清除率，首先需要引入几个关键变量：*F*代表用于描述软件规模的功能点数量，D_1代表在软件开发过程中发现的所有软件缺陷数，D_2代表软件发布后发现的软件缺陷数，而D代表发现的总软件缺陷数。基于这些变量，可以得出$D=D_1+D_2$的关系。

对于一个软件项目，可以使用以下公式从不同角度来评估软件质量：

(1) 质量(每个功能点的缺陷数)=D_2/F

(2) 软件缺陷注入率=D/F

(3) 整体软件缺陷清除率=D_1/D

例如，假设软件有200个功能点，即F=200。在软件开发过程中发现了40个软件缺陷，而在软件发布后又发现了2个软件缺陷，因此D_1=40，D_2=2，$D=D_1+D_2$=42。接下来，将应用上述公式，从不同角度评估软件的质量：

(1) 质量(每个功能点的缺陷数)=D_2/F=2/200=0.01=1%

(2) 软件缺陷注入率=D/F=40/200=0.20=20%

(3) 整体软件缺陷清除率=D_1/D=40/42=0.9523=95.23%

根据现有资料统计，美国软件公司的平均整体软件缺陷清除率为85%，而一些管理得当、享有盛誉的知名软件公司，其主流软件产品的整体软件缺陷清除率可高达98%。

软件缺陷评测用于衡量测试的有效性，并通过生成的各种度量来评估当前软件的可靠性。此外，它在预测继续测试并排除缺陷时可靠性如何增长方面也是有效的。然而，这些度量本身并不全面，因此在评测中需要结合覆盖评测度量进行补充。当缺陷分析与测试覆盖率相结合时，可以提供更为卓越的评估，并基于此建立测试完成的标准。

6.8 测试总结报告

测试总结报告旨在汇总测试活动的成果，并基于这些成果对测试过程进行评估。此类报告是测试人员对测试工作的归纳，旨在揭示软件的潜在限制及失效风险。在测试周期的尾声，为每个测试计划编写一份对应的测试总结报告是必要的。从本质上讲，测试总结报告是测试计划的延伸，它实现了对测试计划的“闭环”效应。实际上，撰写测试总结报告并不需要耗费过多时间，因为报告中所包含的信息大多是测试人员在软件测试全过程中需要持续收集和分析的。如图6-9所示为一个符合IEEE 829-1998的软件测试文档编制规范的测试总结报告模板。

IEEE 829-1998软件测试文档编制标准

测试总结报告模板

目录

1. 测试总结报告标识符
2. 总结
3. 差异
4. 综合评估
5. 结果总结
   5.1已解决的意外事件
   5.2未解决的意外事件
6. 评价
7. 建议
8. 活动总结
9. 审批

图6-9 测试总结报告模板

(1) 测试总结报告标识符。报告标识符是唯一标识报告的ID，用于测试总结报告的管理、定位和引用。

(2) 总结：本部分主要概述所进行的测试活动，包括软件版本的发布、测试环境等。通常还包含测试计划、测试设计规格说明、测试规程以及测试用例的参考信息。

(3) 差异：本部分内容主要描述计划中的测试工作与实际执行的测试之间存在的所有差异。对于测试人员而言，这部分内容至关重要，因为它有助于他们掌握各种变更情况，并对如何改进未来的测试计划过程有更深入的理解。

(4) 综合评估：综合评估在这一部分中，应根据测试计划中设定的标准，对测试过程的完整性进行评估。这些标准是基于测试清单、需求、设计、代码覆盖，或这些因素的综合结果构建的。在此，需要明确指出那些未被充分覆盖的特性或特性组合，并对任何新识别的风险进行讨论。同时，还应报告并解释所有采用的测试有效性度量指标。

(5) 结果总结：测试结果总结这部分内容旨在汇总测试结果。应明确标出所有已解决的软件缺陷，并概述这些缺陷的解决策略。同时，还需要指出所有未解决的软件缺陷。此外，这部分内容还应包括与缺陷及其分布相关的度量数据。

(6) 评价：评价在这一部分中，应对每个测试项进行综合评价，包括对各项测试的局限性进行详细分析。例如，对于可能存在的局限性，可以使用以下语句进行描述："系统无法同时支持超过100名用户"或"当吞吐量超过特定范围时，性能将下降至……"。此外，这部分内容还可能涵盖对系统在测试期间展现的稳定性和可靠性的评估，以及对测试期间观察到的失效进行分析，讨论失效的可能性。

(7) 建议：针对本次测试活动暴露出的问题，进行合理建议。

(8) 活动总结：应概括主要的测试活动和事件。总结资源消耗数据，包括人员配置的总体水平、总机器时间，以及在每一项主要测试活动上所花费的时间。这部分内容对测试人员至关重要，因为它记录的数据可用于估算未来测试工作量所需的信息。

6.9 本章小结

本章为软件测试人员提供了一份详尽的指南，涵盖了软件测试报告的编写与测试评估的各个方面，旨在指导测试人员如何高效地记录软件缺陷，并传授软件测试评估的相关知识。首先，开篇介绍了软件缺陷的定义、分类和特性，随后深入探讨了软件缺陷的生命周期、缺陷的隔离与复现技巧，以及测试人员应如何妥善处理软件缺陷。接着，详细阐述了报告软件缺陷的基本原则、IEEE标准的软件缺陷报告模板，以及缺陷跟踪管理的实践。最后，深入分析了软件测试的评估方法，包括覆盖度评估和质量评估，并提供了测试总结报告的模板和撰写要点。本章为软件测试人员构建了一套全面的测试流程和评估体系，以确保软件产品的质量符合既定标准。

6.10 思考和练习

一、填空题

1. 软件测试的目的是确保软件产品的质量达到________标准。

2. 测试报告记录了软件中发现的________情况。

3. 测试评估包括________评价和对软件性能、稳定性和可靠性的综合评价。

4. 测试总结报告模板中，测试结果总结部分应明确标出所有已解决的软件缺陷，并概述这些缺陷的________策略。

5. 在测试总结报告中，审批部分应列出所有拥有审批权的所有人员的________和职务。

二、判断题

1. 测试报告中无须记录软件缺陷的详细信息。 (　　)

2. 测试评估只关注软件的性能，不包括稳定性与可靠性。 (　　)

3. 测试总结报告模板中，差异部分描述了计划中的测试工作与实际执行的测试之间存在的所有差异。 (　　)

4. 测试总结报告的审批人员与审批相应测试计划的人员可以不同。 (　　)

5. 软件缺陷的生命周期包括缺陷的隔离与复现。 (　　)

三、简答题

1. 什么是软件缺陷的生命周期？

2. 报告软件缺陷的基本原则有哪些？

3. 测试总结报告的目的是什么？

4. 如何进行软件测试的覆盖度评价？

5. 软件缺陷密度如何计算？

第 7 章

软件测试项目管理

软件测试在软件生命周期中扮演着至关重要的角色，是确保软件质量的关键环节。为了确保软件项目能够按时、高质量且在预算内完成，强化测试工作的组织和科学管理显得尤为关键。在项目管理领域中，存在众多理论体系，对项目管理的解读也各具特色，而各种组织的最佳实践模型更是层出不穷。因此，对于一个特定的软件测试项目，究竟需要哪些管理措施才能确保项目可控，并逐步迈向成功呢？本章将详细介绍和深入探讨软件测试项目的基本特性、项目管理理念、核心原则、方法论以及实用技巧。

本章学习目标：

- 了解测试项目和测试项目管理的概念，掌握测试项目管理的基本原则，以及软件测试项目的范围管理。
- 了解软件测试文档的作用、类型及主要软件测试文档，并掌握编写软件测试文档的技能。
- 了解软件测试的组织与人员管理，包括软件测试的组织结构、人员配置、沟通机制、激励措施和培训等。
- 了解软件测试过程管理、风险管理和成本控制。

7.1 软件测试项目管理基础

7.1.1 软件测试项目管理概述

1. 测试项目

测试项目是在特定组织结构下，运用有限的人力、财力等资源，在既定环境和要求下，针对特定软件执行特定测试目标的阶段性任务。该任务需要满足既定的质量、数量和技术指标等标准。测试项目通常具备以下基本特性。

(1) 项目的独特性。每个测试项目都有其独特且明确的目标，以及明确的时间限制、预算、质量和技术指标等要求。

(2) 项目的组织性。测试项目的实施需要一定数量的人员参与。这些人员可能承担不同的角色，但必须遵循特定的组织结构和分工原则。项目完成后，相关的组织结构将解散。

(3) 测试项目的生命期。测试项目从启动到结束，经历一个完整的过程，这一过程称为测试项目的生命周期。通常，项目的生命周期被划分为启动阶段、计划阶段、执行阶段和收尾阶段。

(4) 测试项目的资源消耗特性。完成测试项目需要消耗多种资源，包括人力资源、资金、硬件设施、软件工具以及其他在项目执行过程中必需的资源。

(5) 测试项目目标的冲突性。每个测试项目在实施过程中都会受到范围、时间和成本等多方面的限制，这些限制被称为“三约束”。为了确保测试项目的成功，必须综合考虑范围、时间、成本这三个核心要素。然而，这些目标之间并不总是和谐一致，往往存在冲突。因此，如何在这些目标之间找到平衡点，是决定测试能否成功完成的关键因素。

(6) 软件测试项目的特性。软件测试项目兼具智力密集型和劳动密集型的特性，受人力资源影响最为显著。项目成员的构成、责任心、技能水平以及稳定性对测试的执行和产品质量具有重大影响。

(7) 测试项目结果的不确定性。每个测试项目都是独一无二的，但有时难以明确界定测试项目的目标、精确的质量标准、任务的界限，以及如何判断何时可以终止软件测试的标准。对于所需时间和成本的估算同样难以精确。此外，测试项目过程中可能遇到的技术和规模等不确定性因素，都会为测试项目的实施带来风险，增加项目失败的可能性。

鉴于测试项目具备上述特点，特别是面临的潜在失败风险，优秀的测试人员和科学的管理方法是确保测试项目成功的关键。

2. 测试项目管理

测试项目管理以测试项目为核心对象，依托于一个临时性的专业测试团队，运用专业的软件测试知识、技能、工具和方法，对项目进行规划、组织、执行和控制。同时，它涉及对时间成本、软件测试质量等方面的分析和管理，贯穿测试项目的整个生命周期，实现对各阶段的综合管理。

测试项目管理具备以下基本特征。

(1) 系统工程的理念贯穿于测试项目管理的整个过程。在测试项目管理中，测试项目被视为一个具有完整生命周期的系统。软件系统的测试被细分为若干阶段，每个阶段都有其特定的任务、特点和方法。这些阶段需要按照既定要求逐一完成，因为任何阶段或部分任务的失败都可能对整个测试项目的结果产生重大影响。因此，测试管理必须配备相应的管理策略。

(2) 测试项目管理的组织具有特殊性。测试团队是围绕测试项目本身来组织的，具有临时性特点，直接服务于测试项目的执行。一旦测试项目完成，测试团队的任务也随之结束。此外，测试团队具有灵活性，能够根据测试项目生命周期中不同阶段的需求进行重组和资源调配。测试团队强调协调控制和沟通职能，以确保测试项目目标的顺利达成。

(3) 营造并维护促进测试工作的环境。测试项目管理的关键在于营造并维护一个有利于测试工作顺利进行的环境，以确保身处其中的人员能够协同合作，共同完成既定目标。软件测试项目管理的成功与否受到三个核心层面的影响：项目组内部环境、项目所处的组织环境以及整个开发流程所控制的全局环境。这三个环境要素直接关系到软件项目的可控性。项目组管理、项目过程模型、组织支撑环境以及项目管理接口，分别是上述三个环境中的核心要素。

(4) 测试项目管理的方法、工具和技术手段展现出现代性。测试项目管理运用科学、现代的管理理论和方法。例如，通过目标管理、全面质量管理、技术经济分析，以及使用先进的测试工具和综合跟踪数据库系统等手段，实现对目标和成本的有效控制。

2. 测试项目管理的基本原则

软件测试项目管理应当在任何测试活动开始之前启动，并在整个测试项目的定义、规划和执行过程中持续进行。为了确保测试过程的顺利管理，遵循以下测试项目管理的基本原则至关重要。

(1) 始终将质量置于首位。测试工作的核心目标是确保产品质量。因此，应在测试团队中树立“质量是生存之本”的理念，并建立一套与之相符的质量责任体系。

(2) 确保需求的可靠性。测试工作的基础在于准确理解需求定义。因此，必须有一个经过所有相关方一致认可的、明确的、全面的、详尽的且切实可行的需求定义。只有当测试人员充分理解软件的需求定义，包括书面规范或默认规范，他们才能制定出恰当的测试策略、有条不紊地安排工作、制定系统的解决方案以及合理的时间表。

(3) 确保预留充足的时间。根据经验，随着系统分析、设计和实施的深入，客户的需求会不断涌现，需求的变更会引发项目进度、系统设计、程序代码以及相关文档的调整和修订。在这一过程中，新的问题可能随之产生，而受影响最严重的往往是软件测试环节。由于程序设计和实现的延期，以及最终期限的严格限制，测试时间往往被大幅压缩。因此，必须为测试计划、测试用例设计、测试执行(尤其是系统测试)以及它们的评审等环节预留充足的时间，以避免临时抱佛脚的方式完成项目测试工作。

(4) 高度重视测试计划。测试计划中应明确阐述关键要素，包括测试目标、测试范围、测试风险、测试方法和测试环境等。此外，项目计划中还应为错误修正、重新测试和变更管理预留充足的时间。

(5) 适时采用测试自动化或测试工具。现代项目管理工具融合了项目管理的理念和方法，使得测试人员能够轻松地进行项目管理的过程控制以及进度和费用的跟踪。在适当的项目中，软件测试工具能够显著减轻工作负担，并确保测试结果的精确性。测试工作的一个显著特点是“重复性”。因此，前期的准备工作必须充分且有计划，避免盲目进行。为了支持测试工作，应当建立一个稳固的平台。首先，至少需要一个测试用例管理工具，用于存储测试用例及其执行信息。其次，应配备一个软件缺陷管理工具，以全程跟踪缺陷状态，并及时进行分析和清理。最后，应有一个测试报告工具，用于统计和分析测试数据。

(6) 构建一个独立的测试环境。在建立测试环境时，必须与相关人员仔细审查环境的软硬件配置。测试环境可以根据需要有不同规模，对于预算有限的情况，几台计算机也可以构成一个测试环境。然而，关键在于保持其“独立性”——在该测试环境中仅进行测试工作，避免执行任何其他任务。切勿使用开发人员的计算机进行测试，否则测试环境的混乱将不可避免地影响测试结果。

(7) 通用项目管理原则。通用项目管理原则涵盖了流畅且有效的沟通、文档的一致性与及时更新，以及项目的风险管理等方面。对于测试中出现的风险，必须给予细致的关注，并采取更为迅速的应对策略。软件测试项目中，沟通失败往往是最大的隐患。软件测试项目成功的三大关键因素包括用户的积极参与、与开发团队的紧密协作，以及管理层的坚定支持。这三个要素都建立在优秀的沟通技巧之上。沟通管理的目标在于及时且恰当地创建、收集、分发、存储和处理项目信息。有效的沟通管理能够营造一个积极的环境，使项目成员在报告项目状态时感到安全，并确保项目基于准确、数据驱动的事实顺利进行。

7.1.2 软件测试项目的范围管理

测试项目范围管理旨在明确项目必须完成且仅限于完成的工作内容，同时为其他测试项目管理活动提供指导，以确保测试任务的顺利执行。这里的“必须完成且仅限于完成”强调了项目中核心工作的必要性，避免了额外任务。这种策略有助于以最低的成本和最短的时间完成测试。

一旦项目目标确定，接下来的步骤是明确需要执行哪些工作或活动以达成项目目标，这涉及创建一个包含所有项目活动的详尽清单。制定这样的清单通常有两种方法：其一，对于小型测试项目，测试团队可以采用“头脑风暴法”，结合经验总结和集体智慧来形成清单；其二，对于更大、更复杂的项目，则需要建立一个工作分解结构(WBS)和任务清单。

工作分解结构(WBS)是将软件测试项目细分为更易于管理的部分或细目，这些细目共同构成了整个软件测试项目的工作范围。WBS是进行范围规划时使用的关键工具之一，它代表了测试项目团队在项目期间必须完成或交付的最终细目层级树。WBS组织并定义了整个测试项目的范围，任何未列入WBS的工作都将被排除在项目范围之外。

进行工作分解是至关重要的，它在很大程度上决定了项目的成败。所有细分的项目要素需要统一编码，并按照规范化要求进行。这种做法确保了WBS的应用为所有项目管理人员提供了一个统一的基准，即使项目团队成员发生变化，也能保持共同的理解和交流平台。

7.2 软件测试文档

软件测试文档详细描述、定义和规定了软件测试的执行过程及其结果。鉴于软件测试的复杂性以及它与软件开发其他阶段的紧密联系，确保软件质量和正常运行的关键在于软件测试。因此，必须以正式文档的形式明确软件测试的要求、规划、过程以及测试结果及其分析与评价。

软件测试文档的准备工作不应仅限于测试阶段，而应从软件开发的早期需求分析阶段开始，因为软件测试文档与用户紧密相关。用户参与软件测试文档的编制，有助于他们更好地理解开发流程。若用户能够协助准备测试条件并将其文档化，他们将对开发的应用系统有更深入的理解。这同样有助于用户澄清一些模糊的认识。不了解应用系统的具体工作细节，就无法提出有效的测试条件，也无法根据这些条件获得预期的测试结果。项目团队对测试条件的评估有助于更清晰地理解用户需求。

在设计阶段，一些设计方案应被纳入软件测试文档，以便于对设计进行检验。软件测试文档在指导和评估测试阶段的工作方面发挥着重要作用。特别需要强调的是，在已开发软件投入运行后的维护阶段，经常需要进行再测试或回归测试，此时软件测试文档同样至关重要。因此，软件测试文档的编写是测试管理中不可或缺的一环。

7.2.1　软件测试文档的作用

软件测试文档的重要性体现在以下几个方面。

(1) 促进项目成员间的沟通与协作。软件测试文档的编写和维护本质上是进行标准认证的基础工作，它为测试团队成员提供了一个共同的交流平台和参考依据。

(2) 便于对测试项目的管理。软件测试文档能够为项目管理者提供项目计划、预算、进度等多方面的信息，因此编写软件测试文档已成为质量标准化的一项常规工作。

(3) 决定测试的有效性。在测试完成后，将测试结果记录在文档中，为分析测试的有效性以及整个软件的可用性提供了必要的依据。

(4) 检验测试资源。软件测试文档不仅以文档的形式规定了测试过程和待完成的任务，还应详细说明测试工作中不可或缺的资源，并评估这些资源的可用性。如果某个测试计划已经制订，但所需资源无法落实，则必须及时解决这一问题。

(5) 明确任务的风险。记录和了解测试任务的风险有助于测试团队对可能出现的问题进行预先的心理和物质准备。

(6) 评估测试结果。测试的核心目的在于确保软件产品的最终质量。在软件开发周期中，实施质量控制至关重要。通常，记录详尽的测试数据并基于这些数据撰写测试报告，是软件测试人员最为关键的职责。这类报告不仅有助于测试人员对测试工作进行总结，还能帮助他们识别软件的局限性以及潜在的失效风险。在测试完成后，通过将测试结果与预期结果进行对比，能够对被测试软件提出具有建设性的评价意见。

(7) 便于重新测试。在软件的后期维护阶段，软件测试文档中所规定和阐述的内容可能因多种原因需要更新或完善。任何经过修改或完善的内容都必须重新进行测试，这可能涉及某些接口的测试。拥有详尽的测试文档使得在维护阶段能够轻松地进行重复测试。因此，软件测试文档在管理测试活动和复用测试案例方面发挥着至关重要的作用。

(8) 验证需求的正确性。软件测试文档中明确了用于验证软件需求的测试条件，深入研究这些测试条件对于理解用户需求的意图极为重要。软件测试文档记录了测试的执行过程和结果，是测试过程中不可或缺的一部分，而软件测试文档的编写也是测试工作规范化的重要环节。在测试过程中，应坚持遵循软件系统文档的标准来编写和使用测试文档。

7.2.2 软件测试文档的类型

根据软件测试文档的不同功能，通常将其分为两大类：前置作业文档和后置作业文档。其中，前置作业文档主要包括测试计划和测试用例文档。

测试计划详细阐述了测试需求，涵盖了测试的目标、内容、方法、步骤以及评估测试的标准等关键要素。由于测试内容可能涉及软件需求和设计，因此测试计划的编写应尽早开始，通常从需求分析阶段着手。

测试用例是对软件测试行为和活动进行科学组织和总结的一种方式。其质量直接影响测试工作的成效和效率。因此，精心挑选测试用例是确保测试成功的关键步骤。在软件测试过程中，为了使测试行为可量化，并便于管理层掌握所需的测试进度，测试用例成为一种将测试行为和活动具体量化的手段。测试用例文档的核心目的是将软件测试行为和活动转化为一种可管理、可追溯的形式。在软件测试文档的编制过程中，按照既定要求精心设计测试用例至关重要。前置作业文档的准备能够使后续的软件测试流程更加顺畅和规范。

后置作业文档是在测试流程结束后提交的，主要包括软件缺陷报告和分析总结报告。在软件测试过程中，测试人员需要将发现的大部分软件缺陷以简洁、明确的方式记录下来，并以文档形式报告给管理层以及决策团队，确保他们获得所有必要的信息，以便决定是否对这些软件缺陷进行修复。测试分析报告应当详细阐述测试结果的分析情况，明确指出软件所具备的功能、存在的不足和限制，并提供一个评价性的结论。这个结论不仅是对软件质量的评估，也是决定软件是否可以交付给用户使用的关键依据。

根据软件测试文档的编制方法，可以将其分为手工编制和自动编制两种类型。自动编制的特点在于，它利用文档编制软件来支持编制过程，并能够将编制完成的文档存储在机器可读的介质上。通过使用强大的工具和方法，可以更高效地完成信息的检索、对比和修改等操作。各种常见的文字编辑软件都可以用于编制测试文档。

7.2.3 主要的软件测试文档

在实际的测试工作中，经常发现许多测试项目的文档质量不高。尽管这种情况正在逐步改善，但许多组织似乎仍未给予编制高质量软件测试文档足够的重视。软件测试文档的质量与测试本身的质量同等重要。遵循软件测试文档标准是确保文档质量的关键，因为它能够保证文档在外观、结构和内容上的一致性。

IEEE/ANSI为软件测试制定了行业标准。根据IEEE的定义，软件测试是通过人工或自动手段运行或测定某个软件系统的过程。其核心目标在于检验软件系统是否满足规定的需求，并明确预期结果与实际结果之间的差异。这一点明确指出，软件测试的目的是为了验证软件系统是否符合需求，而非仅仅是开发后期的孤立活动。

IEEE提供的软件测试文档模板为实际测试工作提供了标准化的框架。在具体应用中，可以根据测试工作的实际需要对模板进行添加、删除或部分修改。

IEEE的软件测试标准如下。

- IEEE 829-1998：即829软件测试文档标准，定义了一套完整的文档框架，用于指导8个已明确的软件测试阶段，每个阶段都可能产生其独特的文件类型。
- IEEE 1008：专门用于单元测试的标准。

- IEEE 1012：用于软件检验和验证的标准。
- IEEE 1028：用于软件检查的标准。
- IEEE 1044：用于软件异常分类的标准。
- IEEE 1044-1：软件异常分类指南。
- IEEE 1233：开发软件需求规格的指南。
- IEEE 730：用于软件质量保证计划的标准。
- IEEE 1061：用于软件质量度量和方法学的标准。
- IEEE 12207：用于软件生命周期过程和软件生命周期数据的标准。

其他相关标准如下。

- BSS 7925-1：软件测试术语词汇表。
- BSS 7925-2：用于软件组件测试的标准。

这些标准和指南为软件测试提供了专业的方法和手段，确保了软件的质量和性能，是软件开发人员和测试人员的重要参考。

1. 软件测试文档标准

IEEE 829-1998标准定义了软件测试中主要文档的类型，如图7-1所示。

2. 测试计划

测试计划主要对软件测试项目、所需进行的测试工作、测试人员的职责、测试流程，以及测试所需的时间资源和潜在风险等进行预先的规划和安排，如图7-2所示。

IEEE 829-1998 软件测试文档编制标准
软件测试文档标准模板
目录
1. 测试计划
2. 测试设计规格说明
3. 测试用例说明
4. 测试规程规格说明
5. 测试日志
6. 测试缺陷报告
7. 测试总结报告

图7-1　软件测试文档标准模板

IEEE 829-1998软件测试文档编制标准
软件测试计划文档模板
目录
1. 测试计划标识符
2. 介绍
3. 测试项
4. 需要测试的功能
5. 方法(策略)
6. 不需要测试的功能
7. 测试项通过/失败的标准
8. 测试中断和恢复的规定
9. 测试完成所提交的材料
10. 测试任务
11. 环境需求
12. 职责
13. 人员安排与培训需求
14. 进度表
15. 潜在的问题和风险
16. 审批

图7-2　软件测试计划文档模板

3. 测试设计规格说明文档

测试设计规格说明的核心目标是为每个测试层级提供指导，明确测试集的架构以及覆盖范围的追踪，如图7-3所示。

4. 软件测试用例规格说明文档

软件测试用例规格说明的目的是对测试用例进行详细描述，如图7-4所示。

IEEE 829-1998软件测试文档编制标准
软件测试设计规格说明文档模板
目录
1. 测试设计规格说明标识符
2. 待测试特征
3. 方法细化
4. 测试标识
5. 通过/失败准则

图7-3　软件测试设计规格说明文档模板

IEEE 829-1998软件测试文档编制标准
软件测试用例规格说明文档模板
目录
1. 测试用例规格说明标识符
2. 测试项
3. 输入规格说明
4. 输出规格说明
5. 环境要求
6. 特殊规程需求
7. 用例之间的相关性

图7-4　软件测试用例规格说明文档模板

5. 测试规则

测试规则旨在明确指导如何执行一组测试用例的步骤，如图7-5所示。

IEEE 829-1998软件测试文档编制标准
测试规则模板
目录

1. 测试规则说明标识符：为这个测试规则制定唯一的标识符，提供一个相应的测试设计规格说明的引用。

2. 目的：描述规则的目的，并应用到被执行的测试用例中。

3. 特殊需求：描述各种特殊的需求，例如环境需求、技能水平培训等。

4. 规程步骤：这是测试规则的核心部分。IEEE描述了如下几个步骤。

4.1 记录：描述记录测试执行结果、观察到的意外事件以及其他与测试相关的事件所用测试规则模板的各种特定方法和格式。

4.2 准备：描述执行这个规则需要准备的一系列活动。

4.3 开始：描述开始执行这个规则需要的各种活动。

4.4 进行：描述在这个规则的执行期间需要的所有活动。

4.4.1 步骤1

4.4.2 步骤2

……

4.5 度量：描述如何进行测试的度量。

4.6 中止：描述发生非计划事件时暂停测试需要采取的活动。

4.7 重新开始：指明规则中各个重新开始的位置，并描述从这些位置重新开始所需的步骤。

4.8 停止：描述正常停止执行所需的各种活动。

4.9 完成描述恢复环境所需要的活动。

4.10 应急措施：描述处理执行过程中发生的异常和其他事件所需要的各种活动。

图7-5　测试规则模板

6.测试日志

测试日志旨在记录测试执行的详细情况，用户可以根据实际需求灵活选择使用，如图7-6所示。

IEEE 829-1998软件测试文档编制标准
测试日志模板
目录
1. 测试日志的标识符
2. 描述
3. 活动和事件条目

图7-6　测试日志模板

7. 软件缺陷报告

软件缺陷报告旨在详细记录在测试阶段或软件产品中发现的异常问题，这些问题可能源自需求分析、系统设计、编码实现、文档编制或测试用例的编写，如图7-7所示。

8. 测试总结报告

测试总结报告旨在汇报特定测试项目的完成状况，如图7-8所示。

IEEE 829-1998软件测试文档编制标准
软件缺陷报告模板
目录
1. 软件缺陷报告标识符
2. 软件缺陷总结
3. 软件缺陷描述
   3.1 输入
   3.2 期望得到的结果
   3.3 实际结果
   3.4 异常情况
   3.5 日期和时间
   3.6 软件缺陷发生步骤
   3.7 测试环境
   3.8 再现测试
   3.9 测试人员
   3.10 见证人
4. 影响

图7-7　软件缺陷报告模板

IEEE 829-1998软件测试文档编制标准
测试总结报告模板
目录
1. 测试总结报告标识符
2. 总结
3. 差异
4. 综合评估
5. 结果总结
   5.1 已解决的意外事件
   5.2 未解决的意外事件
6. 评价
7. 建议
8. 活动总结
9. 审批

图7-8　测试总结报告模板

7.3　软件测试的组织与人员管理

7.3.1　软件测试的组织与人员

成功管理测试项目的关键因素之一是拥有一支高素质的软件测试团队，并且能够有效地组织团队成员，实现分工合作，从而最大限度地发挥工作效能。

软件测试的组织与人员管理是测试项目中不可或缺的管理职能，也是最具挑战性的部分，它直接影响软件测试的效率和软件产品的质量。在管理实践中，我们经常遇到各种情况：面对技术性问题，通常的解决方案是进行更多的研究；当时间成为瓶颈时，最直接的应对策略是推迟项目时间表；而如果资源不足，会尝试调整资源分配。然而，当问题涉及“人”的因素时，往往没有现成的标准答案。人的问题可能在各个层面和方面出现，而许多问题都源于人员的组织和管理。那么，什么是测试的组织与人员管理？它的主要职责是什么？在进行测试的组织与人员管理时，应遵循哪些原则呢？

测试的组织与人员管理涉及对测试项目相关人员在组织结构、团队构成及职责分配上的周密规划与安排。软件测试的组织与人员管理的主要任务如下。

- 选择适合测试项目的组织结构模式。
- 确定项目组内部的组织架构。
- 合理配置人员，明确各自的角色和职责。
- 对项目成员的思想、心理和行为进行有效管理，充分调动他们的积极性，确保团队成员能够紧密协作，共同实现项目目标。

测试的组织与人员管理应当遵循以下原则。

(1) 迅速明确责任。从软件生命周期的角度来看，测试通常指的是对程序进行验证。然而，由于测试依据的是规格说明书、设计文档和使用说明书，如果设计出现错误，测试的质量将难以得到保障。因此，测试的准备工作应从分析和设计阶段就开始。在软件项目启动之初，必须尽早指定专人负责，并赋予其权力去落实与测试相关的各项任务。

(2) 简化接口。应尽可能减少项目组内部人员之间的层级关系，缩短沟通路径，以便于人员间的交流，从而提升工作效率。

(3) 职责明确且均衡。项目组的每个成员都必须清楚自己在项目中的地位、角色和职责。每位成员所承担的责任应与其被赋予的权力相匹配，确保责任与权力的均衡。

7.3.2 组织结构

组织结构是指通过特定模式对责任、权威和关系进行安排，以确保组织能够有效运作。在设计测试组织结构时，需要考虑多个关键因素。

- 层级结构的选择：垂直型组织结构意味着在高级管理者与基层测试人员之间设有多个层级，而扁平型组织结构则减少了层级数量(扁平结构通常能够提高测试工作的效率)。
- 集中式还是分散式：组织结构可以设计为集中式或分散式。对于测试组织而言，集中式结构有助于确保测试工作的独立性，因此测试组织往往倾向于集中管理。
- 分级制还是分散制：组织结构可以按照权力和级别进行分级，也可以采用分散式的布局。在软件开发团队中，测试活动通常采用分散式结构。在这种模式下，测试团队作为开发团队的一部分，既可以由专职测试人员组成，也可以以测试角色的形式融入开发流程中。
- 专业人员与一般工作人员的比例：测试组织应当包含适当比例的专业测试人员和一般工作人员。

- 功能导向还是项目导向：测试组织可以围绕特定功能进行构建，也可以围绕项目需求来组织。

组织设计因素能够构成多种组织方案。实际上，软件开发和测试机构都已建立了多样化的测试组织结构。选择一个合理且高效的测试组织结构方案，应遵循以下准则。

- 确保软件测试能够迅速做出决策。
- 促进合作，特别是产品开发与测试开发之间的协同工作。
- 保证独立运作、规范化流程，无偏见，同时拥有精简而高效的团队配置。
- 有助于协调软件测试与质量管理之间的关系。
- 满足软件测试过程管理的各项要求。
- 为测试技术的发展提供专业支持。
- 有效利用现有测试资源，尤其是人力资源。
- 对测试人员的职业道德和职业发展产生积极影响。

软件测试的组织结构形式多样，每种形式都有其适用的场景，并不存在绝对的对错。实际上，一种测试组织结构可能在一个公司中取得成功，而在另一个公司却遭遇失败。这种差异很大程度上受到公司政策、企业文化、管理水平、团队成员的技术和知识水平以及软件产品的风险等因素的影响。目前，常见的测试组织结构主要有独立测试小组和集成测试小组两种。

1) 独立测试小组

测试组织可以视为一组专门负责执行测试活动的资源。随着软件企业的规模扩大，建立一个独立的、专门的测试团队变得尤为重要。独立测试小组主要负责软件测试工作，由具有分析、设计和测试经验的专业人员组成。测试小组设有一名组长，负责整个测试的规划和组织工作。小组成员的数量可以根据具体情况灵活调整，通常建议为3~5人。在项目中，测试组长与开发组长的地位是平等的，二者处于同级关系。

自20世纪80年代起，独立测试小组的概念开始广泛传播。在这一模式建立之前，测试工作通常由程序员承担，许多人错误地认为开发人员在测试方面与开发同样出色。然而，由于软件产品急于上市，往往导致交付的软件无法满足用户需求，甚至根本无法使用。鉴于过去的失败经历，独立测试小组变得越来越普遍。独立测试小组的兴起使软件测试提升为软件工程的一个独立领域，测试技术、标准和方法也随之变得更加成熟和完善。一些人因此成为专业的软件测试人员。独立测试小组的优势在于其成员能够客观地对待待测软件(只有不带偏见的评估才能提供有效的质量度量)。然而，独立测试小组面临的一个挑战是如何在软件产品生命周期的早期介入。通常，软件开发人员会阻碍测试人员的早期参与，担心这会影响他们的进度。这导致测试人员往往只能在软件生命周期的最后阶段进行测试，从而使得一旦设计出现错误，测试的质量难以得到保证。

2) 集成测试团队

集成测试团队是由测试和基础设计元素相结合而形成的测试组织结构。这种团队与独立测试紧密相关，是一种集成测试的组织形式，团队成员包括需向同一项目经理汇报的测试人员和开发人员。这种结构的优势在于，一旦软件项目启动，测试人员和开发人员可以并肩作战、协同工作。这种紧密的合作模式有助于减少开发与测试团队合作时可能出现的障碍，从而极大地促进交流与沟通。与“独立测试团队”模式相似，参与集成测试的团队成员也应当是专业的测试人员。

7.3.3 软件测试人员

软件测试是一项独立且极具创造性的活动。尽管测试人员在团队中各自独立开展工作，完成各自负责的软件测试任务，但团队成员必须拥有共同的工作目标，并需要协同合作。因此，软件测试人员应具备以下几方面的能力。

- 基础能力：包括表达能力、沟通能力、协调能力、管理能力、质量意识、过程方法和软件工程等方面的知识和技能。
- 测试技能与方法：包括对测试基本概念及方法的理解、测试工具和环境的运用、专业测试标准的掌握，以及对工作成果的评估等。
- 测试规划能力：涉及风险分析及预防、软件发布和验收标准的制定、测试目标和计划的设定，以及测试计划和设计的评审方法等。
- 测试执行能力：包括测试数据、脚本和用例的准备，测试比较及分析，缺陷的记录与处理，以及自动化测试工具的应用。
- 测试分析、报告撰写与改进能力：包括测试度量和统计技术的应用、测试报告的编写、测试过程的监控和持续改进等方面的能力。

测试组织管理者的专业能力在很大程度上决定了测试工作的成败，而测试管理是一项极具挑战性的任务。测试组织的管理者必须具备以下关键能力。

- 评估和理解软件测试政策、标准、流程、工具、培训的能力。
- 领导测试组织的能力，确保组织运作强大、独立、规范，并且公正无私。
- 吸引并保留优秀测试专业人才的能力。
- 具备良好的领导力、沟通技巧，以及支持和控制的能力。
- 能够提出创新的问题解决方案。
- 对测试的时间、质量和成本进行有效控制的能力。

7.3.4 沟通管理

在测试组织中，测试人员需要投入大量时间与其他团队成员进行沟通。沟通有助于建立信任和友谊，从而促进工作效率。团队成员之间的沟通和交流方式主要有以下几种。

- 正式的非个人沟通，例如通过正式会议进行的沟通。
- 正式的个人间交流，例如团队成员间的正式讨论(通常不产生决议)。
- 非正式的个人间交流，例如团队成员间的自由对话。
- 电子通信，包括电子邮件(E-mail)和电子公告板系统(BBS)等形式的通信。
- 网络交流，涉及团队成员与外部专家或公司外部相关人士的沟通。

7.3.5 激励机制

激励，简而言之，就是激发个人的工作积极性，充分挖掘其内在潜力。在管理学领域，激励涉及管理者如何激发下属的动机，并引导其行为以达成特定目标的过程。有效的激励机制对于测试组织的建设至关重要。测试组织的领导者不仅要将测试人员有效地组织起来，促进团队合作，更关键的是要擅长激发测试人员的工作热情，激励每位成员全力以赴，以实现项目目标。以下是测试人员管理中激励机制的关键要素。

- 管理者倾向于使用对自己有效的激励因素来激发测试人员，但这些因素可能并不适用于所有人。
- 过度依赖权力、资金或惩罚手段，可能会导致项目走向失败。
- 应注重采取有效的非货币形式激励措施。
- 激励措施应在项目进行中实施，而不仅仅是在项目结束时。
- 奖励应在工作得到认可后迅速兑现。
- 对项目成员的工作表现出真诚的兴趣(这是对他们最好的奖励)。
- 一旦需求得到满足，它可能就不再成为激励因素。

激励因素是影响个人行为的多种元素，这些因素因人而异、因时而异。因此，管理者必须明确各种激励方式，并合理加以运用。作为测试人员，遵循以下7条效率原则可以提升测试工作的效能。

- 主动思考，积极行动。
- 始终铭记目标，确保不偏离方向。
- 优先处理重要事项(尽管紧急事项常常会占据优先权)。
- 先理解他人，再期待被理解。
- 追求双赢局面。
- 通过团队合作实现1+1＞2的效果。
- 终身学习，不断自我更新，持续进步。

7.3.6　测试培训

测试工作本身是一门技术密集型的学科，融合了众多理论与实践知识。若缺乏这些知识和经验，测试的深度和广度将受限，进而影响测试质量。从测试管理的角度来看，为了高效实现测试目标，必须持续地协助测试人员更新知识和提升技术能力，而这通常需要通过专业的培训来实现。

(1) 软件测试培训内容涵盖以下几个方面。

- 测试基础知识与技能的培训。
- 测试设计方法与测试工具的培训。
- 针对测试对象(软件产品)的专业培训。
- 测试流程与方法的培训。
- 测试管理技巧的培训。

(2) 制订测试人员培训计划是测试计划的一个关键环节，需要注意以下几点。

- 确保管理层的重视，并在时间和资源上给予充分支持。
- 深入调查并分析测试人员的培训需求。
- 将培训活动安排在测试任务启动之前。
- 避免采用“边干边学”的模式，以免影响质量和效率。
- 确保软件测试实习活动在培训中占据重要地位。
- 提倡合作学习和团队演练。
- 对培训效果进行及时评估，并针对发现的问题进行改进。

7.3.7 风险管理

在测试的组织与人员管理过程中，往往专注于招聘、培训、评估、薪酬等具体操作环节，却常常忽略了风险管理的重要性。实际上，每个企业在人员管理过程中都可能面临各种风险，例如招聘不成功、新政策引发员工不满、技术骨干意外离职等。这些风险事件不仅影响公司的日常运营，甚至可能给公司带来毁灭性的打击。因此，为了预防或减轻这些风险，企业必须提前制订风险管理计划，并准备相应的应急处理策略。总的来说，如何预防这些风险的发生，是管理者需要深入研究的课题。对于那些高度依赖人才的高新技术企业来说，尤其需要重视测试组织与人员管理中的风险管理。

7.4 软件测试过程管理

众所周知，运用尖端的标准、方法和工具对软件测试至关重要。然而，没有对测试过程的有效管理，成功的软件测试是无法实现的。缺乏过程控制的测试注定会失败。软件测试并非一次性的简单活动，它与软件开发一样，是软件工程项目不可或缺的一部分。因此，软件测试的过程管理是确保软件项目成功的关键。正如开发过程的质量决定了软件的整体质量，测试过程的质量同样决定了软件测试的质量和有效性。软件测试过程的管理是确保测试质量和降低测试风险的关键活动。

7.4.1 软件项目的跟踪与质量控制

软件测试与软件开发一样，遵循着软件工程的基本原则，并具有其独特的生命周期。测试过程的管理通常基于广泛采用的V模型，该模型支持系统测试周期的各个阶段。在V模型中，左侧代表设计和分析，即软件设计实现的过程，同时伴随着质量保证活动——审核过程(也就是静态测试过程)；而右侧则是对左侧结果的验证(即动态测试过程)，它对设计和分析的结果进行测试，以确保满足用户需求。在软件开发周期的每个阶段，都有相应的测试阶段与之对应。

(1) 测试工作可以在需求分析阶段提前开始。在进行需求分析和产品功能设计的同时，测试人员可以阅读和审查需求分析的结果，并制定测试准则。

(2) 当系统设计人员进行系统设计时，测试人员可以了解系统的实现方式及其基础平台，从而设计出系统的测试方案和测试计划，并预先搭建测试环境。

(3) 在详细设计阶段，测试人员可以参与设计评审，识别设计中的缺陷，并为功能、新特性等方面设计测试用例，从而进一步完善测试计划。

(4) 在编程过程中同步进行单元测试是一种高效的方法，它能够迅速发现程序中的错误，同时显著提升程序质量并降低成本。

由此可见，V模型清晰地展示了软件测试活动与项目开发的同步进程。项目一旦启动，软件测试工作也随之开始。每个阶段都设有质量控制点，对每个阶段的任务、输入和输出都有明确的规范，以实现对整个测试过程的质量控制和管理。

7.4.2　软件测试项目的过程管理

软件测试项目的过程管理主要集中在项目启动、制订测试计划、设计测试用例、执行测试、审查与分析测试结果，以及开发与应用测试过程管理工具。

(1) 在测试项目的启动阶段，首先需确定项目组长。只有在项目组织结构明确后，才能组建整个测试团队，并与开发组及其他相关部门协同工作。随后，团队成员应参与项目计划、分析和设计的相关会议，获取必要的需求分析文档、系统设计文档，以及相关产品和技术知识的培训文档。

(2) 在测试计划阶段需要明确测试的范围、策略和方法，并对风险、时间表和资源进行分析和评估。测试项目的计划并非一蹴而就，而是需要经历计划初期、草拟、讨论和审查等多个阶段，才能制订出完善的计划。此外，针对不同的测试阶段(如集成测试、系统测试、验收测试等)和测试任务(如安全性测试、性能测试、可靠性测试等)，可能需要制订具体的测试计划。

软件测试计划是测试项目过程管理的核心。遵循PDCA(计划-执行-检查-行动)质量环的原则，必须对软件测试流程进行持续的跟踪和审查，并与测试计划进行对照。测试计划详细阐述了软件测试流程的实施和管理方法，一旦获得批准并生效，它将成为监控和跟踪测试流程的基准。

对测试项目进行跟踪和监控的关键在于，在软件测试的特定时间点评估实际测试活动的工作量、资源投入、成本、进度和测试风险等方面与计划的偏差。如果发现计划未按预期完成，应采取以下纠正措施。

- 调整测试计划，以反映当前的实际进度。
- 重新规划剩余工作内容的执行计划。
- 实施相应的措施以提升工作效率。

(3) 在测试设计阶段需要制定测试的技术方案，设计测试用例，选择测试工具并编写测试脚本。测试用例的设计应在充分准备的基础上进行，并最终需提交给其他部门进行审查。在软件测试设计过程中，需要考虑以下关键要点。

- 设计的测试技术方案是否可行、有效，并能否达到预期的测试目标？
- 设计的测试用例是否全面？是否考虑了边界条件？其覆盖率能达到何种程度？
- 设计的测试环境是否与用户的实际使用环境足够接近？

测试设计的核心在于确保在设计之前，知识传递工作充分进行，将设计和开发人员所掌握的技术、产品及设计等知识有效地传递给测试人员。同时，必须确保测试用例的审查工作得到妥善执行(不仅要经过测试人员的审查，还需获得设计和开发人员的认可)。

(4) 在测试执行阶段，需要构建或配置相应的测试环境，准备测试数据，执行测试用例，并对发现的软件缺陷进行报告、分析和跟踪。尽管测试执行本身的技术要求不高，但它构成了测试工作的基础，对测试的可靠性、客观性和准确性具有直接影响。

(5) 测试结果的审查与分析。测试执行完毕后，需要对测试结果进行全面的综合分析，以评估软件产品的当前质量状况，并为产品的改进或发布提供必要的数据和依据。在管理层面，应组织审查和分析会议，并确保测试报告或质量报告的撰写和审查工作得到妥善执行。主要包含以下内容。

- 审查测试全过程：在原有跟踪的基础上，对测试项目进行全面、全方位的审视。检查测试计划和测试用例是否得到执行，并确保测试过程中没有漏洞。
- 审查当前状态：逐一分析产品目前存在的缺陷，评估其对产品质量的影响，从而决定产品的测试能否告一段落。
- 结束标志：根据上述审查进行评估，如果所有测试内容完成，测试覆盖率符合要求，且产品质量达到既定标准，即可定稿测试报告并发送。
- 项目总结：通过对项目中问题的分析，找出流程、技术或管理中存在的问题，避免类似问题的再次发生，并总结项目成功经验。

在测试项目的具体过程管理中，可以通过实施周报、日报、定期会议以及关键里程碑评审会等手段，有效掌握测试项目的最新进展。通过建立、搜集和分析项目实际状态数据，实现对项目的有效跟踪与监控，以达成项目管理的目标。基于这些可靠信息，管理人员能够做出明智且有意义的决策，从而更好地管理测试过程。在测试过程的每个阶段，测试项目管理人员应特别留意以下几个问题。

- 系统是否已经准备好进行测试？
- 若开始测试，可能面临哪些风险？
- 当前测试覆盖的范围有多大？
- 到目前为止，已经取得了哪些成就？
- 还有哪些测试尚未完成？
- 如何证明系统已经接受充分有效的测试？
- 近期有哪些变更？哪些部分需要重新测试？

明确这些问题有助于项目管理人员清晰地了解项目状态，准确把握项目进展，从而有效地监控项目发展趋势，及时识别潜在问题。这不仅有助于控制成本、降低风险，还能提升测试工作的质量。

7.5 软件测试的配置管理

随着软件系统复杂性的日益增加，以及用户需求和软件更新的频繁变化，配置管理逐渐成为软件生命周期中的一个关键控制环节，并在软件开发过程中发挥着越来越重要的作用。

配置管理是一种在团队协作中用于标识、控制和管理软件变更的管理实践。它与软件开发流程紧密相关，旨在建立和维护软件产品在其生命周期内的完整性和一致性。

软件测试过程中的配置管理与软件开发过程中的配置管理本质上是一致的。在软件开发流程中，测试活动的配置管理是整个软件项目配置管理的一个组成部分，因此独立的测试组织应当建立专属的配置管理系统。

通常，软件测试配置管理涵盖了以下5个核心活动：配置标识、版本控制、变更控制、配置状态报告以及配置审计。

1) 配置标识

配置标识构成了配置管理的基础。为了在不妨碍合理变更的前提下有效控制变更，基线的概念被引入配置管理中。IEEE对基线的定义如下："一个已经正式审核批准的规范或产品，它成为进一步开发的基础，并且只能通过正式的变化控制程序进行修改。"根据这一定义，在软件测试过程中，所有需要控制的配置项被划分为基线配置项和非基线配置项两类。所有配置项的操作权限都应受到严格管理，其基本原则为：所有基线配置项对测试人员开放读取权限；而非基线配置项则对测试组长、项目经理及相关人员开放。

配置标识主要涉及识别测试样本、测试标准、测试工具、测试文档(包括测试用例)、测试报告等配置项的名称和类型。所有配置项都应遵循统一的编号规则，按照相应的模板创建，并在文档的指定部分记录配置项的标识信息，包括各配置项的所有者、存储位置，以及配置项何时被基准化(置于基线控制之下)。这样的做法确保了测试相关人员能够轻松了解每个配置项的内容和状态。

2) 版本控制

在项目开发的过程中，大多数配置项需经历多次修改才能最终确定。每一次对配置项的修改都会产生一个新的版本。由于新版本并不一定优于旧版本，因此不能简单地摒弃旧版本。版本控制的目标是根据既定规则保存所有配置项的版本，防止版本的丢失或混淆，并且能够迅速且准确地检索到配置项的任何历史版本。

3) 变更控制

变更控制的目的并非抑制变更的发生，而是为了对变更进行有效的管理，确保变更流程的有序进行。变更通常源于两个主要方面：功能的变更和缺陷的修复。功能变更旨在增加或移除特定的功能，而缺陷修复则是为了修正现有的问题。实现变更控制的关键在于建立一个变更控制小组，并明确变更控制委员会的成员构成、职责(包括变更的授权、确认与批准)以及工作流程。变更控制主要包括以下内容。

- 设定测试基线，并对每个基线进行详细描述，包括每个基线的项目(如文档、样品和工具等)、相关评审、批准事项以及验收标准。
- 规定何时以及由谁来创建新的基线，并明确创建流程。
- 确定变更请求的处理程序和终止条件。
- 明确在变更请求处理过程中，各测试人员应执行的变更职能。
- 建立变更请求与其产生结果之间的对应机制。
- 制定配置项提取和存入的控制机制与方法。

4) 配置状态报告

配置状态报告基于配置项操作数据库的记录，旨在向管理者展示软件测试进展的详细情况。此类报告应定期生成，利用数据库中的客观数据，真实地呈现各配置项的当前状态。配置状态报告应专注于呈现当前基线配置项的状态，为测试进度报告提供参考。同时，通过分析测试人员对配置项的操作记录，也能够揭示团队成员之间的协作情况。配置状态报告通常包含以下核心内容。

- 明确配置状态报告的格式、内容和提交流程。
- 确认过程记录、跟踪问题报告、更改请求以及更改的优先级等信息。
- 规定测试报告提交的时间表和方法。

5) 配置审计

配置审计的主要作用是作为变更控制的补充手段，确保变更需求得到切实执行和实现。配置审计涵盖以下核心内容。

- 确定审计执行人员和执行时机。
- 明确审计的内容与方式。
- 制定问题发现后的处理方法。

配置管理是管理和调整变更的关键环节，尤其对于涉及众多参与人员和大规模变更的项目而言，配置管理显得尤为重要。尽管软件测试中的配置管理概念相对直观，但实际操作往往相当复杂。配置管理为测试项目管理提供了多角度的监控视角，确保了测试项目进程的可控性。

7.6 软件测试风险管理

1. 风险的基本概念

风险可以定义为“伤害、损坏或损失的可能性；一种潜在的危险，或一种冒险事件”。风险涉及一个事件发生的概率，以及该事件可能带来的负面后果或影响。软件风险特指开发失败导致损失的可能性，这种失败可能引发公司的商业挫败。风险分析是识别、评估和评价软件中潜在问题的过程。在软件测试中，风险分析是基于软件可能出现的风险来制订测试计划，并确定测试的优先级。

软件风险分析的目标是明确测试目标、测试优先级以及测试的深度，有时还包括识别可以省略的测试项。通过风险分析，测试人员能够识别软件中高风险的区域，并执行严格且彻底的测试，同时确定潜在的隐患软件组件，以便进行重点测试。在制订测试计划时，风险分析的结果有助于确定软件测试的优先级和测试深度。

软件风险分析工作应由跨部门的专家团队执行，通常包括项目经理、开发人员、测试人员、用户代表、客户代表以及销售人员。

对所有软件项目执行风险分析是至关重要的。若软件缺陷或错误可能引发灾难性后果，例如导致重大经济损失或危及生命安全，此类软件被称为安全性关键软件。安全性关键软件在开发的每个阶段都必须进行严格的安全性分析。即使是非核心软件，在项目启动阶段进行风险评估也是至关重要的。这有助于提前识别潜在的问题，这些问题可能引发严重的后果。因此，项目经理和开发团队成员在开发过程中必须特别关注这些问题，以避免风险的发生。

测试人员可以借助风险评估的结果来识别最关键的测试领域，确保测试资源主要集中在控制最高商业风险的测试上，同时尽量减少对那些影响较小的商业风险的测试投入。只有这样，软件测试人员才能制定出合理的测试策略，并有效管理软件开发过程中的风险。

2. 软件测试与商业风险

在软件公司的战略规划中，管理者采用“计划-执行-检查-改进(PDCA)”循环理念，将战略性策略转化为商业上的主动权。尽管在PDCA循环中，计划和执行阶段通常受到更多的关注，但检查阶段实际上是处理商业风险的关键环节。

软件测试作为一种控制措施，旨在尽可能地降低软件风险。它用于验证软件开发过程是否遵循计划，并是否达成预期目标。若检查结果显示软件实现未按计划进行或未达到预期目标，则必须采取相应的改进措施。因此，管理者应依赖软件测试措施来辅助实现商业目标。

软件测试人员需认识到，他们的职责之一是通过测试评估产品的商业风险，并将评估结果报告给管理者。从这一角度出发，测试人员首先需要理解商业风险的含义，并据此制定针对性的测试策略。

3. 软件风险分析

- 发生概率：问题出现的可能性有多大？
- 影响程度：若问题发生，可能带来哪些后果？

风险分析包含以下步骤：①罗列出所有潜在的问题。②对每个已识别的潜在问题进行发生概率和影响程度的评估，从而进行风险量化。③测试人员根据测试分析结果的排序，关注潜在问题，并据此设计和选择测试用例。

风险分析通常采用两种方法：表格分析法和矩阵分析法。一个标准的风险分析表应包含以下内容。

- 风险编号：用于唯一标识风险事件。
- 风险描述：简洁描述风险发生时的现象。
- 发生概率等级：风险发生概率的等级划分(1~10)。
- 影响程度等级：风险影响程度的等级划分(1~10)。
- 风险评估值：风险发生概率与影响程度的乘积。
- 风险优先级：根据风险评估值从高到低进行排序。

软件风险分析表的示例如表7-1所示。

表7-1 软件风险分析表

标识	风险问题	可能性	严重性	预测值	优先级	测试用例
A	非法用户访问	6	8	48	2	TC-1-1
B	非法数据输入	7	10	70	1	TC-1-2
C	数据库更新不同步	4	10	40	4	TC-2-1
D	并发用户少	5	9	45	3	TC-3-1
E	用户文档不清晰	9	1	9	5	TC-4-1

风险预测值，即可能性与严重性的乘积，决定了风险优先级的排序。预测值越高，优先级越高，针对该问题的测试也越关键。根据表7-1所示的计算结果，风险问题的排列顺序为B、A、D、C、E。在风险计算过程中，若出现具有相同预测值的情况，可以通过分别对可能性和严重性进行加权计算，进行更深入的分析。

在风险分析中，可能性值和严重性值的范围通常使用1~10，有些公司可能采用1~100的范围，或者使用0~1之间的小数范围，亦或是采用高、中、低等级来表示。选用哪种范围表示并不是关键，关键在于这些值在分析过程中保持一致，以确保分析结果的一致性。

风险矩阵是风险分析中另一种有效的方法。测试人员可以根据需要，对风险潜在问题的可能性和严重性采用高(1)、中(2)、低(3)等级来表示，形成一个二维风险矩阵。风险优先级则可以通过二者值之和来表示，从而形成五个风险等级(即6、5、4、3、2)。

简而言之，风险优先级是根据软件潜在问题可能带来的影响严重性进行评估的，它是一个相对指标。而潜在问题的影响严重性，则是依据问题发生的可能性来评估。在确定风险优先级时，通常将可能性和严重性的等级值相加。

综合来看，软件风险分析的核心目标在于：识别测试对象、评估优先级以及确定测试深度。在制订测试计划阶段，风险分析的结果可以用来指导软件测试的优先级排序。通过对每个测试项和测试用例分配优先级代码，可以将测试工作细分为高、中、低三个优先级类别，从而在资源和时间有限的情况下，合理规划测试的广度和深度。

4. 软件测试

软件测试中的风险指的是在测试过程中可能出现或已经存在的问题，这些问题可能会对测试工作造成损害。风险的产生通常源于测试计划的不周全、测试方法的错误或测试过程的偏差，这些因素可能导致测试的结果不精确。在IEEE 829-1998《软件测试文档编制》标准中，测试计划模板包含“风险与应急措施”一项，突出了软件测试风险管理的重要性。该部分主要涉及对测试计划执行过程中潜在风险的分析，并制定相应的应急措施，以减少软件测试风险可能带来的负面影响。

在软件测试项目中，风险是不可避免的。通过在测试项目管理中提前进行风险评估，并对潜在风险进行预防，可以最大程度地减少风险的发生或减轻风险带来的损失。风险管理主要包括两个核心方面：风险评估和风险控制。

(1) 风险评估主要依据三个核心因素：风险描述、风险概率和风险影响。通过成本、进度和性能三个维度对风险进行综合评估(这种评估建立在对风险的识别和分析之上)。

在风险管理的过程中，首要任务是识别风险，尤其是区分哪些风险是可以避免的，哪些是不可避免的。对于可避免的风险，应尽可能采取措施进行规避。因此，风险识别不仅是第一步，也是至关重要的一步。有效的风险识别方法包括建立风险项目检查表，按照风险内容进行细致的分项检查，并逐一排查。接下来，对识别出的风险进行深入分析，主要从以下四个方面展开。

- 风险概率分析：构建一个量表以表示风险发生的可能性，如极罕见、罕见、普通、可能、极可能。
- 分析并描述风险发生的结果或后果：即评估风险对产品和测试结果的潜在影响以及可能造成的损失。
- 确保风险评估的准确性：对每个风险的特征、影响范围和发生时间进行尽可能精确的判断。
- 利用损失(影响)与风险概率的乘积来确定风险的优先级排序：可以采用FMEA(失效模式与影响分析)方法进行评估。

(2) 风险控制是基于风险评估结果实施的，其主要工作内容如下。

- 实施措施以避免可预防的风险。例如，测试环境设置不当可通过事先列出检查清单，并在设置完成后由其他人员按清单逐项核查来预防。
- 风险转移策略。对于可能产生严重后果的风险，考虑是否能够通过某些方法将其转化为不会造成重大影响的低风险。例如，在产品发布前夕若发现新增的非关键功能对现有功能构成严重风险，可选择移除该功能以转移风险。
- 对于不可避免的风险，采取措施降低其影响。例如，程序中未发现的缺陷是常见风险，可以通过提高测试用例的覆盖率(如达到99.9%)来减少这种风险。
- 为避免、转移或降低风险，需事先制订详尽的风险管理计划，涵盖单个风险的应对策略以及整体风险的综合管理。

风险处理还应包括制定应急和有效的应对方案。控制风险的其他策略如下。

- 在计划资源、时间和预算时，应预留一定的余地，避免达到极限。
- 在项目启动前，将可能变化或难以控制的因素纳入风险管理计划。
- 为关键技术人员培养替补人员，以应对人员流动，确保关键人员离职不会对项目造成重大影响，项目能够持续进行。
- 制定文档标准，并建立机制确保文档及时更新。
- 对所有工作进行交叉审查，以便及时发现并解决问题。

测试计划中潜在的风险通常涉及测试进度的延迟或出现未预见的事件。进行计划风险分析的目的是识别所有可能对预定测试工作产生负面影响的因素，并制定应对风险的紧急预案。常见的计划风险因素包括：交付期限、测试需求、测试范围、测试资源、团队技能、预算限制、测试环境、支持服务、次品组件以及测试工具。在这些因素中，交付期限的风险尤为关键。如果测试未能按计划完成，导致产品发布日期推迟，这将影响对客户的承诺和管理层的信誉，并可能损害公司的声誉，同时也会面临来自竞争对手的压力。交付期限的延误还可能意味着资源的耗尽。计划风险分析的核心不在于探究风险产生的根源，而在于预先制定应对策略以减轻风险的影响。在测试计划面临风险时，可能采取的紧急措施包括：缩减测试范围、增加资源投入和简化流程等。例如，在软件开发即将完成之际，用户提出了重要的需求变更，此时可采取以下紧急措施。

- 措施1：增强资源。请求用户团队为测试工作提供额外的支持。
- 措施2：缩小范围。决定在后续的发布中推迟实现一些优先级较低的特性。
- 措施3：简化质量流程。在风险分析过程中，识别出风险级别较低的特征测试，从而减少测试工作量。

上述应急措施的实施需要在相关方面进行妥协。若没有进行测试计划风险分析和制定应急措施，开发者和测试人员采取的行动可能会显得仓促，这不利于将风险损失降至最低。因此，软件风险分析、测试计划风险分析与应急措施是相互补充的。从上述分析可看出，计划风险、软件风险、重点测试、非测试领域以及整个软件测试与应急措施的制定，都是基于“利用风险来确定测试工作的优先级”这一原则构建的。在软件测试中，识别和防范风险可以最大程度地减少风险的发生。在项目过程中，风险管理的成功取决于如何规划、执行和验证每一个步骤。任何环节的疏漏都可能导致风险管理的失败。

7.7 软件测试的成本管理

实施软件测试能够提升软件项目的管理水平，软件测试领域的投入都能带来相应的回报增长。具体而言，在项目初期，测试有助于及早发现缺陷，从而降低系统修复的成本。此外，测试还可以缩短项目周期，节省时间和开发成本。通过测试，可以将因软件质量问题引发的风险降至最低。有效的测试不仅能识别软件中的缺陷，还能评估各种潜在风险，从而助力实现软件产品的既定目标。

7.7.1 软件测试成本管理概述

软件测试成本管理涉及根据企业状况和软件测试项目的具体需求，运用公司既定资源，在确保软件测试项目进度和质量满足客户期望的同时，对成本进行有效的组织、实施、控制、跟踪、分析和评估等一系列管理活动。其目的是最大限度地降低软件测试成本，从而提升项目利润。软件测试成本管理主要可以概括为估算和控制两个方面：其一，对软件测试成本进行精确估算，随后制订管理计划；其二，在软件测试过程中，对项目施加控制，确保其按计划推进。软件测试成本管理计划是成本控制的基础，若计划不合理，可能导致测试项目失控，超出预算。因此，成本估算构成了软件测试项目成本管理过程的基础，而成本控制则是确保软件测试项目成本在预算内进行的关键。成本管理过程涵盖以下几个方面。

- 资源规划：确定实施软件测试项目所需的资源(包括人员、设备和物资)及其具体用量，核心成果是详尽的资源需求清单。
- 成本估算：对软件测试项目所需资源成本进行估算，以得出近似值。其主要成果是成本管理计划。
- 成本预算：将成本估算分配至各个具体工作项，从而构建一个用于衡量项目绩效的基准计划。其主要成果是成本基准计划。
- 成本控制：监控和调整软件测试项目的预算，以应对变化。其主要成果包括修订后的成本估算、预算更新、采取的纠正措施以及积累的经验教训。

7.7.2 软件测试成本管理的一些基本概念

在一般项目中，成本主要由直接成本、管理费用和期间费用构成。项目直接成本涉及与项目直接相关的费用，包括直接人工、直接材料(硬件设备、软件工具和数据资源等)以及其他直接费用。项目管理费用涵盖了为组织、管理和控制项目而产生的费用，通常被视为项目的间接费用。期间费用与项目的完成无直接关联，其发生不受项目业务量变化的影响，例如日常行政管理费用、医疗保险费用等，这些费用通常不计入项目成本，而是作为期间费用计入公司的当期损益。

1. 测试费用有效性

确定风险承受能力，从经济学的角度来看，涉及决定必须执行多少测试以及测试的类型。经济学评估有助于判断软件中发现的缺陷是否在可接受范围内，以及在可接受的情况下可以容忍多少缺陷。测试策略的制定不再主要依赖于软件开发人员和测试人员的判断，而是更多地受到商业经济利益的驱动。

“测试不足是失职，而过度测试则是浪费。”对风险的测试不足可能导致软件缺陷和系统故障，而过度测试则意味着对无缺陷或仅有轻微缺陷的系统进行不必要的测试，或者在排除缺陷上的测试成本超过了缺陷本身对系统造成的损失。测试成本的有效性可以通过测试成本与质量曲线来展示，如图7-9所示。随着测试成本的增加，发现的缺陷数量也会增多。两条线相交的点标志着过度测试的开始，此时，用于排除缺陷的测试成本超过了缺陷对系统造成的损失。

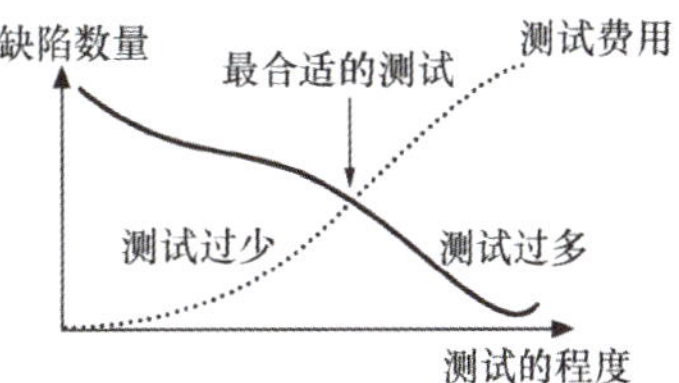

图7-9　测试成本与质量曲线

2. 测试成本控制

项目成本控制，也称为测试费用管理，涉及在测试项目执行期间定期搜集实际成本数据，并与预定成本计划进行比较分析。通过这种方式，可以进行成本预测，及时识别并纠正偏差，确保项目成本目标得以尽可能实现。项目成本管理的核心目标是控制成本，确保项目运作成本保持在预算内(或至少在可接受的范围内)，以便在项目偏离轨道前及时采取纠正措施。

在软件测试的实际操作中，资源总是有限的，无法完成所有测试工作。时间、资金或人力的不足，往往使得测试人员难以准确了解实际测试成本，同时缺乏系统性方法来降低成本。

测试工作的核心目标是最大化测试效率，即最大化通过测试发现缺陷的能力，同时最小化测试次数。测试成本控制的目标是将测试开发成本、执行成本和维护成本降至最低。

在软件产品的测试阶段，测试实施成本主要涵盖以下几个方面。

1) 测试准备成本控制

测试准备成本控制的核心目标在于最小化时间消耗和劳动力需求，特别是对熟练劳动力的需求。准备工作通常包括硬件配置、软件配置、测试环境的搭建以及测试环境的最终确认等方面。

2) 测试执行成本控制

测试执行成本控制的目标是尽可能地减少总体执行时间以及对专用测试设备的依赖。在测试过程中，应尽量缩短用户手动操作的时间，并减少对劳动力和特定技能的需求。在必须进行重新测试的情况下，不同的策略对成本控制的影响各不相同。重新测试的决策需要在成本和风险之间进行权衡。

- 完全重新测试：意味着对所有测试进行全面的再次执行，这将最大限度地降低风险，但同时也会显著增加测试执行的成本。
- 部分重新测试：选择性地重新执行某些测试，这种方法可以有效降低执行成本，但相应地也会增加风险。

为了将风险降至最低，同时避免过高的成本，必须明智地选择部分重新测试，并将其与测试执行成本进行比较，以权衡利弊。利用测试自动化进行重新测试具有相对较好的成本效益。选择部分重新测试的方法有以下两种。

- 针对因程序变更而受到影响的每个部分进行重新测试。
- 仅对与变更有直接和密切关联的部分进行重新测试。

在这两种方法中，第一种方法相对风险较低，而第二种方法则更为依赖主观判断，它建立在对软件产品深入了解的基础之上。通常情况下，选择重新测试的策略是基于软件测试中发现错误的数量(即软件风险的大小)与测试所需时间、人力资源和成本之间的权衡。

3) 测试结束成本控制

测试结束成本控制涉及对测试结果的分析和测试报告的编制，以及对测试环境的清理和恢复到原始状态所需的成本。其目标是将所需时间和熟练劳动力的总量降至最低。

4) 降低测试实施成本

配置测试准备环境至关重要，需要与软件的运行环境保持一致。测试环境应建立在专用的测试软硬件和网络设施上，并尽可能实现软件和测试环境配置的自动化。在测试实施过程中，应尽可能使用自动化测试工具，以减少手动辅助测试的需求。在编写测试报告时，应采用自动化方法比较测试结果与预期结果，以降低分析和比较的成本。

测试自动化的方法主要包括：使用测试工具自动执行测试用例和自动生成测试文档模板。

5) 降低测试维护成本

降低测试维护成本，需要将软件测试与软件开发过程保持一致，并加强软件测试的配置管理。所有测试软件样本、测试文档(包括测试计划、测试说明、测试用例、测试记录和测试报告)都应纳入配置管理系统进行控制。在降低测试维护工作成本方面，主要应考虑以下几个关键点。

(1) 对于测试过程中出现的偏差，应增加相应的测试以确保结果的准确性。

(2) 实施渐进式测试，以适应新变化，确保测试的时效性。

(3) 定期审查和维护所有测试用例，以保证测试效果的连续性和稳定性。以下几点是保持测试用例效果连续性的关键措施。

- 确保每个测试用例都是可执行的，即被测产品在功能上应保持一致性，不应有任何变化。
- 基于需求和功能的测试应保持适用性，即使产品需求和功能发生微小变化，测试用例也不应失效。
- 每个测试用例都应持续增加其使用价值，避免完全冗余，确保其连续使用时具有高成本效益。

3. 质量成本

企业为了追求利润，必须投入巨额资金进行产品测试，而在质量上的投资能够带来可观的回报。例如，提升产品质量能够增强公司的品牌形象，减少产品交付后的维护成本，并减少客户的不满。测试作为一种风险管理活动，有助于企业避免因软件产品质量问题而产生的额外成本。

(1) 质量成本的构成要素主要包括一致性成本和非一致性成本。一致性成本是指为确保软件质量所必需的支出，涵盖预防成本和测试预算，如测试计划、测试开发、测试执行等费用。非一致性成本则源于软件错误和测试过程中的故障(例如延期或质量低下的发布)，这些故障会导致返工、补充测试和延迟交付。由内部故障引发的追加测试时间和资金构成了非一致性成本的主要部分。此外，非一致性成本还包括由软件遗留问题影响客户所产生的外部故障成本。通常情况下，外部故障的非一致性成本往往超过一致性成本与内部故障的非一致性成本的总和。

(2) 质量成本的计算通常遵循以下公式：

质量成本=一致性成本+非一致性成本

4. 缺陷探测率

缺陷探测率是衡量测试工作效率和软件质量成本的另一个关键指标，通常按照以下公式计算：

缺陷探测率=测试发现的软件缺陷数÷(测试发现的软件缺陷数+客户发现并反馈，随后由技术支持人员修复的软件缺陷数)

缺陷探测率的提高表明测试过程中发现的错误数量增多，从而减少了产品发布后客户发现的错误数量。这有助于降低外部故障引起的非一致成本，实现整体成本的节约，并提高测试投资的回报率。因此，缺陷探测率是评估测试投资回报的重要指标。测试投资回报率的计算公式如下：

测试投资回报率=(节约的成本-利润)÷测试投资×100%

接下来，通过一个实例来阐释质量成本的概念。假设对一个客户关系管理软件(CRM)进行了测试。在质量预防方面，仅考虑软件测试的投资，将发布前后发现并修正的错误视为非一致性成本。假设总计发现了为300个错误，并且各类故障成本已知，测试过程的详细成本估算如下。

各阶段发现并修正错误的成本假设如下。

- 在单元测试阶段，软件开发人员发现并修正一个错误的成本为50元。
- 在集成和系统测试阶段，测试人员发现错误后，开发人员进行修正，随后测试人员进行确认，每个错误的成本为300元。
- 产品发布后，客户发现错误并报告给技术支持人员，相关开发人员进行修正，测试组执行回归测试，每个错误的成本为2000元。

(1) 情况一：开发单位未建立独立测试团队，而是由开发人员自行进行测试。在此情况下，共发现100个错误；产品发布后，客户又发现了200个错误，仅故障成本构成的总成本为405 000元，缺陷检测率为33.3%。

(2) 情况二：开发单位建立了独立测试团队，并执行手工测试。在预算中，人员费用为60 000元，测试环境使用费为8000元，总测试投资(一致性成本)为68 000元。除开发过程中开发人员发现并修正的100个错误外，测试过程中测试人员发现了150个错误，产品发布后客户发现50个错误。总质量成本降低至218 000元，较之前的情况节约了187 000元，这部分节约即为利润。投资回报率为275%，缺陷检测率为83.3%，具体计算如下：

投资回报率=(节约的成本-利润)÷测试投资×100%=(405 000-218 000)÷68 000×100%=275%
缺陷检测率=测试发现的软件缺陷数÷(测试发现的软件缺陷数+客户发现并反馈，随后由技术支持人员修复的软件缺陷数)=(100+190)÷(100+190+10)×100%=83.3%

(3) 第三种情况：开发单位在独立测试过程中，运用了自动测试工具，增加了10 000元的工具使用费，使测试总投入为78 000元(一致性成本)。得益于测试工具的使用，测试人员在测试阶段发现的错误数量增至190个，而产品发布后客户发现的错误数量减少至10个。总体质量成本降低至160 000元，相较于未建立独立测试之前，节省了245 000元。投资回报率达到了314%，缺陷探测率高达96.7%，具体计算如下：

投资回报率=(节约的成本-利润)÷测试投资×100%=(405 000-160 000)÷78 000×100%=314%
缺陷探测率=测试发现的软件缺陷数÷(测试发现的软件缺陷数+客户发现并反馈，随后由技术支持人员修复的软件缺陷数)=(100 + 190)÷(100+190+10)×100%=96.7%

由此可见，建立独立的软件测试机构并选择高效的测试方案，不仅能够显著提高软件缺陷的探测率，还能有效管理软件风险，提升软件质量。同时，这也有助于降低软件的质量成本，并且随着测试的深入，投资回报率将显著提升。

7.7.3 软件测试成本管理的基本原则和措施

在测试项目启动后，一系列不可预测的事件可能会发生。测试项目的管理者通常需要在充满不确定性的环境中进行项目管理，项目成本可能会出现难以预料的波动。因此，必须采取一些有效的措施和策略，协助管理者控制项目成本，构建贯穿整个软件测试项目生命周期内的精细化成本度量和管控体系。

1. 软件测试项目成本的控制原则

(1) 成本最低化原则：软件测试项目成本控制的核心目标是通过运用各种成本管理手段，持续降低项目成本，以实现尽可能低的目标成本。立足于现实，通过主观努力，达到一个合理的最低成本水平。

(2) 全面成本控制原则：全面成本管理涵盖整个测试团队、所有测试人员以及测试的整个过程，即所谓的“三全”管理。软件测试项目成本的全程控制要求成本控制工作必须随着软件测试过程的各个阶段连续不断地进行。

(3) 动态控制原则：鉴于软件测试项目的独特性，成本控制应侧重于项目的中期控制，强调动态控制。在软件测试的准备阶段，成本控制主要是为后续阶段打基础；而在测试完成阶段，由于成本盈亏已基本确定，即便发现偏差，往往也难以及时纠正。

(4) 项目目标管理原则：目标管理包括目标的设定与分解、责任的落实与执行、目标执行结果的检查、目标的评估与修正，形成一个循环，即PDCA(计划-执行-检查-改进)循环。

(5) 责、权、利相结合原则：在软件测试实施过程中，项目负责人和各测试人员在承担成本控制责任的同时，应拥有相应的成本控制权力，并定期对成本控制的成效进行检查与评估，实施奖惩制度。只有实现责任、权力和利益的有机结合，成本控制才能达到预期效果。

2. 软件测试项目成本控制措施

1) 组织措施

作为软件测试项目的负责人，需要全面负责项目的成本管理工作。及时掌握和分析盈亏状况，以便迅速采取有效措施。同时，负责技术工作的测试人员应在确保质量和按期完成任务的前提下，尽可能采用先进技术以降低测试成本。负责财务工作的人员则应定期分析项目的财务收支情况，并合理调度资金。

2) 技术措施

首先，应制订先进且经济合理的测试方案，旨在缩短工期、提高质量并降低成本。其次，在软件测试过程中，应积极寻求各种降低消耗、提高效率的新工艺和新技术，以实现成本的进一步降低。最后，严格控制测试质量，避免返工现象，缩短验收时间，从而节省费用开支。

3) 经济措施

首先，需加强人工费控制管理。这包括改善劳动组织以减少窝工浪费，实施合理的奖惩制度，强化技术教育和培训，强化劳动纪律，并严格控制非测试人员的比例。其次，材料费控制管理应着重减少各个环节的损耗，以实现费用节约。第三，软件测试工具费的控制主要在于正确选配和合理利用测试工具，以提高利用率和测试效率。最后，还需对间接费及其他直接费用进行有效控制。

软件测试项目成本管理的目标是在批准的预算范围内，完成所有必要的测试过程。成本管理是软件测试项目管理的核心内容之一。目前来看，成本管理在软件测试项目中仍显薄弱。许多软件测试项目由于成本管理不善，导致整个软件开发成本上升，进而影响软件质量。因此，在实际测试过程中，必须有效加强软件测试项目的成本管理，以进一步节约成本，提升经济效益。

7.8 本章小结

本章详细介绍了软件测试项目管理的各个方面，包括测试项目及其管理的定义、测试项目管理的基本特征、测试文档的作用与类型、测试人员的组织结构与能力要求、测试过程管理、配置管理、风险管理以及成本管理。本章强调了测试项目管理在确保软件质量、控制成本和时间以及降低风险方面的重要性。通过系统化的管理方法和工具，可以提升测试效率，保障测试工作的顺利进行，从而最终实现软件项目的成功交付。

7.9 思考和练习

一、填空题

1. 软件测试项目成本控制的核心目标是通过运用各种成本管理手段，持续降低项目成本，以实现尽可能低的________。

2. 软件测试项目成本的全程控制要求成本控制工作必须随着软件测试过程的各个阶段连续不断地进行，这被称为________管理。

3. 在软件测试的准备阶段，成本控制主要是为后续阶段打基础，而测试完成阶段的成本控制，由于成本盈亏已基本确定，即便发现偏差，也往往难以及时纠正，这体现了________控制原则。

4. 目标管理包括目标的设定与分解、责任的落实与执行、目标执行结果的检查、目标的评估与修正，形成一个循环，即________。

5. 在软件测试实施过程中，项目负责人和各测试人员在承担成本控制责任的同时，也应拥有相应的成本控制权力，并对成本控制的成效进行定期检查与评估，实施________制度。

二、判断题

1. 软件测试项目成本控制的核心目标是尽可能提高成本。（　　）

2. 软件测试项目成本的全程控制不需要随着软件测试过程的各个阶段连续不断地进行。（　　）

3. 软件测试的准备阶段成本控制不重要，因为成本盈亏在测试完成阶段才确定。（　　）

4. 目标管理不包括目标的评估与修正。（　　）

5. 在软件测试实施过程中，项目负责人和测试人员不需要拥有相应的成本控制权限。（　　）

三、简答题

1. 什么是软件测试项目成本控制的“成本最低化原则”？
2. 如何理解软件测试项目成本控制的“全面成本控制原则”？
3. 为什么说软件测试项目的成本控制应侧重于项目的中期控制？
4. 项目目标管理原则包括哪些内容？
5. 责、权、利相结合原则在软件测试成本控制中有什么作用？

第 8 章

面向对象软件测试

随着面向对象技术在软件工程领域的广泛应用，传统的测试方法和技巧面临前所未有的挑战。面向对象软件测试需要考虑该技术的特性，如封装性、继承性和多态性，这些特性对测试方法和内容产生了显著影响。例如，这些特性使得传统测试技术难以充分有效地评估软件质量。因此，针对面向对象程序的特性，测试人员必须开发新的测试方法和策略，以满足面向对象软件的多层次测试需求。通过深入理解面向对象程序的结构和运行方式，测试人员可以设计出更有效的测试用例，从而确保软件质量满足用户需求。本章将深入探讨面向对象软件测试的特性、测试模型以及基础测试技术。

本章学习目标：

- 了解面向对象软件的特点及其对测试的影响。
- 了解面向对象软件测试的不同层次及其特点。
- 掌握面向对象软件测试模型的理论及应用。

8.1 面向对象软件的特点及其对测试的影响

面向对象技术是一种创新的软件开发范式，正逐步取代传统且广泛采用的面向过程开发方法。该技术赋予软件更优的系统架构和更标准化的编程习惯，显著提升了数据处理的安全性，并增强了程序代码的复用性。

面向对象程序设计的核心在于对象本身。在这一设计范式中，对象是对现实世界中各种实体的抽象模拟，它结合了数据和功能，拥有独特的状态和行为。具体而言，对象的状态通过数据来体现，这些数据被称为对象的属性；而对象的行为则通过功能代码来实现，这些功能代码被称为对象的方法。不同的对象将拥有不同的属性和方法，以反映其独特性。

类是一种数据类型，它定义了一组具有相同属性和行为的对象。通过抽象出这些对象的共性，类成为了一种对相似对象的概括。以汽车为例，尽管不同型号的汽车在细节上有所差异，它们却共享一些核心特征，如方向盘、发动机和轮子，并且都能在道路上行驶。

因此，我们可以将这些共性抽象出来，构建一个汽车类。类作为对象的蓝图，详细描述了该类型所有对象的特征和行为。通过定义类，我们设定了每个对象必须具备的属性和方法，包括对象的属性、方法和事件。每一个特定的对象都是其类的一个实例。一旦定义了类，就可以根据需要创建任意数量的对象。类与对象之间的关系可以用建筑图纸与实际建筑的比喻来形象说明。在这个比喻中，类相当于建筑图纸，而根据图纸建造的每栋房子都是一个对象。正如多个房子可以依据同一张图纸建造，多个对象也可以根据同一个类来创建。每个对象都是其类的一个具体实例。

面向对象的程序设计与传统面向过程的程序设计的一个核心差异在于：面向过程的程序倾向于过程的独立性，却避免了过程间的协作；而面向对象的程序则不仅避免了过程的独立性，还将过程(即方法)封装在类的内部，类的实例化对象之间的交互成为程序执行的主要表现。换言之，传统程序的执行路径在编写阶段就已确定，程序的运行是主动的，其流程可以通过一个控制流图从开始到结束清晰地展现；而在面向对象程序中，方法的调用通常是被动的，程序的执行路径在运行时动态决定，因此描述其行为往往需要借助动态模型。与传统程序相比，面向对象程序设计主要具备封装性、继承性和多态性等关键特性。

8.1.1 封装性

在面向对象程序设计中，封装是一个核心概念，它涉及将对象的属性和行为封装成一个单一的单元。这种做法赋予了对象封装和隐藏其内部状态(包括数据和代码)的能力。通过这种方式，对象的内部复杂性得以与应用程序的其他部分隔离开来。

与传统的模块化程序设计相比，后者通常将大型程序分解为多个模块，每个模块仅负责组织相关代码。而面向对象程序设计不仅组织了相关的代码，还将这些代码所操作的数据整合在一起。通过将相关代码及其操作的数据封装在对象中，并定义一个接口与外界进行信息交换，只要接口保持稳定，应用程序就能与对象进行有效交互。封装本质上实现了与接口分离的概念，它隐藏了类的内部实现细节，使得在程序设计中使用对象时，开发者无须关注对象类的具体实现方式。

在面向对象程序设计中，深刻理解封装的概念及其重要性至关重要。首先，通过封装对象的方法和属性，实现与外界的隔离，这不仅有效防止了外界对封装数据和代码的潜在破坏，还避免了程序各部分之间数据的不当使用。其次，将不需要外界访问的数据和函数定义为私有，隐藏了其内部复杂性，确保每个对象仅通过单一接口与应用程序进行交互。最后，将数据与相关函数封装在一起，增强了它们之间的紧密联系和一致性。

封装性限制了对象属性的外部可见性及使用权限，这在一定程度上简化了类的使用，防止了不当操作，并有效阻止了错误的传播。然而，封装也使得类的某些属性和状态对外部不可见，这为测试用例(特别是预期结果)的创建带来了挑战。为了验证这些属性和状态，确保程序执行的正确性，通常需要在类定义中添加一些特定的函数。例如，在堆栈类Stack中，成员变量h表示栈顶的高度。当堆栈未满时，每次执行push(x)，h增加1；而当堆栈非空时，每次执行pop( )时，h减少1。由于h是私有成员，外界无法直接访问，如何验证程序执行后h的值是否正确变更呢？可以设计一个成员函数ReH( )，用于返回h的值，从而观察程序的执行结果。虽然这种做法增加了测试工作量，并在一定程度上影响了封装性，但它是确保程序正确性的重要手段。

8.1.2 继承性

继承性是面向对象程序设计中的核心概念。它指的是基于现有类(称为父类或基类)创建新类(称为子类或派生类)的过程。子类继承了基类的所有属性、方法和事件，并可以添加新的属性和方法，以实现功能的增强。每个新创建的子类不仅继承了其基类的所有特性，还融入了自身的独特属性。

继承这一术语源自生物学。例如，狗属于犬科动物，而犬科动物又属于哺乳动物。因此，狗作为犬科动物，继承了哺乳动物的所有属性和行为。这一概念在面向对象程序设计中得到了借鉴，两者在本质上有许多相似之处。继承性体现了子类对基类特征的继承和扩展。在面向对象程序设计中，通过继承可以构建新类，子类能够继承或扩展基类的属性、方法和事件等。如果基类的特征发生变化，这些变化也会被子类所继承，从而使得对基类所做的任何修改都能自动反映到其所有子类中。

在传统的结构化程序设计中，若需复制和重用代码，开发者必须手动创建代码的物理副本，并将其粘贴到程序中。相比之下，在面向对象的程序设计中，程序员无须从头至尾编写每一行代码，而是可以利用继承机制来创建新的类，从而避免源代码的复制，显著提升了代码的复用性，有效简化了程序设计的复杂度和工作量。

尽管继承为程序开发人员带来了便利，但对测试人员而言，问题并未因此简化。父类和子类运行在不同的环境中，即使父类经过了充分测试，也无法确保子类继承的特征同样正确无误。此外，多重继承会大幅增加派生类的复杂性，可能引发一些难以察觉的潜在错误。

8.1.3 多态性

多态性是指一个类能够为方法提供不同的实现，而这些方法可以通过相同的名称被调用。这种特性允许在调用一个类的方法时，无须事先知道该方法的具体实现细节。

作为面向对象编程的核心特性之一，多态性意味着同一消息能够根据接收对象的不同而触发不同的行为。多态性包含两层含义：其一是同一个消息传递给同一对象时，因参数不同，对象表现出不同的行为(这种多态性通过方法重载实现)；其二是同一个消息传递给不同对象时，每个对象根据其类型表现出不同的行为(这种多态性通过方法重写实现)。例如，假设有三个类：类A、类B和类C。其中类B继承自类A，类C又继承自类B。每个类都包含成员函数a( )，但它们的具体实现各不相同。在程序中，存在一个函数fn( )，它在参数中创建了类A的实例st，并调用了方法a( )。在运行时，程序执行类似于多路分支的switch( )语句，首先判断传递的实参类型(类A、类B或类C)，然后决定执行哪个类中的方法a( )。利用多态性，程序设计可以解决许多兼容性问题，这是面向对象程序设计的一个显著优势。然而，在测试阶段，必须为上述每个分支编写测试用例。因此，多态性和动态绑定为程序执行引入了不确定性，并增加了系统运行时可能的执行路径，这使得测试用例的选择更加困难，数量也相应增加。多态性给软件测试带来的挑战，目前仍是软件测试领域的热点和难点之一。

面向对象系统与面向过程系统的测试在许多方面具有相似性。例如，它们都旨在确保软件系统的正确性，这不仅包括代码的正确性，还包括系统能否执行既定的功能。它们遵循类似的过程，如测试用例的设计、执行，以及将实际结果与预期结果进行对比等。尽管许多传统的测试理论和方法同样适用于面向对象测试，但面向对象软件的开发技术和运行机制与传统软件存在显著差异。面向对象开发技术相较于传统技术，引入了多态性、继承性和封装性等新特性，这些特性使得开发出的程序结构更优、编程风格更规范，显著提升了数据使用的安全性，并且提高了代码的复用率。然而，面向对象的开发方法也对软件测试的方法和内容产生了影响，它增加了测试的复杂性，引入了传统软件设计技术中不存在的错误类型，甚至使得传统软件测试中的重点发生了转变。原本被认为是次要问题的方面，现在变成了主要问题。面向对象程序的结构不再是传统的功能模块结构，作为一个整体，原有的集成测试方法——即逐步搭建并测试开发的模块已不再适用。

面向对象技术在软件工程领域的普及，对传统测试方法和技巧提出了前所未有的挑战，使得传统测试技术难以全面有效地评估软件质量。因此，针对面向对象程序的独特属性的测试方法和策略应运而生。

8.2 面向对象软件测试的不同层次及其特点

面向对象软件的测试可以划分为三个或四个层次，这主要取决于对单元的定义。如果将单个操作和方法视为单元，则测试可以分为以下4个层次。

(1) 方法测试：对类中的各个方法进行单独测试。

(2) 类测试：聚焦类内方法间的交互以及对象在不同状态下的表现。

(3) 类簇测试：类簇，也称为子系统，由多个类组成。类簇测试着重于检验一组协同工作的类之间的相互作用。

(4) 系统测试：验证所有类和整个软件系统是否满足需求。

方法测试涉及对类中各个方法的独立测试。通常认为，以类的实例化为前提，并考虑到设置相应的对象状态，对各个方法进行相对独立的测试是可行的，这与对独立过程的测试类似。然而，实际上类中的方法是无法脱离类而独立存在的，由于类是面向对象软件的基本组成和运行单元，因此许多人反对将方法测试视为一个独立的层次，而倾向于将其视为类测试的一部分。

采用三个层次的方式，以类作为测试单元，有助于标识测试用例，并使集成测试的目标更加明确。面向对象软件的测试通常分为三个层次：其一，面向对象单元测试主要针对类成员函数及其交互进行测试；其二，面向对象集成测试主要关注系统内部的相互服务，包括成员函数间的相互作用和类间的消息传递等；其三，面向对象系统测试基于面向对象集成测试的最终阶段，主要以用户需求为标准，检验整个软件系统是否满足需求。

8.2.1 面向对象单元测试——类测试

在面向对象编程中，类构成了软件的基本单元，是软件运行的核心。面向对象软件的内部结构依赖于类之间的相互作用，因此，对类的测试至关重要。

封装了数据和方法的类和对象构成了系统的基本构建块，取代了传统意义上完成特定功能的模块。每个对象都拥有自己的生命周期和状态。消息传递是对象之间请求服务或协作的机制，也是外界访问对象功能和状态的唯一途径。对象的功能通过接收消息触发，由其所属类定义的方法与相关对象协作共同实现，并且在不同状态下对同一消息的响应可能截然不同。在操作过程中，对象的状态可能会发生变化，从而产生新的状态。对象中的数据和方法构成了一个不可分割的整体。因此，在测试时不仅需要验证输入数据产生的输出结果是否符合预期，还必须考虑对象的状态，因为对象在不同状态下对消息的响应可能大相径庭。

与传统软件相比，面向对象程序中的子过程(方法)结构更为简单，但方法间的耦合度更高，交互过程也更为复杂。传统软件测试侧重于程序的控制流或数据流，而面向对象类的测试则需关注对象的状态，重点检查对象在接收到一系列消息后是否达到了预期的状态。

因此，类测试的核心在于类内方法间的交互以及对象的不同状态，测试用例主要由方法序列集和相应的成员变量取值构成。类测试涉及一系列活动，旨在验证类的实现是否完全符合该类的规范。测试的主要对象是那些能够独立执行特定功能的原始类。若类的实现正确无误，那么该类的每个实例的行为也应当是正确的。

1. 类测试的范围

对类进行测试，主要是为了验证它是否仅执行规定的行为，并确保类的代码完全符合其规范所提出的要求。在进行各种类测试之后，如果代码覆盖率不达标，这可能表明类的设计过于复杂，需要拆分为多个子类，或者需要增加更多的测试用例以确保充分的测试。

2. 类测试的时机

类测试可以在开发过程的多个阶段进行。在持续的迭代开发过程中，类的规范和实现可能会发生变化。因此，在将类集成到软件的其他部分之前，应当执行类测试。每当类的实现发生变更时，都应执行回归测试。如果变更是由于发现代码中的缺陷而进行的，那么必须审查测试计划，并增加或修改测试用例，以应对未来可能出现的缺陷。

类测试通常应在完全理解类的规范，并准备开始编码后不久制订测试计划(至少确定测试用例的框架)。如果开发人员同时负责该类的测试工作，这一点特别重要。早期确定测试用例有助于开发人员更好地理解类的规范，并且有利于获得独立代码审查的反馈。

3. 类测试的测试人员

与传统的单元测试相似，类测试通常由开发人员执行。由于开发人员对代码的深刻理解，他们能够便捷地采用基于执行的测试方法。然而，由同一开发者进行测试也存在弊端：任何对类说明的误解都可能影响测试结果。因此，最佳实践是让另一名开发人员编写测试计划，并进行代码的独立审查，以避免一些潜在问题。

4. 类测试的方法

类测试的方法主要包括代码审查和执行测试用例。在某些情况下，代码审查可以替代基于执行的测试方法，但与基于执行的测试相比，代码审查存在以下两个劣势。

(1) 代码审查容易受到人为因素的影响。

(2) 在回归测试方面，代码审查通常需要更多的工作量，有时与原始测试工作量相当。

尽管基于执行的测试方法能够克服上述缺点，但确定测试用例和开发测试驱动程序同样需要大量的工作。在某些情况下，构建一个测试驱动程序的工作量甚至可能超过开发该类本身。一旦确定了类的可执行测试用例，就必须运行测试驱动程序，以执行每个测试用例并输出其结果。

传统的单元测试关注程序的函数、过程或完成特定功能的代码块。在实际测试类成员函数时，一些传统的测试方法依然适用于面向对象的单元测试，例如等价类划分法、因果图法、边界值分析法、逻辑覆盖法、路径分析法以及程序插桩法等。

5. 类测试深度

测试的充分性可以通过评估已实现的类和已说明的类的数量来衡量。在进行类测试时，通常需要综合考虑这两者，以期望覆盖操作和状态转换的所有可能组合。对象能够保持其状态，而状态通常会影响操作的含义。然而，穷举所有可能的组合既不可能也不必要。因此，应结合风险分析来选择一系列的组合，重点测试最重要的用例，同时抽取一些相对不那么重要的测试用例。

6. 构建类测试用例

为了对类进行测试，首先需要确定并构建类的测试用例。构建类测试用例的方法包括：依据类说明(用OCL表示)确定测试用例和依据类的状态转换图构建测试用例。

(1) 依据类说明(用OCL表示)确定测试用例：这一方法的基本思想是，在用OCL表示的类说明中，描述类的每个限定条件。通过分析这些条件中的逻辑关系，可以生成与条件结构相对应的测试用例。这种方法被称为基于前置条件和后置条件构建测试用例。其核心理念是为所有可能的组合情况制定测试用例需求。在这些组合情况下，应满足前置条件，并能够达到后置条件。根据这些需求，我们可以创建测试用例，设计具有特定输入值(包括常规值和特殊值)的测试用例，并确定它们的正确输出——预期输出值。

(2) 根据类的状态转换图构建测试用例。状态转换图以图形化的方式展示了与类实例相关联的行为。状态转换图可以用来补充已编写的类说明，或者构成完整的类说明。状态图中的每个转换都描述了一个或多个测试用例需求。因此，可以在转换的两端选择具有代表性的值和边界值来满足这些需求。如果转换是受保护的，还应为这些保护条件选择相应的边界值。状态的边界值取决于相关属性值的范围，可以根据属性值来定义每个状态。

综上所述，与基于前置条件和后置条件创建类测试用例相比，根据状态转换图创建测试用例具有明显优势。在类的状态图中，相关联的行为表现得非常清晰和直观，测试用例需求直接来源于状态转换，这使得确定测试用例需求变得更加容易。然而，基于状态图的方法也有其局限性。例如，如何根据属性值定义状态，以及事件在特定状态下如何影响特定值，这些都难以仅从简单的状态图中得出。因此，在使用基于状态转换图进行测试时，务必在生成测试用例时检查每个状态转换的边界值和预期值。

7. 类测试的充分性

类测试的充分性有以下3个标准。

(1) 基于类状态的覆盖率：这一标准通过衡量测试覆盖了多少个状态转换图中的状态转换来进行评估。测试的充分性要求每个状态转换至少被执行一次。在面向对象的程序设计中，状态转换图用于描述类的行为。

(2) 基于约束的覆盖率：这一标准通过前置条件和后置条件的执行程度来反映测试的充分性。类的约束可以通过前置条件和后置条件定义，这些约束可以有多种组合。测试的充分性要求每种组合至少被执行一次。

(3) 基于代码的覆盖率：这一标准确保实现类的每一行代码或每一条代码路径至少被执行一次，这与白盒测试的覆盖标准相一致。然而，由于面向对象程序设计技术的特性，即便代码的覆盖率达到了100%，也不一定意味着基于类状态的覆盖率或基于约束的覆盖率同样达到了100%。

8. 构建测试驱动程序

测试驱动程序是一个运行可执行的测试用例并输出结果的程序。设计测试驱动程序时，应追求简洁性与易于维护性，同时确保能够复用现有的驱动程序。通常，测试驱动程序有以下3种类型。

(1) 有条件编译的驱动程序：这类驱动程序的代码与类代码相似，其缺点在于需要多个几乎相同的驱动程序来测试一个子类，这使得代码难以复用，并且需要条件编译的支持。

(2) 静态方法作为测试驱动程序：这类驱动程序的代码与测试驱动程序的代码相似，易于复用以测试子类(继承)，但必须注意在交付使用的软件中移除这些驱动程序代码。

(3) 创建独立tester类：这种驱动程序易于复用代码来测试子类，且生成的代码量少，执行速度快。然而，必须创建新的类，并且要注意反映测试中类的变化。

以上设计都支持运行相同的测试用例并报告结果。推荐采用第三种设计，即创建独立的tester类。一个具体的tester类的主要职责是执行测试用例并输出结果。该类接口的主要组成部分包括：创建测试用例的操作、分析测试用例结果的操作、执行测试用例的操作，以及创建用于运行测试用例的输出实例的操作。

9. 子类的测试

面向对象编程的特性使得对成员函数的测试与传统的函数或过程测试有所不同。特别是继承和多态特性，导致子类继承或重载的父类成员函数出现了一些在传统测试中未曾遇到的问题。继承作为代码复用的一种形式，是面向对象软件开发吸引力的关键因素之一。面向对象程序设计通过规范的继承使用，确保为一个类设计的测试用例集同样适用于其子类。有时，子类的某些部分可以免于执行测试，因为父类中已经测试过的代码被子类完整地继承，本质上是相同的代码。那么，这是否意味着继承的成员函数都不需要测试呢？在以下两种情况下，即使父类中的成员函数已经测试过，也需要在子类中重新进行测试：

(1) 当继承的成员函数在子类中进行了修改时。

(2) 当成员函数调用了被修改过的其他成员函数时。例如，假设父类Base有两个成员函数：Inherited( )和Redefined( )，而子类Derived对Redefined( )函数进行了修改。在这种情况下，Derived::Redefined( )显然需要重新测试。同时对于Derived::Inherited( )，如果它包含调用Redefined( )的语句(例如：x=x/Redefined( ))，则同样需要重新测试；如果没有这样的调用，则无须再次测试。

那么，父类的测试用例是否可以直接应用于子类呢？

基于前述假设，Base::Redefined( )和Derived::Redefined( )已经演变为不同的成员函数，各自拥有独特的服务说明和执行逻辑。因此，理论上需要对Derived::Redefined( )进行重新的测试分析，并设计专门的测试用例。然而，由于面向对象继承的特性，这两个函数在某些方面保持相似性，因此我们只需在Base::Redefined( )的测试要求和测试用例基础上，补充针对Derived::Redefined( )的新测试要求，并增加相应的测试用例。例如，Base::Redefined( )包含以下语句：

```
If (value<0) message ("less");
   else if (value==0) message ("equal");
     else message ("more");
//在Derived::Redefined( )中定义如下
If (value<0) message ("less");
   else if (value==0) message ("It is equal");
     else
        {message ("more");
if (value==88) message("luck");}
……
```

在现有的测试基础上，对Derived::Redefined( )的测试仅需进行以下调整：修改value等于0时的预期测试结果，并新增value等于88的测试案例。

当从基类派生出新的派生类时，对于那些未发生变化的操作，无须新增基于规范的测试用例，因为现有的测试用例可以被重用。如果测试的操作未以任何方式修改，则无须执行这些测试用例。然而，如果某个操作的方法被间接修改了，那么除了重新运行该操作的所有测试用例外，还需要执行额外的测试用例。

8.2.2 面向对象的集成测试

在传统的集成测试中，有自顶向下和自底向上两种方法用于测试通过集成完成的功能模块。自顶向下集成是一种增量式的程序构建方式，它从主要控制模块开始，遵循软件的控制层次结构，采用深度优先或广度优先的策略，逐步将各个模块集成起来。而自底向上集成则从基础模块开始，通过集成完成的功能模块进行测试，通常可以在部分程序编译完成后进行。

然而，对于面向对象的程序，功能的相互调用分布在程序的不同类中，类通过消息传递相互作用，既请求又提供服务。类的行为与其状态紧密相关，而状态不仅体现在类数据成员值上，还可能包括其他类中的状态信息。因此，类之间的依赖关系非常紧密，无法在编译不完全的程序上对类进行有效的测试。在这种情况下，传统的自顶向下和自底向上集成策略并不适用。一次将一个操作集成到类中(传统的增量集成方法)通常是不可行的，面向对象的集成测试通常需要在整个程序编译完成后进行。此外，面向对象程序的动态特性意味着程序的控制流往往难以确定。因此，通常只能对整个编译后的程序进行基于黑盒技术的集成测试。

面向对象的程序由众多对象构成，这些对象通过相互协作来解决问题。对象之间的协作方式决定了程序的功能以及其执行的准确性。因此，确保程序中对象间的正确交互对于程序的正确性至关重要。

交互测试的核心在于验证对象(其类已通过测试)之间的消息传递是否准确无误。执行交互测试时，可以利用嵌入到应用程序中的交互对象，或者在独立的测试环境中进行，例如使用tester类这样的工具。通过在这样的环境中模拟对象间的交互，交互测试得以实施。

1. 对象交互

对象交互涉及一个对象(发送者)向另一个对象(接收者)发出请求，请求接收者执行特定操作。接收者处理的全部工作即为响应这一请求。类与类之间的交互方式(即类接口)主要包括以下几种。

(1) 公共操作将一个或多个类指定为正式参数的类型。

(2) 公共操作将一个或多个类指定为返回值的类型。

(3) 类的方法可以创建另一个类的实例。

(4) 类的方法可以引用某个类的所有实例。

在编写待测试的接口说明时，必须明确是否采用了保护性设计或约束性设计方法，因为这些方法会改变发送者与接收者之间的交互模式。

对象交互的测试可以依据类的类型划分为原始类测试、汇集类测试以及协作类测试。

1) 原始类测试

原始类测试涉及使用单元测试技术，这部分内容之前已经讨论过。

2) 汇集类测试

汇集类是指那些在文档中使用对象，但实际上并不与这些对象进行任何协作的类，即它们从不调用这些对象提供的服务。相反，汇集类会展示以下一个或多个特征。

(1) 存储对象的引用(或指针)，通常用于表示程序中对象之间的一对多关系。

(2) 创建这些对象的实例。

(3) 删除这些对象的实例。

汇集类的测试可以借鉴原始类测试的方法。测试驱动程序需要创建一些实例，并将它们作为参数传递给正在测试的集合。测试用例的核心目标是确保这些实例能够被正确地添加到集合中，并且能够被正确地从集合中移除。此外，测试用例还应验证集合对其容量的限制。因此，在确定汇集类的正确操作时，每个对象的确切类型(即用于汇集类测试的对象)并不重要，因为集合实例与集合中的对象之间不存在直接的交互。如果在实际应用中可能需要添加40~50条信息，那么生成的测试用例至少应包含50条信息。如果无法确定一个具有代表性的上限，就必须使用大量对象进行测试。

如果集合类无法为新增元素分配内存，应当对集合类的行为进行测试，或者对可变数组这一数据结构进行测试，后者通常会一次性为多个数据项分配空间。在测试用例执行过程中，可以利用异常机制来限制测试期间分配的内存容量。如果已经应用了防御性设计方法，那么测试套件还应包括否定测试。也就是说，当程序具有有限的预设容量，并且存在实际限制时，应使用超出预设容量限制的测试用例进行测试。

3) 协作类测试

非原始类(即不是简单且独立的类，这些类无法仅通过类测试方法进行测试)被称为协作类。这类类在一个或多个操作中使用其他对象，并将它们作为实现中不可或缺的一部分。当接口中某个操作的后置条件引用了协作类对象的实例状态时，表明该对象的属性已被使用或修改。因此，协作类的测试复杂性通常远高于集合类或原始类的测试。

2. 面向对象的集成测试流程

面向对象的集成测试旨在发现那些独立单元测试所无法识别的错误，这些错误通常出现在类与类之间的交互过程中。在单元测试已经验证了成员函数行为的正确性之后，集成测试专注于评估系统的架构和内部交互。面向对象的集成测试分为两个阶段：静态测试和动态测试。

1) 静态测试

静态测试主要关注程序的架构，确保其符合设计规范。目前市面上流行的测试工具大多提供了一项名为“可逆性工程”的功能，它通过分析源代码生成类关系图和函数调用关系图，从而检查程序架构和实现是否存在问题，是否满足了设计要求。

2) 动态测试

在设计动态测试用例时，通常会参考功能调用结构图、类关系图或实体关系图，以确定哪些部分无须重复测试，从而优化测试用例并减少测试工作量。这可以确保测试覆盖率达到既定标准，例如确保覆盖所有类的服务要求或服务提供的一定比例；依据类间传递的消息，实现对所有执行线程的一定比例覆盖；确保覆盖类的所有状态的一定比例等。同时，也可以利用现有的测试工具来获取程序代码执行的覆盖率信息。

设计测试用例时，可以遵循以下步骤。

(1) 选择需要检测的类，并详细定义类的状态、相应的行为、类或成员函数之间传递的消息，以及输入或输出的界限。

(2) 确定覆盖标准。

(3) 使用结构关系图来确定待测类的所有关联。

(4) 根据程序中类的对象构造测试用例，明确使用何种输入来激发类的状态、调用类的服务，并预测产生何种行为。

❖ 注意：

在设计测试用例时，不仅要考虑确保功能符合预期的输入，还应有意识地构建一些违规示例，以验证功能在面对不合法操作时的反应，例如发送与当前类状态不匹配的消息，或请求不适当的服务等。根据实际情况，动态集成测试有时也可以并入系统测试中进行。

3. 面向对象的集成测试中常用的测试技术

在进行面向对象的集成测试时，除了需要考虑对象间的交互特性并据此分类以外，还必须运用一些具体的测试技术以满足测试需求。测试的目标是执行所有可能的组合，以实现100%的测试覆盖率，这正是穷举测试法的核心思想。尽管穷举测试法是一种可靠的测试手段，但在实际操作中往往难以实施，原因在于对象间交互的组合数量过于庞大，导致没有充足的时间来构建和执行这些测试。因此，开发者寻求更为高效的测试技术，例如抽样测试和正交阵列测试。

1) 抽样测试

抽样测试首先确定测试的总体范围，随后定义一种策略，从测试用例的总体中挑选出哪些将被构建和执行。抽样方法涉及从一组潜在的测试用例中选取一个测试集合，样本的选择是基于一定的概率，从而代表总体的一个子集。

2) 正交阵列测试

正交阵列测试提供了一种高效的抽样方法。在正交阵列矩阵中，每一列代表一个测试因素，即一个变量，它代表软件产品中的一个特定类族或类状态，而不同的状态数量构成了不同的级别。正交阵列将各个因素以配对的方式组合起来。例如，假设有3个因素A、B、C，每个因素有3个级别1、2、3，那么理论上存在27种可能的组合，即A的3种情况×B的3种情况×C的3种情况。但在正交阵列中，每个给定的级别仅出现两次，因此仅需考虑图8-1所示的配对组合方式(以3个因素，每个因素3种情况为例)。

3 个因素，每个因素 3 种情况的配对组合方式

	A	B	C
1	1	1	3
2	1	2	2
3	1	3	1
4	2	1	2
5	2	2	1
6	2	3	3
7	3	1	1
8	3	2	3
9	3	3	2

图8-1 A、B、C正交阵列矩阵

正交阵列测试采用平衡设计：每个因素的各个水平出现的频次与其他水平完全一致，确保每个因素水平的配对仅出现一次(如AB、AC、BC)。

8.2.3 面向对象的系统测试

通过单元测试和集成测试，虽然可以确保软件功能的实现，但并不能保证软件在实际运行时能够满足用户的实际需求，也无法排除在特定使用条件下可能引发错误的潜在问题。因此，对已完成开发的软件进行规范的系统测试至关重要。系统测试的目的是检验整个系统，以确保它能够满足所有既定的需求和行为，其测试目标包括以下两个方面。

(1) 识别系统中潜在的缺陷。

(2) 发现那些导致实际操作与系统需求之间出现偏差的缺陷。

从另一个角度来看，开发完成的软件只是实际运行系统的一个组成部分，因此必须对其与其他系统组件的协同运行进行测试，以确保在所有系统部分协同工作的环境中，软件能够正常运行。

系统测试应尽可能构建一个与用户实际使用环境一致的测试平台，并确保被测试系统的完整性。对于暂时缺失的系统设备组件，应采用相应的模拟方法进行替代。在进行系统测试时，需要针对描述的对象、属性和服务进行检测，以确认软件是否能够全面“重现”问题空间。系统测试不仅是对软件整体行为的检验，从另一个角度来看，它也是对软件开发设计的再次确认。由于系统测试不涉及内部结构和中间结果的考量，因此面向对象软件的系统测试与传统软件的系统测试差异并不显著。系统测试的具体内容包括以下几个方面。

(1) 功能测试。功能测试旨在验证软件是否符合开发规范，是否能够实现设计文档中描述的功能，并确保用户需求得到充分满足。功能测试是系统测试中最常见且不可或缺的环节，通常以正式的软件需求说明书作为测试基准。

(2) 强度测试。强度测试的目的是评估系统的极限承载能力，即在极端或超负荷条件下软件的功能表现。这包括对软件进行大量重复操作、输入大量数据或大数值、执行复杂的数据库查询等压力测试。

(3) 性能测试。性能测试着重于评估软件的运行效率。这类测试经常与强度测试同步进行，并需要预先设定性能指标，例如最大传输连接时长、传输错误率、计算和记录的精确度、响应时间以及恢复时间等。

(4) 安全测试。安全测试旨在确保系统中的保护机制能够有效维护系统安全，防止各种非预期的干扰。在进行安全测试时，设计特定的测试用例旨在突破系统的安全防护措施，从而检验系统是否存在安全漏洞。

(5) 恢复测试。恢复测试通过人为制造干扰，导致软件故障并中断其运行，评估系统的恢复能力(特别针对通信系统)。在恢复测试过程中，应参照性能测试的相关指标。

(6) 可用性测试。可用性测试评估用户是否能够满意地使用系统，主要体现在操作的便捷性以及用户界面的友好程度。

(7) 安装/卸载测试。安装/卸载测试验证系统的安装和卸载功能是否满足既定需求。

系统测试要求结合需求分析，对被测软件进行详尽的测试分析，并建立测试用例。通常，建立系统测试用例的方法有以下两种。

(1) 分析产品可能存在的缺陷类型，据此设计测试用例。

(2) 确定用户如何使用系统，并根据这些使用场景构建相应的测试用例。

8.3　面向对象软件测试模型

面向对象的开发模型颠覆了传统的瀑布模型，将开发过程细分为面向对象分析(OOA)、面向对象设计(OOD)和面向对象编程(OOP) 3个阶段。在分析阶段，首先对问题空间进行抽象描述，从中提炼出适用于面向对象编程语言的类和类结构，最终转化为代码。得益于面向对象开发的特性，这种模型能够高效地将分析和设计的文本或图表转化为代码，并持续适应用户需求的变化。针对这种开发模型，可以结合传统的测试阶段，将面向对象的软件测试划分为3个部分：面向对象分析的测试、面向对象设计的测试和面向对象编程的测试。

面向对象分析的测试和面向对象设计的测试主要针对分析和设计阶段的成果进行检验，重点是对分析和设计过程中产生的文档进行测试。这是软件开发早期阶段的重要环节。而面向对象编程的测试则侧重于编程风格和程序代码的实现，其核心测试包括面向对象单元测试和面向对象集成测试。

8.3.1　面向对象分析的测试

传统的面向过程分析方法侧重于将系统视为一系列可分解的功能集合，其核心在于识别系统所需的信息处理方法和流程，并通过过程的抽象来满足系统需求。相比之下，面向对象分析(OOA)融合了E-R图、语义网络模型(即信息建模中的概念)以及面向对象编程语言的关键概念，最终以图表形式对问题空间进行描述。

OOA直接映射问题空间，全面地将问题空间中的功能实现抽象化。它将问题空间中的实例转化为对象，并通过对象的结构反映问题空间的复杂实例和关系，同时用属性和服务来表示实例的特性和行为。对于系统而言，与传统分析方法产生的结果不同，系统中的行为相对稳定，而结构则相对灵活，这更真实地反映了现实世界的特性。OOA的成果为后续的类选择和实现、类层次结构的组织与实现提供了基础。然而，如果OOA在问题空间分析和抽象上存在不完整性，将最终影响软件的功能实现，导致软件开发后期出现大量不必要的修正工作。此外，多余的对象或结构会干扰类的选定和程序的整体结构，增加开发人员的工作负担。因此，针对OOA的测试应重点考察其完整性，以避免冗余性。

OOA的测试是一个不可或缺的系统过程，对OOA阶段的测试可以细分为以下5个方面。

1) 对目标对象的测试

在面向对象分析(OOA)中，目标对象是对问题空间中结构、其他系统、设备、记忆中的事件以及系统相关人员等实际实例的抽象。对这些对象的测试可以从以下几个方面进行。

(1) 检查目标对象是否全面，确保问题空间中所有相关实例都在目标抽象对象中得到体现。

(2) 评估目标对象是否具有多个属性。通常，只有一个属性的对象应当被视为其他对象的属性，而不应作为独立对象进行抽象。

(3) 分析被认定为同一对象的实例是否具有共同的、区别于其他实例的特征属性。

(4) 考察被认定为同一对象的实例是否需要或提供相同的服务。如果服务随着不同实例而有所变化，则需要对目标对象进行分解，或利用继承性进行分类表示。

(5) 如果系统没有必要持续保留对象所代表实例的信息，或者提供或获取关于它的服务，则该目标对象可能不是必需的。

(6) 最后，目标对象的命名应当尽可能准确和适用。

2) 对认定结构的测试

结构指的是不同对象的组织方式，旨在反映问题领域中的复杂实例及其相互关系。认定结构主要分为两大类：分类结构和组装结构。分类结构揭示了问题领域中实例的一般与特殊关系，而组装结构则展示了实例整体与部分之间的关系。

针对认定的分类结构，测试可以从以下几个维度进行。

(1) 考虑结构中的某一对象，特别是位于高层的对象，是否在问题空间中具有区别于下层对象的独特性，即是否能够衍生出下层对象。

(2) 对于结构中的某一对象，尤其是处于同一底层的对象，是否能够抽象出在现实世界中有意义的更普遍的上层对象。

(3) 检查所有已认定的对象是否能够在问题空间内向上抽象出在现实世界中有意义的对象。

(4) 高层对象的特性是否全面体现了下层对象的共性。

(5) 底层对象是否在高层特性的基础上展现出其特殊性。

对选定的组装结构进行测试，需要从以下几个维度进行。

(1) 检查整体(对象)与部件(对象)之间的组装关系是否符合现实情况。

(2) 评估整体(对象)的部件(对象)在所考虑的问题空间内是否具有实际应用价值。

(3) 确认整体(对象)中是否包含了在问题空间中有用的部件(对象)，确保没有遗漏。

(4) 检验部件(对象)是否能够在问题空间中组装成新的、具有现实意义的整体(对象)。

3) 对选定主题的测试

主题是在对象和结构基础上的更高级抽象，旨在提供OOA结果的可视化，类似于文章对各部分内容的概览。对主题层的测试应考虑以下方面。

(1) 遵循“7+原则”，若主题数量超过7个，则需对具有相似属性和服务的主题进行合并。

(2) 检查主题所反映的一组对象和结构是否具有相似的属性和功能。

(3) 确认选定的主题是否为对象和结构的更高级抽象，并且是否有助于理解OOA结果的整体轮廓。

(4) 评估主题间的消息联系(抽象)是否全面代表了主题所反映的对象和结构之间的所有关联。

4) 对定义的属性和实例关联的测试

属性用于描述对象或结构所体现的实例特征，而实例关联则映射了实例集合之间的关系。对属性和实例关联的测试应从以下方面进行。

(1) 所定义的属性是否适用于相应对象和分类结构的每一个实际实例。

(2) 所定义的属性在现实世界中是否与这些实例紧密相关。

(3) 所定义的属性在问题空间中是否与这些实例紧密相关。

(4) 所定义的属性是否能够独立于其他属性被理解。

(5) 所定义的属性在分类结构中的位置是否恰当，低层对象的共有属性是否在高层对象的属性中得以体现。

(6) 在问题空间中，每个对象的属性是否被完整定义。

(7) 所定义的实例关联是否符合现实情况。

(8) 在问题空间中，实例关联是否被完整定义，特别需要注意“1-多”和“多-多”的实例关联情况。

5) 针对定义的服务和消息关联进行的测试

定义的服务指的是在问题空间中，每种对象和结构所需展现的行为。由于问题空间内实例间必须进行通信，因此在OOA(面向对象分析)中必须相应地定义消息关联。对这些定义的服务和消息关联的测试可以从以下几个方面展开。

(1) 检查对象和结构在问题空间的不同状态下，是否已定义了相应的服务。

(2) 验证对象或结构所需的服务是否明确对应了相应的消息关联。

(3) 确认定义的消息关联是否能正确引导至所需的服务提供。

(4) 评估沿着消息关联执行的流程是否合理，并与现实过程相符。

(5) 审查定义的服务是否存在重复，以及是否定义了可获取的服务。

8.3.2 面向对象设计的测试

传统的结构化设计方法采用面向模块的策略，通过将系统分解为一组模块来实现，这些模块构成了系统基础结构的过程实现。该方法将问题领域的分析转化为解决方案领域的设计，而分析的结果则作为设计阶段的重要输入。

面向对象设计(OOD)采取了“造型的观点”，基于面向对象分析(OOA)提炼出类，并构建类结构或进一步发展为类库，以实现对问题空间的抽象。在OOD中归纳出的类，既可以是对象的简单延续，也可以是不同对象间相同或相似服务的抽象。因此，OOD可以视为对OOA的进一步深化和更高层次的抽象化。通常，OOD与OOA之间的界限并不容易明确划分。在确定类和类结构时，OOD不仅满足当前的需求分析，更重要的是通过重新组合或适当扩展，便于实现功能的重用和扩展，以持续适应用户需求的变化。因此，针对功能实现、重用以及对OOA结果的扩展，对OOD的测试应从以下3个方面进行考虑。

1) 对选定类的测试

选定的类可以是OOA中确定的对象，也可以是对象所需服务及其属性的抽象。原则上，选定的类应尽可能基础，以便于维护和重用。根据之前提出的一些准则，测试选定类主要考虑以下几个方面。

(1) 是否涵盖了OOA中所有确定的对象。

(2) 是否能体现OOA中定义的属性。

(3) 是否能实现OOA中定义的服务。

(4) 是否对应一个含义明确的数据抽象。

(5) 是否尽可能少地依赖其他类。

(6) 类中的方法是否具有单一用途。

2) 对构建的类层次结构进行测试

为了充分利用面向对象编程中的继承共享特性，面向对象设计(OOD)的类层次结构通常基于面向对象分析(OOA)中产生的分类结构原则进行组织，重点展示父类与子类之间的通用性和特异性。在当前的问题空间中，对类层次结构的主要要求是能够构建一个能够实现所有功能的结构框架。因此，应重点测试以下几个方面。

(1) 类层次结构是否包含了所有已定义的类。

(2) 是否能够体现OOA中定义的实例关联。

(3) 是否能够实现OOA中定义的消息关联。

(4) 子类是否具有父类所不具备的新特性。

(5) 子类之间的共性是否在父类中得到了完整体现。

3) 对类库支持的测试

尽管类库支持也涉及类层次结构的组织问题，但其核心关注点在于软件开发中的重用性。由于它并不直接影响当前软件的开发和功能实现，因此，单独对其进行测试可以作为评估高质量类层次结构的一种有效方式。以下是关于类库支持的几个测试点。

(1) 在一组子类中，对于意义相同或基本相同的操作，是否拥有统一的接口(包括名称和参数列表)。

(2) 类中的方法功能是否保持简洁，相应的代码行数是否较少。

(3) 类的层次结构是否呈现出深度大、宽度小的特征。

8.3.3 面向对象编程的测试

面向对象程序设计引入了继承、封装和多态等新特性，这要求传统的测试方法进行相应的调整。封装技术隐藏了数据，仅允许通过公开的操作接口来访问或修改数据，从而减少了数据被不当修改和读写的可能性，同时也降低了对数据非法操作的测试需求。继承作为面向对象程序设计的核心特征之一，不仅提高了代码的复用性，也增加了错误传播的风险。多态性赋予了面向对象程序强大的处理能力，但同时也使得同一函数在不同类型的对象中表现出不同的行为，这要求测试时必须考虑各种类型的具体实现和行为。

面向对象程序将功能实现分散在各个类中。只有当这些类正确实现其功能并通过消息传递协作完成设计要求时，才能实现预期的功能。正是这种面向对象的编程范式，使得错误能够被精确地定位到特定的类。因此，在面向对象编程阶段，应忽略类功能实现的细节，将测试的焦点放在功能的实现及其面向对象的编程风格上。以下是两个主要测试点。

(1) 数据成员是否符合数据封装的标准。

(2) 类是否具备了所需的功能实现。

1. 数据成员是否符合数据封装的标准

数据封装指的是数据及其相关操作的集合。评估数据成员是否满足数据封装标准，核心原则在于数据成员是否被外部实体(即数据成员所属类或子类之外的实体)直接访问。更具体地说，当数据成员的结构发生变化时，是否会影响类的公共接口，从而迫使外部调用者做出相应的调整。需要注意的是，强制类型转换有时会破坏数据封装的特性，例如：

```
class Hidden
{
    private:
    int a=1;
    char *p= "hidden";
}
```

```
class Visible
{
    public:
    int b=2;
    char *s= "visible";
}
...
Hidden pp;
Visible *qq=(Visible *)&pp;
```

在上述代码段中，pp的私有成员变量可以被qq自由访问。

2. 类是否实现了既定功能

类所实现的功能均通过其成员函数来执行。在测试类的功能时，首先应确保成员函数的正确性。单独审视类的成员函数时，它们与面向过程编程中的函数或过程本质上并无区别。几乎所有传统单元测试中采用的方法，同样适用于面向对象的单元测试。面向对象单元测试的具体方法将在相关章节中详述。

成员函数的正确执行是类实现所需功能的基础，但成员函数间的相互作用以及类间的交互服务调用是单元测试无法验证的。因此，必须进行面向对象的集成测试。

需要特别强调的是，测试类的功能时，不应仅满足于代码的正确运行或类所提供功能的正确性，而应以面向对象设计(OOD)的成果为基准，检验类提供的功能是否满足设计要求、是否存在缺陷。在必要时(例如通过OOD仍无法明确细节)，还应参考面向对象分析(OOA)的结果，以其作为最终的评判标准。

8.4　本章小结

本章深入探讨了面向对象软件测试的特性、测试模型以及基础测试技术，强调了面向对象软件测试的多层次性，并提出了相应的测试策略和方法。面向对象软件测试不仅关注代码的正确性，还需要确保系统能够完成预定的功能，这要求测试人员理解面向对象程序的结构和运行方式，以及如何根据其特性设计测试用例。

8.5　思考和练习

一、填空题

1. 面向对象软件测试需要考虑面向对象技术的特性，如________、________和________，这些特性对测试方法和内容产生了显著影响。

2. 面向对象程序设计的核心在于对象本身，对象的状态通过数据来体现，这些数据被称为对象的属性；对象的行为则通过功能代码来实现，这些功能代码被称为对象的

________。

3. 类是一种数据类型，它定义了一组具有相同________和________的对象。

4. ________限制了对象属性的外部可见性及使用权限，这在一定程度上简化了类的使用，防止了不当操作，并有效阻止了错误的传播。

5. 面向对象软件的测试可以划分为3个或4个层次，如果将单个操作和方法视为单元，则测试可以分为4个层次：________、________、________和________。

二、判断题

1. 面向对象程序设计避免了过程的独立性，封装了过程(即方法)在类的内部。 (   )

2. 在面向对象程序设计中，类的实例化对象之间的交互成为程序执行的主要表现。(   )

3. 在面向对象程序设计中，继承性使得对基类所做的任何修改都能自动反映到其所有子类中。 (   )

4. 面向对象软件测试的充分性意味着每个状态转换至少被执行一次。 (   )

5. 面向对象的集成测试通常需要在整个程序编译完成后进行。 (   )

三、简答题

1. 面向对象软件测试与传统软件测试有什么不同？

2. 为什么面向对象程序设计中的封装性对测试用例的创建带来了挑战？

3. 面向对象软件测试的层次有哪些？

4. 面向对象单元测试的核心是什么？

5. 面向对象系统测试的目的是什么？

第 9 章

Web 应用测试

随着互联网技术的迅猛发展，Web应用已经渗透到人们生活的各个方面，从个人博客到电子商务平台，极大地便利了我们的生活和工作。然而，Web应用的普及也带来了对软件测试方法的新挑战。本章将深入探讨Web应用测试的各个方面，内容涵盖了Web应用的性能测试、功能测试、界面测试、客户端兼容性测试以及安全性测试等多个维度。本章旨在为读者提供一个全面的Web应用测试框架，帮助测试人员在面对复杂多变的Web环境时，能够有效地进行测试工作，确保Web应用的质量和性能。

本章学习目标：

- 了解Web应用的特点及Web测试与传统应用程序测试的区别。
- 了解Web性能测试的主要术语和性能指标。
- 了解Web性能测试的目标和测试策略。
- 了解Web应用系统性能测试人员应具有的能力。
- 了解Web应用系统性能测试的种类。
- 掌握Web应用系统性能测试的规划与设计。
- 理解Web应用系统全面性能测试模型和测试流程。
- 掌握Web应用的功能测试、界面测试、客户端兼容性测试和安全性测试。

9.1 Web应用测试概述

Web应用已经成为我们生活中不可或缺的一部分。无论是个人的博客空间还是大型电子商务网站(如C2C、B2B平台)，Web应用程序极大地便利了我们的生活和工作。

Web的全称是World Wide Web，常被称为万维网、WWW或3W。作为Internet的一项服务，Web构成了一个全球性的信息系统，内容涵盖文本、表格、图像、视频、音频等多种形式。Web是一个超文本信息系统，具有分布式、新闻性、动态性和交互性等特点。

Web的工作原理基于客户机/服务器计算模型，由Web浏览器(客户端)和Web服务器(服务器端)组成，并采用Internet网络协议体系。Web是一种基于Internet的超文本信息系统，涵盖了众多技术，包括客户端技术和服务器端技术。

Web浏览器(客户端)与Web服务器(服务器端)之间的通信通过超文本传送协议(HTTP)实现。HTTP是一种建立在TCP/IP协议之上的应用层协议，具有通用性、无状态性和面向对象的特点。HTTP协议的工作流程包括以下4个主要步骤。

(1) 建立连接：Web浏览器与Web服务器建立连接，打开一个称为socket(套接字)的虚拟文件，该文件的创建标志着连接的建立成功。

(2) 发送请求：Web浏览器通过socket向Web服务器发送请求。HTTP请求通常采用GET或POST命令(其中POST命令用于传递表单参数)。

(3) 接收应答：Web浏览器提交请求后，通过HTTP协议将请求传递给Web服务器。服务器接收到请求后进行处理，并将处理结果通过HTTP协议返回给Web浏览器，从而在浏览器上展示所请求的页面。

(4) 关闭连接：应答完成后，Web浏览器与Web服务器之间的连接必须断开，以确保其他浏览器能够与服务器建立连接。

随着Web应用的普及，现代Web应用系统不仅需要安全、及时地为大量客户端用户提供服务，还必须能够长期保持安全稳定的运行。这对Web应用软件的正确性、有效性和性能提出了更高的要求。因此，Web项目的功能和性能必须经过严格的验证，这就需要对Web项目进行全面的测试。

Web应用程序测试流程与其他类型应用程序测试流程相似，通常包括以下几个步骤：从项目需求设计文档出发，明确测试任务，制订测试计划，设计测试用例，执行测试，提交缺陷报告，编制测试报告，以及进行测试评审。在Web应用程序测试过程中，测试人员应准确记录发现的问题，并详细说明问题出现的环境、输入数据、问题类型、严重程度等具体情况。随后，测试人员需与开发人员合作，分析问题产生的原因，并定位软件缺陷。最终，测试人员将根据问题解决情况对缺陷进行分类汇总，为未来Web应用程序的设计提供参考，避免类似软件缺陷的再次出现。

然而，Web测试与传统应用程序测试的焦点并不完全一致。它不仅需要检验系统是否按照既定设计要求运行，还必须确保系统在各种用户浏览器中的展示效果良好。关键在于，必须从最终用户的视角出发，进行安全性和可用性测试。尽管如此，由于Internet和Web媒体固有的不可预测性，基于Web的系统测试仍然充满挑战。

Web应用测试主要涵盖以下方面：性能测试、功能测试、界面测试、客户端兼容性测试和安全测试等。

9.2 Web应用的性能测试

Web性能测试旨在模拟正常、峰值以及异常负载条件下的多用户访问，以评估Web服务器的性能指标，并收集系统的性能数据。

性能测试是确保Web应用系统质量的关键环节。与传统软件测试相比，Web应用程序的性能测试面临独特的挑战和复杂性，特别是在处理业务复杂、用户众多的大型系统时，确保性能满足用户需求显得尤为重要。Web性能测试的实际意义在于能够有效评估和提升系统性能。然而，在实际操作中，许多Web性能测试项目由于需求定义不明确或不合理，未能达到预期目标。随着Web应用的数据量和用户访问量的不断增长，系统性能和可靠性面临严峻挑战。

在众多性能测试项目中，由于未能合理定义性能测试需求、构建与真实环境相匹配的负载模型，以及科学地分析测试结果，往往导致项目耗时过长或无法准确评估系统性能并提出有效的性能改进方案。因此，无论是Web应用系统的开发者还是最终用户，都强调在系统上线前进行性能测试的重要性，以科学、准确地评估Web应用系统的性能，从而降低上线后的性能风险。

9.2.1 Web性能测试的主要术语和性能指标

在进行Web性能测试时，首先需要熟悉一些关键的Web性能测试术语和有效的性能指标。

1. 主要术语

(1) 并发用户：并发通常分为狭义和广义两种并发情况。

- 狭义上的并发：指所有用户在同一时刻执行相同的操作或业务流程。例如，在信用卡审批业务中，一定数量的用户可能会在同一时刻提交已经完成的审批申请；在特例情况下，所有用户可能会同时申请业务或修改同一条记录。
- 广义上的并发：与狭义上并发的区别在于，多个用户对系统发出的请求或进行的操作可以是相同的，也可以是不同的。尽管如此，整个系统仍然有多个用户同时进行操作，因此这也属于并发的范畴。

显然，广义并发模式涵盖了狭义的并发模式。更深入地说，广义并发模式更贴近用户的实际使用情境。在大多数系统中，只有极少数用户会进行“严格意义上的并发”。因此，在Web性能测试中，以上两种并发模式通常都需要进行测试，常规方法是首先进行严格意义上的并发测试。严格意义上的用户并发通常出现在使用频率较高的模块中，尽管这种情况发生的几率较低，但一旦出现性能问题，其影响可能是灾难性的。因此，严格意义上的并发测试往往与功能测试相结合，因为并发功能的异常通常指向程序缺陷。这种测试也是验证系统健壮性和稳定性的重要组成部分。

(2) 用户并发数量：关于用户并发数量，存在两种常见的误解。一种误解是将并发用户数量等同于所有使用系统的用户数量，认为这些用户可能会同时使用系统；另一种观点则更为接近实际情况，即将在线用户数量视为并发用户数量。然而，即便是在线用户，也不一定与其他用户产生并发行为。例如，仅浏览网页的用户实际上对服务器并没有影响。尽管如此，在线用户数量仍是计算并发用户数量的主要参考。

(3) 请求响应时间：请求响应时间是指从客户端发起请求到接收到响应的整个过程所需的时间。在某些工具中，这一指标常被称为TLLB(Time to Last Byte)，它描述了从发起请求到客户端接收完最后一个字节的响应所经历的时间。请求响应时间通常以“秒”或“毫秒”为单位。

(4) 事务响应时间：事务通常由一系列请求构成，而事务的响应时间主要是从用户的角度来考虑。它旨在向用户阐明业务处理的响应速度。例如，跨行取款事务的响应时间是由多个请求的处理时间累积而成。事务响应时间以及随后提到的业务吞吐率，都是直接评估系统性能的关键指标。

(5) 吞吐量：吞吐量指的是在一次性能测试期间，网络上数据传输量的总量。将吞吐量除以传输时间，即可计算出吞吐率。

(6) TPS：TPS是指每秒钟系统能够处理的交易或事务的数量，它是衡量系统处理能力的关键指标。

(7) 点击率：点击率是指每秒钟用户向Web服务器发起的HTTP请求数量。这个指标是Web应用特有的性能衡量标准。由于Web应用采用“请求-响应”模式，用户发起一次请求，服务器就需要处理一次，因此点击被视为Web应用处理能力的最小单位。如果将每次点击视为一个交易，那么点击率与TPS实际上是同一概念。显然，点击率越高，服务器所承受的压力就越大。点击率可以作为一个性能参考指标，但关键在于分析点击所产生的影响。需要注意的是，这里的点击并非单指鼠标的一次单击操作，因为在一次单击操作中，客户端可能会向服务器发出多个HTTP请求。

(8) 资源利用率：资源利用率指的是对不同系统资源的使用程度，例如服务器的CPU利用率和磁盘利用率等。它是分析系统性能指标并据此进行性能优化的重要依据，因此在Web性能测试工作中占据核心地位。资源利用率主要关注Web服务器、操作系统、数据库服务器和网络等方面，是测试和识别瓶颈的主要参考依据。在Web性能测试过程中，需要根据具体需求采集相应参数进行深入分析。

(9) 虚拟用户：虚拟用户指的是模拟浏览器向Web服务器发送请求并接收响应的进程或线程。

(10) 请求成功率：请求成功率是指Web服务器正确处理的请求数量与接收到的请求数量之比。

2. 性能通用指标

(1) Processor Time：指的是服务器的CPU占用率。通常情况下，当CPU平均占用率达到70%时，意味着服务可能接近其处理能力的极限。

(2) Memory Available Mbyte：指的是系统中可用的内存量。在进行性能测试时，如果观察到可用内存有显著变化，需要特别关注。若这种变化是由内存泄漏引起的，问题可能相当严重。

(3) Physical Disk Time：指的是物理磁盘的读写操作所占用的时间。

3. Web服务器指标

(1) Avg RPS：平均每秒响应次数=总请求时间/秒数。

(2) Avg Time to Last Byte per Request (milliseconds)：平均每秒业务脚本的迭代次数。

(3) Successful Rounds：成功的请求次数。

(4) Failed Rounds：失败的请求次数。

(5) Successful Hits：成功的点击次数。

(6) Failed Hits：失败的点击次数。

(7) Hits Per Second：每秒点击次数。

(8) Successful Hits Per Second：每秒成功的点击次数。

(9) Failed Hits Per Second：每秒失败的点击次数。

(10) Attempted Connections：尝试连接数。

4. 数据库服务器指标

(1) User Connections：指的是数据库的连接数量，即用户连接数。

(2) Number of Deadlocks：指的是数据库中发生的死锁数量。

(3) Butter Cache Hit：指的是数据库缓存(Cache)的命中率。

9.2.2 Web性能测试的目标和测试策略

1. Web性能测试目标

性能测试旨在揭示Web应用系统潜在的性能瓶颈或软件缺陷，并验证其是否满足用户的使用需求。通过收集测试数据并分析缺陷成因，形成总结报告，以便软件开发团队根据这些信息对Web应用进行必要的性能优化。

性能测试的具体目标如下。

(1) 明确Web应用系统的性能指标，涵盖支持的最大并发用户数、事务处理的成功率、请求响应的往返延迟等关键参数。

(2) 在不同负载和压力测试条件下，精确测定服务器的性能指标。

以上测试目标是整个测试流程的核心，因此，在进行软件性能测试之前，必须制定一份详尽的《软件性能测试需求规格说明书》，以明确测试目标。这份文档是评估软件性能是否达到标准的基础。

2. Web性能测试策略

性能测试策略通常在需求设计阶段开始讨论，以制定适合的测试方案。这一策略决定了性能测试所需资源的投入以及测试工作的启动时间，从而影响后续工作的安排。其制定主要依据软件的特性和用户对性能的关注程度，其中软件特性起着决定性作用。

Web应用软件可划分为特殊类应用和一般类应用。特殊类应用包括银行、电信、电力、保险、医疗和安全等领域的软件，这些软件使用频繁，用户基数大，因此需要较早开展性能测试。而一般类应用，如办公自动化(OA)和管理信息系统(MIS)等，其性能测试策略应根据实际情况制定，受到用户重视程度的影响较大。

(1) 对于特殊应用软件，从设计阶段便开始针对系统架构、数据库设计等方面进行深入讨论，旨在从根源上提升性能。系统类软件通常在单元测试阶段便开始实施性能测试，重点关注与性能相关的算法和模块。

(2) 一般应用软件的性能测试策略与用户重视程度密切相关。当用户高度关注性能时，相关讨论将在设计阶段就开始，并在系统测试阶段启动性能测试；当用户一般重视性能时，可以在系统测试阶段的功能测试结束后进行性能测试；若用户不太重视性能，则可以在软件发布前进行性能测试，并提交相应的测试报告。

9.2.3 Web应用系统性能测试人员应具有的能力

随着Web应用系统的普及，它们在为用户带来便捷的同时，也对开发和测试团队提出了更高的要求。性能测试作为一项挑战性极高的任务，它不仅要求测试人员具备扎实的技术基础，还必须拥有出色的综合分析能力。一名合格的Web应用系统性能测试人员应具备以下能力。

(1) 熟练运用常见的自动化测试工具。

(2) 具备一定的编程技能。

(3) 了解常见的数据库技术。

(4) 熟悉操作系统的基本原理。

(5) 能够熟练操作一些Web应用服务器，如IIS和Tomcat等。

(6) 通过综合分析测试数据，识别系统的性能瓶颈。

除了上述技能，测试人员还需要设计合适的性能测试策略和方案，并根据这些方案对系统进行详尽的测试与分析，唯有如此，才能有效地完成Web应用系统的性能测试任务。

9.2.4 Web应用系统性能测试的种类

性能测试包括压力测试、负载测试、强度测试、数据容量测试、预期指标性能测试、独立业务性能测试、组合业务性能测试、疲劳强度性能测试、网络性能测试、大数据量测试、服务器性能测试以及其他特殊测试等。

1. 压力测试

执行压力测试意味着在实际条件下对Web应用系统施加压力，以评估其响应能力。压力测试旨在检验系统的极限和故障恢复能力，即确定Web应用系统在何种条件下会崩溃。由于压力测试涉及施加巨大的工作负载，迫使软件超出正常的工作范围，如果在不超过性能指标所设定的阈值的前提下，持续高强度地测试产品可以有效揭示许多不易察觉的错误。这些错误往往通过其他测试手段难以发现，并且它们通常是最难以修复的问题。

2. 负载测试

负载测试旨在评估Web系统在特定负载水平下的性能表现，确保其在需求范围内稳定运行。负载水平可以指某一时刻同时访问Web系统的用户数量或在线数据处理的量。例如，Web应用系统能够支持多少用户同时在线？超出这一用户数量时，系统将表现出何种状况？Web应用系统是否能够应对大量用户对同一页面的并发请求？负载测试的核心目标是确认系统在超出最大预期负载时仍能保持正常运行，并进一步评估性能指标，如响应时间、事务处理速率以及其他与时间相关的性能参数。此外，在B/S架构中，用户并发量测试是负载测试的重要组成部分，可以利用WebLoad工具模拟大量用户同时访问网站，以观察系统的响应时间和处理速度。

3. 强度测试

强度测试作为性能测试的一个分支，旨在验证测试对象在面对异常或极端条件(例如资源匮乏或用户数量过多)时的性能表现是否符合预期。这类测试通常用于确认系统对软硬件的最低要求。通过执行强度测试，可以揭示因资源短缺或资源竞争引发的潜在问题。例如，在内存或磁盘空间不足的情况下，测试对象可能会暴露出在正常条件下不易察觉的缺陷。此外，共享资源的竞争(如数据库锁或网络带宽)也可能导致其他类型的缺陷。因此，强度测试能够评估在资源极度紧张的情况下软件系统的运行状况，并帮助确定测试对象能够承受的最大工作负载。举例来说，如果一个系统在366MB内存下能够正常运行，但当内存降至358MB时无法运行，这表明该系统对内存的最低要求是366MB。

4. 数据库容量测试

数据库容量测试旨在通过执行存储过程，向数据库表中插入特定数量的数据，以检验相关页面是否能够迅速展示这些数据。此外，该测试还旨在评估测试对象在限定时间内能够持续处理的最大负载或工作量。例如，在处理一组数据库记录以生成报表的过程中，容量测试将利用一个庞大的数据测试集，验证软件是否能够正常运行并输出正确的报表结果。进行此类测试通常涉及编写存储过程，向特定数据库表中插入一定量的记录，并测量相关页面的响应时间。

5. 预期指标性能测试

在需求分析和设计阶段，系统会设定一系列性能指标。性能测试的首要任务之一就是验证这些指标的实现情况。这些指标主要包括“系统能够支持最多200个并发用户”和“系统响应时间不超过20秒”等。对于这些预先设定的性能要求，必须优先进行测试，以确保其准确性。

6. 独立业务性能测试

独立业务通常指的是那些构成核心业务模块的功能复杂且使用频繁的部分，这些模块是业务体系中的核心部分。用户并发测试是针对这些核心业务模块的重要测试环节，其核心在于模拟一定数量的用户同时访问同一核心业务的相同或不同功能，并持续一段时间。并发测试可以分为两种类型：一种是在同一时刻，所有用户执行完全相同的操作；另一种是在同一时刻，所有用户使用完全相同的功能。

7. 组合业务性能测试

通常，用户在使用应用系统时不会仅限于一个或几个核心业务模块，而是可能同时使用多个功能模块。因此，Web性能测试不仅需要模拟多用户执行相同的操作，还要模拟多用户执行不同的操作。组合业务性能测试最能反映用户的实际使用情况，是性能测试的核心。我们通常会根据用户的实际使用比例，模拟不同模块的组合并发情况。组合性能测试通常与服务器性能测试结合进行，在模拟用户操作的同时，利用测试工具的监控功能收集服务器的计数器信息，从而全面分析系统瓶颈。

用户并发测试是组合业务性能测试的重要组成部分，其显著特点是根据用户使用系统的情况，将用户划分为不同的组别进行并发测试，并确保每组的用户比例与实际情况相匹配。

8. 疲劳强度性能测试

疲劳强度测试指的是在系统稳定运行的前提下，通过施加一定的负载压力，长时间地对系统进行测试。其核心目的是评估系统在持续处理高业务量时的性能表现，并判断系统在经过一段时间运行后是否能够保持稳定。

9. 网络性能测试

网络性能测试的目的是精确呈现带宽、延迟、负载以及端口状态的变化如何影响用户的响应时间。主要关注点在于测试应用系统中用户数量与网络带宽之间的关系。优化网络性能的最佳策略是将软件和硬件的优势相结合，以实现系统性能的全面提升。

10. 大数据量测试

针对具有特定数据库需求的系统，大数据量测试主要分为以下3种类型。

(1) 实时大数据量测试：通过模拟用户在实际工作中处理大数据量的场景，评估系统在大量用户操作或特定业务产生大规模数据时，是否能够保持稳定运行。

(2) 极限状态测试：该测试关注系统在经过一段时间运行并积累了一定量数据后，是否仍能正常处理业务。

(3) 综合测试：结合前两种测试，评估在系统已累积大量数据的情况下，实时产生大规模数据的模块是否能够稳定运行。

11. 服务器性能测试

性能测试的核心目的是在确保软件功能正常运行的基础上，识别并解决系统性能瓶颈。软件和服务器是导致性能瓶颈的两个关键因素。因此，在执行用户并发性能测试、疲劳强度测试以及大数据量性能测试时，必须对服务器性能进行持续监控和评估。服务器性能测试用例设计的关键在于确定需要采集的性能计数器，并将其与先前的测试结果进行关联。

初级服务器性能测试主要涉及在业务系统运行或进行其他类型性能测试的过程中，监控服务器的关键计数器信息。通过分析这些计数器数据，可以对服务器的综合性能进行评估，从而为系统调优和性能提升提供数据支持。高级服务器性能测试通常由专业的系统管理员执行，例如数据库服务器的性能测试和调优工作通常由专业的数据库管理员(DBA)负责。

11. 其他特殊测试

主要包括配置测试、内存泄露测试以及一些特定的Web性能测试。

9.2.5 Web应用系统性能测试规划与设计

性能测试的规划与设计对于整个Web应用系统的性能测试工作至关重要，其重要性与软件开发流程中的需求分析和架构设计不相上下。因此，在项目启动阶段，应及时分析系统的性能需求，以明确性能测试的策略、目标以及所需投入的资源。

1. 性能测试需求分析

通过与项目联系人沟通及审阅项目文档，我们可以确定性能测试的范围和策略，这一过程与常规测试的需求分析并无显著差异。

1) 需求信息的来源

(1) 来自软件开发的各类文档，例如项目开发计划书、需求规格说明书、设计说明书和测试计划等。

(2) 通过与项目相关人员(包括客户代表、项目经理、需求分析员、架构设计师、产品经理和销售经理等)进行沟通，收集相关的测试信息。

2) 确定性能测试范围

鉴于全面性能测试需要高昂的成本，实际项目中通常不会执行真正全面的性能测试。相反，我们会通过为测试项或测试需求打分，依据综合评分来决定性能测试应包含哪些内容。评分标准包括客户关注度、性能风险、测试成本等因素。通常情况下，客户关注度高且性能风险较大的测试需求将被优先纳入测试范围。

3) 目标系统的业务分析

深入理解系统，明确系统的核心业务与一般业务，以便对系统进行细致的分解。

4) 用户及场景分析

通常，Web应用系统的性能测试需求可以通过以下两种方法进行描述。

(1) 基于在线用户的性能测试需求：该方法主要依据Web应用系统的在线用户数量和响应时间来衡量系统性能。当Web应用系统上线后，支持的在线用户数量以及用户的操作习惯(包括操作和请求之间的延迟)相对容易获取。例如，企业的内部应用系统通常采用基于在线用户的方法来描述性能测试需求。以提供网上购物的Web应用系统为例，基于在线用户的性能测试需求可以这样描述：10个在线用户以正常操作速度访问网上购物系统的下定单功能，要求下定单交易的成功率达到100%，且90%的下定单请求响应时间不超过8秒；同时，当90%的请求响应时间不超过用户最大容忍时间20秒时，系统能够支持50个在线用户。

(2) 基于吞吐量的性能测试需求：该方法侧重于通过Web应用系统的吞吐量和响应时间来衡量系统性能。当Web应用上线后，支持的在线用户数量可能不确定。例如，基于Internet的网上购物系统，可以通过每天下单的业务量直接计算其吞吐量，从而采用基于吞吐量的方法来描述性能测试需求。以网上购物系统为例，基于吞吐量的性能测试需求可以这样描述：网上购物系统每分钟需处理10笔下单操作，交易成功率达到100%，且90%的请求响应时间不超过8秒。

2. 性能测试

整体规划性能测试的核心在于时间、质量、成本等关键项目管理要素，重点是成本效益的规划，涵盖对测试环境、测试工具和人力资源等方面的周密安排。

(1) 测试环境规划：涉及网络环境设计、操作系统环境、数据库环境、Web服务器环境以及硬件资源环境的综合规划。

(2) 测试工具规划：市场上有众多性能测试工具(例如LoadRunner、Rational Performance、QALOAD、WebLoad等)。在选择时，需综合考虑工具的特性、核心功能以及成本效益，以挑选出既能够满足任务需求又具有合理成本效益的测试工具。在某些特定项目中，标准测试工具可能无法完全适用，此时测试团队需根据具体需求开发定制化的性能测试程序。由于自行开发测试程序的成本较高，因此在决定自行开发前，应进行详尽的分析和评估。

(3) 人力资源规划：主要针对性能测试团队的构建，包括明确团队成员的角色定位和具体人员的分配。

3. 性能测试计划制订

性能测试计划的制订基于性能测试需求分析和整体规划，因此，制订测试计划这一过程相对简单。性能测试计划通常包括以下内容。

(1) 明确性能测试策略和测试范围：确定测试的具体内容，并明确这些内容将在哪个阶段进行测试。

(2) 确定性能测试需求：通过性能测试需求分析，确定性能测试的目标、方法、环境和工具。这有助于测试工具的采购以及测试人员的学习和培训。

(3) 明确性能测试团队成员及其职责：允许一名成员承担多重角色，以确保团队成员能够充分利用自身能力，同时降低测试成本。

(4) 制定详尽的时间进度表：时间安排应与人员角色和职责紧密相关。

(5) 设定性能测试的执行标准：所有项目计划都应包含启动、终止和结束的标准，性能测试计划也不例外。

(6) 进行测试技能培训：重点在于系统使用和各测试工具的技能培训。对于后期加入性能测试工作的人员，应在计划中明确培训时间。同时，对于新购买的测试工具，也需制定相应的使用培训安排，这些细节应在测试计划中体现。

(7) 识别性能测试中的潜在风险：性能测试涉及众多不确定因素，是一项风险较高的测试工作。在制订性能测试计划时，必须仔细分析项目中的风险及相应的预防措施，以确保测试工作的顺利进行。性能测试项目在最后阶段应向相关人员提交性能测试报告，汇报测试结果。在汇报性能测试结果时，报告并非越详尽、数据越丰富越好。一份优秀的性能测试报告应能准确、简洁地传达测试结论，避免过多的技术细节。

9.2.6 Web应用系统全面性能测试模型

1. Web全面性能测试模型简介

从先前的讨论中可以看出，性能测试的诸多方面是相互关联的。因此，在进行Web性能测试时，可以采取分层次的方法，从表层到深层逐步深入对系统进行测试。这种方法有助于减少不必要的工作量，从而有效降低测试成本。

在“Web全面性能测试模型”中，性能测试被细分为8个类别，并结合测试工具将性能测试用例划分为5类。下面将首先介绍8个性能测试类别的核心内容。

(1) 预期指标的性能测试：在需求分析和设计阶段，系统会提出一系列性能指标。完成与这些指标相关的测试是性能测试的首要任务之一。模型将针对预先设定的性能指标进行的测试定义为预期指标的性能测试。

(2) 独立业务性能测试：这涉及一些核心业务模块对应的业务流程。这些模块通常功能复杂、使用频繁，并且属于核心业务范畴。这类业务模块始终是性能测试的重点关注对象。核心业务模块在需求阶段就可以确定，并且通常从单元测试阶段开始进行测试，随后在集成测试、系统测试和验收测试中继续进行，以确保性能的稳定性。

(3) 组合业务性能测试：应用系统的每个功能都可能被用户使用。因此，Web性能测试不仅要模拟多用户对同一功能的操作，还要模拟多用户同时对一个或多个模块的不同功能进行操作，从而进行多业务的组合性能测试。组合业务性能测试能够最真实地反映用户实际使用情况，是性能测试的核心。通常，我们会根据用户的实际使用比例来模拟各个模块的组合并发情况。

(4) 疲劳强度性能测试：该测试是在系统稳定运行的前提下，以一定的负载压力长时间运行系统，主要目的是评估系统在长时间处理大量业务时的性能表现。通过这项测试，我们能够基本判断系统在持续运行一段时间后的稳定性。

(5) 大数据量性能测试：通常指的是在特定条件下对核心业务或业务组合进行的测试。这类测试一般在生产环境中执行，通常与疲劳强度测试相结合，在性能测试周期的后期进行。

(6) 网络性能测试：旨在精确揭示带宽、延迟、负载以及端口变化如何影响用户的响应时间。在实际软件项目中，主要关注应用系统用户数量与网络带宽之间的关系。

(7) 服务器性能测试：涵盖初级和高级两个层次。初级服务器性能测试关注于监控业务系统运行时的计数器信息，通过分析这些数据对服务器进行全面性能评估，以识别系统瓶颈，并为系统调优或性能提升提供数据支持。高级服务器性能测试则由专业系统管理员执行，涉及对服务器的深入测试和调优工作。

(8) 特殊测试：主要涉及配置测试、内存泄漏测试等特定的Web性能测试类型。

“Web全面性能测试模型”是基于上述8种测试分类的综合与总结而提出的，主要涵盖以下3个核心部分。

(1) Web性能测试策略模型：构成了整个模型的基础。它结合软件的类型以及用户对性能的关注程度，探讨了制定Web性能测试策略的基本原则和方法。

(2) Web性能测试用例设计模型：是模型的核心所在。通过结合测试工具，将8大测试分类进一步归纳为5类测试用例：①预期指标的性能测试；②并发用户的性能测试；③疲劳强度和大数据量的性能测试；④服务器性能测试；⑤网络性能测试。

(3) 模型应用方法：主要阐述了如何在实际工作中应用“Web全面性能测试模型”。

2. Web性能测试用例设计模型

性能测试用例的开发是一个持续迭代和完善的过程。在实际应用中，测试用例的执行往往不会完全遵循初始设计，而是需要根据测试要素的变化进行相应的调整和修改。一个理想的“Web性能测试用例模型”应具备内容的全面性，并且便于组织和调整。接下来，将对归纳出的8大测试分类以及由此形成的5类测试用例所涵盖的内容和设计方法进行详细阐述。

1) 预期性能指标测试用例

预期性能指标是指在系统需求设计阶段明确提出的、期望系统能够达到或向用户承诺的性能标准。针对每个性能指标，都需制定一个或多个测试用例以验证系统是否满足这些要求。若测试结果表明系统未能达到预期性能，则需依据这些结果对系统性能进行相应的优化。

设计预期性能指标的测试用例时，主要依据需求和设计文档进行。从文档中提取明确的性能要求，通常以单用户性能为主。若指标涉及并发用户，则应将其纳入并发用户测试用例中进行设计。对于其他相关部分的内容，也应采取类似的处理方法。

2) 用户并发性能测试

用户并发性能测试通过逐步增加用户数量来施加系统压力，并利用测试工具对应用系统及各类服务器资源进行监控。通过分析这些测试结果，我们可以评估系统的性能表现。用户并发性能测试构成了性能测试的关键环节，它要求我们挑选出具有代表性和关键性的业务场景来设计测试用例，以确保系统性能得到有效的评估。用户并发测试用例文档根据系统的架构来编写，与功能测试的分类方式不同。用户并发性能测试的分类如图9-1所示。

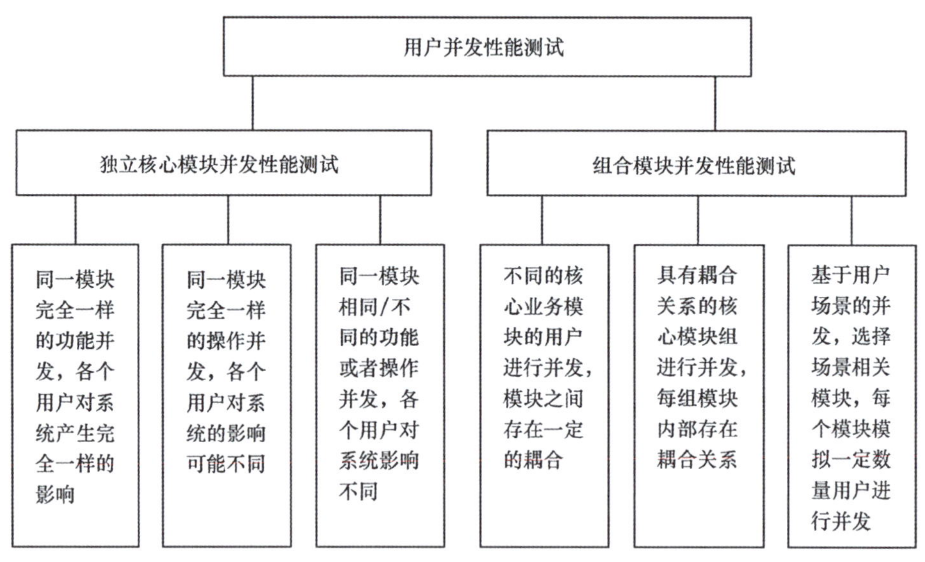

图9-1 用户并发性能测试分类

接下来，将对图9-1中展示的用户并发测试分类进行详细说明。

(1) 独立核心模块并发性能测试。核心模块用户并发性能测试的关键在于评估系统关键模块在独立运行时的表现。只有确保这些核心模块的性能稳定，后续的性能测试才能顺利进行。因此，它是整个性能测试工作的基石。其主要任务如下。

- 识别核心算法或功能上的缺陷：通过模拟多用户并发操作，验证多线程和同步并发算法，并确保这些算法的正确性和稳定性。

- 提前发现性能问题以减少修复缺陷的成本：通常情况下，缺陷发现得越早，修复成本越低。由于性能问题的修复成本通常高于一般缺陷，部分性能问题可能无法修复，导致整个项目工作必须从头开始。因此，尽早进行“单元性能测试”显得尤为必要且具有成本效益。

核心模块的性能测试通常涵盖以下3个方面。

- 相同功能的并发测试：这类测试主要用于检验系统的健壮性。从技术上讲，即检查程序对同一时刻并发操作的处理能力。通常通过测试工具或编程实现。
- 相同操作的并发测试：要求在相同时刻执行完全一致的操作，主要用于验证在大量用户同时使用同一功能时，核心模块是否能够正常工作。
- 相同或不同子功能的并发测试：通过让每个不同的子功能模拟一定数量的用户并发，利用工具控制并发情况。在编写核心模块的性能测试用例时，首先需要确定系统中哪些是核心模块，然后为每个模块编写测试用例。设计用例时，可以将功能细分成更小的事务进行测试，以便更精确地定位问题所在。

(2) 组合模块并发性能测试。组合模块用户并发性能测试是评估用户实际使用体验的关键测试。它通过模拟用户在实际操作中常见的场景，力求真实地再现用户与系统的交互过程，以揭示系统的性能瓶颈和其他潜在问题。因此，对用户场景的深入分析是设计组合模块用户并发测试用例的关键环节。获取典型用户场景的方法如下。

- 分析需求和设计文档：多数系统设计文档会包含组织结构管理或权限管理的信息，这些资料有助于设计不同模块的用户分类。
- 进行现场调查：通过与用户的正式交流，可以收集到设计测试用例所需的关键信息。
- 利用系统数据采集：在系统试运行或投产阶段，通过分析系统日志，可以了解用户对系统的使用情况，从而确定用户在各个业务模块中的实际操作模式。

组合模块并发性能测试涵盖以下3个主要方面。

- 核心模块组合并发测试：对具有耦合关系的核心模块进行组合并发测试。此测试主要评估在多用户并发环境下，那些存在耦合或数据接口的模块是否能够正常运行。这类测试用例至少涉及两个模块，有时甚至更多。
- 独立模块内部耦合并发测试：进行由彼此独立但内部具有耦合关系的核心模块组成的并发测试。这是对具有耦合关系模块并发测试的深化，从用户角度出发，更贴近用户的实际使用情况。在编写测试用例时，可以将具有耦合关系的核心模块的并发测试用例进行组合，并结合用户的使用场景进行考虑。
- 基于用户场景的并发测试：选择用户实际使用中的场景进行测试，测试对象可能是核心模块，也可能是非核心模块，或者是这两类模块的组合。基于用户场景的并发测试旨在模拟用户实际使用情况，因此在编写用例时，需要充分考虑实际使用场景，选取最符合实际的场景进行设计。

组合模块的用户并发性能测试既重视“功能”测试，也重视“性能”测试。通过揭示接口和综合性能方面的问题，确保系统更加稳定地运行。在编写组合模块用户并发性能测试用例时，不仅要考虑用户使用场景，还要特别关注并发点的设计与运用。

3) 疲劳强度与大数据量测试

疲劳强度测试的核心在于对目标测试系统进行长时间的压力施加，从而评估其稳定性。与以往测试相比，疲劳强度测试的压力施加时间显著延长，通常持续超过1小时，有时甚至延续至几天。这一测试紧密围绕用户并发测试展开，因此测试内容依旧聚焦于“核心模块用户并发”和“组合模块用户并发”。在实际操作中，我们通常利用工具模拟用户的关键或典型业务流程，并长时间运行系统，以验证其稳定性。

疲劳强度测试的宗旨在于检验系统在长时间运行后的性能表现。因此，在设计测试用例时，必须编写多个涵盖不同参数或负载条件的测试用例，以便对服务器、软件、网络进行综合测试和分析。疲劳强度测试用例的设计可以借鉴用户并发性能测试用例的构建方法，通常通过调整相关参数来实现所需的测试场景。

大数据量测试主要针对那些对数据库有特定需求的系统进行。这类测试通常分为以下3种情况。

(1) 实时大数据量测试：模拟用户在工作时产生的实时大数据量，主要目的是检验在用户数量众多或特定业务产生大量数据时，系统是否能保持稳定运行。

(2) 极限状态下的测试：主要目的是评估系统在长时间运行并累积一定量的数据后，是否仍能正常处理业务。

(3) 实时大数据量测试与极限状态下测试的结合：检验系统在累积了大量数据的情况下，实时生成大量数据的模块是否能持续稳定地工作。

疲劳强度测试与大数据量测试紧密相关，因此在设计测试用例时，应将这两种测试用例结合起来。同时，要根据实际情况灵活设计，避免机械套用。

4) 网络性能测试

网络性能测试的用例设计主要分为两大类：基于硬件的测试和基于应用系统的测试。基于硬件的测试主要利用各种专业软件工具和仪器来评估整个系统的网络运行环境，通常由专业的系统集成人员执行。而基于应用系统的测试则侧重于评估用户数量与网络带宽之间的关系，通过测试工具精确展示带宽、延迟、负载及端口变化如何影响用户的响应时间。

在网络性能测试的用例设计中，重点关注基于应用系统的测试。这些测试既可以单独进行，也可以与用户并发性能测试、疲劳强度测试以及大数据量性能测试相结合。通过使用工具调整网络配置，测试人员能够监控并优化网络性能。

5) 服务器性能测试

服务器性能测试主要针对数据库、Web服务器和操作系统，旨在通过性能评估揭示各类服务器的潜在瓶颈，从而为系统的扩展和优化提供数据支持。服务器性能测试分为以下两大类。

(1) 高级服务器性能测试：在特定硬件环境下，由数据库、Web服务器和操作系统领域的专家执行的性能测试。

(2) 初级服务器性能测试：在系统运行期间或在进行更深入的性能测试之前，利用测试工具对数据库、Web服务器和操作系统的运行状况进行监控，并进行综合分析，以识别系统瓶颈。

性能测试的核心目标是在确保软件功能正常的情况下，识别并解决系统瓶颈。由于软件和服务器都可能是瓶颈的来源，因此服务器测试需要与之前提到的测试方法相结合。例如，在执行用户并发性能测试、疲劳强度测试和大数据量性能测试时，可以同时对服务器性能进行监控和评估。

3. Web性能测试模型的使用方法

Web全面性能测试模型是一种专门针对Web性能测试的方法论，旨在全面而系统地执行性能测试，简化测试的组织和实施流程。该模型整合了制定测试策略的通用方法和设计测试用例的通用方案，并按照从基础到高级的逻辑顺序，对性能测试进行了结构化的安排。模型广泛涵盖了应用软件、服务器和操作系统等多个层面的测试内容。Web全面性能测试模型是基于众多性能测试项目经验提炼出的指导性方法，主要用于引导测试流程，而非直接应用于特定的性能测试项目。

9.2.7 Web应用系统性能测试流程

Web应用系统的前端界面运行在浏览器中，而后端则由Web服务器(例如Apache或Microsoft Internet Information Server)支撑。浏览器与Web服务器之间的通信基于HTTP协议。一个标准的Web应用性能测试流程通常包括测试需求分析、测试计划的制订与评审、测试用例设计与开发、测试执行与监控、分析测试结果、编写测试性能报告以及测试经验总结。性能测试通常遵循图9-2所示的流程，即便在项目验收阶段，启动性能测试也是必要的。当然，根据项目的具体情况，某些步骤可能会有所调整。

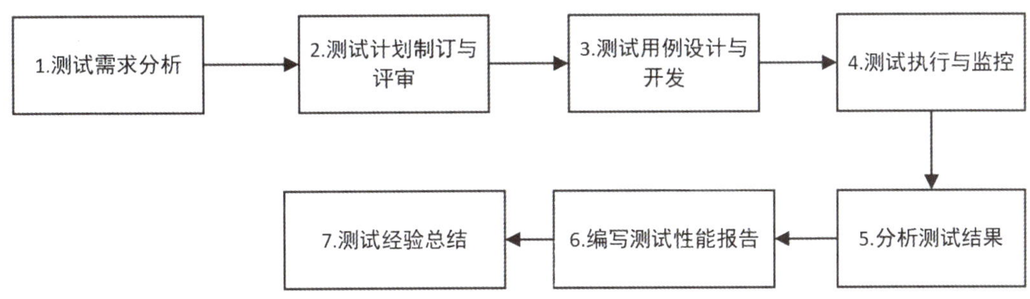

图9-2 Web应用性能测试流程

(1) 测试需求分析：作为性能测试的基石，测试负责人需要与项目负责人进行深入沟通，收集详尽的项目资料，尤其是要明确用户对性能测试的期望和态度。核心任务是根据软件特性及用户期望制定合适的测试策略，并基于该策略及需求分析结果界定测试的范围。

(2) 测试计划制订与评审：在此阶段，测试计划应详尽包括测试范围、测试环境、测试方案概述以及风险分析等方面。只有经过严格评审的测试计划才能正式生效。

(3) 测试用例设计与开发：此阶段的工作重点是设计测试用例和开发测试脚本。测试脚本开发涉及编写与用例相关的测试程序，通常利用LoadRunner、WebLoad等性能测试工具记录用户操作，并在此基础上进行必要的修改、参数化等优化工作。

(4) 测试执行与监控。性能测试的实施和监控包括执行性能测试以及对进度和变更的控制。性能测试的实施主要包括搭建和维护测试环境、执行测试用例、监控测试执行过程，以及保存和分析测试结果等环节。从严格意义上讲，性能测试应根据测试环境的软硬件配置分为两个阶段进行。然而，由于开发阶段的软硬件配置通常较低，而用户现场投产环境的硬件配置较高，因此性能测试通常被划分为开发阶段和用户现场两个测试阶段。

- 开发阶段的性能测试实施：主要指的是软件试运行前的性能测试，即在团队内部进行的性能测试。通过这一阶段的性能测试，可以发现并解决一些核心算法问题，从而最大限度地排除软件本身可能存在的性能瓶颈。
- 用户现场性能测试的实施：主要目的是为了验收和优化调整，这也是开发阶段性能测试工作的延续。在投产环境中，测试对象通常是即将投产的系统，有时也包括已经投入使用的系统。

性能测试的进度和变更控制贯穿整个测试过程，但由于测试实施过程中存在许多可变因素，因此进度和变更控制主要关注实施阶段。性能测试的不确定性主要体现在开发团队解决性能缺陷的速度、测试所需软硬件资源的可用性、采用的新技术、测试工具的执行效率以及测试范围的变化等方面。

(5) 分析测试结果。根据先前的测试数据对结果进行深入分析，为系统的优化和调整提供坚实依据。通过全面审视测试结果，准确识别并定位系统性能瓶颈。

(6) 编写性能测试报告。基于分析结果，详细记录测试过程和测试分析结果，并提出系统调整的建议，形成完整的性能测试报告。

(7) 测试经验总结。重点关注性能测试规划与设计、测试用例的构建、测试工具与技术的应用，以及性能问题的分析，从而提炼出宝贵的测试经验。

- 性能测试规划总结：涵盖测试环境的合理性、人力资源的分配是否恰当，以及测试工具的规划是否得当等3个关键领域的评估。
- 测试用例设计总结：作为性能测试的核心环节，对测试用例的设计进行深入总结至关重要。重点在于评估测试用例的实用性、分析用例的执行效果以及执行时间。
- 测试工具与技术总结：主要关注在测试工具使用方面的经验总结。通常从测试过程中的技术总结和测试工具使用经验两个维度进行分析。
- 瓶颈分析方法总结：性能测试的核心目标是识别并解决系统瓶颈，以提升系统性能。因此，系统瓶颈分析是性能测试中最关键的总结内容，涵盖应用系统、数据库、Web服务器、操作系统及硬件等多方面的瓶颈分析经验。持续总结工作经验是构建学习型团队的基石，有助于不断提升团队整体能力。

9.3 Web应用的功能测试

功能测试旨在验证Web应用软件是否能够正常执行既定功能，涵盖链接测试、表单验证、Cookies功能测试设计语言测试、数据库测试以及相关性功能检查与测试等。

1. 链接测试

链接测试旨在确保每个链接均能正确导向目标页面，并确保面间的跳转无误。链接作为Web应用系统的关键特性，主要负责页面间的导航以及引导用户访问未知地址的页面。链接测试可细分为3个主要方面：其一，验证所有链接是否能准确地导向其指定的页面；其二，确认链接指向的页面是否实际存在；其三，确保Web应用系统中不存在孤立页面，即那些没有链接指向、只能通过直接输入正确的URL才能访问的页面。链接测试可以自动化执行，目前市面上已有多种工具可供选择。务必在Web应用系统所有页面开发完毕后，执行链接测试。

2. 表单验证

表单是网站管理者与浏览者之间沟通的桥梁，能够有效收集用户的信息和反馈意见。一个完整的表单由两部分组成：一部分是HTML源代码，负责描述表单的外观(例如，输入域、标签以及用户在页面上看到的按钮)；另一部分是脚本或应用程序，用于处理用户提交的信息(例如CGI脚本)。没有处理脚本，表单数据就无法被有效收集。

通常情况下，表单数据由CGI(公共网关接口)脚本来处理。CGI是一种标准化的方法，用于在服务器和处理脚本之间传递信息。

表单由各种表单元素构成，包括文本域、复选框、单选按钮、菜单、文件上传域和按钮等。所有这些元素都被包含在一个特定的表单结构内，该结构由一个标识符标记。表单的类型多样，常见的有注册表单、留言簿、导航条和搜索引擎查询表单等。

用户在通过表单提交信息时，总是期望其能够正常运作。

在进行在线注册时，使用表单必须确保提交按钮功能正常，并在注册成功后向用户显示相应的成功消息。若表单用于收集配送信息，程序需准确处理这些数据，以确保用户能够顺利收到包裹。为了验证这些程序的可靠性，必须检查服务器是否能正确存储数据，以及后台程序是否能够正确解析和应用这些信息。

在用户通过表单执行注册、登录、信息提交等操作时，必须全面测试提交过程的完整性，以验证提交给服务器的数据准确性。例如，需要检查用户输入的出生日期和职业是否合理，以及填写的省份和城市信息是否一致。如果表单中设置了默认值，也应检验这些默认值的准确性。对于那些仅接受特定值的表单字段，例如限定字符输入的字段，在测试时应尝试跳过这些限制，以观察系统是否能正确返回错误提示。

当用户向Web应用系统管理员提交信息时，表单操作变得不可或缺，涵盖用户注册、登录和信息提交等环节。在这些情况下，我们需确保提交操作的完整性，以验证提交至服务器的信息准确无误。具体而言，需检查用户输入的出生日期和职业是否合理，以及所属省份与所在城市信息是否一致。若表单预设了默认值，同样需要验证这些默认值的准确性。此外，若表单仅限接受特定的值，也应进行相应的测试。例如，若仅接受特定字符，测试时可以尝试跳过这些字符，观察系统是否能正确返回错误提示。

3. Cookies功能测试

Cookies通常用于存储用户信息以及用户在某个Web应用系统中的操作记录。当用户通过Cookies访问特定应用系统时，Web服务器会发送用户相关信息，并将其以Cookies的形式保存在客户端计算机上。这有助于创建个性化和动态页面，或用于保存登录状态等信息。若Web应用系统依赖于Cookies，必须确保Cookies功能正常运作。测试应涵盖Cookies是否有效，是否能在预定时间内保存，以及页面刷新对Cookies的影响等。

4. 设计语言测试

不同版本的Web设计语言可能会导致客户端或服务器端出现较为严重的问题，例如选择使用哪个版本的HTML。在分布式开发环境中，由于开发人员并不在同一地点工作，这一问题显得尤为重要。除了HTML版本的考量，其他脚本语言如Java、JavaScript、ActiveX、VBScript或Perl等的兼容性也需仔细验证。

5. 数据库测试

在Web应用技术领域，数据库扮演着至关重要的角色，它为Web应用系统的管理、运行、查询以及满足用户对数据存储的需求提供了必要的支持。在Web应用中，关系型数据库是最常用的类型，它允许我们通过SQL语言来处理信息。在配备了数据库的Web应用系统中，通常会遇到两类错误：数据一致性错误和输出错误。数据一致性错误通常源于用户提交的表单信息存在问题，而输出错误则多由网络延迟或程序设计缺陷引起。针对这两类错误，我们可以采取相应的测试措施。

6. 相关性功能检查与测试

Web功能测试旨在对产品的各项功能进行详尽验证，通过逐项检查确保产品满足用户所需的功能性要求。因此，Web功能测试也涵盖了对相关功能的细致检查，具体内容如下。

(1) 功能间的相互影响：在添加或删除某项功能时，确认是否会对其他功能产生影响。若存在影响，必须验证这些影响是否符合预期。例如，当新增一条数据记录时，若某个字段的内容过长，可能会导致在进行查询时数据列表显示异常。

(2) 列表默认值检查：对于列表的默认值进行检查，特别是当列表中的数据项依赖于其他模块的数据时。例如，若某个数据项被禁用，需要确认在引用该数据项的列表中是否仍然可见。

(3) 按钮功能验证：验证各种按钮的功能是否准确无误，包括新建、编辑、删除、关闭、返回、保存、导入、上一页、下一页、页面跳转以及重置等功能。常见的问题可能出现在重置按钮上，表现为功能无法正常工作。

(4) 字符串长度验证：输入超出指定长度的字符串，以测试系统是否能正确执行长度检查。同时，需验证需求文档中规定的字符串长度是否合理，因为有时需求中设定的长度可能过短，无法容纳必要的业务数据。

(5) 字符类型校验：在需要特定类型字符的输入字段中，故意输入错误类型的字符(例如，在应输入整数的字段中输入非数字字符)，以检验系统是否能识别并拒绝不匹配的字符类型。

(6) 标点符号与特殊字符检查：输入包含各种标点符号和特殊字符的内容，包括空格、引号以及Enter键等，以观察系统是否能正确处理这些输入。一个常见的问题是系统对空格的处理不当。例如，在添加数据时将空格视为有效字符，而在检索时却忽略了空格，导致无法检索到之前添加的数据。

(7) 特殊字符验证：输入特殊符号，例如@、#、$、%、!、“、”等，以检验系统是否能够正确处理这些字符。常见的问题通常出现在%、“、”等特殊字符上。

(8) 中文字符兼容性测试：在支持中英文输入的系统中输入中文，检查是否会出现乱码或其他错误。

(9) 信息完整性检查：在查看和更新信息时，确认所填写的信息是否已全部更新，并且更新的信息与新增的信息是否保持一致。在检查过程中，务必对每个字段进行验证，因为有时会出现部分字段更新而其他字段未更新的情况。

(10) 信息重复性测试：在需要唯一命名的信息字段中输入重复的名称或ID，观察系统是否能正确处理并报告错误。同时，检查系统是否区分大小写，以及在输入内容前后添加空格时，系统是否能够恰当处理这些情况。

(11) 测试删除功能：在支持一次性删除多个信息的区域，尝试不选择任何信息直接按Delete键，观察系统反应及是否出现错误。接着，选择一个或多个信息进行删除，检查系统是否能正确执行删除操作。若涉及多页信息，进行翻页选择并删除，确保系统能够一致且正确地处理。同时，需注意删除过程中系统是否提供提示，以便用户有机会更正潜在的错误，避免误操作。

(12) 验证添加与修改的一致性：确保在添加和修改信息时，规则保持一致。例如，若在添加时某项为必填，则在修改时也应为必填；若添加时某项要求为整型数据，则修改时同样应限制为整型。

(13) 检验修改时的重名处理：在修改过程中，尝试将不允许重名的字段更改为已存在的内容，观察系统是否能正确处理并报错。同时，检查系统是否能识别并防止用户将信息更改为与自身重名的情况。

(14) 重复提交表单测试：对于一条已成功提交的记录，尝试重新提交以验证系统是否进行了适当的处理。在Web系统中，这可以通过浏览器的后退按钮或系统提供的后退功能来实现。

(15) 多次使用后退键的检查：在可以使用后退键的场景中，反复返回到先前页面，以测试系统是否能够正确处理多次后退操作而不出现错误。

(16) 搜索功能的验证：在具备搜索功能的界面中，输入存在和不存在的内容，检查搜索结果的准确性。如果支持多个搜索条件，尝试同时输入合理与不合理的条件组合，以评估系统是否能够正确处理。在进行搜索时，还应注意特殊字符的输入，因为某些系统在遇到特殊字符时可能会错误地检索出所有信息。

(17) 输入信息位置：注意在光标定位处输入信息时，光标和输入内容是否会发生跳转。

(18) 文件上传与下载功能验证：检查文件上传和下载功能是否正常工作，上传的文件是否能够顺利打开。同时，确认上传文件的格式要求，并验证系统是否提供了相应的解释信息。对于下载文件，确保其能够被打开或保存，并了解是否存在特定的要求，例如是否需要特定工具才能打开。在进行文件上传测试时，还应模拟将不允许上传的文件扩展名更改为允许的扩展名，以验证是否能够成功上传。此外，上传文件后，尝试修改文件名，检查上传的文件是否仍然存在。

(19) 必填项验证：对于应填写的字段，系统是否已妥善处理未填写情况，并提供相应的提示信息。例如，应在必填项前添加“*”标识。当用户在必填项提示后返回时，系统是否能够自动将焦点定位到该必填项。

(20) 快捷键功能检查：系统是否支持常规快捷键操作(如Ctrl+C复制、Ctrl+V粘贴、Backspace键删除等)。同时，对于不允许输入信息的字段，例如选择人员或日期，系统是否对快捷键操作进行了适当的限制。

(21) Enter键功能检查：在输入完成后直接按Enter键，观察系统如何处理，是否会引发错误(此环节容易出现错误)。

(22) 刷新功能检查：在Web系统中，使用浏览器的刷新功能，观察系统如何响应，是否会报错。

(23) 回退键功能测试：在Web系统中，利用浏览器的回退功能，检验系统对操作的响应及错误处理。对于涉及用户验证的系统，在用户退出登录后，测试回退键的使用效果；同时，反复执行回退和前进操作，观察系统是否能够正确处理这些操作。

(24) 空格输入测试：在输入字段中插入一个或多个空格，以评估系统对此类输入的处理方式。特别注意那些要求输入整数或浮点数的字段，空格的输入既不应被视为空值，也不应被当作有效的标准输入。

(25) 输入法半角与全角字符测试：在输入字段中尝试输入半角和全角字符，检查系统对此类输入的处理。例如，在需要输入浮点数的字段中，输入全角的小数点(如“。”或“.”)和全角空格等，以验证系统是否能正确识别和处理这些输入。

(26) 密码验证：某些系统的加密技术采用字符ASCII码偏移的方法进行加密，这种处理密码的方式相对简单且安全性较高。对于局域网系统而言，这种方法足以满足加密需求。然而，它也带来了一些问题，例如ASCII码值大于128的字符在解密时可能无法被正确解析。尝试使用如“uvwxyz”等具有较大码值的字符作为密码，并确保密码长度足够(例如17位)，可能会导致加密后的密码中出现无法解析的字符。

(27) 用户权限检查：在任何系统中，都存在不同类型的用户，包括一个或多个管理员用户。检查各个管理员是否能够相互管理，包括编辑和删除其他管理员账户。对于普通用户，尝试在删除账户后重建一个同名用户，以验证其他信息是否能够被正确恢复。此外，对于提供注销功能的系统，需要确认用户在重新注册时是否被视为新用户。同时，检查用户的有效期限，确保已过期的用户无法登录系统。一个常见的错误是，拥有用户管理权限的非超级管理员可能能够修改超级管理员的权限。

(28) 系统数据核查：这是功能测试的核心环节。若系统数据计算出现偏差，功能测试自然无法通过。数据核查的方法因系统而异。对于业务管理平台而言，数据应随着业务流程和状态的变化而保持准确无误，既不能产生无效数据，同时也要防止数据在任何环节中丢失。

(29) 系统恢复性测试：通过多种手段模拟系统故障，以检验系统是否能够迅速且正常地恢复运行。

(30) 确认提示验证：检查系统在执行更新或删除操作时，是否向用户提供了确认提示，并确保操作可撤销(即用户可以选择取消操作)。同时，验证提示信息的准确性。对于更新或删除操作，应实施事前提示机制。

(31) 数据注入检测：数据注入主要针对数据库进行，通过输入特定字符，例如单引号“'”，斜杠“/”，连字符“-”等，或字符组合，来破坏SQL语句，从而改变系统在执行查询、插入、删除等操作时的意图。例如，在SQL查询语句SELECT * FROM table WHERE id = ' ' AND name = ' '中，若在id输入框中输入“12'-”，则查询语句会忽略name条件，仅查询id等于12的记录。同样，对于更新和删除操作，可能会导致数据被误删除。许多程序依赖于页面对输入字符进行控制，但可以尝试绕过界面直接向数据库写入数据，例如使用JMeter工具，以完成数据注入检测。

(32) 时间日期验证：时间与日期验证是每个系统不可或缺的部分，尤其对于管理和财务类系统来说至关重要。日期验证还应包括检查日期范围是否符合实际业务需求，对于不符合业务逻辑的日期，系统应提供提示或限制措施。

(33) 多浏览器兼容性验证：随着各种浏览器的不断涌现，用户访问Web程序不再仅限于Microsoft Internet Explorer，还包括360浏览器、搜狗浏览器等。因此，考虑使用多种浏览器访问系统并验证其兼容性效果是十分必要的。

9.4　Web应用的界面测试

如今，我们每天上网都会接触到各种各样的Web应用，从社交网络到博客、微博，再到办公自动化系统和信息管理系统，Web页面构成了这些应用的核心。一个优秀的Web界面不仅赋予应用独特的个性和风格，还确保了用户操作的舒适性、简便性和自由度，充分展现了应用的定位和特色。这不仅提升了用户体验，还促进了信息的有效传递和表达。因此，Web界面测试显得尤为重要。

每个Web系统的页面结构大同小异，通常包括HTML文件、JavaScript文件、CSS样式表和图片等资源。页面性能问题往往源于这些文件或页面元素的编写不当、属性设置不准确或使用方法错误。因此，页面性能测试不同于系统后台的并发压力测试。页面性能测试的目的是在非并发环境下，确保页面的各个文件和元素都以最佳方式编写，而不是为了发现并定位系统在多用户并发时的性能瓶颈。

1. Web界面测试的目标

(1) 确保Web界面的实现与设计需求和设计图保持一致，或者至少达到可接受的标准。

(2) 选用合适的控件，确保所有控件及其属性遵循既定标准。

(3) 确保通过浏览测试对象能够准确反映业务功能和需求。

(4) 若存在对不同浏览器兼容性的要求，则需确保在不同内核的浏览器中实现相同的效果。

2. 界面测试主要元素

(1) 页面元素容错性清单：涵盖输入框、时间选择器或日历等元素。

(2) 页面元素详单：确保列出实现功能所需的所有元素，例如按钮、单选按钮、复选框、列表框、超链接和输入框等。

(3) 页面元素容错性检查：输入非预期数据，以验证系统反应是否恰当，以及异常情况的处理。

(4) 页面元素基础功能验证：关注文字效果、动画效果、按钮、超链接等元素的功能实现。

(5) 页面元素视觉布局审查：关注按钮、列表框、复选框、输入框、超链接等元素的外观和位置。

(6) 页面元素显示准确性评估：主要针对文字、图形、签名等元素的显示效果进行评估。

(7) 元素显示状态确认：确保所有元素均能够正确显示。

3. Web界面测试内容

针对Web应用的用户界面测试，可以从多个维度进行，包括整体界面测试、控件测试、多媒体测试、内容测试、容器测试以及浏览器兼容性测试等。下面将对这些测试类型进行详细说明。

1) 整体界面测试

整体界面测试关注的是整个Web应用系统的页面布局和设计，旨在为用户提供整体的视觉体验。例如，当用户浏览Web应用时，是否感到舒适，是否能够直观地找到所需信息，以及整个应用的设计风格是否保持一致。

2) 控件测试

Web界面上的控件是实现各种功能和操作的关键元素，常见的控件包括按钮、单选框、复选框、下拉列表框等。基础的控件测试包括验证每个控件的功能是否满足使用需求，使用是否恰当，以及对于具有状态属性的控件，在执行多种操作后，其状态是否仍然保持正确，界面信息是否能够准确显示。

3) 多媒体测试

在当前的Web应用中，主要的多媒体内容包括图片、GIF动画、Flash、Silverlight等多种形式。测试这些内容时，可以关注以下几个方面。

(1) 确保所有图形元素都有明确的功能性，图片和动画应排列有序，且其目的清晰可见。

(2) 图片按钮的链接应当有效，并且链接属性设置正确，例如是否需要在新窗口中打开链接，或是保持在当前页面内。

(3) 背景图片应与字体颜色和前景颜色协调一致，以确保良好的视觉效果。

(4) 检查图片的尺寸和质量，推荐使用JPG、GIF、PNG格式，并在不损害图片质量的前提下，尽量将文件大小控制在30KB以下。

(5) 验证GIF动画是否设置了恰当的循环模式，并检查颜色显示是否正常。

(6) 检查Flash和Silverlight元素是否能正常显示，并确认控件类元素的功能是否可以正常使用。

4) 导航测试

导航测试主要针对站点地图和导航条的位置、合理性以及导航功能进行评估，以确保内容布局的合理性。在单一页面上过度堆砌信息可能会产生适得其反的效果。Web应用系统的用户通常具有目标导向性，他们会迅速浏览Web应用系统，寻找满足其需求的信息。如果未能找到所需信息，他们通常会很快离开。很少有用户愿意投入时间去了解Web应用系统的结构，因此，导航设计必须尽可能精确。

导航的另一个关键方面是Web应用系统页面结构、导航、菜单和链接风格的一致性。必须确保用户能够凭借直觉判断Web应用系统内是否还有更多可用内容，以及这些内容的位置。一旦确定了Web应用系统的层次结构，接下来就是测试用户的导航功能。

5) 内容测试

内容测试旨在检验Web应用系统提供的信息是否正确、准确且相关，具体包括以下几个方面。

(1) 核实所有页面的字体风格是否统一，涵盖字体、颜色、字号等要素。

(2) 确认导航是否直观，确保Web应用的主要功能可通过主页索引访问。

(3) 检查站点地图和导航功能的位置是否合理。

(4) 验证Web页面结构、导航、菜单和超级链接的风格是否保持一致。例如，指向超级链接的样式和点击后的处理方式是否一致。

(5) 确保背景颜色与字体颜色及前景颜色搭配协调。

(6) 核对文字段落、图文排版是否准确无误，文字内容是否完整呈现，图片是否保持原有比例显示。

(7) 检查是否存在语法或拼写错误，确保文字表达得体，超级链接引用恰当。

(8) 确认链接的形式和位置是否易于用户理解。

6) 容器测试

DIV和表格在页面布局中主要扮演容器的角色。表格测试涉及两个主要方面：其一，作为界面控件，必须验证表格是否正确配置，包括各列的宽度是否合适、表格内文本是否能够正确换行，以及是否因某一单元格内容过多而导致整行不必要地拉长；其二，考虑到表格作为早期网页布局技术的遗留，许多Web页面仍然采用表格进行布局设计。在这种情况下，需要评估浏览器窗口尺寸变化、Web页面内容的动态添加或删除对界面布局的影响。

对于DIV+CSS(一种遵循W3C Web设计标准的网页布局方法)的测试，关键在于确保界面遵循W3C的Web标准。W3C提供了CSS验证服务，允许设计者将使用DIV+CSS布局的网站提交至W3C进行验证，以确保层叠样式表(CSS)的正确性。此外，还需测试页面在调整浏览器窗口大小时是否能够保持正确的显示效果和美观度，以及页面元素是否能够正确显示。

4. Web页面测试的基本准则

Web页面测试的基本准则是确保页面和界面设计遵循既定的标准和规范，同时满足易用性、规范性、合理性、美观与协调性、安全性等关键要求。

1) 易用性

易用性测试的基本准则如下。

(1) 按钮名称应简洁明了，用词准确，避免使用含糊不清的表述。同时，按钮应与其他界面元素易于区分，最好能够一目了然。在理想状态下，用户无须查阅帮助文档即可理解界面功能并进行正确操作。

(2) 常用功能按钮应支持快捷键操作。

(3) 界面应支持键盘导航，即通过Tab键实现控件间的自动切换。Tab键的切换顺序应与控件的布局顺序保持一致，通常是从上到下，行内从左到右。

(4) 默认按钮应支持Enter键操作，即用户按下Enter键后，系统应自动执行默认按钮对应的操作。

(5) 当可编辑控件检测到非法输入时，应提供明确的错误提示，并自动将焦点返回至该控件。

(6) 复选框和单选框应根据选择概率高低进行排序。

(7) 复选框和单选框应根据需求设置默认选项，同时必须确保用户能够通过Tab键进行选择操作。

(8) 在界面空间受限的情况下，优先使用下拉列表框而非选项框。若选项数量较少，可使用选项框；反之，则应使用下拉列表框。

2) 规范性

规范性是界面设计的基本准则，特别是在参照Windows界面规范时更是如此。界面设计越是遵循这些规范，其易用性通常也会越高。规范性测试的基本准则如下。

(1) 常用功能应配备命令快捷键。

(2) 菜单项前的图标应直观反映对应的操作内容。

(3) 若操作耗时较长，应提供进度条和相应的进程提示。

(4) 每个功能按钮应伴随即时的提示信息。

3) 合理性

合理性测试的基本准则如下。

(1) 屏幕对角线相交的位置通常是用户的视觉焦点，而正上方四分之一的位置则容易吸引用户的注意力。在进行测试窗体设计时，应充分利用这两个位置。

(2) 重要的命令按钮以及使用频率较高的按钮应放置在界面显著位置。

(3) 容易导致界面退出或关闭的按钮不应放置在鼠标易于点击的位置。通常，横向排列的开头或结尾，以及纵向排列的末端，都是容易被点击的位置。

(4) 与当前操作无关的按钮应当被屏蔽(例如使用灰色显示)。

(5) 对于可能导致数据无法恢复的操作，必须提供确认信息，以便用户有机会选择放弃该操作。

(6) 对于非法输入或操作，应提供充分的提示信息。

(7) 当运行过程中出现问题导致错误时，应向用户提供明确的提示信息，告知错误的具体位置和原因，避免用户陷入无休止的等待或困惑中。

(8) 提示、警告或错误说明应当清晰、明确且适当。

4) 美观与协调性

美观与协调性测试的基本准则如下。

(1) 界面应符合美学标准，尺寸适宜，给用户以协调和舒适的感觉，并能在有效范围内吸引其注意力。

(2) 布局应合理，既不宜过于拥挤，也不应过于空旷，以充分利用空间。

(3) 按钮尺寸应基本一致，避免使用过长的名称，以免占用过多界面空间。

(4) 按钮尺寸需要与界面尺寸及空间相协调，避免在空旷界面上放置过大的按钮。

(5) 前景色与背景色应搭配得当，色彩对比不宜过于强烈；若采用其他颜色，主色调应柔和，具有亲和力和吸引力。

(6) 界面风格应保持统一，字体的大小、颜色和样式应一致，除非在需要艺术效果或有特殊要求的情况下，方可进行适当调整。

5) 安全性

通过以下措施在界面上控制错误发生率，可以显著降低因用户操作失误导致的系统损害。安全性测试的核心原则如下。

(1) 首要任务是消除所有可能导致应用程序异常终止的错误。

(2) 应当尽量避免用户无意中输入无效数据。

(3) 使用适当的控件限制用户输入值的类型。

(4) 对可能引发严重错误或系统故障的输入字符或操作进行限制或屏蔽。

(5) 对可能导致严重后果的操作提供恢复措施，以便用户能够恢复到正确状态。

(6) 对可能引起长时间等待的操作，应提供取消选项。

(7) 对于数据库字段不支持中间有空格的输入，但用户需要输入空格的情况，应在程序中进行适当处理。

6) 辅助功能

Web系统应当配备全面且可靠的辅助文档，以便用户在遇到问题时能够自行寻找解决方案。辅助功能测试的基本原则如下。

(1) 辅助文档中的性能介绍和说明需要与系统性能保持一致。

(2) 在打包新系统时，应对辅助文档中修改过的内容进行相应更新。

(3) 在操作过程中，应提供能够即时调用系统辅助的功能，例如常用的F1键。

(4) 当在界面上调用辅助功能时，应能迅速定位至与当前操作相关的辅助信息，确保辅助功能的即时性和针对性。

(5) 最理想的是提供当前流行的联机辅助格式或HTML辅助格式。

(6) 用户应能够通过关键词在辅助索引中搜索所需信息，同时应提供辅助主题词。

(7) 若未提供书面辅助文档，应具备打印辅助信息的功能。

(8) 辅助文档中应包含技术支持方式，以便用户在无法自行解决问题时，能够轻松寻求进一步的帮助。

7) 菜单

菜单是用户界面中至关重要的组成部分，其布局应根据功能逻辑进行组织。在进行菜单测试时，应遵循以下基本原则。

(1) 菜单项通常按照“常用-主要-次要-工具-帮助”的顺序排列，以符合广泛接受的Windows风格。

(2) 下拉菜单中的选项应根据其含义进行逻辑分组，并按照既定规则排列，各组之间用横线分隔。

(3) 当一组菜单项存在使用顺序或具有引导作用时，应按照逻辑顺序进行排列。

(4) 对于无特定顺序要求的菜单项，应根据使用频率和重要性进行排列(常用且重要的选项置于顶部，不常用或次要的选项置于底部)。

(5) 若菜单选项数量较多，应优先考虑增加菜单长度而非深度，以确保菜单深度一般不超过三层。

8) 快捷方式的组合

在菜单和按钮中使用快捷键可以显著提升习惯使用键盘的用户的操作效率。在大多数软件中，快捷键的使用方式通常是一致的。快捷方式组合的测试基本准则如下。

(1) 文本编辑快捷方式：Ctrl+D用于删除；Ctrl+F用于查找；Ctrl+H用于替换；Ctrl+I用于插入；Ctrl+N用于新建记录；Ctrl+S 用于保存；Ctrl+O用于打开。

(2) 列表操作快捷方式：Ctrl+R和Ctrl+G用于定位；Ctrl+Tab用于切换到下一个分页窗口或反向浏览同一页面的控件。

(3) 编辑操作快捷方式：Ctrl+A用于全选；Ctrl+C用于复制；Ctrl+V用于粘贴；Ctrl+X用于剪切；Ctrl+Z用于撤销操作；Ctrl+Y用于恢复操作。

(4) 文件操作快捷方式：Ctrl+P用于打印；Ctrl+W用于关闭。

(5) 系统菜单快捷方式：Alt+A用于文件；Alt+E用于编辑；Alt+T用于工具；Alt+W用于窗口；Alt+H用于帮助。

9) 多窗口应用与系统资源管理

优秀的软件设计不仅应具备完善的功能，还应力求在占用最少的系统资源下运行。多窗口应用与系统资源管理的基本原则如下。

(1) 在多窗口环境中，某些界面元素需要始终保持在最顶层，以防止用户在打开多个窗口时频繁切换或最小化其他窗口以显示该界面。

(2) 主界面加载完成后应自动从内存中卸载，以释放所占用的Windows系统资源。

(3) 在系统退出时，应关闭所有窗体并释放所占用的所有系统资源，除非这些资源是为后台运行的系统服务所必需的。

5. 界面测试用例的设计

1) 窗体

窗体测试的方法如下。

(1) 确保窗体尺寸适宜，控件布局合理。

(2) 移动窗体时，无论速度快慢，背景和窗体本身应正确刷新。

(3) 窗体缩放时，窗体上的控件应能够适应大小变化。

(4) 在不同的显示分辨率下测试程序的显示效果，确保其正常运行。在测试过程中，还需检查状态栏是否正确显示，工具栏图标是否能有效执行操作，并与菜单栏图标保持一致；同时，确认错误信息准确无误、无错别字且表述清晰。

2) 控件

测试控件时，应遵循以下方法。

(1) 确保窗体或控件的字体和大小保持一致。

(2) 注意避免全角与半角字符的混合使用。

(3) 避免中英文字符的混合。

3) 菜单

在进行菜单测试时，需留意以下几点。

(1) 验证菜单选项是否能正常工作，并确保其功能与描述相符。

(2) 检查菜单中是否存在错别字。

(3) 确认快捷键是否唯一，避免重复。

(4) 同样，热键也应保持唯一性，确保无重复。

(5) 验证快捷键和热键是否能正确执行相应的操作。

(6) 确保菜单项中不出现中英文字符混合的情况。

(7) 菜单内容应与语境紧密相关。例如，当不同权限的用户登录同一应用程序时，应根据用户的权限级别显示相应的菜单项，并允许使用相应级别的功能。

(8) 鼠标右键应调出快捷菜单。

4) 查找与替换操作

接下来，我们将通过一个具体实例来演示查找与替换操作。首先，打开Word中的“替换”对话框。测试此功能时可以分为两种情况：成功测试和失败测试。

(1) 成功测试。

- 输入内容后，直接进行查找或查找全部。
- 在组合框中寻找已查找过的内容，并再次确认文档内容的正确性。例如，如果已经查找过测试用例，则无须重新输入，可以直接在文档中进行搜索。

(2) 失败测试。

- 输入过长或过短的查询字符串。假设查询字符串的长度范围为1~255字符，可以测试输入0、1、2、256、255和254等长度。
- 输入特殊字符集。例如，在Word中，^g代表图片、^代表分栏符，可以输入这些特殊字符进行测试；替换功能的测试方法与此类似。

5) 编辑操作窗口

关于编辑操作窗口的功能测试用例的说明如下。

(1) 关闭查找替换窗口：不执行任何操作，直接退出。

(2) 附加选项测试：设定精确搜索、向后搜索等附加选项进行测试。

(3) 控件间的相互作用：例如，当搜索内容为空时，“查找全部”“查找”“全部替换”“替换”等按钮都应显示为灰色。

(4) 快捷键及功能键测试：测试热键、Tab键、Enter键的使用。

6) 插入文件

插入文件操作的测试方法如下。

(1) 插入文件。

(2) 插入图像。

(3) 在文档中插入文档本身。

(4) 移除插入的源文件。

(5) 更换插入的源文件的内容。

7) 链接文件

链接文件操作的测试方法如下。

(1) 插入链接文件。

(2) 在文档中链接文档本身。

(3) 移除插入的源文件。

(4) 更换插入的源文件内容。

8) 插入对象

插入对象操作的测试方法如下。

(1) 插入程序允许的对象，例如在Word中插入Excel工作表。

(2) 修改插入对象的内容，插入的对象仍能正确显示。

(3) 卸载生成插入对象的程序，例如在Word中插入Excel工作表后卸载Excel，工作表依然能够正常使用。

9) 编辑操作

编辑操作包括剪切、复制和粘贴。剪切操作的测试方法如下。

(1) 对文本、文本框和图文框进行剪切。

(2) 剪切图像。

(3) 进行文本和图像的混合剪切。

复制操作的测试方法与剪切类似。粘贴操作的测试方法如下。

(1) 粘贴剪切的文本、文本框和图文框。

(2) 粘贴剪切的图像。

(3) 在不同的程序中粘贴剪切的内容。

(4) 多次粘贴相同的内容，例如在程序中连续粘贴3次。

(5) 利用粘贴操作强制输入程序不允许输入的数据。

10) 文本框测试

文本框的测试方法如下。

(1) 输入正常的字母或数字。

(2) 输入已存在文件的名称。

(3) 输入超长字符。例如，在“名称”文本框中输入超过允许边界的字符，假设文本框最多允许255字符，尝试输入256字符，以检查程序是否能够正确处理。

(4) 输入默认值、空白和空格。

(5) 若只允许输入字母，尝试输入数字；反之，尝试输入字母。

(6) 利用复制、粘贴等操作强制输入程序不允许的数据。

(7) 输入特殊字符集，例如NUL和\n等。

(8) 输入超过文本框长度的字符或文本，检查所输入的内容是否正常显示。

(9) 输入不符合格式的数据，检查程序的校验功能，例如，若程序要求输入的日期格式为yy/mm/dd，而实际输入为yyyy/mm/dd，程序应给出明确的错误提示。

在测试过程中所使用的测试数据如下。

(1) 输入非法数据。

(2) 输入默认值。

(3) 输入特殊字符集。

(4) 输入使缓冲区溢出的数据。

(5) 输入相同的文件名。

11) 命令按钮控件

命令按钮控件的测试方法如下。

(1) 单击按钮时正确响应操作。例如，单击“确定”按钮应执行相应的操作；单击“取消”按钮应关闭窗口。

(2) 对非法输入或操作应提供足够的提示说明。例如，输入月工作天数为32时，单击“确定”按钮后系统应提示用户：“天数不能大于31”。

(3) 对可能导致数据无法恢复的操作，必须提供确认信息，以便用户有机会放弃该选择。

12) 单选按钮控件

单选按钮控件的测试方法如下。

(1) 一组单选按钮不能同时选中，用户只能选中其中一个。

(2) 逐一执行每个单选按钮的功能。选择“男”或“女”后，保存到数据库的数据应分别为“男”或“女”。

(3) 一组执行同一功能的单选按钮在初始状态下必须有一个被默认选中，不能同时为空。

13) up-down控件文本框

up-down控件文本框的测试方法如下。

(1) 直接输入数字或用上下箭头进行控制。例如，在“数目”文本框中直接输入10，或者单击文本框右侧的向上的箭头将数目设置为10。

(2) 利用上下箭头控制数字的自动循环。例如，当最大值为253时，单击向上箭头后数目自动变为1，反之亦适用。

(3) 直接输入超出边界值时，系统应提示重新输入。

(4) 输入默认值(或使内容为空)。例如，如果“插入”数目为默认值，单击“确定”按钮进行测试；或者删除默认值，使内容为空，然后单击“确定”按钮进行测试。

(5) 输入字符时，系统应提示输入有误。

14) 组合列表框

组合列表框的测试方法如下。

(1) 检查条目内容是否正确，详细条目内容可以根据需求说明进行确认。

(2) 逐一执行列表框中每个条目的功能。

(3) 检查是否可以向组合列表框输入数据。

15) 复选框

复选框的测试方法如下。

(1) 多个复选框可以被同时选中。

(2) 多个复选框可以被部分选中。

(3) 多个复选框可以都不被选中。

(4) 逐一执行每个复选框的功能。

16) 列表框控件

列表框控件的测试方法如下。

(1) 条目内容正确。与组合列表框类似，根据需求说明书确定列表的各项内容正确，确保没有丢失或错误。

(2) 列表框的内容较多时，需要使用滚动条。

(3) 列表框允许多选时，要分别检查按住Shift键选中条目、按住Ctrl键选中不连续条目和直接用鼠标选中多项条目的情况。

17) 滚动条控件

在测试滚动条控件时需要注意以下几点。

(1) 滚动条的长度根据显示信息的长度或宽度及时变化，以帮助用户了解显示信息的位置和百分比。例如，在Word中浏览100页文档时，当浏览到50页时，滚动条的位置应处于中间。

(2) 拖动滚动条，检查屏幕刷新情况，确保没有出现乱码。

(3) 测试单击滚动条、使用滚轮控制滚动条，以及滚动条的上下按钮。

18) 各种控件

控件间的相互作用包括以下几项。

(1) 当窗体中有多个控件时，Tab键的顺序，应为从上到下、从左到右。

(2) 热键(快捷键)的使用，需逐一进行测试。

(3) Enter键和Esc键的使用。在测试中，首先对单个控件的功能进行测试，确保功能正常后，再对多个控件进行功能组合测试。

9.5 Web应用的客户端兼容性测试

1. 平台测试

市场上存在多种操作系统，其中最为人熟知的包括Windows、UNIX、Macintosh和Linux等。Web应用系统的最终用户所使用的操作系统取决于其个人或组织的系统配置。这可能导致兼容性问题，因为同一个应用可能在某些操作系统中运行流畅，而在其他操作系统中运行失败。因此，在Web系统正式发布前，必须在不同的操作系统环境中进行彻底的兼容性测试。

2. 浏览器测试

浏览器是Web客户端的核心部分，不同厂商生产的浏览器对Java、JavaScript、ActiveX、plug-ins及各种HTML标准的支持程度上存在显著差异。举例而言，ActiveX是Microsoft开发的专为Internet Explorer设计的技术；JavaScript最初由Netscape提出，而Java则源自Sun Microsystems。各种框架和布局样式在不同浏览器中的表现千差万别，甚至在某些场景下会彻底失效。此外，浏览器在安全设置和Java支持方面也各具特色。为了测试浏览器的兼容性，可以构建一个兼容性矩阵。通过这个矩阵，可以评估不同厂商及其浏览器版本对特定组件和设置的兼容情况。

9.6 Web应用的安全性测试

9.6.1 Web应用的安全性概述

部署在Internet上的Web应用无疑面临着各种安全威胁，这些威胁可能来自恶意的破坏者、无意的用户，甚至是系统内部出于好奇或有预谋的恶意访问。对Web应用进行安全性测试是一个复杂且广泛的议题，其中最重要的考虑因素是所需达到的安全级别。尽管期望网站实现100%的安全是不现实的，但对于大多数业务型网站而言，以下安全目标是较为合理的。

(1) 能够抵御密码试探工具的攻击。

(2) 能够防御针对Cookie的攻击。

(3) 确保敏感数据在传输过程中不以明文形式传输。

(4) 能够防止通过文件名猜测和查看HTML文件内容来获取重要信息。

(5) 保证在遭受攻击后能够在规定时间内恢复，并且重要数据丢失不超过1小时。

通常情况下，一个Web应用由多个部分组成，包括运行Web服务器的操作系统、Web服务器、Web应用逻辑、数据库以及Web浏览器等。这些组成部分中任何一个如果存在安全漏洞，都可能对整个系统的安全性构成威胁。

(1) 对于操作系统而言，其体系结构本身存在一些安全隐患，具体表现在以下几点。

- 动态连接机制。为了便于系统集成和扩展，操作系统采用了动态连接机制，允许通过补丁形式对系统服务和I/O操作进行升级和动态连接。虽然这种机制为厂商和用户带来了便利，但同时也为黑客提供了可乘之机(即造成安全漏洞)，并助长了计算机病毒的滋生。
- 进程创建。操作系统具备创建进程的能力，这些进程甚至可以在远程节点上被创建和激活。更严重的是，这些被创建的进程还能继续生成新的进程。因此，如果黑客远程将“间谍”程序作为补丁附加在合法用户(尤其是超级用户)的账户上，就能绕过系统进程和作业监控程序的检测。
- 空口令和RPC服务。操作系统为了维护方便，预留了无须密码的入口，并提供了远程过程调用(RPC)服务，这些都可能成为黑客入侵系统的途径。
- 超级用户权限。操作系统的另一个安全漏洞在于超级用户的存在。一旦入侵者获取了超级用户权限，整个系统将完全处于其控制之下。

(2) Web服务器的发展历程见证了从最初仅提供静态HTML和图片访问，到如今支持动态请求处理的演变。这一系统已变得极为复杂，并且频繁暴露出安全漏洞。

(3) 在应用逻辑层面上，由于实现语言和机制的多样性，以及编码和框架本身的缺陷，或业务逻辑设计的不周全，都可能引发安全问题。

(4) 在数据库层面，数据库注入攻击始终是数据库厂商和网站开发者最为关注的安全威胁之一。由于数据库管理系统(DBMS)基于分级管理概念，其安全性必须与操作系统的安全性相匹配，这构成了一个固有的弱点。黑客利用各种工具，可以强行登录或越权访问数据库，这可能导致严重的损失。数据加密技术可能与DBMS的功能产生冲突，或影响数据库的性能。在服务器/浏览器(B/S)架构中，应用程序直接操作数据库，因此，B/S架构网络应用程序的某些漏洞可能对数据库安全构成威胁。

在国际上广泛使用的数据库系统，如Oracle、SQL Server、MySQL和DB2等，普遍存在大量安全漏洞。例如，Oracle数据库在CVE数据库公布的漏洞数量就已超过2000个。此外，在数据库使用过程中，还可能遇到补丁未及时更新、权限提升和缓冲区溢出等问题。

(5) 浏览器漏洞同样可能引发网站安全问题。浏览器漏洞的存在往往源于编程人员的能力、经验以及安全技术的局限性，导致程序中不可避免地存在缺陷。在设计阶段，若未能全面考虑所有情况，程序在遇到一个看似合理但实际上无法妥善处理的问题时，可能会引发不可预测的错误。

在网络攻击中，黑客们的主要目标往往不是操作系统本身，而是操作系统中运行的浏览器。黑客们经常利用浏览器的漏洞发起病毒攻击，导致许多用户遭受损失。鉴于目前许多浏览器都推出了适用于多种操作系统的版本，一些在Windows操作系统使用的浏览器同样可以在其他操作系统上使用。因此，无论用户使用何种操作系统，攻击者总能在浏览器中找到可利用的弱点。由于所有主流Web浏览器都存在各种漏洞，它们成为了黑客攻击的首选目标。据“常见漏洞及风险”组织(CVE)发布的数据，目前浏览器漏洞数量已超过300个，每个浏览器厂商的产品都存在数十个漏洞。

此外，安全问题还渗透到管理等多个层面。不健全的管理制度和缺乏安全意识的员工可能成为内部安全的薄弱环节。同时，一些开发工具生成的备份文件和注释也可能被黑客用作发起攻击的参考资料。

9.6.2 安全性测试

Web应用系统的安全性从使用角度主要可以分为应用级安全和传输级安全，因此，安全性测试可以从这两个方面进行。

1. 应用级安全测试

应用级安全测试的核心目标是识别Web系统程序设计中潜在的安全漏洞，主要测试范围包括以下几点。

1) 注册与登录

目前，大多数Web应用系统采用先注册后登录的流程。

(1) 验证有效和无效的用户名和密码组合。

(2) 检查用户名和密码的大小写是否影响登录过程。

(3) 测试系统对登录尝试次数的限制。

(4) 检查是否可以绕过登录直接访问某些页面。

2) 在线超时

Web应用系统应具备超时机制，测试应验证在用户长时间未进行任何操作时，系统是否要求重新登录才能继续使用。

3) 操作留痕

日志文件对于确保Web应用系统的安全至关重要。测试应确认关键信息是否被记录在日志中，并且是否可以进行追踪。例如，检查CPU占用率是否异常高、是否有异常进程占用资源，以及所有事务处理是否都有记录。

4) 备份与恢复

为防止数据丢失，备份与恢复是Web系统不可或缺的功能。根据Web系统对安全性的不同需求，备份与恢复策略可以多样化，包括数据库的增量备份、完全备份、系统完全备份等。对于一些要求更高安全性的实时系统，可能会采用双机热备或多机热备。除了对这些备份与恢复方法进行验证测试外，还应评估它们是否满足Web系统的安全需求。

2. 传输级安全测试

针对Web系统的传输特性，传输级安全测试专注于识别数据在从客户端传输至服务器端过程中可能出现的安全漏洞，以及服务器抵御未授权访问的能力。测试通常涵盖以下关键领域。

(1) HTTPS和SSL测试：在默认设置下，安全HTTP通过端口443上的安全套接层(SSL)协议实现。HTTPS的安全性由所使用的公钥加密长度决定，但这种安全性往往以牺牲性能为代价。除了验证加密过程的正确性、确保信息的完整性以及确认HTTPS的安全等级外，还必须确保在此安全等级下，性能满足既定要求。

(2) 服务器端脚本漏洞检测：服务器端脚本的漏洞往往成为安全风险的源头，容易被黑客利用。因此，必须确保未经授权的用户无法在服务器端上传或编辑脚本，以防止潜在的安全威胁。

(3) 防火墙测试：防火墙作为一种主要的网络安全设备，主要用于阻止未授权访问，是Web系统中常见的安全措施。防火墙测试是一个复杂且专业的领域，本章重点关注测试防火墙的功能和配置，以评估本Web系统的安全需求。

(4) 数据加密测试：在传输过程中，特定数据如用户信用卡信息和登录密码等必须经过加密和过滤。数据加密测试旨在验证信息的传输、存取和处理信息的人员身份以及相关数据内容，确保满足保密性要求。在众多场景中，数据加密主要体现在密钥的使用上。密钥测试涵盖了密钥的生成、分配、保存、更新以及销毁等关键环节的测试。

9.7 本章小结

随着互联网技术的飞速发展，Web应用已成为我们日常生活中不可或缺的一部分。从个人博客到电子商务平台，Web应用的普及带来了对软件测试方法的新挑战。本章深入探讨了面向对象软件测试的独特性、测试模型以及基础测试技术，特别是Web应用测试的各个方面。内容涵盖了Web应用测试的概述、性能测试、功能测试、界面测试、客户端兼容性测试以及安全性测试等多个维度。通过本章的学习，读者将掌握一个全面的Web应用测试框架，能够在面对复杂多变的Web环境时，有效开展测试工作，确保Web应用的质量和性能。

9.8 思考和练习

一、填空题

1. 在“Web全面性能测试模型”中，性能测试被细分为8个类别，其中“预期指标的性能测试”关注的是在需求分析和设计阶段提出的__________。

2. “独立业务性能测试”主要关注的是核心业务模块对应的__________，这些模块通常功能复杂、使用频繁，并且属于核心业务范畴。

3. “组合业务性能测试”模拟的是多用户对一个或多个模块的不同功能进行__________操作，以反映用户的实际使用情况。

4. “疲劳强度性能测试”是在系统稳定运行的前提下，以一定的负载压力长时间运行系统，主要目的是评估系统在长时间处理大量业务时的__________表现。

5. 在“Web性能测试用例设计模型”中，将8个测试分类归纳为5类测试用例，“__________”和“__________”是其中的两类。

二、判断题

1. Web应用测试只包括功能测试和性能测试两个方面。 ( )

2. 在“Web全面性能测试模型”中，服务器性能测试分为初级和高级两个层次。( )

3. 网络性能测试主要关注应用系统用户数量与网络带宽之间的关系。 ( )

4. 在多媒体测试中，推荐图片文件大小应尽量控制在30KB以下。 ( )

5. 在进行导航测试时，需要确保用户能够凭借直觉判断Web应用系统内是否还有更多内容以及这些内容的位置。 ( )

三、简答题

1. 简述“Web全面性能测试模型”中“预期指标的性能测试”的主要目的。

2. 描述“独立业务性能测试”中核心业务模块的测试流程。

3. 解释“疲劳强度性能测试”与“大数据量性能测试”的区别。

4. 为什么在进行多媒体测试时，需要确保所有图形元素都有明确的功能性？

5. 在进行内容测试时，需要检查哪些方面？

第 10 章

软件测试自动化

软件测试自动化构成了软件测试技术的关键部分，它能够执行许多手工测试难以完成或无法实现的任务。合理且明智地运用自动化测试，可以迅速而全面地对软件进行检测，从而提升软件品质、节约成本，并缩短产品上市时间。本章旨在阐述软件自动化测试的定义、作用、工具种类及其应用方法。

本章学习目标：

- 了解软件测试自动化基础知识。
- 理解软件测试自动化的作用和优势。
- 了解软件测试自动化的引入条件。
- 熟悉软件测试自动化的实施过程。
- 掌握主流软件测试工具，包括白盒测试工具、黑盒测试工具、性能测试工具和测试管理工具。

10.1　软件测试自动化基础

10.1.1　软件测试自动化的起源

随着计算机技术的普及和应用范围的扩大，计算机软件变得日益庞大和复杂，这导致软件测试的工作量显著增加。据估计，软件测试通常占据整个项目开发时间的40%，而对于那些对可靠性要求极高的软件，测试时间甚至可能占到总开发时间的60%。在测试过程中，手工测试占据了大部分时间，特别是针对模块级的白盒测试和黑盒测试，这些测试需要遍历数据路径并检验各模块功能，主要依靠手工方式进行。然而，某些测试工作非常适合采用计算机自动化执行，因为这些操作往往是重复性的、非智力创造性的，并且要求高度的准确性和细致性。计算机在执行这类工作时具有明显的优势。因此，随着软件测试重要性的提升，众多软件测试自动化工具应运而生。这些工具满足了软件公司希望在最短时间内对软件进行全面测试的需求。软件公司在这一领域的投资，对整个开发工作的质量、成本和周期产生了显著的影响。

10.1.2 什么是软件自动化测试

自动化软件测试是指利用测试工具或其他方法，根据测试人员既定的计划，对软件产品执行自动化检测的过程。它是软件测试领域的一个关键环节，能够执行许多手工测试难以完成或无法实现的测试任务。合理且有效地执行自动化测试，可以迅速而全面地对软件进行检测，进而提升软件品质，节约成本，并缩短产品上市的时间。

软件测试自动化涵盖了测试流程、测试架构、自动化构建以及自动化测试等多个方面的整合。换言之，实现测试的自动化不仅仅是技术或工具的问题，更是公司和组织文化层面的挑战。首先，公司需要在资金和管理上提供必要的支持；其次，必须有一个专业的测试团队，以制定适合自动化测试的流程和架构；最后，涉及从源代码库中提取代码、编译、集成，并执行自动化功能和性能测试等环节。

自动化测试具备替代大量手工测试工作的能力，能够避免重复性测试，并执行一些手工测试难以完成的任务。例如，并发用户测试、大数据量测试以及长时间运行的可靠性测试等。在大型或持续性的长期项目中，自动化测试的效果尤为显著。在这样的项目中，功能组件众多且相互关系复杂，人工测试不仅需要投入巨大的努力，而且在需要反复测试时，自动化测试的需求变得更加迫切。

自动化测试能够在以下情况下发挥最大价值：重复使用测试脚本，或在测试脚本子程序生成后被多次调用。鉴于长期项目的特点，学习测试工具的使用方法所需时间与整个工程周期相比微不足道，因此在工程性软件开发中，采用自动化测试工具是极具意义的。

然而，自动化测试在实际应用中也存在局限性，它并不能完全取代手工测试。例如，对于定制型项目，这类项目是为客户量身定制的，可能包括特定的开发语言和运行环境，因此不适合进行自动化测试。同样，对于小型项目，自动化测试的价值可能有限，因为投入时间学习测试工具的使用方法可能并不划算。

10.2 软件测试自动化的作用和优势

“工欲善其事，必先利其器”，这句古语说明了使用测试工具的真谛——旨在提升软件测试的效率和质量。正如我们已经讨论过的，软件测试中最常见的分类是白盒测试与黑盒测试。一些研究显示，黑盒测试发现的软件缺陷数量与白盒测试相当，有时甚至更多，而且问题可能更为严重。这是因为黑盒测试侧重于测试的广度，其测试范围和种类通常比白盒测试更广泛，因此在某些情况下，它能发现的问题及其影响范围也更大。白盒测试专注于验证程序代码的正确性，而黑盒测试则扮演着质量把关的角色。简而言之，白盒测试是前端工作，而黑盒测试则是后端验证。对于软件测试而言，熟练运用测试工具可以带来诸多益处。然而，在面对特定需求时，测试人员必须评估在项目中实施自动化测试的适用性。通常，自动化测试相较于手工测试具有以下优势。

- 确保系统的可靠性。
- 提升测试工作的质量。
- 增强测试工作的效率。

10.2.1 构建一个可靠的系统

测试工作的核心目标可以概括为两个方面：其一，识别并修复缺陷，以降低应用程序中的错误率；其二，确保系统的性能能够达到用户的预期。为了有效实现这些目标，在开发周期的需求定义阶段，测试工作应当与需求的开发和细化同步进行。

自动化测试能够全面提升测试的各个方面，包括测试脚本的开发、测试执行、结果分析、故障诊断以及报告生成。它还支持测试的各个阶段，涵盖从单元测试、集成测试、系统测试、验收测试到回归测试的所有环节。

如果仅依赖于手工测试，软件中发现的缺陷在质量和数量上将受到限制。在整个开发周期内，假设自动化测试工具和方法得到合理实施，并遵循既定的测试流程，自动化测试将有助于构建一个更为可靠的系统。通过自动化测试所获得的效益可以概括如下。

1. 需求定义的优化

构建可靠且具成本效益的软件测试始于需求阶段，目的是打造一个高度可靠的系统。当需求明确并以一致的可测试格式提供给测试人员所需的信息时，这些需求便被视为是可测试的。目前，市场上有多种工具可以帮助生成可测试的需求。例如，一些工具采用面向语法的编辑器，使用如Lotus等形式语言进行编写，而另一些工具则能够构建图形化的需求模型。

2. 性能测试的提升

手工执行性能测试是一项劳动密集型的工作。以某产品的手工性能测试为例，需要一名测试人员手动执行测试，同时另一名测试人员则需在一旁使用秒表计时。这种方法容易出错，并且无法保证测试的自动重复性。幸运的是，现在已有多种性能测试工具可供使用。这些工具能够自动完成系统性能测试，提供计时数据和图表，并帮助识别系统的瓶颈和阈值。测试工程师无须手持秒表，而是可以启动测试脚本，自动收集性能统计数据，从而有更多时间从事更具创造性和智力挑战性的测试工作。

过去，执行有效的性能测试需要多种型号的计算机和众多技术人员反复进行大量测试。而如今，先进的自动性能测试工具简化了这一过程。测试人员可以使用读取文件或表格数据的程序，或者利用工具生成数据(无论数据量是一行还是数百行)。

新一代的测试工具使测试人员可以无须值守地运行性能测试。通过预先设定测试执行时间，脚本可以自动启动，整个过程无须人工干预。许多自动性能测试工具支持虚拟用户测试，允许测试人员模拟数十、数百甚至数千个用户同时执行不同的测试脚本。在性能测试中，利用负载预测性能，并通过控制和测量负荷来评估响应时间。性能测试结果的分析将为软件性能优化提供重要指导。

3. 负载/压力测试的优化

性能测试工具同样适用于压力测试。这两种测试的主要区别仅在于执行方式的不同。压力测试涉及在高负载条件下运行客户机，以观察应用程序在何种情况下在哪个点会崩溃。在进行压力测试时，系统将经历最大和最小负载，以确定系统是否会出现故障以及故障发生的具体位置，从而识别出系统中最脆弱的部分。系统需求应当明确这些临界值，并阐述系统对超载的响应机制。通过压力测试，可以在系统达到最大负载时进行操作，以确保其在极端条件下的正常运行。

完全依赖手工方式对应用程序进行彻底的压力测试，不仅成本高昂、困难重重，而且结果往往不够精确，耗时也相当长。这一过程需要大量用户和工作站的参与，而不同资源之间的协同工作并不总是顺畅。引入自动化测试后，压力测试不再需要超过10名测试人员来完成。自动化压力测试为各方带来了显著的好处。以一个拥有20名测试人员的大型项目为例，在一周测试周期的最后几天，项目要求所有测试人员在周六加班进行压力测试。使用自动化压力测试，每个测试人员都能以极快的速度操作系统，从而对系统施加压力，同时执行系统中最复杂的功能。使用自动压力测试工具时，测试人员只需向工具下达执行压力测试、运行特定测试和模拟用户数量等指令，整个过程无须人工干预。因此，测试人员无须额外资源。自动化测试工具通过在有限数量的客户机和工作站上模拟大量用户与系统的交互，为压力测试提供了一种高效的选择方案。

在众多自动化测试工具中，负载仿真器允许测试人员同时模拟成百上千个虚拟用户使用目标应用程序。测试脚本的运行可以实现无人值守运行，并且大多数工具会生成包含测试结果的测试日志输出。

4. 实现高质量测量与测试优化

通过自动化测试，能够获得高质量的度量数据并优化测试流程。实际上，自动化测试过程是可度量和可重复的。相比之下，手动测试在第二次测试时很难完全复制第一次测试的操作步骤，这使得手动测试难以产生一致的质量度量。自动化测试技术的应用确保了测试过程的可重复性和可度量性。测试人员对这些质量度量的分析，有助于优化测试工作，但前提是测试必须是可重复的。

如前所述，自动化测试确保了测试的可重复性。例如，在手动执行测试时，即使测试人员发现了错误，他们也可能无法成功重新执行相同的测试。而采用自动化测试后，脚本可以回放，从而确保测试的可重复性和可度量性。此外，自动化测试还能够生成大量度量数据(通常以测试日志的形式呈现)。

5. 系统开发生存周期优化

自动化测试能够为系统开发生存周期的每个阶段提供支持。目前市面上多种自动化测试工具已经能够覆盖开发生存周期的各个阶段。例如，在需求定义阶段，一些工具可以帮助生成包含测试条件的需求文档，从而减少测试的工作量和成本。在设计阶段，建模工具等支持工具能够记录测试用例中的需求。测试用例代表用户在系统级别上执行的各种操作组合，它们具有明确的起始点、用户(可能是人员或外部系统)、一系列不连续的步骤以及明确的退出标准。

在编程阶段，同样需要测试工具，例如代码检查、度量报告、代码插装以及基于产品的测试程序生成器。如果需求定义、软件设计和测试程序得到了充分准备，那么应用程序的开发将会更加高效。这些前提条件有助于测试执行过程的顺畅进行。多样化的测试工具在系统开发生命周期的各个环节发挥着重要作用，有助于构建更为可靠的系统。

6. 软件信任度提升

由于测试是自动执行的，因此在执行过程中不存在疏忽和错误，软件的信任度完全取决于测试的设计质量。一旦软件成功通过了严格的自动测试，其信任度自然会得到提升。

10.2.2　提升测试工作质量

借助自动化测试工具，能够提升测试的深度和广度，从而提高测试工作的整体质量。其具体好处有以下几点。

1. 提升多平台兼容性测试的效率

自动化测试的应用使得测试脚本能够被重复利用，从而支持在不同平台(硬件配置)之间的顺畅过渡。计算机硬件、网络版本以及操作系统的更新可能会引发意想不到的兼容性问题。在向广大用户推出产品的某些更新应用之前，执行自动化测试提供了一种高效的方法，以确保这些更新不会对当前的应用程序和操作环境产生负面影响。

2. 提升软件兼容性测试

推动多平台兼容性测试的原则同样适用于软件配置测试。软件的变更(例如升级或新版本的实施)可能会引发意想不到的兼容性问题。通过执行自动化测试脚本，可以有效地确保这些软件变更不会对现有应用和操作环境产生负面影响。

3. 提升常规测试的执行效率

自动化测试工具能够有效消除重复性测试带来的单调乏味。在执行常规的重复性测试时，测试人员可能会对一遍又一遍地执行相同的单调步骤感到厌烦。例如，一位测试人员负责执行2000年问题相关的测试，他的测试脚本需要在50个屏幕上放置数百个日期，涉及各种循环日期以及一些必须重复执行的操作。唯一的区别在于，在某个循环中，他会添加包含特定日期的数据；在另一个循环中，他会删除这些数据；在其他循环中，他会进行更新操作。此外，系统日期需要被重新设定，以适应高风险的2000年日期问题。这些相同的步骤不断重复，导致在执行这些常规重复性测试时，测试人员很快会感到疲惫。如果这些测试实现了自动化，由于测试脚本能够不厌其烦地执行相同的单调步骤，并且能够自动验证结果，测试工作将变得更加轻松。

4. 优化资源利用

通过自动化执行繁琐的任务，能够提升准确性和测试人员的积极性，从而让测试技术人员有精力能够更专注于设计高效的测试用例。虽然某些测试工作更适合手工执行而非自动化执行，但将适合自动化的测试工作自动化执行后，测试人员便能将注意力集中在手工测试上，进而提升手工测试的效率。自动化测试为在规定进度内快速完成复杂测试提供了可能性。换言之，测试的自动化不仅加速了部分测试的完成，还释放了测试资源，使测试人员能够将他们的创造力和努力投入更复杂的问题和任务中。

5. 执行无法仅凭手工测试完成的测试任务

随着软件系统和产品的日益复杂化，手工测试有时无法涵盖所有必要的测试范围。目前，存在多种测试分析，这些分析超出了人工操作的能力，例如判定覆盖分析或复杂度度量的收集。判定覆盖分析确保程序中的每个输入点和出口至少被调用一次，并验证程序中的每个判定至少在所有可能的出口上被执行过一次。复杂度分析是通过分析源代码中可能的路径来得出的，它已成为IEEE可靠软件测量标准的一部分。对于任何大型应用，计算代码复杂度通常需要大量时间。在测试大量用户时，不可能同时安排足够多的测试人员进行手工测试，但通过自动化测试可以模拟出大量用户同时进行测试的效果，以达到测试目的。此外，使用手工测试方法几乎无法进行内存泄漏测试。

6. 重现软件缺陷的能力

在手工测试过程中，测试人员所发现的缺陷有多少能够被精确地复现？自动化测试为此提供了一种有效的解决方案。通过使用自动化测试工具，测试步骤得以记录并保存于测试脚本之中，这些脚本能够精确地回放先前执行的相同步骤序列。为了进一步简化流程，测试人员可以将缺陷信息传达给开发人员，后者可以调整脚本，以便直接重现导致软件错误的特定事件序列。

10.2.3 提升测试效率

熟练运用测试工具进行测试，其节省时间并加速测试进度的优势十分明显，这也是自动化测试的核心优势。在之前的章节中，已经强调了回归测试的重要性，这类测试通常消耗大量时间。因此，为了进行有效的软件测试，依赖软件测试工具来缩短测试周期显得尤为重要。例如，采用GUI自动化测试软件进行回归测试就是一个极佳的选择。有时，在使用自动化测试工具的初期，测试人员可能不会立即感受到工作量的显著减少，甚至在某些情况下，测试工作量似乎会有所增加。这主要是因为需要完成一些初始的设置工作。然而，尽管一开始测试工作量可能有所上升，但如果自动化测试工具开始实施，其投资回报便会逐渐显现，因为测试人员的工作效率得到了显著提升。

研究显示，采用自动化测试后，整体测试工作量可压缩至手工测试模式的25%。

测试工作量的减少可能会对项目进度产生显著加速效应，特别是在测试执行、结果分析、缺陷修复和测试报告编制等环节。表10-1展示了手工测试与自动化测试在完成各项测试步骤所需工作量的基准对比。该测试案例涉及1750个测试用例和700个缺陷。从表10-1的数据可以看出，通过实施自动化测试，测试工作总量减少了75%。

表10-1　手工测试与自动化测试的情况比较

测试步骤	手工测试(h)	自动化测试(h)	改进百分率(使用工具)
测试计划制订	32	40	−25%
测试程序开发	262	117	55%

(续表)

测试步骤	手工测试(h)	自动化测试(h)	改进百分率(使用工具)
测试执行	466	23	95%
测试结果分析	117	58	50%
错误状态/纠正监视	117	23	80%
报告生成	96	16	83%
总持续时间	1090	277	75%

1. 测试计划的制订——测试工作量的增加

在决定引入自动化测试工具之前，必须全面审视测试流程的每一个环节。首先，应对被测应用需求进行评审，以确保其与测试工具的兼容性。接下来，需要验证支持自动化测试的样本数据的可用性，并概述所需数据的类型与变量，制定获取或开发样本数据的策略。对于计划重用的脚本，必须明确测试设计与开发的标准。同时，考虑到模块化和测试脚本的重用性，自动化测试本身也涉及开发工作，并拥有自己的小型开发周期，这将导致测试计划的工作量相应增加。

2. 测试程序开发——测试工作量的减少

测试程序的开发过程通常缓慢、成本高昂且需要大量人力。每当软件需求或模块发生变化时，测试人员往往需要重新开发测试程序，或者从零开始创建新的测试程序。然而，借助自动化测试工具，测试人员可以通过简单的单击图标来选择和执行特定的测试程序。与传统的手工测试相比，自动化测试显著缩短了测试过程的生成和修订时间，某些测试程序的生成和修订工作甚至可以在几秒钟内完成。此外，测试数据生成工具的使用进一步减少了测试工作量。

3. 测试执行——测试工作量减少/进度加快

手工测试执行过程繁琐且容易出错，而使用测试工具则允许测试脚本在执行时自动回放，大幅减少了人工干预。通过恰当的配置，测试人员只需启动脚本，工具便能自动完成测试任务，并且无须持续监督。测试可以根据需求反复进行，甚至可以设定在特定时间开始，包括夜间连续运行。这种无须人工监控的回放功能，使测试人员能够将注意力转移到其他更高优先级的工作上。

4. 程序回归测试的自动化——效率提升与进度加速

回归测试的自动化可能是自动化测试中最关键的任务，尤其在程序频繁修改的情况下，其效果尤为显著。由于回归测试的动作和用例是预先设计好的，预期的测试结果也完全可预测，自动化执行回归测试可以显著提升测试效率，缩短所需时间。由于测试过程是自动进行的，每次测试结果的一致性和执行内容的准确性可以得到保证，从而实现测试的可重复性。

5. 测试结果分析的自动化——减少工作量与进度加速

自动化测试工具通常提供多种类型的测试结果报告和日志，并能维护测试记录信息。一些工具能够提供颜色编码的输出结果(例如，绿色表示测试通过，红色表示测试失败)。这种测试记录的输出方式提升了测试分析的便捷性。此外，大多数工具还支持将故障数据与原始数据进行对比，自动标识两者之间的差异，进一步简化了测试输出分析的过程。

6. 错误状态监控与纠正——测试效率提升

许多自动化测试工具支持在测试脚本中发现故障时自动记录，大幅减少了人工干预的需求。这些工具记录的信息通常包括故障脚本的标识、当前测试周期的标识、故障描述以及故障发生的日期和时间。以Test Studio为例，通过选择生成错误报告的选项，脚本一旦检测到错误便会自动创建报告，并动态地将缺陷与测试需求关联起来，从而简化了度量数据的收集过程。

7. 报告生成——测试效率提升

众多自动化测试工具内置了报告生成功能，用户可以轻松生成和定制特定的报告。即便是一些没有内置报告生成功能的测试工具，也支持将相关数据以所需格式导入或导出，使得将测试工具的输出数据与支持报告生成的数据库集成变得轻而易举。软件自动化测试是提升软件测试技术的关键环节，能够提高软件质量、节约成本并缩短产品上市时间。自动化测试能够执行基于功能、路径、数据流或控制流的覆盖测试，完成许多手工测试难以实现的任务。若正确实施，自动化测试能够缩减测试规模、加速测试进度、确保产品质量，并提高测试流程的整体质量。

10.3 软件测试自动化的引入条件

1. 实施软件自动化测试面临的主要问题

虽然越来越多具备自动化测试经验的软件团队不断涌现，许多组织对这项工作的认识仍然不足。从不同层次的实施情况来看，当前软件行业在实施或考虑实施测试自动化时面临的主要问题有以下几个。

- 一些小型公司和企业由于人员、资金和资源的限制，往往认为测试自动化是遥不可及的，因此认为没有必要实施测试自动化。
- 一些公司和企业在一时的热情驱动下实施了测试自动化，购置了工具并推行了新的测试流程。但不久后，这些工具被闲置，测试流程又回到了原点，一切如旧。
- 尽管一些公司和企业已经实施了自动化测试，但由于开发人员与测试人员之间、开发人员与项目经理之间存在诸多矛盾，导致在出现问题时责任难以界定。尽管自动化测试仍在勉强维持，但其实施成本已超过手工测试，工作量也有所增加，导致项目团队成员怨声载道，怀念手工测试，难以发挥自动化测试的优势。
- 一些公司和企业在自动化测试的实施上相对成功，但仍面临问题。例如工具选择不当、培训不足、文档不完整、人员配置不合理以及脚本维护性差等。这些问题导致表面上看似完善的自动化测试流程实际上虚有其表，影响了测试质量和效率的提升。

2. 软件自动化测试的引入条件

测试工具本身的优势并不保证使用它们就能成功，关键在于使用工具的人。许多刚接触测试工具的人员往往过分夸大工具的效能，并对测试工具寄予过高的期望。然而，工具仅仅是解决问题的一种手段，要实现成功的测试自动化，需要考虑以下几个重要因素。

1) 管理层必须充分认识到软件测试自动化的重要性

由于软件测试自动化在初期的投入远大于手工测试，除了购买软件测试工具外，还需进行大规模的人员培训。因此，管理层对软件测试自动化的正确认识至关重要。如果管理层对此持漠视态度，有效实施软件测试自动化几乎是不可能的。

2) 对软件测试自动化持有正确的理解

自动化测试确实能够显著减少手工测试的工作量，但它绝不能完全替代手工测试。追求完全的自动化测试更多的是一种理论上的理想状态。实际上，追求100%的自动化测试不仅成本极高，而且在操作上几乎是不可行的。通常情况下，自动化测试的使用率达到40%～60%已经相当理想，超过这一水平可能会导致测试维护成本的大幅增加。因此，引入测试自动化需要遵循一定的标准并进行综合评估，绝不能将其简化为测试工具的简单录制与回放过程。尽管自动化测试能够提升测试效率，但对于时间紧迫、周期较短的项目，自动化测试可能并不适用。

3) 拥有一个周密的计划和稳定的应用行为

“预则立，不预则废”，软件团队在实施测试自动化时，绝非仅凭一时兴起就能轻易成功。这一过程不仅需要对测试流程和组织结构进行调整与优化，还涉及需求分析、设计、开发、维护以及配置管理等多个方面的协同工作。对于那些定义不明确的应用，测试自动化是难以实现的。即便是一个相当稳定的应用，如果测试人员对其行为和特定领域内的问题缺乏了解，测试自动化同样会遭遇重重困难。为了确保测试自动化的顺利进行，测试人员必须深入理解应用行为，并据此制订测试计划，合理运用测试工具。只有在计划周详、工具得当、自动化测试流程明确的条件下，才能有效减少总体测试工作量并提升测试质量。

4) 实施测试自动化需开展多方面的培训

实施测试自动化需要进行多方面的培训，涵盖测试流程、缺陷管理、人员配置及测试工具使用等内容。若测试流程本身存在不合理之处，引入自动化测试只会为软件组织或项目团队带来更大的混乱。此外，如果允许组织或项目团队在缺乏相关知识的情况下盲目实施自动化测试，失败将是不可避免的。

5) 拥有一支专注且技能娴熟的测试团队，他们被赋予充足的时间和资源

软件开发依赖于团队合作，人的因素永远排在技术之前。因此，团队成员之间的协作以及测试组织结构的合理设置显得尤为关键。团队中每个成员都必须完全承担起自己的职责。在选择测试工具时，虽然会根据具体的软件测试项目类型而有所不同，但其基本目标是一致的。测试人员应不断学习并掌握各种测试工具，只有对工具的使用方法和最佳实践有深刻理解，才能在软件测试中充分发挥其潜力。杰出的测试人员会持续学习新的专业知识，并对被测试的应用程序有深入了解，同时具备特定平台、网络以及自动化测试工具的技能。

此外，测试自动化应被视为一个独立的项目，并需要分配相应的资源和时间，否则可

能导致失败。让测试人员在项目生命周期的早期参与需求和设计评审，有助于他们理解业务需求，提高需求的可测试性，并支持有效的测试设计与开发。这一步骤在使用自动化测试工具时尤为关键。

10.4 软件测试自动化的实施过程

为了实现软件测试的自动化，首先需要一套自动化测试工具。然而，仅仅拥有这些工具并不足以保证测试自动化的成功。为了有效执行自动化测试，必须经历计划、执行和持续改进的过程。在这个过程中，需要完成以下几项重要任务。

1) 熟悉并分析测试用例

如果之前未对手工测试用例进行过测试，应根据用例描述执行手工测试，至少要完整地执行一遍，直到对每个用例的步骤及判断标准有深入理解。只有这样，在编写自动化测试脚本时，才能准确地模拟手工测试的整个流程，从而编写出流畅且高效的自动化测试程序。

2) 编写自动化测试计划书

将现有的测试用例进行分类，并编写成简洁的自动化测试计划书。可以依据软件功能进行分类，例如用户注册、查询等；也可以根据网页(针对网络软件)进行划分。有了自动化测试计划书，执行具体工作时，就可以按照计划有条不紊地进行。

3) 启动自动化测试脚本的编写

鉴于测试自动化计划已经对测试用例进行了分类，可以将不同部分分配给测试人员，以实现工作平衡，从而节省时间。

在测试过程中，通常会利用测试工具的录制功能，按照测试用例的步骤进行一次遍历，然后对生成的“录制脚本”进行编辑。由于不同的自动化测试工具具有各自的特性，它们生成的脚本结果也会有所差异，因此很难一概而论地指出哪些部分需要修改，否则在重复执行时可能会遇到问题。这一问题需要在实际操作中进行探索和总结。然而，所有自动化测试工具生成的“录制脚本”都需要根据测试用例的具体需求进行编辑，这一点是毋庸置疑的。通常情况下，需要添加说明(解释各步骤的目的)、变量的赋值与定义、循环结构、错误判断语句以及错误报告语句等。编辑完成后，还需对自动化测试程序进行调试。

4) 利用“数据驱动”方法提升测试覆盖率

通常，仅测试用户新建档案功能就涉及数十种不同的数据组合。手工测试这些组合将耗费大量时间，尤其在时间紧迫的情况下，这会成为一项令人头疼的任务。测试工作与编程相似，常常需要在时间压力下进行，如果时间过于紧张，可能只能执行部分测试，从而大幅降低测试覆盖率。然而，如果将所有不同的数据组合保存在一个编辑文件中(例如记事本)，并使用固定的分隔符或空格来分隔各数据项，每种组合占据一行，那么就可以在已编写的测试用户新建档案的自动化测试程序中集成数据驱动部分。这样，程序在执行时能够逐行读取包含数据组合的文件，完成所有组合的测试。测试人员可以在旁边观察或处理其他事务，只需在测试结束后查看测试报告即可，这种方法非常便捷。

5) 将测试用例转化为自动化测试脚本

在搭建好自动化测试框架之后，接下来的工作是持续地开发新的自动化测试脚本，直到所有设计为自动化测试的测试用例(即那些在自动化测试设计书中列出的测试用例，用以替代手动测试用例)都被编写成脚本。

6) 持续优化自动化测试系统

每当收到用户或其他人报告的软件缺陷时，测试人员应立即手动复现该缺陷，以确认问题是否能够被重现。一旦缺陷被修复，应将此次手动测试过程自动化，以便将来能够方便地进行重复测试。这类自动化测试的效率极高，因为在实际操作中，尽管发现的缺陷已被修复，但它们可能会因为各种原因在软件中重新出现。最常见的原因之一是软件开发人员在新版本中可能忘记将已修复的代码替换旧的错误代码，从而导致错误再次出现。

随着新测试程序的不断引入或现有测试程序的更新，测试中的软件可能会增加新功能。在这种情况下，必须增加相应的测试用例，并为这些新增功能编写自动化测试脚本。同样，软件在测试过程中可能会因多种原因进行修改，例如功能变更或网页布局调整。在这种情况下，测试人员需要根据开发团队提供的详细信息，对相关测试程序进行必要的调整。

由于测试自动化是一项复杂的工程，因此在开始实施之前，必须全面审视所有潜在因素和可能性，并据此制订详尽的计划。这一步骤至关重要，因为一旦计划确定，后续工作将严格遵循该计划进行。如果在计划制订过程中遗漏了关键因素，之后再发现问题将耗费大量时间和资源。因此，在制订计划时必须深思熟虑，尽可能地将所有当前和未来的因素考虑周全。

在此强调制订一个优秀且全面的计划的重要性，主要是因为计划的不完善会导致后续修改过程中产生巨大的时间和人力成本。

10.5　主流软件测试工具

随着软件测试工作地位的逐步提升，其重要性日益凸显，自动化测试工具的运用已成为一种普遍趋势。这些工具能够减轻测试工作负担，提升测试质量和效率。然而，在选择和应用测试工具时，仅在测试过程中使用工具并不保证它们能真正发挥作用。在实际操作中，首要任务是挑选一个既合适又符合软件系统工程环境需求的自动化测试工具，因为不同的测试工具针对的测试对象各不相同。

软件测试工具种类繁多，可以按照用途、价位或使用特性进行分类。分类本质上是一种归纳。在此，根据测试工具的主要用途和应用领域进行整理和归纳。目前，测试工具大致可分为以下几类：白盒测试工具、黑盒测试工具、性能测试工具，以及用于测试管理(包括测试流程管理、缺陷跟踪管理和测试用例管理)的工具。

10.5.1　白盒测试工具

白盒测试工具通常用于对代码进行深入测试，能够将发现的缺陷精确定位至代码层面。根据其工作原理的不同，白盒测试工具可以进一步划分为静态测试工具和动态测试工具。

- 静态测试工具：这类工具直接分析源代码，无须执行代码，也不依赖于代码的编译和链接过程，或生成可执行文件。静态测试工具主要执行语法扫描，识别代码中违反编码规范的部分，并依据特定的质量模型评估代码质量，同时生成系统的调用关系图等辅助信息。
- 动态测试工具：与静态测试工具不同，动态测试工具通常采用“插桩”技术，在生成的可执行文件中嵌入监测代码，以收集程序运行时的数据。动态测试工具的最大特点在于，它需要被测试系统实际运行，以便准确收集和分析运行时信息。

目前，主要的白盒测试工具如表10-2~表10-4所示。

表10-2　Parasoft白盒测试工具集

工具名	支持语言环境	简介
Jtest	Java	全自动化的白盒测试工具，能够自动分析代码并生成高覆盖率的测试套件
JUnit	Java	专注于单元测试，通过断言来验证代码的行为是否符合预期。JUnit不提供除单元测试以外的其他测试类型支持
Jcontract	Java	实时性能监控以及分析优化
C++Test	C、C++	代码分析和动态测试
CodeWizard	C、C++	代码静态分析
Insure++	C、C++	实时性能监控及分析优化
test	.NET	代码分析和动态测试

表10-3　Compuware白盒测试工具集

工具名	支持语言环境	简介
BoundsChecker	C++、Delphi	API和OLE错误检查、指针和泄露错误检查、内存错误检查
TrueTime	C++、Java,Visual Basic	代码运行效率检查、组件性能的分析
FailSafe	Visual Basic	自动错误处理和恢复系统
JCheck	MS Visual J++	图形化的图形化事件分析工具和事件分析工具
TrueCoverage	C++、Java、Visual Basic	函数调用次数、所占比率统计以及稳定性跟踪
SmartCheck	Visual Basic	函数调用次数、所占比率统计以及稳定性跟踪
CodeReview	Visual Basic	自动源代码分析工具

表10-4　XUnit白盒测试工具集

工具名	支持语言环境
Aunit	Ada
CppUnit	C++
ComUnit	VB、COM
Dunit	Delphi
DotUnit	.NET
HttpUnit	Web

（续表）

工具名	支持语言环境
HtmlUnit	Web
Jtest	Java
JsUnit(Hieatt)	JavaScript 1.4以上
PhpUnit	Php
PerlUnit	Perl
XmlUnit	Xml

1. BoundsChecker

BoundsChecker是一款卓越的自动错误检测和调试工具，专为Visual C++开发环境下的程序代码设计。其核心功能是帮助程序开发人员迅速定位与内存和资源相关的错误，并准确指出引发问题的具体代码行。BoundsChecker与微软的Visual C++开发工具实现了无缝的接口集成，极大地便利了开发过程。尽管Visual C++是一个广受欢迎的开发平台，但在C及C++语言中，指针和内存堆栈是容易出错的领域，而Visual C++对此部分的调试支持并不全面。图10-1展示了BoundsChecker的工作界面。

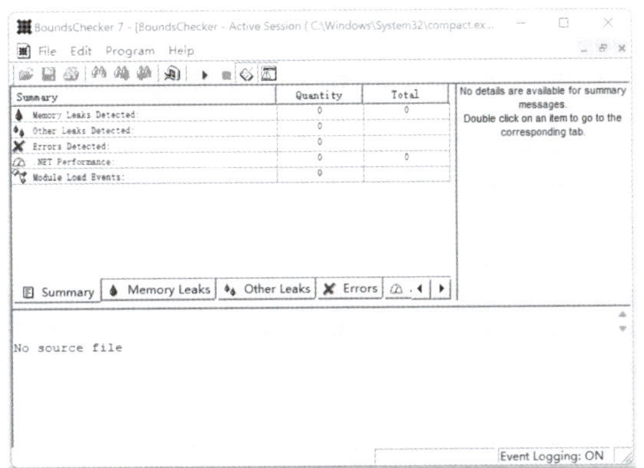

图10-1　BoundsChecker的工作界面

2. Jtest

Jtest是由Parasoft公司推出的一款专为Java语言设计的自动化白盒测试工具。它通过自动化执行Java单元测试和代码标准校验，显著提升了代码的可靠性。Jtest首先对每个Java类进行深入分析，随后自动生成并执行JUnit测试用例，确保代码得到全面覆盖并揭示运行时未处理的异常。此外，Jtest还能够验证遵循DbC(design by contract)规范开发的代码的正确性。

用户可以通过扩展测试用例生成器轻松添加更多的JUnit用例。Jtest依据超过350个编码标准进行检查，并能自动修正大多数常见的编码偏差。用户可以自定义这些标准，并通过简单操作预防未处理异常、函数错误、内存泄漏、性能问题和安全隐患等代码问题。使用Jtest使得预防代码错误成为现实，有效节约了成本，提升了软件质量和开发效率。它还使单元测试(包括白盒、黑盒以及回归测试)、代码规范检查及自动纠正成为可能，促进了开发团队之间的横向协作，共同预防代码错误。

Jtest的核心特性和功能如下。

- 通过简单的操作，自动预防代码中的基本错误，涵盖单元测试和代码规范检查。
- 自动生成并执行JUnit单元测试用例，实现代码的即时检查。
- 提供便捷的黑盒测试、模型测试和系统测试方法。
- 确保并防止代码中出现不可捕获的异常、函数错误、内存泄漏、性能问题和安全漏洞。

- 监控测试覆盖范围。
- 自动执行回归测试。
- 支持DbC编码规范。
- 检验并自动纠正违反超过160个编码规范的错误(这些规范源自Java专家)。
- 允许用户通过图形界面或自动方式自定义编码规范。
- 支持大型团队开发中的测试设置和测试文件共享。

3. JUnit

JUnit是一个开源的Java测试框架，遵循XUnit测试体系架构。在设计JUnit单元测试框架时，确立了3个主要目标：首先，简化测试编写过程，这不仅包括学习测试框架本身，也涵盖实际测试用例的编写；其次，确保测试用例的持久性；最后，能够利用现有的测试用例来编写新的相关测试。JUnit的核心特性和功能如下。

- JUnit是完全免费的。
- 使用十分方便，JUnit测试能够轻松、迅速地编写程序。JUnit使得编写测试、快速执行并检测程序代码变得简单，使用JUnit进行测试就如同编译程序代码一样简单。
- JUnit测试能够检验结果并提供即时反馈。JUnit测试可以自动执行并自动检查测试结果。在执行测试时，可以迅速获得明确的反馈，例如测试是否通过，而无须人工检查测试结果报告。
- JUnit测试可以构建一个层级化的测试系列。JUnit能够将测试组织成一个测试系列，其中可以包含其他测试或测试系列。这种层级化测试能力允许用户组合多个测试并自动进行回归测试，同时也可以执行测试系列中任何层级的测试。
- JUnit测试能够提升软件的稳定性。通过测试，软件变得更加稳定，并逐步建立起信心，因为任何变动都不会引发连锁反应，从而影响整个软件系统。测试有助于构建软件的完整结构。
- JUnit测试是专为开发者设计的。它是高度局部化的测试，旨在提高开发者的生产力和程序代码质量。开发者编写并拥有JUnit测试，每次开发迭代完成后，这些测试便成为交付软件的一部分，提供了一种沟通的手段。
- JUnit测试是用Java编写的。

利用JUnit测试Java软件，可以创建一个无缝的边界，将测试和程序代码连接起来。在测试的控制下，测试成为整个软件的扩展部分，同时程序代码可以进行重构。Java编译器的单元测试静态语法检查功能可以帮助测试程序，并确保遵守软件接口的约定。

4. JCheck

JCheck是一个用于分析Java程序执行过程和事件的工具，它能够实时监控程序的运行状态。JCheck最显著的特点是能够以图形化的方式展示Java语言的执行流程。通过JCheck提供的图形化分析功能，开发人员可以更加直观地理解他们所开发程序的逻辑结构和控制流程。

5. test

test是一款专为.NET开发环境设计的便捷自动化单元测试和静态分析工具。它运用超过

200条工业标准代码规则，自动执行代码的静态分析。test具有高度智能化的特点，能够自动识别新完成的代码并进行深入分析，同时建议如何进行单元测试，整个过程无须人工干预。此外，test生成的所有单元测试都是可定制的，以满足用户的特定需求。

10.5.2 黑盒测试工具

黑盒测试工具适用于执行黑盒测试的场景。其基本原理是通过脚本的录制(record)和回放(playback)功能，模拟用户的操作行为。测试过程中，工具会记录被测试系统的输出结果，并将其与事先设定的标准结果进行对比。黑盒测试工具能够显著减少黑盒测试所需的工作量，并在迭代开发流程中有效执行回归测试。表10-5所示为一些主流的黑盒功能测试工具。

表10-5　主流黑盒功能测试工具集

工具名	公司名
WinRunner	Mercury
Astra QuickTest	Mercury
Robot	IBM Rational
QARun	Compuware
SilkTest	Segue
e-Test	Empirix

1. WinRunner

WinRunner是由Mercury Interactive公司推出的一款企业级功能测试工具。该工具旨在检验应用程序是否满足既定的功能需求，并确保其稳定运行。通过自动化录制、检测以及回放用户操作，WinRunner极大地协助测试人员对多变的企业级应用版本进行高效测试，从而提升测试效率和质量，确保企业应用在不同平台上的无差错部署和持续稳定运行。

例如，可以用WinRunner为所测试应用程序的GUI、功能和回归测试创建自动化脚本。其主要过程包括以下6个阶段。

(1) 创建GUl Map文件：WinRunner可以通过此文件来识别被测试应用程序中的GUI对象。

(2) 创建测试脚本：通过录制、编程或两者的组合来创建测试脚本。在录制测试脚本时，需要在检查被测试应用程序响应的地方插入验证点。

(3) 调试脚本：用调试(debug)模式运行测试脚本，以确保其顺利执行。同时，可以使用WinRunner提供的Step、Step lnto和Step out功能来调试脚本。

(4) 运行测试：用验证(verify)模式运行测试脚本以测试应用程序。当WinRunner在运行过程中遇到验证点时，它会将被测应用程序中的当前数据和之前捕捉的期望数据进行比较。如果发现任何不匹配，WinRunner会将当前的情况捕捉下来，作为实际的测试结果。

(5) 检查结果：确定测试脚本的成功或失败。WinRunner会将结果显示在报告中。它描述了所有在运行中遇到的重要的事件，例如验证点、错误信息、系统信息或用户信息。如果发现在运行中有任何不匹配的验证点，用户可以在测试结果窗口中查看期望结果与实际结果的对比。

(6) 提交缺陷：如果测试脚本因被测试应用程序的缺陷而导致失败，可以直接从测试结果窗口中提取相关的缺陷信息。

2. QARun

QARun组件专为客户端功能测试而设计，适用于客户/服务器架构环境。它涵盖了应用程序的GUI(图形用户界面)测试和客户端事件逻辑测试。随着需求的持续演变，应用软件会经历多个版本迭代，每个版本都需经过严格的测试。由于调整后的内容往往可能隐藏错误，因此回归测试成为测试流程中至关重要的环节。手工执行回归测试既耗时又容易出错；而借助功能测试工具QARun，可以显著提升测试效率，确保测试的全面性。

QARun组件的测试执行过程包括通过鼠标移动或键盘输入来生成相应的测试脚本，并对这些脚本进行编辑和调试。在测试记录阶段，可以为被测应用中的功能点设定基线值。换言之，在插入检查点的同时，可以设定预期值。检查点代表目标系统在特定时刻的预期状态。通常，在QARun提示目标系统执行一系列操作后，检查点会被触发以验证实际结果与预期结果是否一致。

3. Robot

IBM Rational Robot被誉为业界领先的自动化功能测试工具，它能够在测试人员掌握高级脚本技术之前，帮助他们完成有效的测试。该工具与IBM Rational TestManager无缝集成，后者是测试人员用于规划、组织、执行、管理和报告所有测试活动(包括手动测试)的桌面应用程序。这种测试与管理的双重功能，为自动化测试提供了一个理想的起点。

IBM Rational Robot不仅是一个可扩展、灵活的功能测试工具，经验丰富的测试人员还可以利用它修改测试脚本，从而增强测试的深度和广度。

IBM Rational Robot能够捕获所有HTML和DHTML元素，包括链接目标和不可见数据。它为菜单、列表、字母数字字符及位图等对象提供了测试用例，使测试人员能够创建用户定义的测试用例，以调用外部DLL或可执行构架。此外，IBM Rational Robot还为特定环境的对象(例如Java控件、PowerBuilder DataWindows、ActiveX控件、Oracle Forms对象、OCXs、Visual Basic对象和VBXs等)，提供了专门的测试用例。

4. SilkTest

SilkTest是一款先进的企业级测试平台，专门用于执行企业应用的功能测试。它配备了创建和定制工作流设置、测试计划管理、直接数据库访问和数据校验等功能，使用户能够高效地进行软件自动化测试。通过动态录制技术，SilkTest能够记录用户的操作流程，快速生成测试脚本。此外，它还具备独特的恢复系统，支持在全天候无人值守的情况下运行测试。

10.5.3 性能测试工具

性能测试的核心方法是通过模拟真实业务场景下的压力，对目标系统施加负荷，以评估系统在不同压力水平下的表现并识别潜在的性能瓶颈。因此，一款优秀的性能测试工具必须具备以下功能：能够生成压力负载；具备后台系统监控能力；能够对收集到的压力数据进行深入分析，以迅速定位系统的性能“瓶颈”。这类测试工具通常能够模拟成百上千甚至数万用户同时执行关键业务操作，从而测试应用程序的性能。在执行并发测试的过程中，实时性能监控至关重要，它帮助确认和诊断问题，并据此对系统性能进行调整和优化，以确保应用的顺利部署。表10-6展示了当前主流的性能测试工具。

表10-6　主流性能测试工具集

工具名	公司名
WAS	Microsoft
LoadRunner	Mercury
QuickTest	Mercury
QALoad	Compuware
TeamTest:SiteLoad	IBM Rational
WebLoad	Radview
SilkPerformer	Segue
e-Load	Empirix
OpenSTA	OpenSTA

1. QALoad

QALoad是一款专为企业级应用而设计的负载测试工具，具有广泛的覆盖范围和丰富的测试内容，能够有效协助软件测试人员、开发人员和系统管理人员对分布式应用进行高效的负载测试。通过模拟大量用户的活动，QALoad能够揭示系统在高用户负载下的表现。

在进行性能测试时，QALoad提供了便捷的脚本开发平台，使得测试人员能够轻松创建功能完备的测试脚本。其脚本开发流程包括会话捕获、将捕获的会话转换为脚本，以及对脚本的修改和编译等步骤。脚本一旦成功编译，测试人员可以利用QALoad的组织分配功能，将脚本部署到测试环境中的相应机器上，模拟大量用户的并发操作，从而完成对应用软件的负载测试。这一过程显著减轻了测试工作的劳动强度，节约了测试时间，并提升了测试效率。

QALoad支持多种应用系统、数据库平台和通信协议，包括但不限于DB2、DCOM、ODBC、Oracle、NETLoad、CORBA、SAP、SQL Server、Sybase、Telnet、TUXEDO、UNIFACE、Winsock以及WWW等。

2. LoadRunner

LoadRunner是由Mercury Interactive公司开发的一款功能强大的负载测试工具，用于预测系统行为和性能。它能够模拟成千上万的用户操作，并实时监测系统表现，从而有效地识别和定位潜在问题。对于规模较大的企业而言，LoadRunner是一个理想的选择，其性能与QALoad不相上下。通过使用LoadRunner，企业能够显著缩短测试周期、优化系统性能，并加快应用系统的上市速度。许多知名公司，如IBM、SUN和Oracle等，均选择采用此软件，尽管其成本相对较高。

LoadRunner是一款适用于多种体系架构的自动化负载测试工具，旨在预测系统行为并提升系统性能。该工具专注于企业级系统的测试，通过模拟真实用户的操作行为并执行实时性能监控，帮助测试团队迅速发现并解决问题。此外，LoadRunner支持广泛的技术和协议，为特定环境提供定制化的解决方案。LoadRunner的核心特性和功能如下。

1) 轻松创建虚拟用户

借助LoadRunner的Virtual User Generator，可以轻松创建系统负载。该功能能够生成虚拟用户，模拟真实用户的业务操作行为。它首先记录业务流程(例如下订单或机票预订)，然后将这些流程转化为测试脚本。通过虚拟用户，可以在Windows、UNIX或Linux机器上同时生成成千上万的用户访问，从而显著减少负载测试所需的硬件和人力资源。

2) 提供很高的适应性

LoadRunner的TurboLoad技术能够产生每天数十万名在线用户和数以百万计的点击负载。在使用Virtual User Generator创建测试脚本后，可以对其进行参数化处理，通过引入多套不同的实际数据测试应用程序，从而准确反映系统的负载能力。

LoadRunner通过其Data Wizard功能，能够自动实现测试数据的参数化。Data Wizard可以直接连接数据库服务器，获取所需数据(如订单号和用户名)，并将其直接输入到测试脚本中。这一过程避免了人工处理数据的繁琐，从而节省了大量时间。

3) 构建实际负载

一旦虚拟用户创建完成，接下来需要设定负载方案、业务流程组合以及虚拟用户数量。利用LoadRunner的Controller组件，可以迅速组织多用户的测试方案。Controller的Rendezvous功能提供了一个互动环境，可以构建持续且循环的负载，并对负载测试方案进行管理和驱动。

此外，Controller的日程计划服务允许用户定义在特定时间访问系统以产生负载，从而实现测试过程的自动化。同时，它还可以用来设定负载方案，使得所有用户同时执行同一动作，例如登录到库存应用程序，以模拟峰值负载情况。此外，LoadRunner能够监测系统架构中各个组件的性能，包括服务器、数据库和网络设备等，以协助客户确定系统的最佳配置。

通过LoadRunner的AutoLoad技术，可以实现更高的测试灵活性。使用AutoLoad，用户可以根据当前的用户数量，预设测试目标，并优化测试流程。

4) 定位性能问题

LoadRunner内置的集成实时监测器允许用户在负载测试的任何阶段实时观察应用系统的运行性能。这些性能监测器能够实时展示交易性能数据(例如响应时间)，以及包括应用服务器、Web服务器、网络设备和数据库等系统组件的实时性能。通过这种方式，用户可以从客户端和服务器端两个角度评估这些系统组件的运行状况，从而加速问题的发现和解决。

此外，LoadRunner的ContentCheck™功能可以用来判断在负载下应用程序是否正常工作。该功能在虚拟用户运行期间检测应用程序的网络数据包内容，以确定是否有错误内容被发送。同时，其实时浏览器功能可以从终端用户的角度观察程序的性能状况。

5) 分析结果以精确定位问题所在

测试完成后，LoadRunner会收集并汇总所有测试数据，并提供高级分析和报告工具，以便快速定位性能问题并追溯其根本原因。利用LoadRunner的Web交易细节监测器，可以了解将所有图像、框架和文本下载到每个网页所需的时间。此外，Web交易细节监测器能够将客户端、网络和服务器的端到端响应时间分解，从而便于确认问题所在，精确定位并找出真正出错的组件。通过使用LoadRunner的分析工具，可以迅速找到错误位置和原因，并进行相应的调整。

6) 确保系统发布后性能卓越的重复测试

负载测试是一个迭代过程。在每次解决一个错误后，通常需要在相同的测试方案下重新执行负载测试，以验证所做的改进是否提升了应用程序的运行性能。

7) 企业级Java Beans的测试

LoadRunner完全支持企业级Java Beans(EJB)的负载测试。这些基于Java的组件运行在应用服务器上，为企业级应用提供广泛的服务支持。通过测试这些组件，可以在应用程序开发的早期阶段确认并解决潜在问题。

8) 支持媒体流应用的测试

LoadRunner同样支持媒体流应用的测试。为了确保终端用户获得优质的操作体验和高质量的媒体流，通常需要对媒体流应用程序进行检测。LoadRunner能够记录和重放各种流行的多媒体数据流格式，以诊断系统性能问题，定位问题根源，并分析数据质量。

3. QuickTest

QuickTest，也称为QTP(quick test professional)，是一款功能强大的自动化测试工具，主要用于自动化执行重复的手动测试任务，尤其适用于回归测试和新版本软件的测试。在开始测试之前，必须仔细规划应用程序的测试策略，包括确定要测试的功能、操作步骤、输入数据以及预期的输出结果等。目前，该工具已被惠普公司收购，并更名为HP QuickTest Professional。HP QuickTest Professional为所有主流应用软件环境提供了全面的性能测试和回归测试自动化解决方案。

作为新一代的自动化测试解决方案，QuickTest Professional采用了关键词驱动(keyword-driven)测试方法，极大地简化了测试的创建和维护过程。这种关键词驱动方法的特色在于，测试自动化专家能够在一个统一的脚本和调试环境中，全面访问和控制基础测试脚本以及对象属性。这些脚本和调试环境与关键词视图(keyword view)能够实现同步更新。此外，测试者还可以利用内置的脚本和调试工具，对测试过程和对象属性进行全面控制。

QuickTest Professional满足了技术与非技术用户的需求，使得部署高质量应用的过程更加高效、快速、经济，并降低了风险。

4. Performance Runner

Performance Runner(以下简称PR)是一款专业的性能测试工具。它通过模拟高并发的客户端行为，借助多种协议和报文向服务器施加并发压力，从而测试整个系统的负载和压力承受能力。PR能够执行多种测试类型，包括压力测试、性能测试、配置测试和峰值测试等。PR的主要功能如下。

1) 录制测试脚本

PR能够监听应用程序的协议和端口，录制应用程序的协议和报文，并据此创建测试脚本。PR采用Java作为标准测试脚本语言，并支持参数化、检查点等高级功能。

2) 关联与Session

对于应用程序，尤其是在B/S架构中的Session管理，PR通过“关联”功能实现高效处理。用户只需单击“关联”按钮，PR将自动扫描测试脚本并设置相应的关联，从而实现包含Session的测试。

3) 集合点

PR支持集合点功能，允许用户通过函数设置集合点。设置集合点可确保在特定时间点上并发压力达到预期水平，从而使性能测试结果更加真实可信。

4) 生成并发压力

创建性能脚本后，通过建立项目并配置压力模型，即可生成相应的压力。PR能够在单台机器上模拟高达5000个并发用户的压力。

5) 支持多种应用场景

通过配置多个项目脚本的压力曲线，PR可以模拟各种应用场景进行测试。

6) 执行监控功能

性能测试启动后，系统将根据预设场景产生压力。在测试执行期间，监控脚本的执行情况和被测试系统的性能指标至关重要。PR通过执行监控功能来展示这些关键信息。

7) 生成性能分析报表

性能测试完成后，PR将生成包含CPU使用情况、吞吐量、并发用户数等多种性能分析报表。

5. TeamTest

TeamTest是一个性能测试工具，主要用于规划并定义工作负载模型、创建和运行测试脚本、监控测试套件以及分析测试结果。该工具是Rational Software的一部分，特别适用于管理性能测试项目的专业人员以及使用TeamTest来设计、实施和执行测试的人员。

TeamTest 提供一系列全面的软件测试工具，涵盖测试规划与准备、自动化测试脚本生成、缺陷追踪与修正、详尽的测试报告、测试结果的图形化展示以及测试进度的评估等环节。凭借其卓越的可扩展性，TeamTest 能够帮助测试人员深入识别性能瓶颈的根源。通过使用 TeamTest，测试人员能够分析导致性能下降的关键因素，包括客户交互业务流程以及系统资源等。

(1) Rational Robot：作为业界领先的自动化测试工具，它能够创建、修改并执行功能测试、分布式功能测试以及回归测试等多种测试类型。

(2) Rational TestManager：该工具允许测试人员在一个集中化的桌面环境中计划、管理、组织、执行和报告所有类型的测试活动，无论是手动测试还是自动化测试。它极大地简化了整个开发团队共享测试结果和报告的过程。

(3) Rational ClearQuest：一个功能强大且高度灵活的缺陷和变更跟踪系统，能够捕获、跟踪并管理各种类型的变更请求。TeamTest 支持多种集成开发环境(IDE)，包括 Microsoft

Visual Studio.NET、Oracle、Delphi、PeopleSoft、PowerBuilder 等，以及多种编程语言，例如 ActiveX、Java、JavaScript、HTML、DHTML、XML、Visual Basic和C++ 等。

6. WebLoad

WebLoad是由RadView公司开发的一款性能测试分析工具，专门用于评估Web应用和Web服务的功能性、性能、安全性、兼容性、稳定性和抗攻击能力。该工具能够在测试过程中同步进行问题分析和故障定位，尤其适用于大量用户并发访问的场景。WebLoad的控制中心支持在Windows 2000/XP/2003系统上运行，而负载发生模块(load machine)兼容Windows、Solaris和Linux系统，能够模拟.NET和J2EE环境下的用户流量。WebLoad的测试脚本基于JavaScript编写，完全兼容DOM标准，允许测试人员将测试单元组织成树状结构，实现对Web应用的全面或选择性测试。该工具的专利技术还允许测试人员设定系统性能的最低可接受阈值，并通过逐步增加用户数的方式自动确定系统的最大承载用户量。WebLoad提供直观的图形界面，可直接连接数据库进行性能测试，并支持多种Internet协议(如FTP、Telnet、SMTP、POP等)的性能评估。

此外，WebLoad还具备模拟DDoS攻击的功能，能够精准模拟多种攻击方式，包括但不限于Tfn、Tfn2K、Trinoo、Smurf、Flitz、Carko、Omega3以及TCP Flood(SYN、ACK)、UDP Flood、ICMP Flood等。通过这些模拟攻击，WebLoad可以全面测试Web系统在遭受DDoS攻击时的可用性和响应时间。WebLoad还能够提供详尽的DDoS攻击测试报告，帮助用户识别系统漏洞和弱点，为系统加固提供重要参考。

10.5.4　测试管理工具

测试管理工具旨在有效管理测试流程。这类工具通常涵盖测试需求、测试计划、测试用例以及测试执行的管理，并包括缺陷跟踪功能。常见的测试管理工具包括QADirector、TestDirector和Quality Center等。

1. QADirector

QADirector提供了一个综合的应用系统管理框架，允许开发者和质量保证(QA)团队将所有测试阶段整合在一起。这样，团队可以高效地利用现有的测试资源、测试方法和应用测试工具。QADirector能够自动整理测试资料，并构建测试流程，以应对各种复杂的情况和条件，并能够按照正确的顺序执行多个测试脚本。此外，它还具备记录、跟踪、分析和报告测试结果的功能，并支持与多个并发用户共享测试信息。

2. TestDirector

TestDirector是由Mercury Interactive公司开发的一款广受认可的测试管理工具。它整合了测试管理的各个环节，包括需求管理、计划管理、案例管理和缺陷管理等。该工具具备强大的图表统计功能，能够自动生成多种详尽的统计图表。TestDirector采用B/S架构，只需在服务器端安装，客户端用户便可通过浏览器轻松访问，这大大促进了测试团队的协作与沟通。

TestDirector不仅能够便捷地管理测试流程，还拥有强大的数据管理能力，能够将测试需求、测试案例、测试步骤等资源集中存储于后台数据库中。此外，TestDirector也是一款功能完备的缺陷管理工具，支持对缺陷进行增加、删除、修改和查询等操作。

为了有效管理测试流程，TestDirector的实施需要建立一个中央控制点。它是一款基于Web的测试管理解决方案，旨在提供一个协作平台和集中数据存储库。考虑到测试团队成员分布在不同地区，建立一个集中的测试管理系统显得尤为关键，这能够确保测试人员随时随地参与测试活动。

TestDirector有效地打破了组织结构和地理界限带来的障碍。它允许测试人员、开发人员以及其他IT专业人员通过一个集中的数据仓库，在不同地点进行测试信息的交流与协作。TestDirector实现了测试流程的自动化，从测试需求管理、测试计划制订、测试进度的安排，到测试执行和缺陷跟踪，所有这些步骤都可以在一个基于浏览器的应用中高效完成，无须在每个客户端安装独立的软件程序。以下是TestDirector的核心特性和功能。

1) 需求管理

程序的需求是推动整个测试流程的核心。TestDirector的Web界面简化了需求管理流程，使得验证应用软件每个功能的正常运作变得更加高效。通过提供一个直观的机制，将需求与测试用例、测试结果以及测试报告中的错误关联起来，确保了测试的全面性。

通常有两种方法将需求与测试相关联。首先，TestDirector能够捕获并跟踪所有首次出现的应用需求，并基于这些需求制订测试计划。其次，考虑到Web应用持续更新和演进，需求管理允许测试人员添加、删除或修改需求，确保当前的应用需求已达到足够的测试覆盖率。这些方法有助于确定应用软件的哪些部分需要测试，哪些测试用例需要开发，还能确保最终完成的应用软件完全符合用户需求。对于任何动态变化的Web应用，必须定期重新审视测试计划的准确性，以确保其与最新的应用需求保持一致。

2) 测试计划

测试计划的制订是测试流程中至关重要的一步，它为整个测试活动提供了结构化的框架。在测试计划阶段，TestDirector的Test Plan Manager为测试团队提供了一个关键的参考点和Web界面，以促进团队成员之间的沟通。

Test Plan Manager引导测试人员将应用需求转化为具体的测试计划。这种直观的结构有助于明确测试应用软件的方法，从而组织清晰的任务和责任分配。Test Plan Manager提供了多种方法来构建完整的测试计划。测试人员可以从草图开始制订计划，或根据Requirements Manager定义的应用需求，通过Test Plan Wizard快速生成测试计划。如果测试计划信息已经以文字处理文件的形式存储(例如在Word中)，这些信息可以被重新利用并导入到Test Plan Manager。该工具将各种类型的测试整合到一个可折叠的目录树中，使所有测试计划都可以在一个目录下进行查询。

Test Plan Manager还能够进一步完善测试设计，并以文档形式详细描述每一个测试步骤，包括测试用户反应的顺序、检查点以及预期结果。此外，TestDirector还允许为每项测试添加附件文件，例如Word、Excel和HTML等格式的文档，以便更全面地记录每次测试的计划。

3) 测试维护

随着Web网络应用的快速发展，应用需求也在持续演变。因此，测试计划需要相应地更新，测试内容也应不断优化。即便更新频繁，TestDirector依然能够轻松将应用需求与相关测试进行匹配。此外，TestDirector支持多种测试方式，能够灵活适应不同的测试流程。

4) 自动化切换机制

大多数测试项目需要结合人工测试与自动化测试，以全面覆盖完整性、恢复性和系统测试。然而，即便符合自动化测试条件的工具，在大多数情况下仍需要人工操作。采用一种渐进而非彻底的自动化切换机制，可以让测试人员决定哪些重复的人工测试可以转换为自动化脚本，从而提升测试效率。

TestDirector还能够简化从人工测试到自动化测试脚本的转换流程，并能够立即启动测试设计过程。

3. Quality Center

Quality Center(以下简称QC)是一个基于Web的测试管理工具，能够有效组织和管理应用程序测试流程的各个阶段，从制定测试需求、规划测试、执行测试到缺陷跟踪，实现全流程覆盖。此外，QC还支持创建报告和图表，以监控测试流程的进展。

作为一款强大的测试管理工具，QC的合理运用能够显著提升测试工作的效率，节约宝贵时间，实现事半功倍的效果。其主要功能如下。

(1) 制定可靠的部署决策。

(2) 管理并标准化整个质量流程。

(3) 降低应用程序部署的风险。

(4) 提升应用程序的质量和可用性。

(5) 通过手动和自动化功能测试，管理应用程序变更的影响。

(6) 确保战略采购方案中的质量标准。

(7) 存储关键的应用程序质量项目数据。

(8) 为面向服务的基础架构提供功能和性能测试支持。

(9) 确保支持所有环境，包括J2EE、.NET、Oracle和SAP。

采用QC进行测试管理涵盖以下4个主要环节。

(1) 需求明确化：对所接收的需求进行深入分析，以提炼出测试需求。

(2) 测试计划制订：依据测试需求制订测试计划，分析测试关键点，并设计相应的测试用例。

(3) 测试执行：在指定的测试运行平台上构建测试集，或执行测试计划中预设的测试用例。

(4) 缺陷跟踪：在应用程序中报告缺陷，并详细记录缺陷修复的整个过程。

如前所述，虽然测试工具的应用确实能够提升工作效率，但效率的提升和效果的改善并不仅仅依赖于测试工具的选择。这是因为，测试工具的学习、引入和应用本身就是一个资源密集型的过程。此外，工具的选择以及引入工具的时机至关重要。如果负责这项工作的人员没有在软件行业的丰富经验、深厚的测试背景和对开发流程的充分理解，开发团队可能会面临巨大的风险。

在实际的测试工作中，即便成功地引入了测试工具，这些工具所带来的效率提升往往不会立即显现。另一方面，认为仅凭使用某种软件测试工具就能获得各种好处的观点也是不正确的。实际上，要想对软件或模块进行有效测试，首要条件是该软件或模块必须具备可测试性。可测试性是软件质量的一个内在指标，它不会因为采用了某种测试工具而自动获得。如果被测试的软件本身不具备可测试性，那么无论使用多么高端的测试工具，其带来的效益也将是有限的。

10.6 本章小结

本章详细介绍了软件测试自动化的核心概念、作用、优势、实施条件以及主流的测试工具。随着计算机技术的普及和软件复杂度的增加，软件测试工作量显著增加，手工测试已难以满足需求，因此软件测试自动化应运而生。自动化测试能够执行许多手工测试难以完成的任务，从而提升软件质量、节约成本，并缩短产品上市时间。另外，本章还探讨了自动化测试的实施过程，包括测试用例的分类、自动化测试脚本的编写、测试覆盖率的提升、测试用例的转化以及测试系统的持续优化。同时，本章列举了多种主流的测试工具，包括白盒测试工具、黑盒测试工具、性能测试工具和测试管理工具，并对它们的功能和特点进行了详细说明。

10.7 思考和练习

一、填空题

1. 自动化测试可以显著提高测试的________，减少重复劳动。
2. 自动化测试能够通过脚本的重复执行，提升测试的________。
3. 自动化测试适用于________测试场景，例如回归测试。
4. 自动化测试可以集成到持续集成(CI)流程中，实现________反馈。
5. 自动化测试的一个主要优势是减少了人为操作导致的________。

二、判断题

1. 自动化测试可以完全替代手工测试。 (　　)
2. 自动化测试能够提升测试覆盖率，缩短测试周期。 (　　)
3. 自动化测试适用于所有类型的测试场景。 (　　)
4. 自动化测试的前期投入成本较高，但长期收益显著。 (　　)
5. 自动化测试脚本的维护成本通常较低。 (　　)

三、简答题

1. 自动化测试在提高测试效率方面的具体表现是什么？
2. 自动化测试如何支持持续集成和持续交付(CI/CD)？
3. 为什么自动化测试特别适用于回归测试？
4. 自动化测试在减少人为错误方面有哪些优势？
5. 自动化测试的长期成本效益体现在哪些方面？

第 11 章

测试项目案例

软件测试的概念、过程以及技术均源于测试实践中的经验总结，并被提升至理论高度。经验总结并非终极目标，方法论的目的是更有效地传播这些经验，从而更好地指导实际操作。本章将通过一个软件项目测试案例，深化对前面章节知识的理解，使理论应用变得更为清晰和具体。

本章所介绍的测试项目是一个医院信息管理系统(Hospital Information System，HIS)，将逐步展示HIS集成测试阶段的测试计划、测试用例、缺陷报告、测试结果总结与分析等内容。测试用例将专注于HIS的挂号管理子系统。该子系统不仅涉及数据库的应用，还对系统的并发处理、安全性、准确性、高效性提出了较高的要求。尽管它只是HIS的一个子系统，但功能完备，非适合进行深入分析。

本章学习目标：

- 了解HIS系统的应用场景和功能模块。
- 针对HIS系统编写测试计划。
- 理解HIS系统的各测试阶段(单元测试、集成测试、系统测试、验收测试)的目标。
- 为每个测试阶段合理地设计测试用例。
- 掌握缺陷报告的编写方法，以及对测试结果的分析。

11.1 被测试软件项目介绍

11.1.1 HIS系统定义

HIS系统是医院管理的核心系统，它集成了医院各个科室的医疗信息，包括病人信息、医嘱信息、药品信息和检验信息等，为医护人员提供全面的医疗信息支持。广义上，HIS指医院用于支撑诊疗、管理和后勤等各项业务的所有信息化工具和信息系统。狭义上，HIS特指在特定版本的“医院信息系统功能规范”中明确描述的功能模块，如收费管理、药品管理和医嘱处理等。

11.1.2 HIS系统的功能模块

HIS系统涵盖了多个功能模块，这些模块的集成使得HIS系统能够全方位地支持医院的各项业务，从而提升医院的管理效率和服务质量。其主要功能如下。

- 患者信息管理：全面管理患者的基本信息、就诊记录和诊断结果，方便医生快速了解患者的病情和就诊历史。
- 电子病历系统：记录患者的电子病历，包括病史、诊断和治疗方案等信息，便于医生查询和编辑。
- 医生工作站系统：提供医生工作站功能，支持医生在线查看患者的电子病历和开立医嘱，从而提高工作效率。
- 护士工作站系统：提供护士工作站功能，支持护士在线完成患者的护理记录和医嘱执行，提高护理工作的效率和质量。
- 医学影像管理系统：集成医学影像管理系统，对医院的影像资料进行统一管理和查询，方便医生快速定位和查阅患者的影像资料。
- 实验室信息系统：与实验室信息系统集成，实现实验室检查结果的自动上传和查询，提升实验室工作效率和数据安全性。
- 药房管理系统：支持药房的管理工作，包括药品库存管理、药品发放等，增强药房的管理效率。
- 财务管理和人力资源管理：与财务管理系统集成，实现医院财务数据的全面管理，提高财务管理效率和质量。

此外，HIS系统还包括门诊管理(如挂号、排班等)、住院管理(如病案管理、床位分配等)、医技管理(如检验科、影像科的工作流程管理)以及统计分析等功能模块，为医院提供全方位的信息支持。

图11-1所示展示了HIS系统的功能模块。

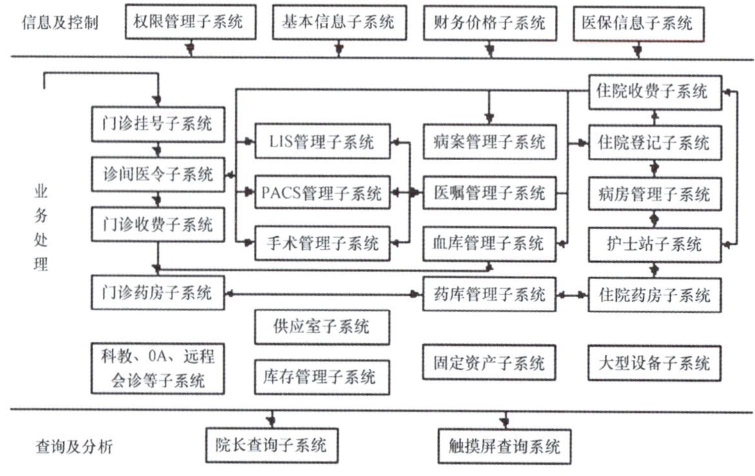

图11-1 HIS系统功能模块示例

各业务处理子系统所处理的业务通常是前后衔接的。例如，患者在门诊挂号(由挂号管理子系统处理)后，前往门诊科室就诊(由诊间医令管理子系统处理)，门诊医生可以查看该患者的挂号信息。医生开具处方后，门诊收费处便能展示诊间医令子系统保存的处方信息及费用详情。门诊收费管理子系统负责处理费用收取和发票打印业务，完成收费后，门诊药房便接收到发药通知(由门诊药房管理子系统处理)，或者相关科室收到检查化验通知(由LIS管理子系统和PACS管理子系统处理)。最终，患者返回就诊医生处，医生可以查阅相应的检查化验结果，并据此进行进一步的诊治。

为了确保业务处理的连贯性，相应的信息管理子系统必须实现信息共享，并确保信息的安全性和准确性。因此，在测试系统时，必须进行全面且充分的测试，不能仅仅局限于某个子系统本身。

11.1.3　挂号管理子系统介绍

挂号管理子系统是医院信息系统(HIS)的核心组成部分，集中体现了医院信息化管理的模式。该子系统的主要功能目标是高效处理患者挂号相关事务，包括记录患者挂号的详细信息、收取挂号费以及提供挂号凭证的打印服务等。

1. 主要功能

挂号管理子系统的核心职能是为患者就诊前提供预约挂号服务，并为后续的诊疗、收费、住院等环节奠定基础。该模块直接面向患者，旨在创建患者唯一标识码，缩短患者排队等候时间，提升挂号流程的效率与服务质量。

具体而言，挂号管理子系统具备以下功能。

- 预约挂号：支持新患者及复诊患者的挂号需求，可通过就诊卡刷卡、身份证读取或手动输入患者信息完成预约流程。系统能够自动产生独一无二的病历编号及当日门诊编号，并根据患者的收费标识及是否为首次就诊自动计算挂号费用明细。
- 费用结算：系统支持收取挂号费用，并能够打印发票或收据。此外，系统还提供退号和改号功能，以便患者因特殊情况需要调整或取消预约挂号。
- 数据维护：系统支持对挂号类别、门诊模板、票据管理等信息进行维护，涵盖新增、删除、修改等操作。
- 查询统计：系统提供多种查询条件，支持依据挂号类别、科室、日期、收费类别等对门诊流量和门诊收入进行查询、汇总、统计，并支持报表导出功能。

2. 业务流程

患者在挂号处进行挂号的流程通常包括以下几个步骤。

(1) 挂号处刷就诊卡调取患者资料：患者通过刷就诊卡，系统自动调取病人的基本信息和挂号历史记录。

(2) 选择科室及医生挂号：患者选择需要挂号的科室和医生，并完成挂号登记。

(3) 缴纳挂号费与诊金：挂号登记完成后，患者需要缴纳挂号费和可能产生的诊金。

3. 技术特点

- 信息集成：挂号管理子系统作为医院信息系统(HIS)的一部分，能够与其他子系统(如医生工作站、收费划价子系统、实验室信息系统等)实现信息共享和交互。
- 操作简便：系统界面友好，操作流程简洁直观，支持多种支付方式(如现金、信用卡、银行卡等)，极大地方便了患者完成挂号和支付过程。
- 数据安全：系统采用先进的技术手段保障数据安全，有效防止数据泄露和篡改。

如图11-2所示为挂号管理子系统操作界面的一个实例。在患者接受治疗的过程中，每位患者将被分配一个独一无二的就诊卡号(通常与病历本上的编号相对应)，作为其在本医院就诊的专属标识。在首次访问时，挂号部门需要录入患者的姓名、性别、年龄等基本信息。对于再次就诊的患者，系统可以通过就诊卡号迅速检索出其历史记录，从而使得诊疗信息的分析更为精确和便捷。患者在门诊挂号时，可以选择就诊科室，并根据个人需求挑选不同类型的号别(例如“普通号”“专家号”“老年号”等)，每种号别对应不同的挂号费用。

门诊退号管理模块专注于门诊退号业务的数字化处理。该系统依据患者就诊卡号进行数据检索，能够调取与该卡号相关联的所有有效挂号记录(即已完成挂号但未实际就诊且仍在有效期内的记录)。挂号员可以从检索结果中选择一条记录进行处理，操作界面的顶端区域将展示患者的详细信息及对应挂号记录的摘要数据(该展示区域被设定为只读模式)。系统规定单次操作仅限于取消一条挂号记录，并提供病历本退还选项供用户选择确认。系统将自动计算并显示应退还的挂号费用金额。在退费确认完成后，相应的挂号记录状态将即时更新为“已失效”，同时系统会生成操作完成的提示信息。退号管理模块操作界面示例如图11-3所示。

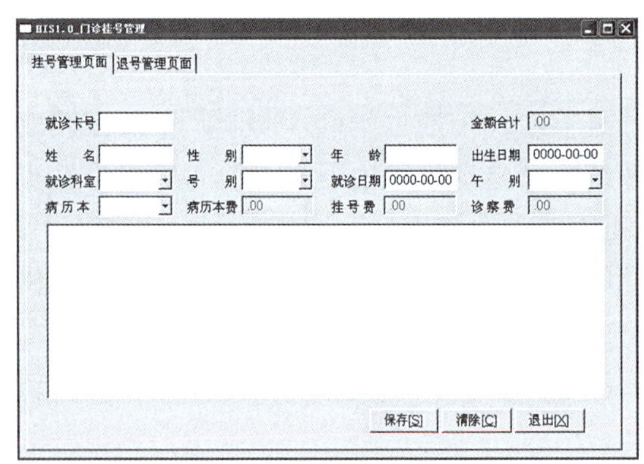

图11-2　挂号管理子系统操作界面示例

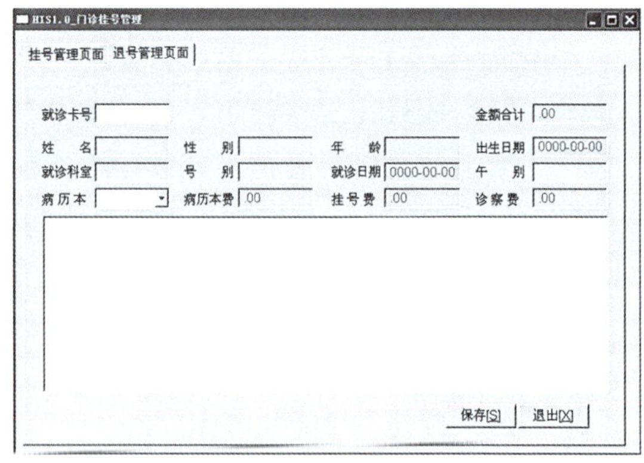

图11-3　退号管理模块操作界面示例

挂号员结算管理模块专门负责处理医疗机构挂号人员的财务结算事务。挂号员结算是指在特定周期内，挂号人员向财务部门汇缴其经收挂号费用总额的标准化流程。为实现此功能，本模块需配置自动化核算功能，能够精确统计挂号员自上次结算日至本次结算日期间应收的挂号费、诊察费及其他衍生费用的累计金额，并同步生成包含完整结算时间信息的电子凭证。系统遵循弹性结算原则，允许自由设定结算时间节点，但结算操作一旦完成，系统将自动锁定结算时间戳，禁止人工修改。对于已完成的结算记录，系统支持多次凭证打印功能，但必须确保打印的单据内容与初始版本保持严格一致。在日结管理机制中，时段划分需遵循连续性原则，以避免时间区间重叠现象。图11-4展示了挂号员结算管理模块的操作界面。

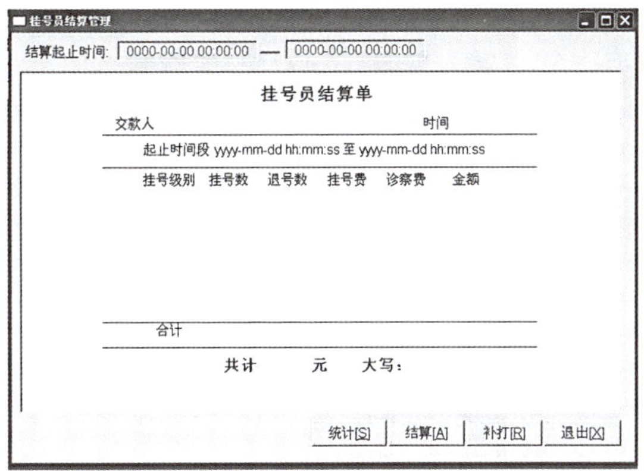

图11-4　挂号员结算管理模块操作界面

11.1.4　挂号管理子系统的功能需求分析

为确保后续测试用例的明确性，测试人员必须首先掌握挂号管理子系统的功能需求。

挂号管理子系统的功能需求分析涵盖3个主要方面：挂号管理功能需求、退号管理功能需求以及挂号员结算管理功能需求。开发人员与测试人员都应深入研究系统需求分析文档。该文档详细描述了系统最基本的功能要求，这些要求不仅决定了测试时的关注点(对开发和测试人员均适用)，还直接影响测试用例的设计。

1. 挂号功能的需求分析

挂号功能的需求分析如表11-1所示。

表11-1　挂号功能的需求分析

功能需求编码	F01.01.00			
功能需求名称	挂号			
功能描述	完成挂号，打印号单，使患者能够在指定时间到指定科室门诊就诊			
子功能编码	子功能名称	子功能描述		输出
F01.01.01	保存	做数据完整性检查，保存挂号信息；计算挂号金额，根据科室、日期及午别信息产生就诊号；操作时应给出“确定保存”、“操作成功”或“操作失败”的提示		操作确认提示；操作成功与否提示；挂号费合计；就诊号；打印号单
F01.01.02	清除功能	清除输入但未保存的挂号信息		系统恢复到初始状态
F01.01.03	退出	退出挂号界面		
输入编码	输入内容	输入方式	输出	后继输入
F01.01.11	就诊卡号	刷卡(录入)	若是老患者，显示该患者姓名、出生日期和家庭住址，并根据出生日期计算年龄，相应控件不可操作	新患者，转到F01.01.12；老患者，转到F01.01.16

（续表）

输入编码	输入内容	输入方式	输出	后继输入
F01.01.12	患者姓名	录入		F01.01.13
F01.01.13	性别	选择		F01.01.14
F01.1.14	患者年龄	录入	出生日期	F01.01.15
F01.01.15	出生日期	出生年份由年龄生成，月日默认01-01，可修改		F01.01.16
F01.01.16	就诊科室	选择		F01.01.17
F01.01.17	号别	选择	相应挂号费和诊察费	F01.01.18
F01.01.18	就诊日期	默认当日，可以修改		F01.01.19
F01.01.19	时间段	可选“上午”或“下午”，如果时间段已过则限选	就诊号	F01.01.20
F01.01.20	病历本	选择	病历本费	F01.01.01

2. 退号功能的需求分析

退号功能的需求分析如表11-2所示。

表11-2　退号功能的需求分析

功能需求编码	F01.02.00			
功能需求名称	退号			
功能描述	完成门诊退号业务，一次可退掉一条挂号信息；退号前挂号信息有效，退号后该挂号信息无效			
子功能编码	子功能名称	子功能描述		输出
F01.02.01	保存功能	退掉挂号，给出是否退号的提示，记录并提示退号费用		显示退费金额
F01.02.02	退出功能	退出退号界面		
输入编码	输入内容	输入方式	输出	后继输入
F01.02.11	就诊卡号	扫描(录入)	该患者所有有效的挂号信息	F01.02.12
F01.02.12	挂号信息条目	选择	退号金额	F01.02.13
F01.02.13	病历本	选择	如果选择退掉病历本，退号金额为挂号费、诊察费和病历本三者合计	F01.02.01

3. 挂号员结算功能的需求分析

挂号员结算功能的需求分析如表11-3所示。

表11-3 挂号员结算功能的需求分析

功能需求编码	F01.03.00			
功能需求名称	挂号员结算管理			
功能描述	完成挂号员的结算功能。计算挂号员应该向财务上缴的挂号费金额，并精确记录挂号员的结算时间，打印结算单；每次结算后结算单可以再次打印，但两张单据要求完全一样，并且每次日结的时间前后衔接，各时间段不能重叠			
子功能编码	**子功能名称**	**子功能描述**		**输出**
F01.03.01	统计	统计该挂号员上次结算后到当前时间的收费汇总		总金额(包括挂号费、诊察费和病历本费)
F01.03.02	结算	记录结算时间，统计并记录该挂号员上次结算后到当前的挂号费汇总，打印结算单		结算单；总金额(包括挂号费、诊察费和病历本费)；时间段
F01.03.03	重打	根据用户选定的日期调出以前的结算信息		
F01.03.04	打印	打印选定的结算信息		选定的结算信息
F01.03.05	退出	退出挂号结算管理界面		
输入编码	**输入内容**	**输入方式**	**输出**	**后继输入**
F01.03.11	结算日期	选择	该日该挂号员的结算信息	F01.03.12
F01.02.12	结算信息	选择	该结算记录对应的结算清单	F01.03.04

11.1.5 挂号管理子系统的性能及可用性需求

除功能需求外，系统还必须满足性能、安全及其他需求。这些需求可能不针对特定模块，而是适用于整个系统，要求软件的每个模块都必须满足一定程度的需求。虽然这些需求虽无固定模式，但一个详尽的软件测试流程必须考虑这些需求，并通过实际测试来验证软件是否能满足这些需求。表11-4所示为HIS系统中除功能需求外的其他关键需求。其中，“安全性”和“性能”部分描述了对挂号管理子系统的性能和安全性需求；“运行环境”和“可用性”部分是对整个HIS系统的一般性要求(后续的测试用例设计将围绕这些内容展开)。

表11-4 挂号管理子系统的其他需求

性质	对系统的要求	编码
可用性	页面、按钮和提示的风格一致	S01.01.001
	提示友好	S01.01.002
	危险操作预警	S01.01.003
	如果有错误产生，能给出简单明了的错误发生原因的描述及解决方案	S01.01.004
	光标初始位置和跳转状态符合逻辑	S01.01.005
	有备份与恢复功能	S01.01.006
	提交数据前校验	S01.01.007

（续表）

性质	对系统的要求	编码
安全性	需要进行登录验证，用户登录后的操作应进行记录	S01.02.001
	挂号信息保存后不能删除，只能进行退号处理	S01.02.002
	他人可以做退号处理	S01.02.003
	医生看诊后不能再退号	S01.02.004
	挂号员的结算处理应该严格按操作时间记录(精确到秒)，结算在时间段上要前后衔接，并且不能重叠交叉	S01.02.005
性能	满足门诊挂号科室5台机器同时运行，日门诊量300人，峰值在早上7:30点到11:00点之间，容量150人	S01.03.001
运行环境	局域网环境，数据存储于中心服务器，服务器上的操作系统可以是UNIX或Windows；数据库为Oracle服务器；客户机上的操作系统为Windows 7以上版本，并安装Oracle客户端；客户机间并发操作	S01.04.001

11.2 测试计划

测试计划通常由测试项目经理负责制订。其内容不仅涵盖预算、人员配置和时间表，还包括对各项测试工作的详细规划。

测试计划的最终成果是提交一份详尽的测试计划报告。测试计划报告的模板会根据软件的应用领域、功能及性能要求以及管理规范等因素而有所不同。一份完整的测试计划通常包括被测试项目的背景、测试目标、测试范围、方法、资源、进度安排、测试团队组织结构以及与测试相关的风险等关键要素。本节将以HIS系统为背景，介绍集成测试的测试计划报告的组成部分。

11.2.1 概述

本项测试旨在对医院信息管理系统进行全方位的评估。该系统由超过20个子系统构成，包括门诊挂号、门诊收费、诊间医令、病房管理、病案管理以及药房管理等关键子系统。这些子系统相互协作，全面覆盖医院日常运营的各个层面。它们之间的业务流程紧密相连，确保了数据的无缝共享。

测试的核心目标在于识别并定位可能对医院信息管理系统稳定性造成影响的缺陷。通过功能测试、性能评估和安全性检查，确保系统达到既定的性能标准和安全规范。

本次测试将结合黑盒测试与白盒测试技术，其中黑盒测试将成为主要手段。测试策略将结合手工测试与自动化测试方法，功能测试主要依赖手工操作，而性能测试则主要通过自动化测试工具进行。

11.2.2　定义

- 质量风险：指测试系统无法满足既定的产品需求或无法达到用户预期，表现为系统潜在的错误行为。
- 测试用例：用于发现被测试软件中错误的一系列操作数据和执行步骤，即一系列测试条件的组合。
- 测试工具：用于执行测试用例的硬件或软件系统，负责安装或撤销测试环境、创建测试条件、执行测试以及度量测试结果等任务。测试工具与测试用例本身是相互独立的。
- 进入标准：一套决策指导原则，用于判断项目是否已准备好进入特定的测试阶段。在集成测试和系统测试阶段，进入标准通常较为严格。
- 退出标准：一套标准，用于决定项目是否可以离开当前测试阶段，或是否可以进入下一阶段测试或结束项目。与进入标准类似，测试过程的后期阶段的退出标准通常也较为严格。
- 功能测试：专注于验证功能正确性的测试。功能测试与其他测试方法(如性能、负载和容量等测试方法)结合，可以应对潜在的重要质量风险。

11.2.3　质量风险摘要

常见的质量风险如表11-5所示。

表11-5　常见的质量风险

风险编号	潜在的故障模式	故障的潜在效果	危险性	影响	优先级	测试策略
1	业务流程不能顺利进行	无法实现各项业务处理的基本流程	4	5	5	手工
2	数据处理	费用核算存在误差，数据处理缺乏一致性，时间记录不精确或未予记录等问题	5	4	5	手工
		相关报表缺乏统计结果或统计报表准确性不足	3	3	2	手工
3	打印	无法打印或正确输出相关单据，包括但不限于挂号单、门诊收费发票、住院结算发票等	1	3	4	手工
		无法打印或准确输出相关报表，例如门诊收入月报表、住院收入月报表等	1	3	1	手工

（续表）

风险编号	潜在的故障模式	故障的潜在效果	危险性	影响	优先级	测试策略
4	并发控制	在多台终端设备同时进行操作时，系统可能会出现故障或处理速度未能达到既定的性能标准	5	3	4	自动
5	错误处理	无法预防错误的发生，且在错误发生后处理不当	4	3	4	手工
6	界面不友好	缺乏必要的提示，导致操作不便捷	1	5	2	手工
7	系统响应速度慢	用户提交信息后，系统响应及处理速度迟缓	1	5	3	手工
……	……	……	……	……	……	……

表11-5中危险性、影响和优先级这3个指标的说明如下。

- 危险性：此指标反映故障对系统可能造成的潜在影响。其中，5级代表故障具有致命性；4级表示严重；3级为中等；2级为轻微；1级则表示无影响。
- 影响：此指标阐明了错误对用户操作可能产生的影响程度。5级代表影响所有用户；4级表示可能影响部分用户；3级为对某些用户可能造成影响；2级为仅对少数用户产生有限影响；1级则表示影响几乎不可察觉。
- 优先级：此指标指明了风险的可接受程度。5级表示极为紧急，需立即修复；4级表示不影响后续测试，但需要尽快修复；3级为应在系统发布前解决；2级为若时间允许，应予以修复；1级则是建议进行修复。

11.2.4 测试进度计划

测试进度计划如表11-6所示。

表11-6 测试进度计划表

阶段	任务号	任务名称	前序务号	工时(人日)	提交结果
测试计划	1	制订测试计划		3	测试计划
测试系统开发与配置	2	人员安排	1	0.5	任务分配
	3	在测试环境配置开发过程中，建立了一个问题记录工具，并创建了相应的问题记录数据库	12	3	运行系统环境、问题记录工具以及问题记录数据库
	4	针对测试用例的设计以及测试数据恢复工具的开发工作	12	30	测试案例、数据恢复工具
测试执行	5	第1阶段测试通过	1、2、3、4	30	测试结果记录
	6	第2阶段测试通过	5	20	测试结果记录
	7	第3阶段测试通过	6	10	测试结果记录
测试总结分析	8	退出系统测试	7	4	测试分析报告

11.2.5 进入标准

- 测试团队已成功搭建软硬件环境，并确保能够顺利访问这些资源。
- 开发团队已完成了所有功能的开发和缺陷修复，并通过了修复后的单元测试。
- 测试团队已完成了冒烟测试，确保程序包可以正常启动，并且随机测试操作均能正确执行。

11.2.6 退出标准

- 开发团队已成功修复所有必须处理的缺陷。
- 测试团队已圆满完成了所有既定的测试任务。未发现任何优先级为3级以上的错误。优先级为2级及以下的错误数量不足5个。
- 项目管理团队认为产品的稳定性与可靠性已得到保障。

11.2.7 测试配置和环境

1. 操作系统

- 常用操作系统主要有Windows、Linux以及macOS。在进行跨平台测试时，必须确保测试系统与目标平台所采用的操作系统兼容。
- 数据库方面，常用的数据库产品包括MySQL、Oracle、SQL Server等。测试时应根据具体需求选择合适的数据库版本及配置。

2. 中间件

主要的中间件涵盖了Web服务器(例如Apache和Nginx)、消息队列(例如RabbitMQ和Kafka)以及应用服务器(例如Tomcat和JBoss)等。根据测试需求，进行相应的中间件环境配置。

3. 测试工具

主要的测试工具包括功能测试工具(例如Selenium和QTP)、性能测试工具(例如LoadRunner和JMeter)、安全测试工具(例如Burp Suite和Nessus)等。根据测试需求的不同，选择合适的测试工具进行配置。

11.2.8 测试开发

- 设计详细的测试用例，以便开展全面的手工测试工作。
- 可使用MI LoadRunner工具，评估系统处理并发请求的能力及系统稳定性。
- 开发问题追踪与交互工具，包括问题存取控制系统及其相关数据库，旨在实现测试结果的高效记录与管理，并为测试人员与开发团队提供互动平台。

11.2.9 关键参与者

- 测试经理：陈大(负责制订测试计划、部署测试任务以及监督相关工作)。
- 测试团队成员：张二、邱三、崔大、程七七、吴周(各自承担某个子系统的测试工作)。
- 开发团队成员：刘谋、蔡二、庞大海、唐三(负责及时解决影响测试进度的系统问题)。
- 项目管理负责人：陈亮(负责监控项目整体进展)。

11.2.10 测试预算

测试预算如表11-7所示。

表11-7 测试预算

阶段	项 目	工作量(人日)	费用预算(人民币)
测试计划	人员成本	3	**
测试系统配置与开发	人员成本(包括测试系统配置、开发及测试用例设计)	33.7	**
	硬件系统		**
	自动测试工具		**
测试执行	人员成本(测试执行)	60	**
测试总结评估	人员成本(测试总结评估)	4	**
合计(人民币)	*****		

11.2.11 参考文档

参考文档如表11-8所示。

表11-8 参考文档

编号	资料名称	出版单位	作者	备注
1	《医院信息管理系统系统需求说明书》		医疗卫生开发部	
2	《医院信息管理系统用户手册》		医疗卫生开发部	
3	《医院信息管理系统系统设计报告》		医疗卫生开发部	
4	《医院信息管理系统基本功能规范》	中华人民共和国卫生部		

11.3 HIS测试过程概述

测试活动贯穿整个软件项目开发周期，从项目策划及相关文档的编写开始，直至软件通过用户验收。因此，测试可以被定义为执行软件系统(或其独立模块)以验证其是否满足用户需求的全过程。

依据标准测试流程，对于HIS系统的测试可以细分为4个阶段：单元测试、集成测试、系统测试和验收测试。测试人员和开发人员主要关注前3个阶段的测试流程。因此，本节将重点阐述这3个阶段的测试流程，并在后续部分提供集成测试阶段所需的相关设计和分析资料。

11.3.1 单元测试

单元测试，也称为模块测试，是对源代码中每个独立单元进行的测试，旨在验证各模块是否正确实现了既定功能，同时揭示编码或算法中的缺陷。此阶段需参照编码和详细设计文档，通常由系统开发人员亲自执行。单元测试应覆盖所有关键的控制路径，并设计相应的测试用例，以便于发现模块内部的潜在错误。

通常，单元测试采用白盒测试技术。在设计测试用例时，应依据设计信息挑选测试数据，以提高发现各种类型错误的概率。在确定测试用例的同时，应明确预期结果。在实际的工程项目开发过程中，由于开发人员主要集中于系统开发，往往难以在单元测试阶段投入足够时间进行详尽的测试用例设计。因此，开发人员至少应具备明确的测试思路和测试大纲。

单元测试通常结合动态测试与静态测试两种方法。动态测试涉及开发人员对局部功能或模块进行测试，以揭示系统潜在的错误，并可以利用测试工具进行辅助。静态测试则是指代码审查，其审查内容涵盖代码规范和风格、程序设计与结构以及业务逻辑等方面。

在HIS系统中，费用计算逻辑性极强，程序结构相对复杂。面对错综复杂的业务流程和多样化的用户需求，缺乏白盒测试是不可想象的。举个简单的例子，HIS系统需要处理多种类型的患者，包括普通患者、医保患者、内部职工和公费患者等，每种患者的费用处理流程和计算方法各不同。开发人员必须严格遵循系统设计，检查代码的逻辑结构，并选择具有代表性的测试用例来测试相关模块。例如，在医嘱分解、药房摆药等环节，只有充分了解系统的详细设计和程序的逻辑结构，才能设计出合理的测试用例。

在单元测试阶段，由于待测试的模块通常并非独立程序，而是嵌入在软件架构的特定层次中，可能会被其他模块调用或调用其他模块，因此它本身无法独立运行。因此，在进行单元测试时，需要为测试模块开发一个驱动模块或若干个桩模块。以HIS系统中的医保患者费用处理为例，患者在医院产生的费用需要通过医保中心进行身份验证，并将费用信息传递给医保中心。在缺乏医保接口软件的情况下，为了测试医院端程序，必须构建一个桩模块来模拟医保接口模块。尽管这个模拟模块相较于真实的医保软件要简单得多，仅提供信息接收和传递的功能，但在单元测试中，它扮演着不可或缺的角色。

11.3.2 集成测试

集成测试(有时进一步细分为集成测试与验收测试两个阶段)涉及将各个模块组合在一起进行测试，其目的是检查与设计相关的软件体系结构问题，并验证软件是否满足需求规格说明书中定义的各项需求。

对于HIS系统的集成测试而言，集成测试指的是开发人员完成所有系统模块的开发并成功通过单元测试后，将编译完成的软件交付给测试团队进行进一步测试的过程。由于所有模块都已经开发完毕，因此在测试过程中无须额外的桩模块和驱动模块。

此阶段的测试要求一个完整的测试管理流程。集成测试的过程可以细分为以下几个阶段。

- 测试准备：涉及准备测试资源和熟悉系统的过程。
- 测试计划：制定测试策略、资源分配、风险预警以及进度安排等，由测试负责人主导。测试计划的模板因软件特性和管理规范的不同而有所差异。
- 测试设计：包括设计测试用例和准备相关管理工具。以挂号管理子系统的核心测试用例为例，集成测试重点聚焦系统的功能和性能。在设计测试用例之前，通常需要一份测试用例设计大纲。若缺乏现有的缺陷记录和交互工具，则需要设计并开发这些工具。同时，还需考虑测试用例执行失败时的数据恢复和错误数据清理问题，以确保测试用例可重复执行。
- 测试执行：开始执行测试用例。若测试用例设计得当，测试执行将变得相对简单。
- 缺陷记录：在执行测试过程中，需要详细记录系统缺陷。11.5节将介绍系统生成缺陷报告的注意事项以及缺陷报告的示例，并设计了一个问题记录数据库表。利用数据库记录缺陷的优势在于，测试人员和开发人员能够通过动态的信息共享和获取进行更高效的互动，从而提升测试和修复的效率。
- 回归测试：系统在经过修改后再次进行的测试称为回归测试。回归测试可以沿用先前的测试用例，但测试时需要特别关注先前错误发生的位置。测试执行通常需要多轮进行，每轮都有明确的进入标准和退出标准。
- 测试总结：测试完成后，应及时对测试结果进行总结和分析。测试结果的总结分析旨在提供系统功能、性能和稳定性的全面评估，同时对测试过程本身进行反思，总结成功经验与失败教训，以便未来工作更加顺畅。测试总结的具体内容详见11.6节。

11.3.3 系统测试

系统测试涉及将经过确认的软件与其他系统组件(包括硬件、辅助软件、数据以及人工操作等)进行综合整合测试。该测试在实际或模拟的系统运行环境中进行，旨在验证整个程序系统是否能够与系统(涵盖硬件、外围设备、网络、系统软件以及支持平台等)正确配置和连接，并确保其满足用户的需求。

系统测试过程包括测试准备、测试计划、测试设计、测试执行以及测试总结5个阶段，这些阶段的工作内容与集成测试类似，但侧重点有所不同。

在HIS系统的系统测试中，需要构建更为逼真的运行环境，并在不同的操作系统上进行测试，例如在UNIX环境和Windows NT环境下分别搭建数据库服务器，持续运行多客户端并发测试系统的各项功能，同时监测服务器的承载能力(包括系统的响应时间和服务器资源占用情况等)。

11.3.4 验收测试

验收测试是指在软件系统交付给用户验收之前所进行的系统性测试。该测试由真实的用户执行，在尽可能贴近实际的环境条件下进行操作，并对测试结果进行汇总。随后，相关管理人员将基于这些结果对软件进行评估，并决定是否接受该软件。

通常，在用户正式验收之前，系统需要经历一段时间的试运行。因此，验收测试实际上是对软件进行的模拟实际使用过程。用户通常会参与软件的系统测试，即所谓的β测试，以确保系统的稳定性和可靠性，从而获得用户的信任，允许系统进入试运行阶段。由于验收测试由用户亲自完成，因此不同软件在实际应用中的表现可能存在较大差异。

11.4 测试用例设计

测试用例的设计在测试系统开发过程中占据着至关重要的地位。因此，务必在测试实施之前预先规划好测试用例。在集成测试阶段，测试用例的制定应基于系统需求分析、用户手册以及系统设计文档等资料，同时测试人员需与开发人员进行充分的沟通。此外，部分测试用例的形成还依赖于测试人员的专业知识、经验积累以及直觉判断。

测试用例的设计应当全面而周到。在检验系统功能的同时，还需关注系统对各种输入数据(包括合法值、非法值以及边界值)的响应，验证合法与非法操作的处理，以及系统对不同条件组合的反应。优秀的测试用例应便于他人执行，并能够快速覆盖测试功能，从而帮助发现潜在的错误。因此，测试用例的编写应交由经验丰富的测试人员负责。对于初学者而言，通过阅读高质量的测试用例，并在实际测试中细心体会，是提升自身能力的重要途径。

在编写测试用例之前，应当制定一份测试大纲。测试大纲通常是对测试思路的梳理，旨在确保测试用例的设计既清晰又全面，从而避免遗漏重要的测试点。测试大纲的制定可以依据模块划分、功能点、菜单项以及业务流程等维度进行规划。

本节将展示HIS系统挂号管理子系统的测试大纲及测试用例的核心部分。

11.4.1 挂号管理子系统测试大纲

挂号管理子系统测试大纲如表11-9所示。

表11-9　挂号管理子系统测试大纲

性质	模块名称	目标描述	用例要点
功能测试	挂号管理	检验预约挂号流程的顺畅性	挂任意号
		对新患者信息接收状况的测试	新患者
		检验系统在处理老年患者情况方面的效能	老年患者
		检验在未使用病历本的情况下费用核算的精确性	不要病历本
		检验病历本费用计算的准确性	要病历本
		检验在免收挂号费而收取诊察费的情况下，费用核算是否精确无误	挂老年号(挂号费无，诊察费2元)
		检验挂号费用存在而诊察费用缺失时的费用核算是否精确无误	挂职工号(挂号费1元，诊察费无)
		检验预约时间管理的严格性	预约挂号时，需分别输入预约时间，包括限制时间之外的时间以及限制时间内的边界值
		检验预约挂号的时间段是否已过，以及系统对此情形的处理是否合理	在挂号时选择已过时间段
		测试“清除”按钮是否有效	在输入过程中清除信息，采取以下两种方式：其一，使用鼠标单击“清除”按钮；其二，通过快捷键Shift+C进行清除
		检验挂号科室与号别提示信息	挂任意号
		检验测试号别与挂号费用之间的对应关系是否准确无误	所有号别
		检验出生年份的计算是否准确无误	输入新患者
		检验年龄计算的准确性	输入老患者(上次挂号时间距今超过1年)
		测试挂号单打印	挂任意号
		测试Enter键对光标的控制	按Enter键控制光标在各控件间跳转
		测试Tab键对光标的控制	按Tab键控制光标在各控件间跳转
		测试就诊序号的生成	挂任意号
		测试“退出”按钮是否有效	在退出操作界面中分别用鼠标单击“退出”按钮和按Shift+X键
	退号管理	检验退号流程的顺畅性	退任意号
		检验退还原病历本时所涉及的退号费用是否准确无误	退病历本
		检验在不退还病历本的情况下，退号费用是否准确无误	不退病历本

（续表）

性质	模块名称	目标描述	用例要点
功能测试	退号管理	检验预约挂号天数超出可撤销挂号时间限制的系统管理能力	分别选取挂号天数在有效期限内、超出有效期限以及达到极限值的挂号记录
		检验系统在无挂号信息、无有效挂号信息以及存在有效挂号信息时的处理能力，确保挂号信息的正确调入	挑选出具有不同状况的病患的就诊卡编号
		测试“保存”按钮是否有效	用鼠标单击“保存”按钮和按Shift+S键
	挂号员结算	检验在正常情况下费用计算的准确性	随意挂号、退号，计算费用
		检验甲方挂号及乙方退号情况下的甲乙双方结算费用计算是否准确无误	甲挂号、乙退号，计算费用
		检验结算金额为正值时是否正常	挂号金额大于退号金额
		检验结算金额为负情形是否正常	挂号金额小于退号金额
		检验结算功能是否正常，打印结算单是否正常	统计后结算
		检验结算时间控制是否严格准确	检查结算费用计算是否准确；结算后再计算(依据时间控制)
		结算单补打功能是否正常	选取已结算信息补打
性能测试	挂号管理	测试系统承受压力的能力	并发操作，连续操作
	挂号管理、退号管理、结算管理	测试系统强壮性	随意单击数据窗口及操作窗口空白处
		测试系统安全性：意外退出，对未保存数据是否有提示	输入中途退出
		出现错误是否有数据备份和恢复功能	制造操作中的意外错误及中断退出
		输入过程数据提交前是否有校验	数据输入不全面时提交
		输入不合规范的数据系统的处理能力	输入不规范的数据

11.4.2 其他可用性测试检查标准

软件产品的可用性涉及其易学易用性以及能否为用户提供满意体验。该属性主要体现在用户界面和操作流程上，旨在减少错误发生、提升用户工作效率并增进用户满意度。对于开发者而言，这有助于降低服务和培训成本，同时提升用户满意度。对于所有功能模块，可用性测试的标准是一致的，这些测试可以在功能测试过程中一并进行，因此无须单独设计测试用例。表11-10展示了挂号管理子系统的可用性检测标准。

表11-10 挂号管理子系统的可用性检测标准

测试项	测试模块	结果
操作是否顺畅	挂号管理 退号管理 挂号员结算管理	
界面是否直观		
操作成功或失败时，是否提供了合理的提示信息		
是否遵循了标准规范的提示		
转移是否具备灵活性		
按钮位置是否合适		
各界面中相同控件的相关属性是否保持一致		
快捷键是否有效		
输入是否方便		
光标初始位置和跳转状态是否合理		

11.4.3 功能测试用例

1. 普通挂号、要病历本的测试用例

普通挂号、要病历本的测试用例如表11-11所示。

表11-11 普通挂号、要病历本的测试用例

用例编码	T01.01.01		测试项	门诊挂号	
依据	F01.01.00		优先级	*	
描述	新患者就诊时无须携带病历本，可选择普通号。测试要点包括：系统是否具备必要的可用性；挂号流程是否顺畅；费用核算是否精确无误；挂号单的打印是否准确无误				
	核对所挂号别及科室信息是否准确无误；检查使用Enter键后光标是否能正确跳转；确认单击“保存”与“退出”按钮时系统反应是否符合预期				
输入规格	首次就诊的患者张三，卡号为328336，性别男，年龄52岁，就诊科室为内科，选择专家门诊服务(挂号费6元，诊察费6元)；挂号日期为测试当日；就诊时间为下午；需要病历本(费用1元)。在操作过程中，使用Enter键在控件间进行切换。完成操作后，单击“保存”与“退出”按钮				
预计输出	费用13元，打印挂号单	主要测试技术	黑盒测试		
测试结果描述					
执行步骤	检查点	核查依据(功能需求编号或其他)	期望输出	结果	BugID
输入就诊卡号328336	数字接收光标跳转	F01.01.11			

（续表）

执行步骤	检查点	核查依据(功能需求编号或其他)	期望输出	结果	BugID
输入“张三”	汉字接收光标跳转	F01.01.12			
选择性别“男”	选择提示操作灵活性	F01.01.13			
输入年龄52	数字接收，光标跳转出生年份生成	F01.01.14	出生日期：1973-01-01(测试时间为2025年)		
修改出生日期：1973-07-15	日期修改，光标跳转	F01.01.15			
选择就诊科室“内科”	科室提示，科室选择，光标跳转	F01.01.16			
选择“专家门诊”号别	号别提示，号别选择，光标跳转	F01.01.17	挂号费6元，诊察费6元，费用合计：12元		
就诊日期	日期提示，光标跳转	F01.01.18	当日日期		
时间段	时间段提示，光标跳转	F01.01.19			
选择“需要”病历本	需要与否提示，顺畅选择，光标跳转	F01.01.20	费用合计：13元		
单击“保存”按钮	误操作提示，金额计算，就诊序号产生，挂号单打印，操作结果提示	F01.01.01	挂号费用合计就诊序号；挂号单		
单击“退出”按钮	是否正常退出				

2. 普通挂号、老患者、不要病历本的测试用例

普通挂号、老患者、不要病历本的测试用例如表11-12所示。

表11-12　普通挂号、老患者、不要病历本的测试用例

用例编码	T01.01.02	测试项	门诊挂号
依据	F01.01.00	优先级	*
描述	预约挂号服务针对老患者，无须携带病历本进行测试，以评估其可用性。具体测试包括：检查挂号流程是否顺畅；验证费用计算的准确性；确保挂号单打印无误；核实号别与科室信息提示的正确性；检验系统对资深患者年龄转换的准确性；评估Tab键操作下光标移动是否符合预期；在不使用病历本的情况下确认费用计算的正确性；验证“保存”与“退出”按钮的快捷键功能是否有效		

（续表）

<table>
<tr><td>输入规格</td><td colspan="5">患者姓名：张三，银行卡号：328336，性别：男，出生日期：1973年7月15日，就诊科室：口腔科，选择普通门诊服务，挂号费用为2元，诊察费用为3元。挂号日期设定为测试日期(需预先调整服务器系统时间至该患者首次输入信息的次年，以便测试年龄字段的重新计算)；就诊时间为上午；无须病历本(费用1元)，在操作过程中，使用Tab键在各个控件之间进行切换；通过组合键Shift+S和Shift+X分别控制“保存”和“退出”按钮的激活</td></tr>
<tr><td>预计输出</td><td colspan="2">费用5元，打印挂号单</td><td>所用方法</td><td colspan="2">黑盒测试</td></tr>
<tr><td>测试结果描述</td><td colspan="5"></td></tr>
<tr><td>执行步骤</td><td>检查点</td><td>检查依据(功能需求编号或其他)</td><td>期望输出</td><td>结果</td><td>BugID</td></tr>
<tr><td>输入就诊卡号328336</td><td>数字接收，光标跳转，相应信息输出，相应控件不可用</td><td>F01.01.11</td><td>姓名：张三
性别：男
年龄：52
出生日期：1973-07-15</td><td></td><td></td></tr>
<tr><td>选择就诊科室“口腔科”</td><td>科室提示
科室选择
光标跳转</td><td>F01.01.16</td><td></td><td></td><td></td></tr>
<tr><td>号别选择“普通门诊”</td><td>号别提示
号别选择
光标跳转</td><td>F01.01.17</td><td>挂号费2元，诊查费3元，费用合计：5元</td><td></td><td></td></tr>
<tr><td>就诊日期</td><td>日期提示
光标跳转</td><td>F01.01.18</td><td>当日日期</td><td></td><td></td></tr>
<tr><td>午别</td><td>午别提示
光标跳转</td><td>F01.01.19</td><td></td><td></td><td></td></tr>
<tr><td>选择“不需要”病历本</td><td>选择提示
病历本选择
光标跳转</td><td>F01.01.20</td><td></td><td></td><td></td></tr>
<tr><td>按下“保存”按钮(快捷方式Shift+S)</td><td>若发生误操作，系统提示金额计算结果，生成就诊序号，完成挂号单的打印，提供操作结果提示</td><td>F01.01.01</td><td>挂号费用合计
就诊序号
挂号单</td><td></td><td></td></tr>
<tr><td>按下“退出”按钮(快捷方式Shift+X)</td><td>是否正常退出</td><td></td><td></td><td></td><td></td></tr>
</table>

3. 预约挂号、不要病历本、无挂号费、有诊疗费的测试用例

预约挂号、不要病历本、无挂号费、有诊疗费的测试用例如表11-13所示。

表11-13　预约挂号、不要病历本、无挂号费、有诊疗费的测试用例

<table>
<tr><td>用例编码</td><td colspan="2">T01.01.03</td><td>测试项</td><td colspan="2">门诊挂号</td></tr>
<tr><td>依据</td><td colspan="2">F01.01.00</td><td>优先级</td><td colspan="2">*</td></tr>
<tr><td>描述</td><td colspan="5">预约挂号服务针对新患者设计，无须携带病历本。测试将分别针对预约3天和2天的情况进行。测试点包括：在挂号费为空的情况下，费用计算是否准确无误；预约挂号流程是否顺畅；预约时间管理是否合理；在鼠标控制光标跳转时，系统响应是否符合预期</td></tr>
<tr><td>输入规格</td><td colspan="5">李笑笑，卡号：328552，女，52岁，眼科，老年号(挂号费0元，诊疗费2元)。挂号日期为测试日期后3天和2天(设置允许预约挂号天数为2天)，时间段为下午。在操作时，无须携带病历本，在控件间切换时用鼠标单击选择</td></tr>
<tr><td>预计输出</td><td colspan="2">费用2元，打印挂号单</td><td>所用方法</td><td colspan="2">黑盒测试及白盒测试</td></tr>
<tr><td>测试结果描述</td><td colspan="5"></td></tr>
<tr><td>执行步骤</td><td>检查点</td><td>检查依据(功能需求编号或其他)</td><td>期望输出</td><td>结果</td><td>BugID</td></tr>
<tr><td>输入就诊卡号328552</td><td>数字输入
光标跳转</td><td>F01.01.11</td><td></td><td></td><td></td></tr>
<tr><td>输入“李笑笑”</td><td>汉字输入
光标跳转</td><td>F01.01.12</td><td></td><td></td><td></td></tr>
<tr><td>选择性别“女”</td><td>提供选择</td><td>F01.01.13</td><td></td><td></td><td></td></tr>
<tr><td>输入年龄53</td><td>数字录入
光标跳转
出生年份生成</td><td>F01.01.14</td><td>出生日期：1972-01-01(测试时间为2025年)</td><td></td><td></td></tr>
<tr><td>修改出生日期：1973-06-12</td><td>日期修改
光标跳转</td><td>F01.01.15</td><td></td><td></td><td></td></tr>
<tr><td>选择就诊科室“眼科”</td><td>科室提示
科室选择
光标跳转</td><td>F01.01.16</td><td></td><td></td><td></td></tr>
<tr><td>选择“老年号”号别</td><td>号别提示
号别选择
光标跳转</td><td>F01.01.17</td><td>挂号费0，诊察费2元，费用合计：2元</td><td></td><td></td></tr>
<tr><td>就诊日期改为操作日后第3天日期</td><td>日期提示
日期修改
光标跳转</td><td>F01.01.18</td><td>无效预约日期的提示</td><td></td><td></td></tr>
</table>

（续表）

执行步骤	检查点	检查依据(功能需求编号或其他)	期望输出	结果	BugID
就诊日期改为操作日后第2天日期	日期提示 日期修改 光标跳转	F01.01.18			
时间段	时间段提示 光标跳转	F01.01.19			
选择“不需要”病历本	选择提示 光标跳转	F01.01.20			
单击“保存”按钮	误操作提示 费用计算 就诊序号产生 挂号单打印 操作结果提示	F01.01.01	挂号费用合计 就诊序号 挂号单		

4. 有挂号费无诊察费、要病历本的测试用例

有挂号费无诊察费、要病历本的测试用例如表11-14所示。

表11-14　有挂号费无诊察费、要病历本的测试用例

<table>
<tr><td>用例编码</td><td colspan="3">T01.01.04</td><td>测试项</td><td>门诊挂号</td></tr>
<tr><td>依据</td><td colspan="3">F01.01.00</td><td>优先级</td><td>*</td></tr>
<tr><td>描述</td><td colspan="5">新患者需办理职工号登记(包含挂号费用，不收取诊察费)并领取病历本。需对午间时段已过的情况进行测试，执行清除子功能的测试，检查误操作，并测试数据保存不完整的情况。测试内容包括：在仅收取挂号费而不收取诊察费的情况下，费用的计算方式；系统对超过挂号时间的当前时间的响应；系统清除功能的有效性；系统的稳定性和安全性测试</td></tr>
<tr><td>输入规格</td><td colspan="5">王小丫，卡号：328011，女，33岁，妇科，职工号(挂号费1元，诊察费0元)，挂号日期：测试当日，时间段分别设为上午和下午(服务器系统时间改为12点)，要病历本(1元)</td></tr>
<tr><td>预计输出</td><td colspan="2">费用2元，打印挂号单</td><td colspan="2">所用方法</td><td>黑盒测试，经验</td></tr>
<tr><td>测试结果描述</td><td colspan="5"></td></tr>
<tr><td>执行步骤</td><td>检查点</td><td>检查依据(功能需求编号或其他)</td><td>期望输出</td><td>结果</td><td>BugID</td></tr>
<tr><td>输入就诊卡号328011</td><td>数字接收
光标跳转</td><td>F01.01.11</td><td></td><td></td><td></td></tr>
<tr><td>输入“王小丫”</td><td>汉字接收
光标跳转</td><td>F01.01.12</td><td></td><td></td><td></td></tr>
<tr><td>选择性别“女”</td><td>提供选择</td><td>F01.01.13</td><td></td><td></td><td></td></tr>
</table>

（续表）

执行步骤	检查点	检查依据(功能需求编号或其他)	期望输出	结果	BugID
输入年龄33	数字接收 光标跳转 出生年份生成	F01.01.14	出生日期：1992-01-01(测试时间为2025年)		
单击“清除”按钮后重新挂号，重新输入上述内容	查看就诊卡号、姓名、性别、年龄、出生日期是否已清空	F01.01.02			
修改出生日期：1992-03-28	日期修改 光标跳转	F01.01.15			
选择就诊科室“妇科”	科室提示 科室选择 光标跳转	F01.01.16			
单击“保存”按钮	系统提示	F01.01.01	系统提示：“请输入完整挂号信息”		
选择“职工号”号别	号别提示 号别选择 光标跳转	F01.01.17	挂号费1元，诊察费0，费用合计：1元		
就诊日期	日期提示 光标跳转	F01.01.18	当日日期		
选择“上午”时间段	时间段提示 选择后提示 光标跳转	F01.01.19	系统提示：“已过挂号时间段”		
选择“下午”时间段	时间段提示 选择后提示 光标跳转	F01.01.19	就诊序号		
选择“需要”病历本	选择提示 顺畅选择 光标跳转	F01.01.20	费用合计：2元		
单击“退出”按钮	查看系统反应	性能测试	系统给出有未保存数据的提示		
单击“保存”按钮	误操作提示 费用计算 就诊序号产生 挂号单打印 操作成功提示	F01.01.01	挂号费用合计 就诊序号 挂号单		
随意单击数据窗口、空白处等非期望操作区域	查看系统反应	系统强壮性；经验	无变化		

5. 退号、不退病历本的测试用例

退号、不退病历本的测试用例如表11-15所示。

表11-15 退号、不退病历本的测试用例

用例编码	T01.02.01		测试项	门诊退号	
依据	F01.02.00		优先级	*	
描述	取消预约时保留病历本，需在超出或在有效取消预约期限内进行测试。测试内容包括：检验挂号信息的准确性；确认取消预约流程的顺畅性；核实费用计算的正确性；审查取消预约的有效期限控制				
输入规格	卡号：328336，选择取消普通号预约(挂号费2元，诊查费3元)，不退还病历本。设定有效取消预约的天数为2天，需要调整时间，确保取消预约的时间分别位于挂号时间的48小时之后及48小时之内				
预计输出	费用5元		所用方法	黑盒测试，白盒测试	
测试结果描述					
执行步骤	检查点	检查依据(功能需求编号或其他)	期望输出	结果	BugID
修改系统时间为挂号时间加52小时					
输入就诊卡号328336	是否调取该患者所有未就诊的有效挂号记录	F01.02.11	该患者所有已挂号且尚未就诊的有效挂号记录(不包括T01.01.02操作所挂的号)		
修改系统时间为挂号时间加46小时					
输入就诊卡号328336	是否提取该患者所有未就诊的有效预约挂号信息	F01.02.11	该患者所有已挂号未就诊的有效挂号信息(包含T01.01.02操作所挂的号)		
选择就诊科室“口腔科普通”	挂号选择(鼠标、键盘均可)	F01.02.12	退号金额5元		
单击“保存”按钮并确认	查看处理结果		提示“退号成功”，退费5元		

6. 退号(包括病历本)的测试用例

退号(包括病历本)的测试用例如表11-16所示。

表11-16　退号(包括病历本)的测试用例

用例编码	T01.02.02		测试项	门诊退号	
依据	F01.02.00		优先级	*	
描述	关于退号及退病历的测试点包括：退号流程的顺畅性；在退回病历本的情况下，费用计算的准确性；对改变退号选择的控制机制；单击“保存”按钮后是否出现适当的警示；取消保存操作的控制；就诊后挂号信息是否支持退款操作				
输入规格	卡号为328336的患者需将挂号类别更改为内科专家门诊号。挂号费为6元，诊察费为6元，病历本费用为1元。操作完成后，选择保存或取消保存。随后，执行诊间医嘱，并进行再次退号操作				
预计输出			所用方法	黑盒测试，白盒测试	
测试结果描述					
执行步骤	检查点	检查依据(功能需求编号或其他)	期望输出	结果	BugID
输入就诊卡号328336	是否调取该患者所有未就诊的有效挂号记录	F01.02.11	该患者所有已挂号未就诊的有效挂号信息(包含T01.01.01操作所挂的号)		
任选一条非口腔科的有效挂号信息(若未执行挂号操作)	可选择	F01.02.11	提示相应退费金额		
选择口腔科普通门诊	可选择	F01.02.12 F01.02.00	原选中退费信息失效，退费金额12元		
选择退病历本	查看退费总额		退费金额13元		
执行诊间医令(执行口腔科看诊)，再次退该号	退号的控制		没有可退的口腔科号别		

7. 挂号员结算的测试用例

挂号员结算的测试用例如表11-17所示。

表11-17　挂号员结算的测试用例

用例编码	T01.03.01	测试项	挂号员结算
依据	F01.03.00	优先级	*
描述	挂号员在结算时，需要核对每次挂号或退号操作后的上缴金额，并最终完成结算流程。该流程涉及多种情况，包括但不限于操作员甲执行挂号操作而操作员乙执行退号操作，以及相反的情况。在这些情形中，需分别检验甲乙两位操作员的结算统计，确保挂号金额大于退号金额时的准确性。同时，也需测试退号金额超过挂号金额时，结算对时间控制的准确性		

（续表）

输入规格	操作顺序为：甲挂号→结算统计→甲挂号→结算统计→甲退号→结算统计→甲挂号→乙退号→结算统计→退乙挂号→结算统计→结算→甲退号→甲退号→结算				
预计输出	应缴费用；打印结算单		所用方法	黑盒测试，白盒测试	
测试结果描述					
执行步骤	检查点	检查依据(功能需求编号或其他)	期望输出	结果	BugID
以挂号员甲(简称甲)的身份登录结算界面，单击“结算”按钮，先行清账并记录下结算的终止时间	操作是否顺畅	F01.03.02	操作成功		
甲挂号，总费用6元					
登录到结算界面，单击“统计”按钮	操作是否顺畅 计算结果	F01.03.01	应缴费用：6元		
甲挂号，总费用5元					
登录到结算界面，单击“统计”按钮	操作是否顺畅 计算结果	F01.03.01	应缴费用：11元		
甲退号，退还5元费用					
登录到结算界面，单击“统计”按钮	操作是否顺畅 统计结果	F01.03.01	应缴费用：6元		
甲挂号，总费用2元					
以挂号员乙身份登录，退掉甲所挂的号					
甲登录到结算界面，单击“统计”按钮	操作是否顺畅 统计结果	F01.03.01	应缴费用：8元		
甲退掉挂号员丙所挂的号，费用4元					
甲登录到结算界面，单击“统计”按钮	操作是否顺畅 统计结果	F01.03.01	应缴费用：4元		
单击“结算”按钮	操作是否顺畅 统计结果 查看结算时间段	F01.03.02	应缴费用：4元打印结算单		
单击“统计”按钮	操作是否顺畅 统计结果 查看统计起始时间	F01.03.01	应缴费用：0		
单击“退出”按钮	操作顺畅	F01.03.05	退出结算窗口		
甲退号，费用合计6元					

（续表）

执行步骤	检查点	检查依据(功能需求编号或其他)	期望输出	结果	BugID
甲登录到结算界面，单击“统计”按钮	操作是否顺畅 统计结果	F01.03.01	应缴费用：-6元		
甲退号，费用合计4元					
甲登录到结算界面，单击“统计”按钮	操作是否顺畅 统计结果	F01.03.01	应缴费用：-10元		
单击“结算”按钮	操作是否顺畅 统计结果 查看结算时间段	F01.03.02	应缴费用：-10元 打印结算单		

8. 挂号员结算补打的测试用例

挂号员结算补打的测试用例如表11-18所示。

表11-18　挂号员结算补打的测试用例

用例编码	T01.03.02		测试项	挂号员结算	
依据	F01.03.00		优先级	*	
描述	对测试操作员结算单的补打功能进行测试，关注以下测试点：已结算信息的展示；已结算信息的读取能力；对已结算信息进行重复打印的可能性；各功能按钮的鼠标单击操作和快捷键的有效性				
输入规格	通过选择“重打”功能，可以调出挂号员近期的全部结算信息。随后，依次选择测试用例T01.03.01所产生的结算信息，并执行重新打印操作。控制按钮的激活可以通过鼠标单击或按下快捷键两种方式进行				
预计输出			所用方法	黑盒测试，白盒测试	
测试结果描述					
执行步骤	检查点	检查依据(功能需求编号或其他)	期望输出	结果	BugID
登录到结算窗口，单击“重打”按钮	操作是否流畅 是否显示该操作人员所有结算信息	F01.03.03	该操作员所有结算信息		
选择费用4元的结算信息	操作是否流畅 鼠标选择和键盘选择是否有同样效果	F01.03.00			
单击“打印”按钮	操作是否流畅结果是否正确	F01.03.04	4元结算单		
选择费用-10元的结算信息	操作是否流畅 鼠标选择和键盘选择是否有同样效果	F01.03.00	费用-10元的结算信息呈选中状态		
单击“打印”按钮或使用快捷键	操作是否流畅 结果是否正确	F01.03.04	-10元结算单		

11.4.4 性能测试用例

在设计挂号管理子系统的性能测试用例时，需要关注多个方面，包括系统的响应时间、吞吐量、并发用户数、资源利用率以及稳定性。以下是5个性能测试用例的设计，旨在全面评估挂号管理子系统的性能。

1. 测试用例1：响应时间测试

测试目的：评估在不同并发用户数下，挂号管理子系统各项关键操作(如用户登录、选择科室、选择医生、预约挂号、支付等)的响应时间。

测试步骤如下。

(1) 设置不同的并发用户数(如10、50、100、200等)。

(2) 对每个并发用户数，模拟用户执行关键操作。

(3) 记录每个操作的平均响应时间、最大响应时间、最小响应时间以及95th百分位响应时间。

预期结果：响应时间应在可接受范围内(根据业务需求定义)。随着并发用户数的增加，响应时间增长不应过于显著。

2. 测试用例2：吞吐量测试

测试目的：测试挂号管理子系统在单位时间内能够处理的最大请求数(吞吐量)。

测试步骤如下。

(1) 从低并发用户数开始，逐步增加并发用户数。

(2) 记录每个并发用户数下的系统吞吐量。

(3) 确定系统的最大吞吐量点，即吞吐量不再随并发用户数显著增长的临界点。

预期结果：系统吞吐量应满足业务需求，并在接近最大吞吐量时保持稳定运行。

3. 测试用例3：并发用户数测试

测试目的：确定挂号管理子系统能够稳定处理的最大并发用户数。

测试步骤如下。

(1) 从较低并发用户数开始，逐步增加并发用户数。

(2) 监控系统的CPU使用率、内存使用率、数据库连接数等资源指标。

(3) 记录系统出现性能瓶颈(如响应时间显著增长、错误率增加等)时的并发用户数。

预期结果：确定系统的最大稳定并发用户数，以及在该用户数下系统的资源利用情况。

4. 测试用例4：压力测试

测试目的：评估挂号管理子系统在极端负载下的表现，包括响应时间、错误率以及系统恢复能力。

测试步骤如下。

(1) 设置超过最大稳定并发用户数的并发用户数。

(2) 持续对系统进行压力测试一段时间(如1小时)。

(3) 记录系统的响应时间、错误率以及资源利用情况。

(4) 测试结束后，观察系统恢复稳定状态所需的时间。

预期结果：系统在高负载下应能够保持一定的性能水平，错误率不应过高，并且能在测试结束后迅速恢复稳定状态。

5. 测试用例5：资源利用率测试

测试目的：评估挂号管理子系统在不同负载下的资源利用率，确保系统资源得到合理利用。

测试步骤如下。

(1) 在不同并发用户数下运行系统。

(2) 监控并记录系统的CPU使用率、内存使用率、磁盘I/O、网络带宽等资源指标。

(3) 分析资源利用率数据，找出系统的资源瓶颈。

预期结果：系统资源利用率应在合理范围内，避免出现资源过度占用或闲置的情况。对于发现的资源瓶颈，应提出相应的优化建议。

以上测试用例涵盖了挂号管理子系统性能评估的主要方面，有助于确保系统在实际运行中能够满足业务需求并保持良好的性能表现。

11.5 缺陷报告

在测试执行阶段，缺陷报告可用于记录、描述并追踪被测试系统中未能满足用户对质量合理期望的问题——即缺陷或错误。缺陷报告可采取多种形式，例如使用Word、Excel或数据库等工具进行记录。为了灵活、交互式地存储、操作、查询、分析和报告大量数据，使用数据库显得尤为必要。接下来，将展示一个使用数据库进行缺陷记录的实例。错误跟踪数据库既可自行开发，也可以选择市场上现有的数据库产品。

11.5.1 建立缺陷报告数据库

缺陷报告数据库应在测试工作的准备配置阶段就建立，以便在测试执行过程中，测试人员、开发人员和项目管理评估人员可以通过多种方式与该数据库进行交互。可以自行开发一个小系统，使得数据库能够记录用户对数据库的所有访问活动。首先，需要设计缺陷记录的数据表结构，如表11-19所示。

表11-19 缺陷记录的数据表结构

字段英文名称	字段汉字名称	数据类型	描述
BugID	缺陷号	char(12)	缺陷编码，与测试用例中一致
Fun_code	功能模块编码	char(12)	缺陷所在的功能模块编码
Fun_name	功能模块名称	vchar(3)	缺陷所在的功能模块名称

（续表）

字段英文名称	字段汉字名称	数据类型	描述
Bug_Summary	概要	vchar(50)	缺陷概要说明
Step_Rep	重现	vchar(600)	缺陷重现的过程描述
Is_olation	隔离	vchar(600)	为确定缺陷的真实原因而排除不相关因素
Is_bug	缺陷确认	char(1)	相关评审人确认是否是真正的缺陷(1是缺陷，2是警告，3是不是缺陷)
Id_person	确认人	char(8)	缺陷的确认人
Data_opened	公开日期	datetime	缺陷出现的日期
Data_closed	关闭日期	datetime	缺陷修复的日期
Tester	测试人	char(8)	发现该缺陷的测试人
State	状态	char(6)	该缺陷的当前状态(1是打开，2是正在处理，3是关闭)
Programmer	编程人	char(8)	负责缺陷发生处程序的编程人员
Fix_date	修复日期	datetime	缺陷修复日期
Severity	严重度	char(1)	被测试系统的缺陷影响程度(1是系统崩溃、数据丢失、数据毁坏或安全问题；2是危险程度没有1级高，但主要功能严重受阻；3是操作性缺陷、功能异常、遗漏功能；4是小问题、拼写错误、UI布局问题、罕见故障；5是警告或建议)
Priority	优先级	char(1)	包含对问题严重性、发生频率以及对目标客户的影响程度(1是立即修复，阻止进一步测试；2是不影响进一步测试，但很严重，必须立即修复；3是在产品发布之前必须修复；4是如果时间允许应该修复；5是可能会修复，但也可以发布)
Log	日志	vchar(600)	记录该缺陷记录的访问和处理的相关信息
DealRec	处理过程记录	vchar(600)	由开发人员和测试人员交互记录所发现问题的再处理过程

11.5.2 编写缺陷报告

测试人员、系统开发人员以及相关问题评审人员在访问、阅读和编辑缺陷报告数据库时，必须确保对问题的描述全面、严密、简洁、清晰和准确。以下是编写高质量错误报告的几个关键点。

- 再现性：尽可能三次重现故障。若问题表现为间歇性，需报告问题出现的频率。
- 隔离性：确定可能影响故障重现的变量，如配置更改、工作流程和数据集等。
- 推广性：评估系统其他部分是否也可能出现此类错误，尤其是那些可能表现出更严重特征的部分。
- 精简性：剔除任何不必要的信息，尤其是冗余的测试步骤。

- 明确性：使用明确的语言，避免使用那些含义多变或相互矛盾的词汇。
- 客观性：公正地表达观点，基于事实陈述错误及其特征，避免夸大、幽默或讽刺的表达方式。
- 评审：在测试人员提交缺陷报告之前，至少应由一位同行进行审阅(最好是经验丰富的测试工程师或测试经理)。

表11-20所示为一个基本的测试缺陷报告应包含的内容框架。

表11-20　测试缺陷报告应包含的内容框架

HIS系统集成测试缺陷报告					
缺陷编号	01.01.01	**发现人**	陈小亮	**记录日期**	2025-01-01
所属模块	挂号管理子系统	**确认人**	张晓敏	**确认日期**	2025-01-01
当前状态	公开	**严重程度**	2	**优先级**	2
问题概述	门诊退号时计算不正确				
问题在线描述					
问题隔离描述					
日志					
处理记录					
开发负责人	程潇	**修复日期**	2025-01-03	**关闭日期**	2025-01-05

11.6　测试结果总结分析

在系统测试阶段完成后，应编制一份详尽的测试总结报告，该报告对系统在最终测试阶段的功能和性能表现进行综合性的总结与评估。测试总结报告通常应包含量化的数据描述，并向测试部门、开发部门以及公司相关负责人进行展示。

对被测软件的测试结果进行总结至关重要，同时对测试活动本身的回顾同样不可或缺。存储于数据库中的测试用例、问题记录以及处理记录构成了宝贵的信息资源。通过积累不同项目的历次数据，并将其转化为直观图表，可以迅速识别出表现“优秀”与“不佳”的趋势。

借助错误跟踪数据库，提取相关度量数据相对容易且令人愉悦。然而，众多图表的存在并非仅为视觉上的丰富，其背后蕴含的信息价值取决于测试人员自身的洞察力，正所谓“见仁见智”。

本节将介绍在实际测试工作中，测试结果总结分析所关注的几个关键方面。

11.6.1　测试总结报告

表11-21所示为测试总结报告的一个模板。虽然不同行业和不同阶段的软件测试会有具体的差异，但基本上应包含本模板所展示的项目。

表11-21　测试总结报告模板

<table>
<tr><th colspan="2">测试报告</th></tr>
<tr><td>项目编号：</td><td>项目名称：</td></tr>
<tr><td>开发负责人：</td><td>测试负责人：</td></tr>
<tr><td colspan="2">测试时间：</td></tr>
<tr><td colspan="2">测试目的与范围：</td></tr>
<tr><th colspan="2">测试环境</th></tr>
<tr><td>名称</td><td>软件版本</td></tr>
<tr><td>应用服务器</td><td></td></tr>
<tr><td>服务器操作系统</td><td></td></tr>
<tr><td>测试机操作系统</td><td></td></tr>
<tr><td>数据库</td><td></td></tr>
<tr><td>测试软件</td><td></td></tr>
<tr><td colspan="2">测试数据说明：</td></tr>
<tr><td colspan="2">总体分析：</td></tr>
<tr><td colspan="2">典型性具体测试结果：</td></tr>
</table>

11.6.2　测试用例分析

对工作的及时总结有助于调整工作方向和提升效率。测试工作的成效直接依赖于测试用例的编写与执行情况，因此，在测试过程中及测试完成后，对测试用例的关键指标进行度量至关重要。测试用例分析通常应包括以下内容。

- 计划的测试用例数量与实际执行的测试用例数量对比。
- 测试用例中失败案例的数量。
- 在失败的测试用例中，经过错误修正后最终成功执行的案例数量。
- 测试用例的平均运行时间与预期时间的对比，分析是否超出还是缩短。
- 是否存在跳过某些测试用例的情况，若存在，需说明原因。

○ 测试是否覆盖了所有对系统性能有重大影响的关键事件。

这些问题的答案通常可以在测试用例的设计和测试问题记录中找到。若测试过程中使用了数据库，这些问题的答案将更容易获得。测试用例分析报告可以采用多种形式，包括文字描述、表格和图表等。

11.6.3 软件测试结果统计分析

在软件测试过程中，测试人员通过对发现的问题进行深入分析、归纳和总结，共同完成软件问题倾向分析。这一分析探讨了软件或特定类型系统软件产品在模块、功能及操作等方面出现的错误倾向及其主要原因。软件问题倾向分析将为后续开发工作提供参考，帮助开发人员明确在开发过程中应避免的问题，同时为后续测试工作提供清晰的重点依据。

图11-5展示了软件在不同版本测试阶段中检测到的缺陷(Bug)数量的对应关系。这里所指的版本是指同一软件在经历不同测试阶段、修复缺陷并进行必要调整后形成的软件产品。显然，图中所呈现的测试结果变化趋势十分理想。

图11-6展示了测试阶段发现的缺陷数量与测试日期之间的对应关系。随着测试的推进，发现的缺陷数量呈现出随时间增长的趋势，然而，随着时间的进一步推移，缺陷数量的增长速率逐渐减缓，甚至趋于停滞。若测试活动持续进行，这表明在当前的测试用例、软硬件环境及相关条件下，发现新缺陷的难度显著增加(尽管可以确认系统中仍存在未被发现的缺陷)。基于这一情况，应当考虑终止当前的测试阶段。

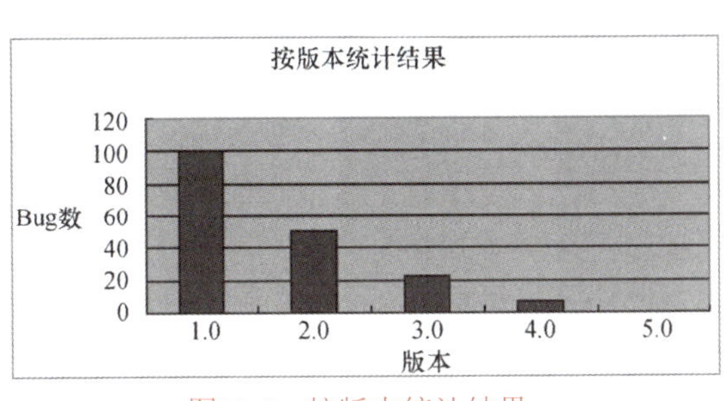

图11-5 按版本统计结果

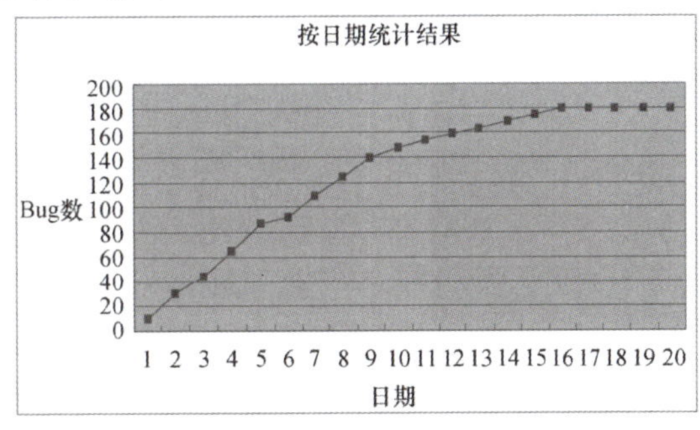

图11-6 按日期统计结果

图11-7展示了在测试过程中发现的不同严重程度缺陷的数量。A、B、C、D等级(以及可能的E、F、G等级)的具体含义由测试和开发团队成员共同定义。通过这种缺陷等级的分类统计，可以明确地揭示开发过程中存在的问题区域。

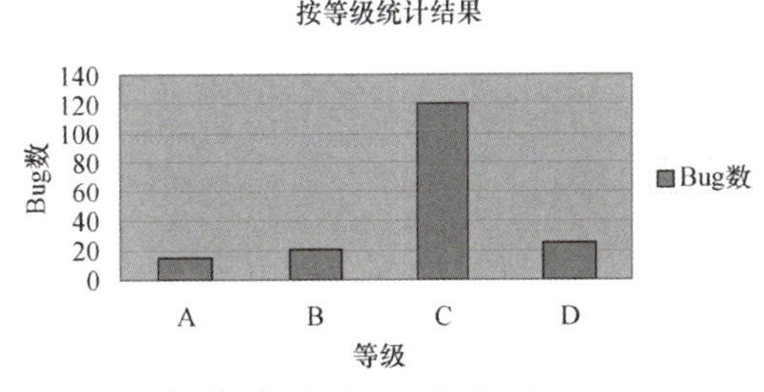

图11-7 按等级统计结果

图11-8展示了测试过程中发现的缺陷数量与软件工程各阶段之间的关系，再次证实了在软件工程的任何阶段都存在可能导致程序错误的因素，尽管这些因素的程度和数量各不相同。通过分析该图表，可以明确识别出软件工程中哪些阶段需要加强控制。

图11-9展示了程序各模块与发现的缺陷数量之间的关系。尽管缺陷产生的原因多种多

样，但从该图中可以观察到，某些程序员开发的模块中缺陷较多，而其他程序员的模块缺陷较少。在系统设计和工作条件相同的情况下，这揭示了程序员之间在工作能力和责任感方面的差异。

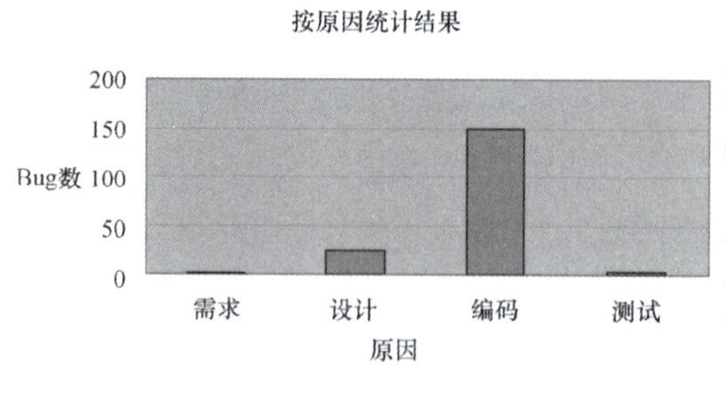

图11-8　按原因统计结果

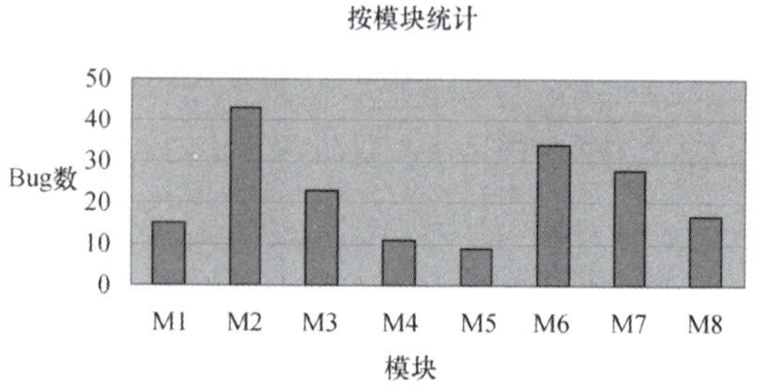

图11-9　按模块统计结果

图11-10展示了测试过程中每日发现的错误报告的公开与关闭状态之间的对应关系。公开状态意味着错误已被发现并对外公布，而关闭状态则表示错误已经得到妥善处理。图中两条粗线分别代表了错误累计公开和累计关闭的数量变化趋势。随着时间的推移，这两项累计数量均呈现逐渐增长的趋势。然而，在某一特定时刻，两条曲线交汇，表明累计公开的错误数量与累计关闭的错误数量相等，这意味着所有已发现的错误均已得到解决。

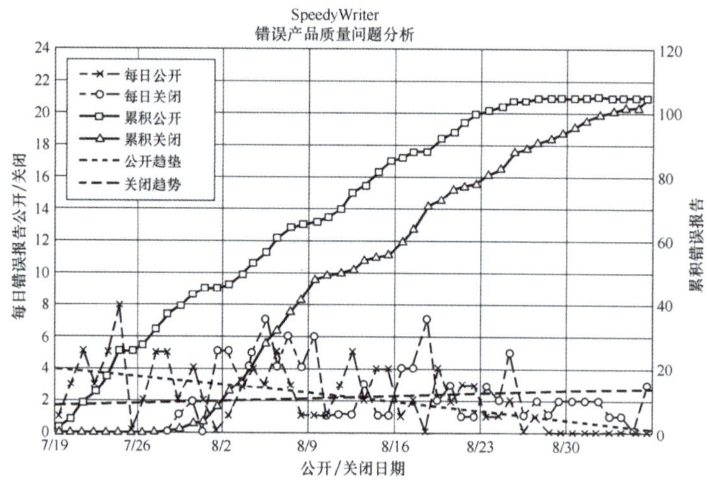

图11-10　每日错误报告的公开与关闭状态

图11-11展示了错误原因分析图，其中纵轴表示各类测试中发现的错误占总错误的百分比。显而易见，只有在每个错误都经过明确且细致的分类后，才能生成此类分析图表，从而明确控制方向，以减少错误的发生。

图11-12展示了系统性能测试后获得的分析数据、图表及简要结论。此类分析对于系统性能测试至关重要。通常，性能测试的分析会从多个维度进行，包括并发用户数量、系统响应时间以及CPU利用率等。

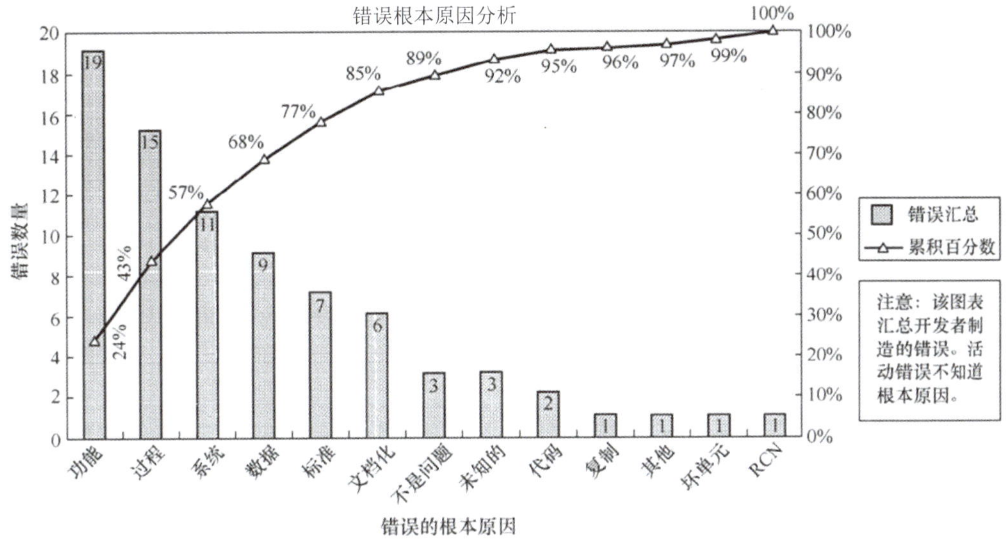

图11-11　错误原因分析

		0	10 万	20 万	30 万	40 万
1	响应时间（s）	1.8	2	2.7	3	5.1
	CPU 利用率（%）	32	37	40	39	41
10	响应时间（s）	2.3	4.9	9.2	9.7	16.5
	CPU 利用率（%）	45	38	42	56	49

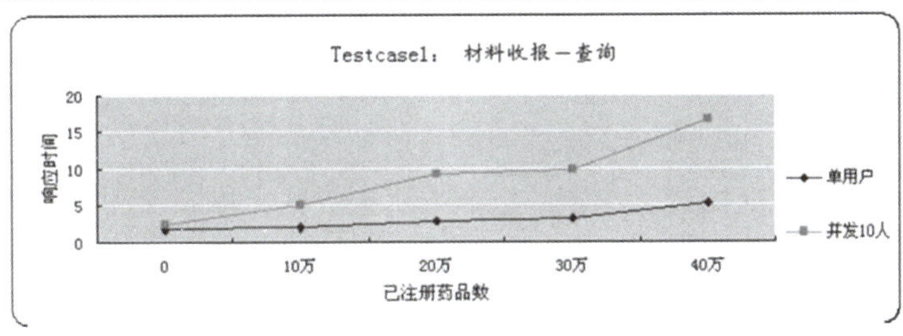

结果分析：通过数据显示在 30 万的基础数据量下，并发 10 人查询的响应时间为 9.7s，可以接受；但在 40 万数据量下并发 10 人达到了 16.5 秒，变化较大。

图11-12　系统性能测试分析数据与结论

在对实际测试结果进行总结与分析时，存在多种情况。本节所列举的是一些具有代表性的分析图表，根据实际工作的不同需求，可以进行不同的选择。这些分析数据和图表，是与测试结果分析报告相辅相成的。

11.7　本章小结

本章通过一个综合案例——医院信息管理系统(HIS)的软件测试实践，详细介绍了软件测试理论与实践相结合的过程。以HIS项目测试案例为基础，本章从软件测试的基本概念出发，深入探讨了关键环节，包括测试计划制订、测试用例设计、缺陷报告编写以及测试结果的总结与分析。本章重点强调了质量风险管理、测试进度计划、测试环境配置、测试用例执行、缺陷追踪和性能测试等方面的重要性，并通过具体的测试用例和缺陷报告实例，展示了如何对软件进行全面测试，以确保软件质量能够满足用户需求和业务目标。

11.8 思考和练习

一、填空题

1. HIS系统是医院管理的核心系统，它集成了医院各个科室的医疗信息，包括______、______、______、______等，为医护人员提供全面的医疗信息支持。

2. HIS系统涵盖的功能模块包括______、______、______、______、医学影像管理系统、实验室信息系统、药房管理系统、财务管理和人力资源管理等。

3. 挂号管理子系统的主要功能包括______、______、______和______。

4. 在HIS系统中，单元测试通常结合______与______两种方法，动态测试涉及开发人员执行局部功能或模块测试，静态测试指的是代码审查。

5. 测试用例的设计应当全面周到，关注系统对各种输入数据的响应，包括______、______以及边界值，并验证合法与非法操作的处理。

二、判断题

1. HIS系统仅指狭义上的医院信息系统功能规范中明确描述的功能。（　）

2. 挂号管理子系统在测试时无须额外的桩模块和驱动模块。（　）

3. 测试用例的编写应交由经验丰富的测试人员来完成，以确保测试用例的质量。（　）

4. 在软件测试过程中，测试用例分析报告只能采用文字描述的形式。（　）

5. 设计性能测试用例时，不需要关注系统的响应时间、吞吐量、并发用户数、资源利用率以及稳定性等多个方面。（　）

三、简答题

1. 简述HIS系统中挂号管理子系统的主要功能目标。

2. 为什么在HIS系统的测试过程中，需要进行单元测试？

3. 在HIS系统的测试中，集成测试的目的是什么？

4. 简述设计测试用例的重要性。

5. 在HIS系统的测试过程中，如何高效且精准地编写缺陷报告？

参考文献

[1] 朱少民. 软件测试方法和技术[M]. 4版. 北京：清华大学出版社，2020.

[2] 佟伟光. 软件测试技术与实践[M]. 北京：人民邮电出版社，2021.

[3] 李龙，等. 软件测试基础教程[M]. 2版. 北京：机械工业出版社，2019.

[4] 陈能技. 软件测试技术大全：测试基础流行工具项目实战[M]. 3版. 北京：人民邮电出版社，2020.

[5] 江国星. Python自动化测试实战[M]. 北京：人民邮电出版社，2021.

[6] 张克东. 移动应用测试指南[M]. 北京：电子工业出版社，2019.

[7] 刘珅著. 软件性能测试过程详解与案例剖析[M]. 2版. 北京：清华大学出版社，2020.

[8] 赵旭斌. 软件安全测试[M]. 北京：电子工业出版社，2021.

[9] 雷辉等. 软件测试与持续质量改进[M]. 3版. 北京：人民邮电出版社，2018.

[10] 于涌. 软件测试[M]. 2版. 北京：高等教育出版社，2019.

[11] 李进. 软件测试技术[M]. 2版. 北京：清华大学出版社，2020.

[12] 陈绍英，等. Web性能测试实战[M]. 北京：人民邮电出版社，2019.

[13] 张友生. 软件评测师教程[M]. 2版. 北京：清华大学出版社，2021.

[14] 李龙编. 全程软件测试[M]. 3版. 北京：电子工业出版社，2020.

[15] 李慧霸，等. 敏捷软件测试：测试人员与敏捷团队的实践指南[M]. 北京：清华大学出版社，2019.

[16] 于秀山. 软件缺陷模式与测试[M]. 2版. 北京：电子工业出版社，2021.

[17] 黄文高. 接口自动化测试实战：基于Python+Requests+Pytest+Excel+Allure[M]. 北京：人民邮电出版社，2021.

[18] 陈智翔. Python测试驱动开发[M]. 2版. 北京：人民邮电出版社，2020.

[19] 刘琴. 人工智能测试：从入门到精通[M]. 北京：机械工业出版社，2022.

[20] ISTQB中国分会. ISTQB基础级认证大纲(2018版)[M]. 北京：科学出版社，2019.

[21] Glenford J. Myers et al. The Art of Software Testing, 3rd Edition. Wiley, 2011.

[22] Elisabeth Hendrickson. Explore It!: Reduce Risk and Increase Confidence with Exploratory Testing. Pragmatic Bookshelf, 2013.

[23] Lisa Crispin & Janet Gregory. Agile Testing: A Practical Guide for Testers and Agile Teams. Addison-Wesley, 2014.

[24] Brian Marick. The Craft of Software Testing: Subsystems of Development. Prentice Hall, 2003.

[25] Dorothy Graham et al. Foundations of Software Testing: ISTQB Certification. Cengage Learning, 2018.